海底沉积底形及其演化机制与海洋工程

Bedform and Evolution Mechanism of Submarine Sedimentation and Ocean Engineering

庄振业　杨顺良　编著

海洋出版社

2022年·北京

图书在版编目（CIP）数据

海底沉积底形及其演化机制与海洋工程 / 庄振业，杨顺良编著. — 北京：海洋出版社，2021.12
ISBN 978-7-5210-0894-4

Ⅰ. ①海… Ⅱ. ①庄… ②杨… Ⅲ. ①海洋沉积物－研究 Ⅳ. ①P736.21

中国版本图书馆CIP数据核字(2022)第004630号

审图号：鲁SG（2021）020号

责任编辑：王　溪
责任印制：安　淼

海洋出版社 出版发行
http://www.oceanpress.com.cn
北京市海淀区大慧寺路 8 号　邮编：100081
北京顶佳世纪印刷有限公司印刷　新华书店北京发行所经销
2021年12月第1版　2022年3月第1次印刷
开本：889mm × 1194mm　1/16　印张：19
字数：440千字　定价：220.00元
发行部：010-62100090　邮购部：010-62100072　总编室：010-62100034

序 言

一如所知，海底呈现不同类型、空间不一的地形地貌，其环境效应关系着海洋工程安全，乃至灾害与重大的经济损失。基于此，鉴于海中游泳和底栖生物，运移的泥沙，在海洋动力作用下，还有泥沙堆积的起伏地形，在沉积学上称后者为“底床形体”（bedform），简称为“底形”。底形尺度大小不等深浅不一，塑造的地形地貌空间尺度，小从厘米级，大到百千米级。近岸带水浅，潮流、波浪和风等动力频繁作用，形成了沙波、沙纹、沙坝和沙洲等底形；陆架海底，水深 100 ~ 200 m，浪、潮、流不断输运泥沙，沉积大小沙丘、修长的沙脊和脊间凹槽等较大型底形；大陆坡海堤，水深 200 ~ 3 000 m，直至洋底盆地和平原，有等深流、浊流和内波等，一些海底水动力更加活跃，泥沙运移更加强烈，堆积的底形不仅尺度颇大，而且呈现规律性排列。

如是说，底形分布区是海底工程不稳定区，其演变和迁移会造成油、气、水等管道和电缆下的掏空和断裂，勘查工程的失稳和位移。由于有规律的底形是古环境的标志，颇受油气矿产勘探者的关注，多有报道，较大型的砂质底形可以自身形成生、储、盖层圈闭。诚然，近几年深水勘测手段的问世，深水沉积物波，成为当今海洋地质的研究热点和难点。笔者近十余年来着眼于世界各陆架、陆坡底形研究，对其分布形态、动态和发育演化机理有粗浅的认识，也探讨了各家的不同见解，希望将自身粗浅理解和世界各地海底底形分布状况呈现给相关读者，为我国的海洋地质事业贡献菲薄之力。

全书共分三篇十八章。

第一篇，第一章至第三章以笔者数十年对山东半岛近岸带沉积底形的实际调查资料，总结海岸带海陆动力作用下沙波、沙丘、沙坝及其他沉积底形的形态、动态特征、分布规律、形成机理和层理构造，也增加了一些近岸底形在工程稳定性方面的实际案例。

第二篇，第四章至第十二章介绍了欧、亚、非和北美陆架（水深 < 200 m）上分布的水下沙丘、沙脊等沉积底形，从流体动力学基础上解释了底形的形成和演化。根据各区域陆架地形的形态特征加以分类，分别计算了某些陆架上水下沙丘的迁移速率，分析了陆架底形的发育—消亡和活化—发展的演化历史。结合陆架管线和勘探工程的稳定性，讨论了陆架砂质底形在减灾防灾中的实际作用。

第三篇，第十三章至第十八章介绍了陆坡深水（水深 200 ~ 3000 m）区等深流、内波和浊流等水动力，及其作用下塑造的各种大型深水沉积物波的形态特征、分布和延伸范围，探讨沉积物波形成发育机理，分析各种成因假说的实际意义和应用价值。列举一部分世界上较为典型的沉积物波区的最新研究成果，联系目前以资源开发和军事工程等目的的深水勘测，提供参考。

本书在撰写过程中，参阅并引用了中外科技文献和现行技术标准，在此，特向所引用文献的作者，表示衷心谢意！本书编制得到福建省海岛与海岸带管理技术研究重点实验室项目（CIMTS-2016-01）资助，在此表示感谢！

同时，向参与本书有益讨论的刘宝银、范德江、曹立华、赵东坡和李兵等同仁教授，以及赵乐、陈昌翔、付建军、焦强和侯啸林等研究生的大力协助深表感谢！特别需要感谢姜春英老师对本书编写的大力支持和无微不至的关心！

庄振业　杨顺良

于青岛 2019 年深秋

Foreword

As we all know, the sea floor presents different types of topography and landforms with different spaces, and its environmental effects are related to the safety of marine engineering, even disasters and major economic losses. Based on this, in view of the sea swimming and benthos, the transported sediment, under the action of ocean hydrodynamic, also has the undulating terrain of sediment accumulation, the latter is called "bedform" in sedimentology. The scale of the bedform varies in depth. The scale of the bedform is from centimeter scale to hundred-kilometer scale. The nearshore zone is shallow with frequent dynamic actions of tide, wave and wind, forming the bedform of sand wave, sand ripple and sand bar; the sea bottom of continental shelf has a water depth of 100 ~ 200 m, with waves, tides and currents continuously transporting sediment, depositing large and small sand dunes, long sand ridges and inter ridge grooves, etc.; the continental slope has a water depth of 200~3000 m, up to the ocean basin and plain, with contour current, turbidity current and internal wave and so on. Some seabed hydrodynamic are more active, sediment transport is more intense, the accumulation of the bedform is not only quite large scale, but also presents a regular arrangement.

For example, the bedform distribution area is an unstable area of submarine engineering, and its evolution and migration will cause oil, gas, water, electricity pipeline hollowing and fracture, and exploration engineering instability and displacement. Because the regular bedform is a sign of paleoenvironment, it is very concerned by oil and gas explorers. There are many reports. The larger sand bedform can form the source, reservoir and cap rock traps by itself. It is true that in recent years, with the advent of deep-water exploration methods, deep-water sediment waves have become a research hotspot and difficulty in marine geology. In the past ten years, the author has focused on the study of the bedform of continental shelves and slopes in the world, and has a understanding of their distribution patterns, dynamics, development and evolution mechanism, and has also discussed the different opinions. He hopes to present his understanding and the distribution of the bedform around the world to relevant readers and contribute a little to the national marine geological cause.

The book is divided into three parts and nineteen chapters.

In the first part, chapter 1 to chapter 3 based on the author's decades of practical investigation data on the sedimentary bedform of the coastal zone of Shandong Peninsula, the author summarizes the shape, dynamic characteristics, distribution rules, formation mechanism and bedding structure of sand waves, sand dunes, sand bars and other sedimentary bedforms under the action of land and sea hydrodynamic in the coastal zone, and also adds some practical cases on the engineering stability of the near shore bottom shape.

In the second part, Chapter 4 to Chapter 12, the formation and evolution of the underwater sand dunes and ridges on the continental shelves (< 200 m) of Europe, Asia, Africa and North America are introduced. According to the morphological characteristics of the continental shelf topography in each region, the migration rates of some subaqueous dunes on the continental shelf are calculated respectively, and the evolution history of the development, disappearance and activation development of the continental shelf bedform is analyzed. Combined with the stability of the continental shelf pipeline and exploration engineering, the practical role of the sandy bedform of the continental shelf in disaster reduction and prevention is discussed.

In the third part, Chapter 13 to Chapter 18, the paper introduces the hydrodynamics of deep-water flow, internal wave and turbidity current in the deep-water (200 ~ 3000 m) area of the continental slope, and the morphological characteristics, distribution and extension range of various large-scale deep-water sediment waves shaped under the action of them, discusses the formation and development mechanism of sediment waves, and analyzes the practical significance and application value of various genetic hypotheses. The latest research results of some typical Sediment Wave areas in the world are listed, which can be used for reference in the current deep-water exploration for the purpose of resource development and military engineering.

In the process of writing this book, we have referred to and quoted Chinese and foreign scientific and technological documents and current technical standards. Hereby, we would like to express our heartfelt thanks to the authors of the cited documents.

This work was financially supported by the Research Project Foundation Of Fujian Provincial Key Laboratory of Coast and Island Management Technology Study (CIMTS-2016-01)). At the same time, We would like to thank Liu Baoyin, Fan Dejiang, Cao Lihua, Zhao Dongpo, Li Bing and other colleagues who participated in the beneficial discussion of this book, as well as Zhao Le, Chen Changxiang, Fu Jianjun, Jiao Qiang, Hou Xiaolin and other graduate students for their great assistance.

We are grateful, especially to Jiang Chunying for her great support and meticulous concern about this book compilation.

Zhuang Zhenye, Yang Shunliang

In the late autumn of 2019 in Qingdao

目　次

第一篇　近岸带砂质底形

第三篇　陆坡深水沉积物波

Contents

Part I Sandy Bedform of the Coastal Zone

Part III The Deep Slope Sediment Wave

第一篇

近岸带砂质底形

近岸带是陆架海洋的一部分，这里有广阔的海水、起伏的潮水、连绵不断的波浪和各种海洋生物的活动。然而，当落潮时期，大部分近岸带却沉浸于陆上空气中，这里有风吹沙、河输沙和岸上生活特别是人为作用的影响，与陆架海洋大不一样。

近岸带，俗称海岸带，包括近岸浅水区带、潮间带和海陆动力共同作用的后滨带。近岸浅水区海水的主要特征是海洋动力受海底摩擦发生畸变。波浪在浅水区发生严重的变形，进而破碎和变成波流；潮流受浅水的影响从回转流变成往复流，潮差也变化无常。潮浪等动力在浅水区的变化统称为浅水效应（shoaling effect）。潮间带，海水有规律地垂直和水平运动，导致泥沙垂岸和顺岸的运动，形成丰富多彩的海岸带沉积底形。海岸线以上的后滨带本来是风为主的陆上环境的作用区域，却经常接受风暴潮期间的高位海水和强浪的淹没和冲洗作用，也形成具有海陆特色的各种沉积底形。

近岸带处于海陆动力共同作用之下，又经常受到人为的影响，沉积底形独具特色，是陆架和陆坡等海洋较深水区所难以见到的。特别是本区海面有规律的升降（任美锷，1965），许多底形在落潮期得以裸露，为研究者提供现场观测和剖开底形探寻内部层理构造提供了方便。因而，近岸带沉积底形的研究比陆架区、陆坡区的研究深入和全面，故在探寻陆架和陆坡较深水底形之前首先将近岸带的底形独立一篇。

第一章　近滨海岸带的水动力和砂质底形

1.1　牵引流的流态

自然界里，搬运和沉积碎屑物的营力主要有流动的水、风、冰川、重力和生物等，流水是最普遍的力，通常将流水和所负载的碎屑物质一起称为流体。自然界的流体有两种，即牵引流和沉积物重力流（刘宝珺，1980），虽然它们都受重力的作用，但搬运和沉积碎屑物质的性质极不相同。液体中由悬浮沉积物浓度差（包括液体密度差）而引起的物质流动称为沉积物重力流，又称非牛顿流，多分布于陆坡深水区。水下沉积物重力流的特征和机理将在深水陆坡区（后续章节）讨论。陆架和近岸带的流体主要是牵引流。

在流体力学上，凡服从于牛顿内摩擦定律的流体均称牵引流体，也称牛顿流体，水流（含少量碎屑的）和气流均为牵引流体，而流水在搬运和沉积碎屑物过程中，是更重要的一种流体，与其流动方式有关的三要素（流速、密度和黏滞度）构成牛顿内摩擦定律，即

$$\tau = \mu \frac{\mathrm{d}u}{\mathrm{d}y} \tag{1.1}$$

式中，τ 为单位面积上的剪应力，即单位流体表面面积上的黏滞切应力（又称内摩擦力），$\frac{\mathrm{d}u}{\mathrm{d}y}$ 为流体的剪切速度梯度（剪切变率），μ 为反映流体黏滞性大小的一个系数，为两层薄板之间流体的动黏度，称为动力黏滞系数，或液体黏滞力。以 NSm^{-2} 为单位（NS，即粕）。

水和空气在密度上以及动力黏度上都很不相同，水的密度为空气的 800 倍，而且有更大得多的动力黏度，但它们的 μ 却几乎相等，其数值大约为 0.01 cm^2/s，所以它们都是服从于牛顿黏性定律的流体（刘宝珺，1980），称牛顿流体。所以，所谓内摩擦定律是指在温度不变的条件下，随着流体梯度 $\left(\frac{\mathrm{d}u}{\mathrm{d}y}\right)$ 的变化，动力黏滞系数（μ）保持一个常数。

1.1.1　作用于流体质点上的力

物体有三态：固态、液态和气态。固体分子间距离最小，液体分子间宽松得多，凝聚程度低于固体，且不存在分子永久性的规则排列，受较小的外力即连续变形，液体的密度越大，产生加速度所需要的惯性力越大。

表面力通过质点和周围流体间的直接接触而起作用，当力垂直作用于表面时，称为压力即法向力，当力切向作用于表面，即其方向平行于流体质点表面时为剪切力。作用于任何面上的压力数值本身对质点的动力学并不重要，重要的是压力差，流体每单位体积上的净压力正比于相应面间的压力差，反比于两面间的距离，压力随距离的变化率（压力梯度）决定压

力对流体运动的净效应。例如淹没于液体中的物体，作用于其下部的向上压力较作用于上部的向下压力大，这就是浮力。

当流体处于相对运动中就产生了动压力，如用水冲洗物件上的泥沙，即密度为 ρ 平均流速为 v，管的横截面积为 A 的自由水流垂直作用于固体壁。当不同流体单元之间或流体与固体之间存在相对运动时就产生剪切力，它是由于流体具有黏性或黏稠性，有抗形变的能力。水的黏性很小，而其他一些流体，如蜂蜜，则黏性很大。3 种天然流体：空气、水和岩浆均为牛顿流体（Allen，1982），即在一定的温度和压力下其黏度为常数而与剪切力大小和剪切时间无关。流体中黏性阻力几乎与压力无关，它差不多只依赖于流体质点的形变率。例如，只要在水下，管中的流速相等，水流的摩擦阻力几乎是一样的。

1.1.2 层流和紊流的标志

牵引流的流态有二，即层流和紊流。层流即平稳流动的流，水质点运动流线相互平行，当然其流速是缓慢的。紊流（湍流，涡流），是流线紊乱的流，紊流流速比层流大得多。如水龙头放水，低速时，水流是光滑而透明的，高速时，水流变粗而紊乱。这两种形态分别对应于层流和紊流。

层流与紊流的分界标志是雷诺数。雷诺数 Re（Reynolds）是一个无量纲数，表示惯性力与黏滞力之比。惯性力即流体流动时产生的向上浮力，黏滞力等于流体黏滞性所存在的阻力。按雷诺数的实验，当 $Re < 500$ 时，水流不管有多大的干扰总是呈层流状态；当 $Re > 2000$ 时，水流就无法保持层流状态，就变成紊流（刘宝珺，1980），而 Re 在 500 ~ 2000 之间时，水流呈过渡状态。

$$Re = \text{惯性力} / \text{黏滞力} = \frac{Vd}{\gamma} \tag{1.2}$$

式中，d 为管道直径或明渠水深，V 为流速，γ 为水流动力黏滞系数，不同密度流的黏滞系数不同。

层流的流速总是小于泥沙的起动流速，所以不能带动泥沙，与泥沙的运动和沉积无关。

紊流的流线是紊乱的。紊流中，有向上的涡旋力，也有向下的力，前者就可以抵消泥沙颗粒的重力而浮之。紊流的流速远大于层流，也往往大于泥沙的起动流速，所以，紊流可以搬运碎屑物质。紊流又有急紊流，缓紊流和临界流之别，其判别标志是弗罗德数 Fr（Froud）。弗罗德数是个无量纲数，表示流体惯性力与重力的比值。其物理含义是对于速度为 V 的单位流体质量在 L 距离的力减速至停止状态所需的力（刘宝珺，1980）。

$$Fr = \frac{\text{惯性力}}{\text{重力}} = \frac{V^2}{gL} \tag{1.3}$$

式中，V 为平均速度，L 为实验水深，g 为重力加速度。

实验证明：

$Fr < 1$ 时，为缓紊流，又称下部水流状态（lower flow regime），可携带细、中粒的沙运动，塑造小尺度进而较大尺度的底形；

$Fr = 1$ 时，为临界流，又称过渡水流状态（transition regime），底形受到侵蚀，发育平坦沙底，亦即上平床底形；

$Fr > 1$ 时，为急紊流，又称上部水流状态（upper flow regime），可携带大一点的泥沙颗粒运动，并发育逆行的底形，如逆行沙波。

一定弗罗德数的紊流，将海底泥沙掀起和塑造成一定的底床形态（底形），随着 Fr 的变化，海底底形也显示出各种不同的形态。因此，通过弗罗德数（Fr）可以判别海底的水流状态和底形形态。

1.2 近岸带水动力

海洋近岸带是海洋接近陆地的极浅水地带，水动力环境十分复杂，是海陆动力相交织的区域，包括潮汐、波浪、洋流、河流和风动力等。

1.2.1 潮汐与潮流

潮汐（tide）源于潮波的传播，潮波乃天体（太阳和月亮）引力和地球自转作用下海水的周期性的运动，包括周期性的起伏和周期性的水平流动，常称前者为潮汐，后者为潮流（tidal current）。世界上大部分陆架和近岸带均为有潮海，海面在一昼夜时有两次或一次升降。潮波（tidal wave）是在天体引潮力作用下海水的起伏现象，假设全球均被海水覆盖，某时刻全球海面起伏成两个长周期大波并向前传播。大洋上潮波只有 0.5 m 高差，至陆架浅海和近岸带，潮波受底摩擦和岸线曲折地形的影响，潮差增大，称为潮波的浅水效应。Davis（1964）按潮差大小划分成弱潮区（潮差≤ 2 m）、中潮区（潮差 2 ~ 4 m）和强潮区（潮差≥ 4 m）。某些近岸带海区受地形影响潮差可高出数倍，如加拿大芬地湾潮差达 16.3 m（Eisma，1998），英国塞文河口潮差 14.8 m（Allen，1982），中国江苏如东县潮差达 9.28 m（王颖，朱大奎，1994）。当然也有些地方潮差接近 0 m，称为无潮点，渤海的黄河口 5 号桩、黄海的成山头和海州湾等为无潮点，南海北部湾的无潮点在越南荣市，因此北部湾东部就是优势潮流区，潮流达 4.5 m/s。

潮汐使海面有规律的升降起伏，在近岸地带，造成有规律的海岸线迁移，改变了高潮淹没区的范围，决定波浪能否作用海底并控制破浪带的位置，也形成了高潮线和低潮线之间的宽阔的潮间带，潮间带是海洋动力和陆上风动力相互交织区域，也自然成为海滩底形最复杂的地区。

涌潮（tidal bore）也是近岸河口的一种特殊的潮汐现象，潮波传入浅水区后受边界摩擦而发生变形，波能积聚而破碎，称涌潮，如世界驰名的中国钱塘江涌潮。

潮流是地球表面水体在天体引潮力作用下周期性的水平流动。按潮流运动形式分回转流和往复流两种。在开敞的海岸，岸外潮流在一个潮周期（半日潮周期为 12 小时 25 分，全日潮周期约 24 小时 51 分）内，潮流向呈 360° 变化（北半球顺时针转，南半球逆时针转），流速也相应变化，潮流椭圆近圆形（图 1.1A），在近岸，河口、海湾和海峡等海区，潮波受地形影响，变成往复流，一个潮周期内，大流速集中于椭圆长轴（图 1.1B）。

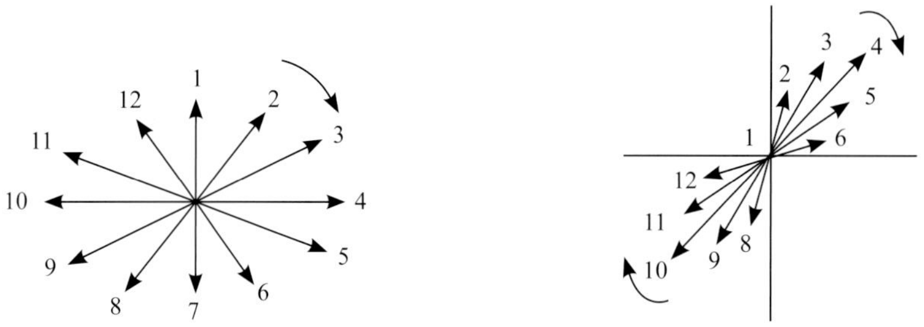

A. 半日周期的回转流　　B. 半日周期的往复流

图1.1　半日 的回转流和往复流

Fig. 1.1　Rotating and reciprocating flows in a half-day cycle

近岸带潮流速一般为大潮汛（月球朔望潮），30 ~ 40 cm/s，大于细砂起动流速（细砂起动流速 26 cm/s 左右），小潮汛，流速只有 10 ~ 20 cm/s，难以带动细砂运动。然而风暴潮期间，海面升高 3 ~ 4 m（如中国莱州湾顶，风暴潮海面可升高 3.75 m），潮流和波流流速也高达 50 ~ 90 cm/s，加之较高的波浪，导致泥沙快速向海运动，底形也被侵蚀。

1.2.2　波浪和波流

波浪是风作用的海洋水面波动起伏的现象。其能量很大，可以携运泥沙、侵蚀岩石、破坏建筑物，也可沉积海底底形。波浪的波峰和波谷是波面的最高和最低点，相邻波峰和波谷间的垂直距离称波高（H），水平距离为波长（L），波高和波长之比为波陡（δ），两相邻波峰和波谷通过一固定点所需时间为周期（T），单位时间波浪传播的距离为波速（C），波峰的延长线为波峰线，垂直波峰线的向岸方向为波向线。有效波高 Hs 为 N 个波序列中 1/3 最大波高的平均值。

波浪是风作用于海面的结果。当风作用于海面时，风的剪切力使海水表层发生振动和波形传播的现象称为风浪，风浪波长短，波陡，风浪的大小取决于风速、风历时和风区长度。风停后风浪的传播称为涌浪，涌浪的波长长，能量大。

陆架较深水区的波浪属于摆线波，或规模波，小振幅波，其传播不受海底的影响，波浪水质点的运动轨迹是圆形的。内陆架和近岸带的波浪受底摩擦的影响为余摆线波或推进波，波浪在海水表面传播的实质是水质点在水下作垂直海面的圆周运动。波峰通过时底流向岸，波谷通过时，底流向海。推进波水质点运动的轨迹发生变形，变成椭圆，并随水深变浅椭圆变得更陡。导致波峰通过时历时缩短，流速（u_{crest}）增大，波谷通过时，历时增大，流速（u_{trough}）变小。进一步约在水深等于 4/3 波高或 1 ~ 2 个波高处水跌落，即波浪破碎。破波标志 γ_{br}（$H_{水深}/h_{波高}$）为无量纲数，理论上为 0.78，工程上用有效波高，常为 0.5 ~ 0.6（蔡锋，2015）。

近岸带波浪传播的基本特征就是波浪变形和破碎以及破碎后的波流作用的过程。这一过程对于海底泥沙包含两个问题，即波浪掀沙和浪流携沙运动。前者只要波浪底流速大于泥沙起动流速即可被掀沙。按 Komar 和 Miller（1973）的计算粒径小于 0.05 mm 的沙的起动流速 V_0 按公式（1.4）：

$$\frac{\rho V_0^2}{(\rho_s-\rho)\text{g}D}=0.2\left(\frac{d_0}{D}\right)^{1/2} \qquad (1.4)$$

式中，V_0 为近底泥沙起动流速，d_0 为波浪对水质点轨道运动的直径，ρ_s 和 ρ 分别为泥沙和水的密度，D 为泥沙颗粒直径，H、h、L 和 T 为波高、水深、波长和周期。只要泥沙被掀动，自然就会随波流而运动。由于波浪的强烈变形，导致波峰通过时水的流速极大于波谷通过时，这种不对称水流促进海底泥沙向岸运动，成为塑造近岸带沙坝底形的主要动力。波浪破碎之后成波流，即近岸带环流。近岸带环流又是塑造各种海底沙波的主要动力。

近岸带环流包括波浪向岸传播导致的质量输送流，波浪斜向入射破波产生的沿岸流和由于近岸壅水产生的近岸向海的返回流（返回流和裂流）(图 1.2)。裂流是海滩上返回流局部汇集的水流，横断面宽数十米，切深 0.2 ~ 0.5 m，裂流长度与海滩宽度相关，通常 200 ~ 300 m，裂流颈是返回流向海流动的通道，流速比较高，可达 1 ~ 2 m/s，由于水浅和向海斜坡，*Fr* 数极高，可切断沿岸沙坝，带走粗砂砾，发育上部水流状态以上的逆行沙波。

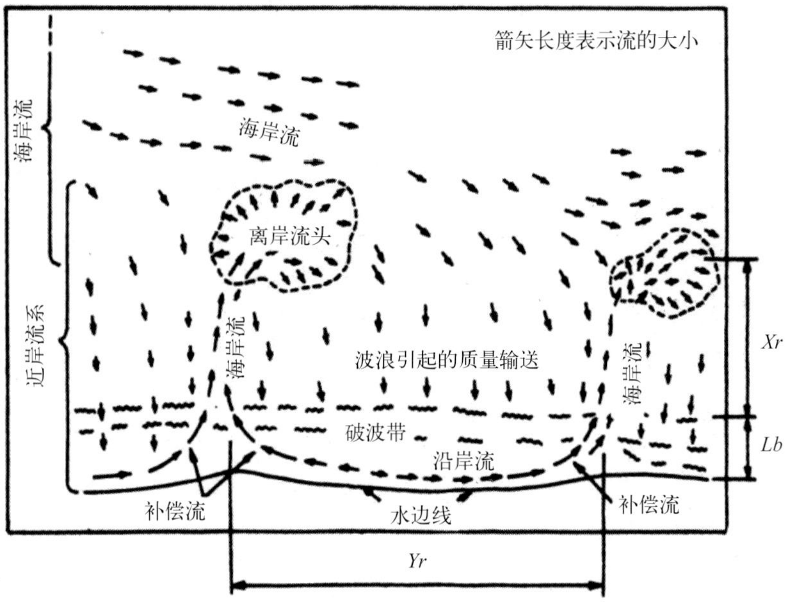

图1.2　近岸带的离岸流（裂流）、返流和沿岸流（据Komar，1998）

Fig. 1.2　Rip current, regurgitation and inshore current in the inshore zone (Reference to Komar, 1998)

风暴潮期间海面雍高力度甚大，返回流和裂流也十分强烈，导致海滩沙的侵蚀。

1.2.3　风动力

风是海洋上最广泛分布的动力，风对海面的剪切力，产生了波浪和风海流，对海底和海岸的侵蚀和沉积，塑造近岸带底形，风还直接作用海滩沙，落潮时被裸露的海滩沙，立刻被沐浴到风环境中，风吹干沙，并携沙至后滨，堆积成各种沙丘底形，沙丘底形可以抑制风暴浪对海滩的冲蚀，又可以当海滩亏沙时加以补充。所以风是海滩塑造和动态变化中最经常起作用的动力。

风也像水流一样有层流和紊流之分，风紊流对海滩沙的剪切作用使沙粒产生上举力，上举力克服重力而使干沙离开海滩表面的运动称为风沙流的吹蚀作用。但由于空气的密度与黏滞性比水小得多，1 g 水相当于同体积空气重量的 2000 倍（刘宝珺，1980），按经验公式小于 7 cm/s 的气流为层流，大于者为紊流，也以雷诺数（Re）为标志，Re 大于 1400 时，出现风紊流。只要风速大于起沙风速（V_0）就可以挟砂运动（V_0 与砂粒大小、形状和干湿度有关，则 γ_0 具有区域性）。干燥区沙 V_0 为 4.0 ~ 5.6 m/s，湿润区为 6.0 ~ 10.3 m/s。Sarre（1989）修改了 Bagnold 的起沙风速公式，使其适用于海滩上，该公式为

$$V_0 = A\sqrt{\frac{\rho_s - \rho}{P} gd}\left(1.8 + 0.6\lg w\right) \tag{1.5}$$

式中，V_0 为起沙风速；A 为实验系数，用 0.08；ρ_s 和 ρ 分别为沙粒和空气的密度；g 为重力加速度；d 为粒径；w 为沙粒间含水率，按陈方等（1996）在闽江口海滩测量的数据，w 在 0.3% ~ 3.0% 范围内。

砂粒运动有悬移、跃移和蠕移 3 种，其中 3/4 为跃移（Trenhaile，1997），悬移只有 1% ~ 5%，也与粒径有关，按实验，0.1 ~ 1.0 mm 的粒级沙易跃移，小于 0.1 mm 的极细砂和粉级砂能悬浮于空中，沙粒跃升至气流中的假说称为伯努利效应（bernoulli effect）。Anderson 等（1991）认为在高速气流之下，沙粒上方压强降低，通过振动而悬浮入气流中。同时跳跃的颗粒会撞击静止的颗粒，促使更多的颗粒起动（Willetts，1989，McEwan et al，1992）。海岸带的风大多为海陆风，白天，海水升温慢，风从海向陆吹，称海风，夜间，陆地降温快于海洋，风从陆向海吹，称为陆风。海陆风常大于 3 级（3.4 ~ 5.4 m/s）。按实验，离地面 2 m 处细砂的起砂风速 V_0 为 4 m/s，中砂 V_0 为 5.6 m/s，粗砂为 6.7 m/s（吴正，1996），则频率较高的海陆风可以吹动中砂、细砂，这正是后滨沙丘底形的粒度成分。冬夏季和风暴期间风速变化较大，往往侵蚀或堆积较粗些的沙，在沙丘层理中留下记印层，构成风成海岸沙丘的较多的楔状交错层理和层系间的再作用面。

1.2.4 河流动力

河流动力是海岸带最主要的动力之一。河流夜以继日地把流域区的河川径流汇入大海，不断改变着河口和近岸海域的海水性质和海洋动力，河水又不停地将流域区的大量松散碎屑物质搬运到海岸带，为海滩过程提供大量陆源物质。大多数海岸沉积物的主要来源是河流来沙，全世界河流每年向海洋提供 100 多亿吨沉积物（杨世伦，2003）。据统计，我国入海河流约 1500 条（刘锡清，2006），年径流总量约 $15\,493 \times 10^8 \mathrm{m}^3$，主要河流入海年输沙量约 $17.47 \times 10^8 \mathrm{m}^3$（曾呈奎，2004）。这么多的水和沉积物流入海岸带进而流到陆架。

河流输运陆源物质有悬移、跃移、推移和溶解 4 种方式，溶解不及 1%，推移形式在平原和河口地带因流速降低，比例也很少，按实验宜昌段长江推移质只占悬移的 0.43%，那么主要是以悬移形式输沙，又按 Komar（1973）计算，大约 25%（或更少）的河流输海物质，加入近岸带的海滩过程，75% 物质输入至闭合深度以外的陆架区。大量陆源物质输入近岸带，为塑造近岸带大量沉积底形提供了物质基础。

1.3 沉积底形的类型和分布

虽然近岸带潮、浪、风、河以及其他水动力日夜均在不停地进行着，但它们的强弱多寡，时空上却有极大的差别。有时某地区以潮为主、浪为辅，有时以其他某动力为主，另一些动

力为辅，这就按不同动力形成不同特征的海岸。如以潮汐作用为主的粉砂淤泥质海岸，以波浪动力为主，风潮动力为辅的砂砾质海岸，以河流动力为主，浪潮为辅的河流三角洲海岸，以及以风动力为主的风沙海岸等各种海岸类型。不同类型海岸上因动力不同（或物源变化），就会发育不同的沉积底形，并分布于一定的海岸地貌带上。以下概略描述它们在不同海岸上的底形类型。

1.3.1 潮控粉砂淤泥质海岸上的沉积底形

物源、动力和地形是塑造沉积底形的三大要素，前者包括供物多少和粒度大小，动力包括主要水动力和辅助的水动力。粉砂淤泥质海岸是以小于 0.063 mm 的粉砂和黏土的物质组成，又以潮汐和潮流作用为主。在地貌上和沉积学粉砂淤泥质海岸称潮坪（tidal flat）（李铁松，李从先，1993；张国栋等，1984）。潮坪分两种即碳酸盐潮坪和碎屑潮坪，碎屑潮坪又称潮滩。

我国潮滩海岸分布甚广，约占全国海岸的 1/4 以上，多分布于大河河口附近，长期地面下沉海岸和波浪十分微弱的区段。潮滩以潮流为主要作用力，潮流携带悬浮物质有二源：一为来自陆架外海和附近大河；二为潮滩物质的再悬浮。近岸潮流常具备涨潮流速大于落潮流速和低潮线向岸粒度渐变细的规律。机理在于潮滩泥沙的“迟后效应”（Postma，1961），包括沉积迟后（setting lag effect）和侵蚀迟后（Late erosion effect）（图 1.3）。沉积迟后效应是指质点沉降到底床的时刻较潮流减小到不能悬浮搬运此种质点的时刻为晚，当潮流减速后，悬浮质点沉降到底床需要一段时间，因此悬浮体浓度最低的时刻与平（憩）潮流速为零的时间之间存在着迟后，悬浮体也被带到较其开始下沉处更远的地方。侵蚀迟后效应是潮坪上沉积的质点在随后的落潮过程中，有可能重新被潮流挟带进入搬运，颗粒被重新悬浮需要潮流流速超过颗粒起动流速度。导致低潮线附近粒度最粗（一般砂质粉砂），向岸渐变成细成黏土级。

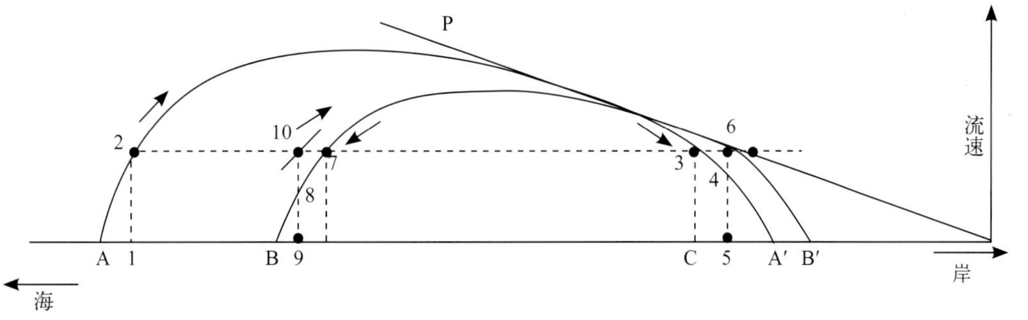

图1.3 潮滩上悬浮泥沙的侵蚀迟后和沉积迟后效应示意图（据Postma，1961）

注：P点位切线与弧线AA′和BB′的交点，代表半潮时水体的最大流速。1～10为质点运动次序，A, B和A′, B′为质点位置

Fig. 1.3 Late erosion and late deposition effects of suspended sediment on tidal flats (according to Postma, 1961)

Note: the intersection of the tangent line at point P and the curve at AA’ and BB’, represents the maximum velocity of water at half tide.1 ～ 10 is the motion order of the particle, A, B and A’, B’ is the position of the particle

粉砂淤泥质海岸地貌上分为潮上带、潮间带和潮下带（图 1.4）。潮上带为平均高潮线至朔望大潮和风暴潮海水能到达的而平时无海水的近岸湿地；潮间带为平均高潮线和平均低潮线之间地带，又可细分为潮间上亚带、中亚带和下亚带；潮下带为平均低潮线向海地带。图 1.4 是作者总结渤海西南岸 1 000 km 粉砂淤泥海岸的地貌分带和底形分布示意图。不同

地貌带底形不同，潮间下亚带接近低潮线，是粒径最粗的亚带，平坦滩面上普遍分布直线形中、小沙波，又称波痕，波长 20 ~ 50 cm，波高 3 ~ 5 cm，两翼不对称，陡侧指向陆，反映涨潮流速大于落潮流速，落潮流不能改造涨潮流形成的沙波。由于小沙波分布广泛，又称该亚带为沙波带。潮间中亚带又称凹坑带，高潮时常被海水覆盖，滩面低平，遍布大小侵蚀坑，每坑直径 2 ~ 3 m，坑深 5 ~ 10 cm，坑内平坦，也发育更小沙波，坑缘（迎流缘）陡（图 1.4），即潮流顺个别小虫孔发生滩地液化向源侵蚀所致。潮间上亚带由极细粒黏土级组成，仅朔望大潮期被海水淹没，平日小潮汛期常被裸露为龟裂纹光滩，主要底形是虫塔（海蟹的粪便）和虫孔。这些底形虽小，老地层中常可见到。按虫孔数目和特征来确定潮滩古环境（冯增昭，1994）。潮滩上较大的底形是潮沟或潮汐水道（tidal channel），它是涨、落潮水的主要通道，水道有大小、淤蚀和各种弯曲形态之分，侵蚀型水道底以细砂为主，堆积型水道底以悬浮的黏土级为主。

粉砂淤泥海岸常与河口相伴，河口流量和位置的改变引起海岸潮上带沉积沙岛和沙脊底形的变化。

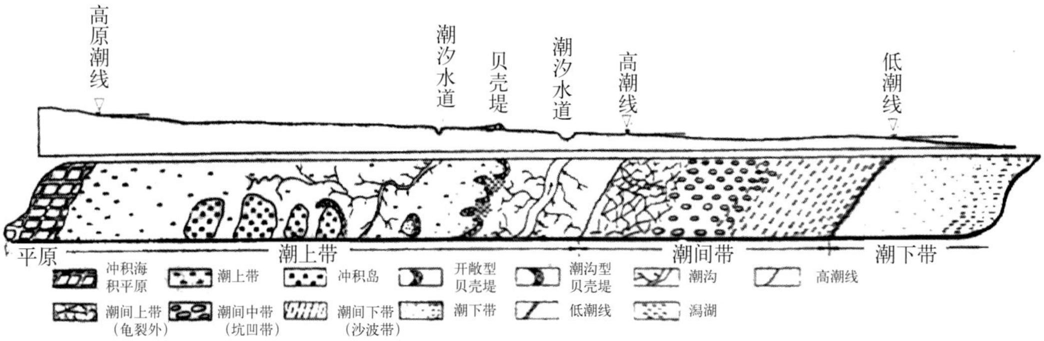

图1.4　贝壳滩脊及潮滩地貌分带示意图（庄振业等，2008）

Fig. 1.4　Schematic diagram of shell beach ridge and tidal beach landform zoning (Zhuang et al, 2008)

1.3.2　浪控砂砾质海岸上的沉积底形

砂砾质海岸是以波浪作用为主、潮、风、河流等作用为辅的碎屑沉积岸段。波浪长期的冲刷、沉积和输移作用导致陆源的碎屑物质中的细粒（粉砂黏土级）被带到岸外，较粗粒的砂质物质（0.1 ~ 1.0 mm）留于海岸带。海滩物质在波浪和潮流的簸选下，砂质碎屑的成熟度（沉积物中石英含量与长石加岩屑含量的比值）（Pettijohn，1975）很高，成为塑造砂质底形的物质基础（Davidson-Arnott，1976）。我国砂砾质海岸（也包括基岩岬角和砂质三角洲岸）约占全国大陆海岸一半以上（刘锡清，2006），主要分布在鲁辽、两广和海南一带。

海滩是海（湖）沿岸分布砂砾质松散堆积体（Shepard F D，1973），它是海洋近岸带规模最大的浪控砂质底形，是砂砾质海岸代表性的地貌。海滩的向陆边界是波浪（暴风浪）作用的上界，高约平均海平面以上 3 ~ 4 m，其外界是低潮线以外的最外破浪带，工程上称闭合深度。闭合深度（closure depth）是砂质海岸泥沙运动最活跃的深度的外界（Hallermeier，1978）约为 5 ~ 8 m 水深，此深度以下（向海）泥沙运动极小，以上（向岸）波浪严重变形破碎，泥沙强烈运动。地貌上海滩包含内滨（inshore）、前滨（foreshore）和后滨（backshore）（图 1.5）。海滩宽度比粉砂淤泥质海岸窄得多，水上水下不过 1 ~ 3 km。低潮线以外总称滨外，波浪以多次严重变形和破碎为特征，主要发育岸外水下沙坝底形（李凡，1982）。水下沙坝通常2 ~ 3条，最多不过4条（Komar，1998），沙坝间为凹槽。前滨即潮间带，波浪既有变形破碎，也有破碎后的波流和潮流的作用，在低潮期间，风流亦频繁作用。潮间带是海滩底形最为发育的地带，包括浪控直线型不对称沙波，流成直线型沙波，流成新月型沙波，流成舌型沙波，风成直线型小沙波和浪控沿岸沙坝等。后滨带包括滩肩前缘和坡顶沉积。

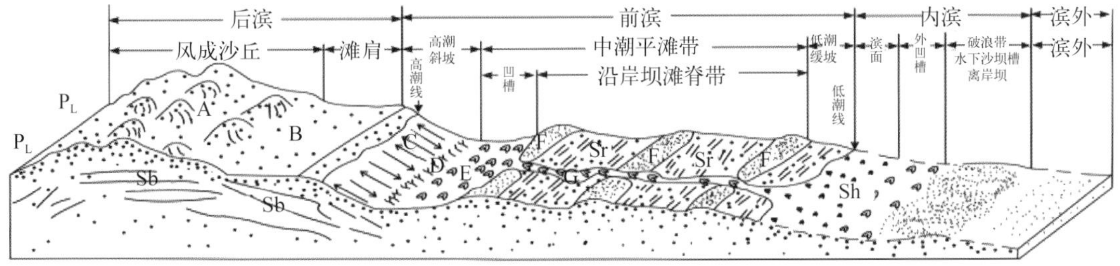

图1.5 海滩地貌分布和底形分布示意图（庄振业等，2008）

A.后滨风成沙丘带；B.后滨滩肩；C.高潮斜坡带和冲流带；D.流痕；E.凹槽和流成沙波；F.沿岸坝；G.裂流颈及流成沙波；Sr：浪成直线型沙波；Sh：滨面；Sb：海滩层理；P_L：平原或潟湖

Fig. 1.5 Schematic diagram of beach landform distribution and base shape distribution (Zhuang et al, 2008)

A. The eolian dune belt at the rear shore; B. Backshore beach shoulder; C. High water slope zone and flushing zone; D. flow mark; E. Grooves and flow into sand waves; F. Coastal dam; G. Crevasse neck and sand wave formation; Sr: straight sand wave; Sh: waterfront; Sb: beach bedding; P_L: plain or lagoon

大型沉积底形是风成沙丘（又称岸前沙丘，高约1 ~ 3 m）、沙脊（横向沙丘链）和大型风成底形，如秦皇岛风成沙脊，高达42 m（曾照爽，2003）。在滩肩前麓还发育规律性的一系列侵蚀流痕型底形（王月霞，1996）。上述砂砾质海岸上的各种砂质底形不论形态多样，形体大小，动态变化以及其特有的内部层理构造都是沉积学上重要的海岸带环境标志，在工程上也具有重要的应用价值。本书第三章将以山东半岛砂砾质海岸底形为例，详细介绍它们的形态特征，发育演化机理和动态演变规律等。

1.3.3 河控沉积底形

河流以流速流量和输沙量的变化形成河口三角洲海岸，我国地势西高东低，高差较大，河流众多，初步统计，大陆入海河流约1500条，主要的14条大河每年总流量约$15.493 \times 10^8 m^3$，年输沙量约$17.47 \times 10^8 t$（刘锡清，2006）。在沿海形成许多大小三角洲海岸，三角洲受河流输沙和波浪潮流的共同作用，不断向海淤长发育三角洲平原带，前缘带和前三角洲带等地貌区带。其上的沉积底形主要是沉积型的河控沙脊和侵蚀型的浪控沙坝。

沉积型河控沙脊是三角洲在淤长过程中河道强烈输沙阶段的沉积砂体，如浙江温州瓯江口南岸三角洲平原和潮滩上分布4条与海岸平行的沙脊，分别为寺前沙堤、宁村沙堤、五溪沙堤和天河盐场沙堤。其长度多在13 ~ 15 km，宽度在230 ~ 500 m，高出平均海平面1.0 ~ 3.0 m（图1.6）。黄河现代河口经常可见河口涨水喷沙形成顺沿岸流方向的沙嘴，即河控沙脊。微弱喷沙时，三角洲变缓慢淤长。并可在地层中记录相应夹砂层。

侵蚀型沙坝，乃河道摆动，移走后受波浪作用细粒被带走形成平行海岸的沙坝或贝壳坝，如莱州湾和渤海湾海岸上沉积的4条贝壳堤，即不同时期黄河移到苏北时的浪成沙坝。

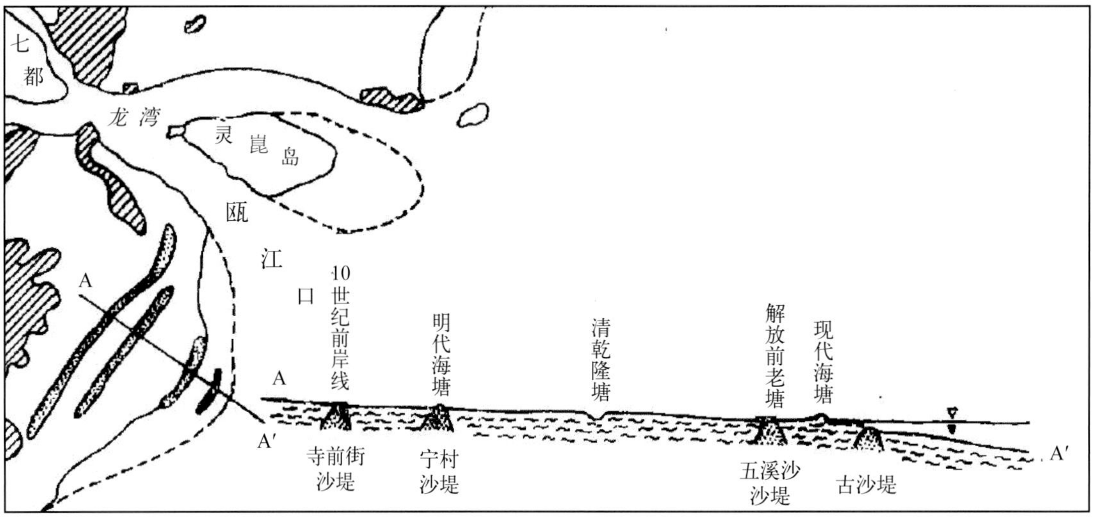

图 1.6　浙江温瑞平原古海塘堤示意图（孙英，黄文盛，1984）

Fig. 1.6　Diagram of ancient seawall dike in Wenrui plain, Zhejiang (Sun and Huang, 1984)

第二章　山东半岛海滩的层理构造

山东半岛主要指沂沭断裂带以东的古老地块，地质上属于新华夏第二隆起带，以古老变质岩为基底，中新生代多期岩浆侵入，长期缓慢隆起侵蚀剥蚀丘陵区，海岸长约 2500 km，砂砾质海岸为主，又可分成岬湾砂质海岸和开敞砂砾质海岸。前者主要分布于半岛东部，靠海岬消散入射波能，导致湾内海滩稳定；后者往往形成长距离的沙坝潟湖岸，沙坝海滩宽阔漫长，初步调查整个半岛长 3 km 以上的沙坝约 29 条（图 2.1）。为了探讨研究海滩层理构造，数年来，笔者在一些海滩上用铲车（图 2.2）或人工开挖 26 条垂直海岸的探槽，一般均可切深至海滩砂层底界，这些剖面直接显示了海滩的沉积砂层和层理组合。西方常用的是荷兰的“揭皮”法，只能用于粉细砂海岸，山东半岛的海滩是十分松散的中粗砂质，不能用“揭皮”法。笔者使用干湿风化适时摄影法获得成功，可拍下沙坝的全部内部层理构造和层理的动态组合。

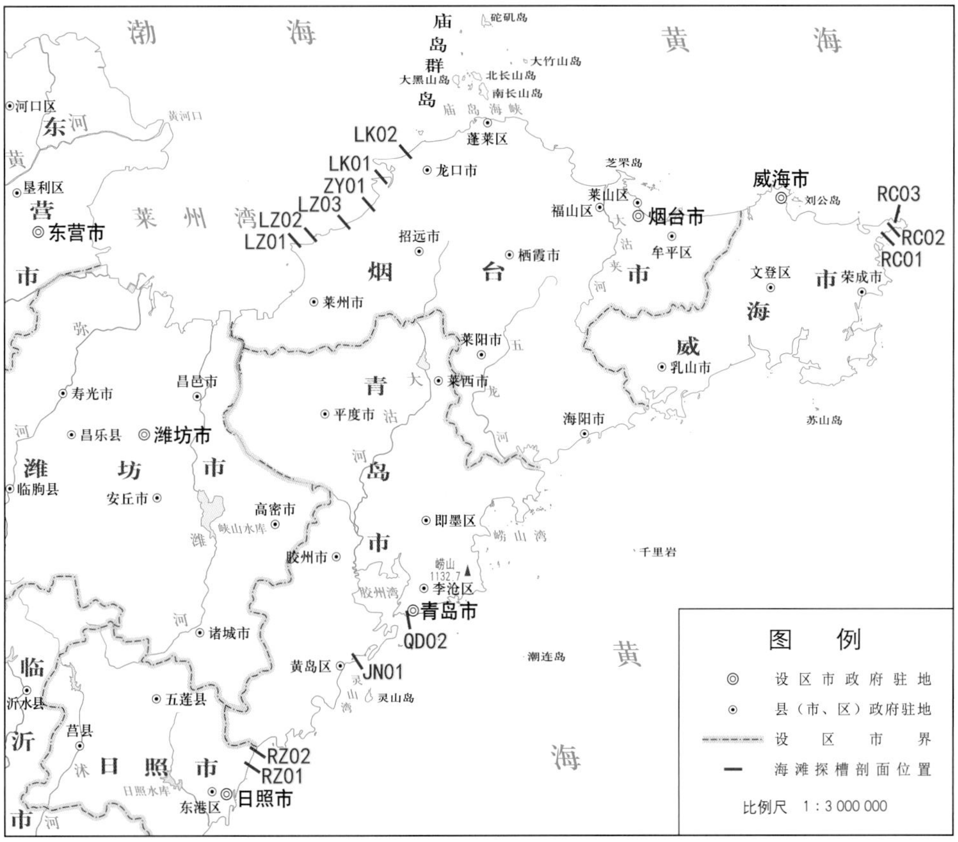

图2.1　山东半岛海滩探槽剖面位置

注：RZ，日照；RC，荣成；LZ，莱州；LK，龙口；QD，青岛；JN，胶南；ZY，招远

Fig. 2.1　Location of sand bar beach and sounding trough profile in shandong peninsula

Note: RZ, Rizhao; RC, Rongcheng; LZ, Laizhou; LK, Longkou; QD, Qingdao; JN, Jiaonan; ZY, Zhaoyuan

图2.2 铲车挖海滩探槽剖面Lo07（2011年摄）

Fig. 2.2 Section Lo07 of forklift trench digging on the beach (2011)

海平面变化会引起海岸带位置的海陆迁移，这就必然会造成海滩沉积层的变薄，全新世海侵使海面上升，淹没了陆架，也使海岸不断向陆迁移。大约在距今 7 ~ 6 ka 海面上升至今岸线附近（杨子赓，2004；刘锡清，2006；庄振业等，1983a），现代砂质海滩也基本稳定于原位（夏东兴，2009；庄振业，林振宏，李从先等，1983）。山东半岛许多钻孔和探槽证实现代海滩厚度约 8 ~ 9 m。大约呈自下而上由细到粗（李从先，1984），近海滩顶受风影响再变细的层序（图 2.3）（弗里德曼，桑德斯著，徐怀太，付维文译，1987），海滩层以下为陆相沉积层（李从先，1987），海陆相层之间为不整合界面。

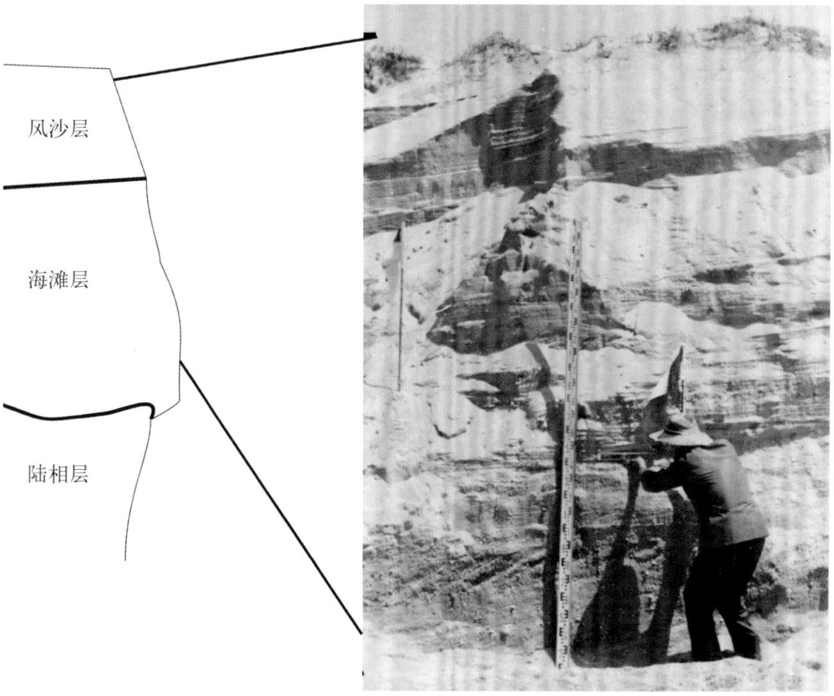

图2.3 莱州三山岛海滩垂向层序，探槽L01（1983年摄）

Fig. 2.3 Vertical sequence of sanshan island beach, laizhou, 1983 (profile L01)

山东半岛近海陆地深、浅变质岩和花岗岩较多，风化碎屑产砂率特别高，被河流带到海滩，沙源相当丰富。受波浪作用，海滩粒度以砂质为主，通常在 0.063 ~ 1.0 mm 之间，又以中粗砂为主，频率曲线呈负偏态，海滩滩面坡度上陡下缓总体上凹形（Wiegel，1964）。海滩滩面呈自岸向海粒度总体变细，砂层渐变薄，粉砂质渐变多的规律，直至滨外。海滩受波浪不同动力带的影响，层理构造也十分丰富，富有规律性，是地层划相中岸线带的有力标志，本章将着重介绍海滩层理构造的组合类型、沉积特征、形成机理和应用价值。

2.1 海滩波浪动力和地貌分带

海滩动力既包括风、河流等陆上动力又包含潮、波、流等海洋动力。就砂砾质海岸来讲，波浪动力显然占主导。随着自海向陆水深的变化，波浪变形程度不同，形成了各种海滩水动力带（图 2.4），不同动力带发育不同的底形，海滩的沉积结构和层理构造也有差异。

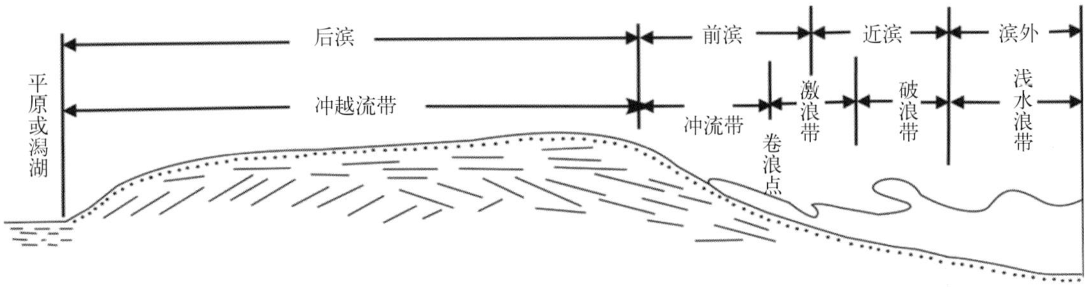

图 2.4 双坡式海滩剖面的动力分带

斜实线为海滩层理

Fig. 2.4 Dynamic zoning of double-slope beach section

Oblique solid line is beach bedding

2.1.1 浅水波带

波浪产生于风。在岸外深水区，波浪以正弦波的波形传播，波长（L）较长，波陡（H/L）较小，波浪水质点运动轨迹呈圆形，波能作用不到海底。当进入浅水区（水深小于 1/2 波长的海区），波浪受底摩擦作用发生变形，同时又不断向岸传播，直至破浪带，地貌上称为水下岸坡或滨外，属于浅水波带。浅水波带的主要动力特点是波浪由正弦波变成孤立波进而破浪。随着水深的变小，波浪变形不断加剧，水质点运动轨迹由圆变成椭圆，波长减小，波高增加，椭圆的前坡变陡变尖和悬空而破浪。浅水波带的下界是波击面，按经验在 18 m 水深附近，而暴风浪时波击面可达 100 m 水深以外（Komar，1998）。

在进波带，海底泥沙颗粒在水质点不对称的震荡运动（波浪变形）中总体上是向岸运动的，故底质自海向岸由细变粗。

2.1.2 破浪带

破浪带是海岸和海滩的高能带，波浪以崩顶破波、卷跃破波和激散破波 3 种形式发生倾倒破碎。出现大的涡流，同时急剧消能，粗粒沉积下来，细粒以悬浮形式被带至滨外，则海底形成上凸平缓的粗粒底床。在底质图上可见平行海岸的一条砂含量高和分选高带状。水深一般等于4/3（或1 ~ 2）个波高附近。首个破浪带的外界在工程上称为闭合深度。闭合深度至岸线的距离视海滩坡度的大小而不等，一般1 ~ 2 km，有潮砂质海岸上，更远些。

2.1.3 激浪带

首个波浪破碎后变成激浪，激浪既有波形的传播，又有水体的前进。Chanler 和 Sorensen（1973）称为向岸壅水型浅水高速移动波，又称推进波，直至卷浪点（plunge point）（卷浪点乃冲流带的回流与后续破碎波浪相交汇之点）而进入冲流带（图 2.5）。推进波在向岸传播过程中还将多次破碎，波高一次比一次降低，直至卷浪点。激浪带的宽度视海底的坡度大小和潮差大小而定。窄者数 10 m，宽者 2 km 或以上。滩面上除波浪作用以外，还伴随着大量片状水体的流动，包括来自推进波的水的向岸运动，由于近岸壅水（水面壅高）而产生的返流和裂流的向海流动以及风和斜向入射的沿岸流。卷浪点在高潮线附近，乃破波后返回的片状水与后续激浪相汇，强烈碰撞产生的湍涡流。因而海底滩面上发育各种类型和大小的水流沙波底形。

图2.5 山东招远县海滩冲流和卷浪点（1991年摄）

Fig. 2.5 Beach wash and roll points in zhaoyuan county, shandong province (taken in 1991)

2.1.4 冲洗带

激浪最后一次破碎后变成片状水体在滩面上，上、下冲洗，称为上冲流（uprush）和回流（back wash），冲洗带就是上冲流和回流交互作用的地带（图 2.5）。上冲流携带波浪破碎后的动能沿滩面向上流动，受重力、摩擦力和下渗的作用，使其不断减速，直到动能全部释放变成势能而停止。终止点上沉积了狭窄的沉积脊（冲流痕），回流从这里开始，受重力作用，初速很慢，但渐加速，而达到高流态，回流与后续的激浪相汇，强烈的碰撞产生湍涡流，即卷浪点。回流的速度取决于前滨坡度和回流水体等因素，按作者在山东半岛北部海滩（坡度5° ~ 6°）冲流带中部流速可达 1.2 ~ 1.7 m/s。总体来看，冲流带的流速，不论上冲流还是回流，都存在自下而上、由大到小的变化。同一点上，还存在上冲流的流速总大于回流的规律。

2.1.5 冲越流带

大浪的上冲流越过高潮岸线和海滩顶的片状水流称冲越流，该流一部分水渗入海滩，另一部分越过海滩顶流入潟湖、湿地或平原，所携带的粗粒沉积物加积于海滩后滨的向陆边坡，形成沉积学上的冲越扇（washover fans）。暴风浪之余，宽阔的海滩顶长期没有海水冲越，可在风的作用下，发育各种风成沙波，沙丘等次一级底形，增加了海滩顶面的高度。

除海浪之外，潮汐在海滩上也起了重要的修饰作用，潮汐的起伏使破浪带——冲流带的大片海滩频繁地向陆和向海迁移，扩宽了海滩的宽度。将海滩形态修饰成上凹形。Komar（1985）将潮差大的地方划为高潮海滩，低潮海滩和坡度平缓的中潮滩。潮差大的直接影响海滩层理的组构。

2.2 海滩层理构造

海滩（beach）是沿岸分布的疏松沉积物堆积体，Shepard（1973）认为海滩是砂砾覆盖的海滨，显然不包括粉沙淤泥质海岸。海滩以砂为主具有较好的分选性，常显示负偏态。具有多种层理构造（何起祥等，2006）。海滩上有各种各样的沉积构造，包括波浪河流和风流产生的构造和生物虫迹构造，它们都是海岸古环境的有力标志。这些沉积构造有的表现于现代海滩的表面有的组成于海滩地层中，成为海滩的内部沉积构造，具有十分重要的环境价值和应用价值。

海滩最明显的特征是多层状，Komar（1985）称为多层状海滩，Thompson（1937）、Emery 和 Stevenson（1950）称海滩厚度 1 ~ 20 mm 的黑（重矿物层）白（轻矿物层）相间层为“Lamination”（Cliffon，1969），译为纹层或细层，然而粗砂海滩中的细层还不止 20 mm，且其粒序具有特色。仔细观察发现不同类型海滩和海滩不同部位的细层和层系均有差别。Zenkovitch（1959）曾从形态上把海滩划分为完全式（双坡式）和不完全式（单坡式）两种。后者，滩肩向陆是高地或沙丘；前者，向陆一侧是平原、潟湖和湿地。从整体上来看，双坡式海滩内层理类型比较齐全，有向海微倾的细层理组成的层系组，特别是可见到反递变细层以及细层与层系界面的交切构造，还有海滩顶部的粗粒正递变细层（图 2.6）。按层理类型应称为平行层理，横切海滩的内部层理构造组成一个交错层组假背斜构造，单坡式海滩内部层理构造仅仅是向海侧半个假背斜构造，包括于双坡式中，故以下只讨论双坡式的海滩层理。在波浪和潮汐的作用下形成各种砂层，组成丰富的海滩层理。

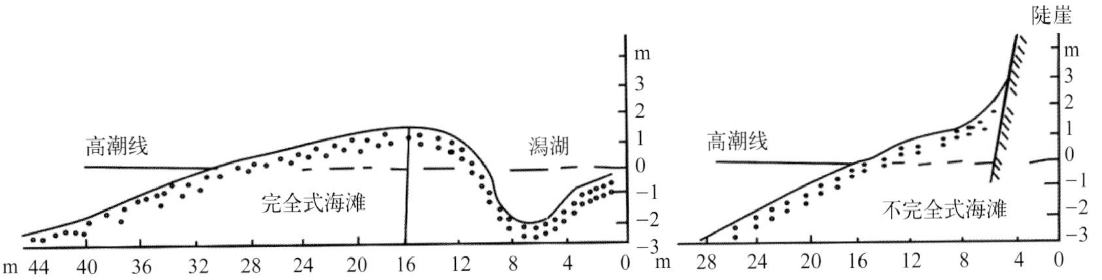

图2.6 完全式海滩与不完全式海滩剖面示意图

Fig. 2.6 Complete and incomplete beach sections

2.2.1 层理的基本要素和类型

层理（bedding，stratification）是沉积物原生沉积构造之一，是沉积物层面构成的总称，也是沉积底形内部的颗粒排列形式。地层中层面构造反映沉积层（物）的平面差异，层理由沉积物成分、结构、颜色、定向性等性质在垂向上的变化表现出来（何起祥等，2006），则层理反映沉积环境的垂向演化历史。层理构造是沉积底形的原生组成部分。反映底形的沉积环境、水动力以及物质搬运方向等，也是研究底形的形成演化不可缺的环境标志。

组成层理的基本要素有细层（stratum）、层系（set）、层系组（coset）和再作用面（reactivation）。细层是层理的最小组成单元，它是成分均匀或粒度有规律的渐变的同时形成物。较薄的细层（＜1 cm）称为纹层（laminae）；层系是性质成分相似，形成方式相同和相互平行的细层（纹层）组，厚几厘米到几米，它是基本稳定的动力条件下形成的沉积单元；层系组由若干同类型的层系组成或成因上有联系的若干层系的叠复。层系组是在同一个环境中相似的水动力条件下形成的，层系组之间，常以侵蚀面或间断面分开；再作用面是由于沉积条件突然变化（水流方向，强度和类型变化，水流蚀、淤动态变化以及物源变化等）而产生沉积物性质的不连续，层与层间有突变，切割了若干细层层系的侵蚀面。

按照层系的几何位置可分层理成多种类型，①水平伸展的层理：水平层理、平行层理、递变层理；②斜交的层理：交错层理、板状交错层理、槽状交错层理、鱼刺状交错层理、楔状交错层理；③弯曲状层理：爬升层理、脉状层理、透镜状层理等。其中，近滨海岸带和海滩上常见的层理有水平层理（无强烈扰动的情况，悬浮细粒物质沉积的是相互平行的细层或纹层叠置而成，厚几毫米至几厘米）、平行层理（高流态上平床砂质沉积层，由粗、中砂组成，细层之间相互平行）、交错层理（一系列近于平行倾斜的细层与另一组细层或层系相交而成，又分为板状交错、楔状交错和波状交错等几种）、递变层理（细层中以颗粒大小垂直渐变分布的层理，包括正递变和反递变几种）和爬升层理（悬浮物质较多的介质，形成粉砂组成的小沙波，在沙波迁移过程中向流面和背流面被上覆地层覆盖，又分为同相爬升、不同相爬升和前爬、后爬等爬升层理）。

研究底形不搞清楚内部层理构造是不完整的研究，海滩各带水动力不同的变化，构成海滩复杂的层理组构。

2.2.2 海滩层理的类型和特征

一个完整的双坡式海滩的内部层理构造由冲洗交错层理、平行层理和大型斜层理（后两者又称为后滨层理）组成。

（1）冲洗交错层理（swash cross bedding）

冲洗交错层理又称楔状交错层理，主要发育于前滨，又称前滨层理，它是海滩相砂岩标志性层理构造。其特征从平行岸线的剖面来看，是长距离的平行层理，细层厚 1 ~ 2 cm，或 20 ~ 30 cm。而垂直岸线的剖面上才能反映出层理的全貌（图 2.7A）。冲洗交错层理主要特征为细层以低角度（3° ~ 6°）向海倾斜，并延伸较远；层中有时见反递变粒序层；有楔状交切构造，即层系中细层相互平行，也平行于其下伏层系界面，均被上覆层系界面斜切。常见分布于前滨中部或类似高度上。

图2.7A （探槽J01）山东胶南灵山卫海滩层理叠瓦状向海倾的前滨楔状层理，层系厚度基本相当，显示高潮线附近的高度（1985年摄）

Fig. 2.7A (Trough J01) Foreshore wedge-shaped stratification of Lingshanwei beach, Jiaonan, Shandong Province, with imbrame-shaped seawall dip, showing the height near the high tide line (taken in 1985)

（2）平行层理（parallel stratification）

与后滨表面相平行的细层组，细层厚度 1 ~ 3 cm（图 2.7B）。分布于海滩后滨滩肩（图 2.7B）。

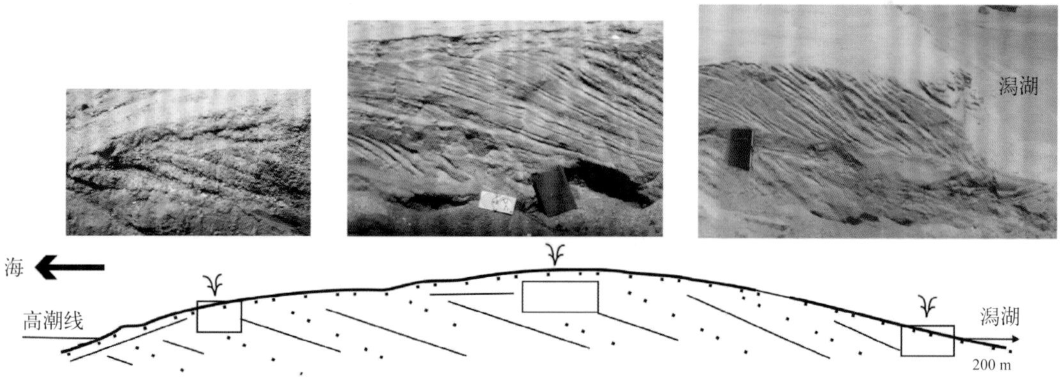

图2.7B 山东莱州王河口外侵蚀型海滩层理剖面（探槽L02）。以向陆倾的后滨大型斜层理为主，向海倾的前滨层组被侵蚀，变得极薄（2010年摄）

Fig. 2.7B Erosion type beach bedding section outside Wanghekou, Laizhou, Shandong (probe L02). The foreshore formation is eroded and becomes extremely thin (taken in 2010)

（3）大型斜层理（inline bedding）

海滩向陆侧分布的向陆倾斜 10° ~ 30° 的细层组，单个细层厚 3 ~ 10 cm，各层间接近平行，发育正递变粒序层（图 2.7C）。

图2.7C 山东招远海滩探槽Z02的正递变层序，后滨向陆倾层理为正递变层（1984年摄，右侧为海）

Fig. 2.7C Positive progressive sequence of the beach towards the lagoon in Zhaoyuan, Shandong, and positive progressive sequence of the beach towards the lagoon in the backshore dipping strata (taken in 1984, the right side is sea)

2.2.3 海滩层理的形成机理

2.2.3.1 细层的塑造

1）冲洗细层的塑造

冲流水浅流速大，据作者在莱州海滩实测，上冲流 1.7 m/s，回流 1.3 ~ 1.4 m/s，且水层极薄，则其 *Fr* 数很大，通常可达 1.0 ~ 1.3，剪切力很强，该水流通过滩面时，首先引起群砂跳跃（接近沉积物重力流）进而沉积成一个活动层，上冲流和回流均形成一个活动层，若二者流速接近，则一个波浪过后只形成一个活动层，若一个潮周期内，波浪参数均相等，则一个潮周期可形成一个活动层。据作者实测，大浪的活动层厚度可达 0.3 ~ 0.5 m。小浪时，薄些，只有 3 ~ 5 cm。若后一个潮周期的活动层大于前一潮周期的，则前一潮的活动层全部被破坏掉，若后一潮的活动层小于前一潮的，则可残留一部分活动层，若以后的波浪均不大，则这段剩余活动层被埋于海滩砂中，即一个细层。如此分析，海滩各细层之间均为一假整合面（庄振业，盖广生，1983b）。

2）后滨细层的形成

大潮大浪期间，海水翻越海滩顶，形成冲越流，在海滩顶形成平行细层，在海滩向陆侧受重力作用加积成一薄沙层，即大型斜层理，每个大潮大浪都可在此加积上一个斜细层，该细层厚 3 ~ 20 cm，有上薄下厚的趋势，属于正递变层（图 2.7C）。同时可见到暴风浪期间的高角度加积层（图 2.7B）和涌浪期间的平缓层，二者之间的厚度可以计算该海滩后滨的沉积率速率。

2.2.3.2 前滨反递变细层的塑造

反递变层指一个细层自下而上砂粒径由小到大，重矿物分布于细层底部（图 2.8A），以微取样作成图 2.8B。河流砂细层都是正递变粒序层，只有浊流、风和海滩层理中可见反递变粒序层。20 世纪 50 年代以来，反递变细层一直是海岸、海滩相沉积的标志性构造，长期用于沉积勘探中（Bigarella，1965）。现代海滩层理较为直观，但反递变层理并不连续分布，作者对山东半岛数十条海滩探槽剖面的观测和测量，海滩前滨冲流带的平均潮线至平均高潮线的高度上层理频繁交切部位反递变细层较多。海滩反递变层的形成曾有以下几种说法。

图2.8A　山东莱州三山岛海滩海滩反递变细层（有硬币处）（1987年摄，探槽L03）

Fig. 2.8A　Reverse graded fine layer (where there are COINS) of Sanshan Island beach, Laizhou, Shandong Province (taken in 1987, probe L03)

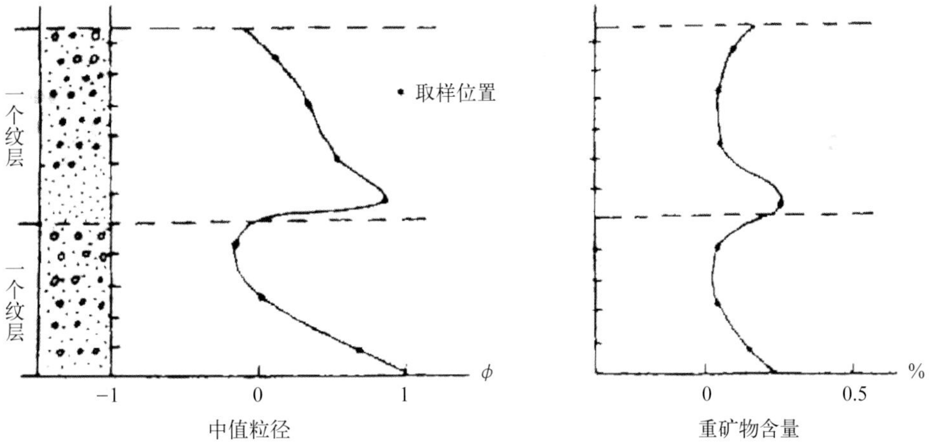

图2.8B　山东莱州三山岛海滩中的反递变细层的粒度及重矿物含量分布及变化

Fig. 2.8B　Distribution and variation of backgrading fine layer and heavy mineral content in Sanshan Island beach in Laizhou, Shandong Province

① Bagnold（1954）的剪切分选假说。贝氏 1954 年的实验，认为不同大小的颗粒在高浓度的悬浮砂中受剪切作用，粒大者受上举力大，则最终大粒浮于上部，成为反递变细层。

② Middleton（1970）认为，在冲流作用下，细小颗粒常落于较大颗粒之间的层底，作者称其为筛孔充填假说。

③ Fisher（1968）用伯努利方程证实了贝氏的解释，认为颗粒大受压力差大，浮力也大。伯努利方程指液体的流速与压力的关系式，流速愈大，颗粒受压力愈小，浮力就愈大（图 2.9A，

C)。它建立于液体中流速自上而下逐渐变小和愈近底流速变化梯度愈大的基础上(图 2.9B)。

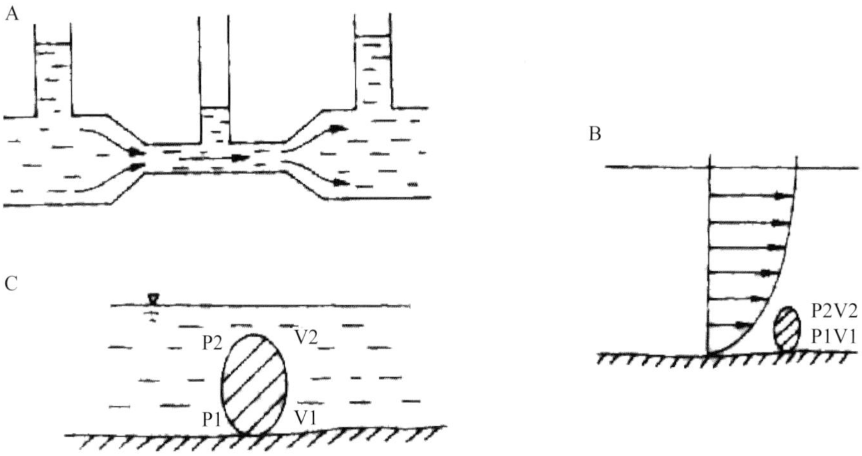

图2.9 伯努利方程的流体力学图

注：A.水位与流速关系设计图；B.近底流速梯度变大；C.颗粒压力差与流速差的关系

Fig. 2.9 Fluid mechanics diagram of Bernoulli equation

Note: A. Design drawing of relationship between water level and velocity; B. The near-bottom velocity gradient becomes larger; C. Relationship between particle pressure difference and velocity difference

$$\frac{P_1}{p} + gz + \frac{V_1^2}{2} = \frac{P_2}{p} + gz + \frac{V_2^2}{2} = 常数 \tag{2.1}$$

设液体中一颗粒，粒顶受压力为 P_2，粒底受压力为 P_1 两点相应流速为 V_2 和 V_1，水平区段，水头势能相等，则 gz 去掉，公式可改为

$$\frac{V_1^2 - V_2^2}{2} = P_1 - P_2 \tag{2.2}$$

$V_1^2 - V_2^2$ 近似与颗粒直径 h 呈正比(压力差)，则距离愈大，速度差愈大。

根据上述公式得：速度平方之差愈大，压力差也愈大，即颗粒所受上举力愈大。要想压力差增大(上举力增大)有两种可能，一为增加速度，使速度梯度增大；二为增加颗粒直径，即 h。所以，在高流速高 Fr 的情况下大颗粒受上举力大，向上跳得也高，则粗粒在细层的顶部(庄振业等，1989)。

Fisher 的解释证明了剪切分选假说，但只能在颗粒同比重的假设条件下，而自然界的砂成分多样，解释不了重矿物落于细层底部的含义。作者认为，加上米德尔顿假说就可以解释不同颗粒大小或比重的变化。

2.2.3.3 楔状交切构造的形成

细层的不同倾角反映当时海滩面的坡度角，层系界面就是一次大浪所塑造的海滩面的坡度角(图 2.7B)。大浪时(波陡大时)海滩上部的沙被带回海使海滩面上陡下缓，呈上凹剖面；小浪(涌浪)时，海滩砂回返，形成海滩上部上凸的剖面。一个层系里的细层和层系倾角就反映大小浪期间海滩面倾角的变化，特大暴风浪就形成了最高一级再作用面，可切割多个层系和细层，即层系组的边界面(图 2.10)。

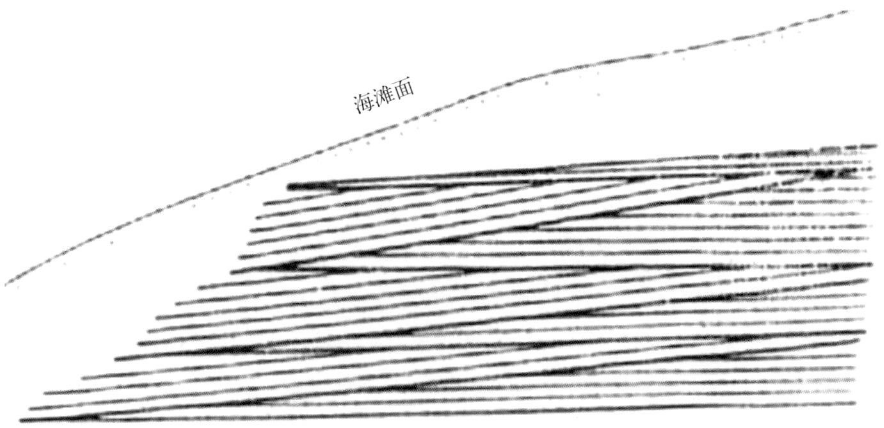

图2.10　根据图2.7A绘制的海滩冲洗交错层理组构示意图（细实线：细层：向海倾3° ~ 6°；粗实线：层系界面与细层平行又被上覆层系切割成楔状）

Fig. 2.10　A Schematic diagram of cross-stratification fabric for beach washing drawn in accordance with Fig. 2.7A (fine solid line: fine layer: tilting towards the sea 3° ~ 6°; Thick solid line: the interface of the layer is parallel to the thin layer and is cut into wedge shape by the overlying layer

2.3　海滩层理的地质意义

2.3.1　辨认古环境和确定古岸线

辨认古环境的首要工作是确定海陆分布及其间的古岸线。海滩层理特征和组构是确定砂体古岸线的可靠标志。古岸线附近有 3 种环境的砂质层理，河流、海滩和风沙。海滩以低角度的楔状交错层理为主，河流沉积广泛发育高角度的槽状交错层理，风成层理细粒含量和分选性高于海滩，海滩层理中的粗粒成分甚多，并向海细粒增多，而且海滩的反递变粒序层又是其关键的古环境标志（李从先，陈刚，庄振业，1985）。在油气勘探环境研究中，精确确定海滩相及近岸细分相，往往更多地依据海滩层理的特征和假背斜向层理组构。

笔者曾多次接待过内地油田勘探部门来青岛测量海滩层理倾角和组构，采集海滩样品，以验证古地层岩芯中的层理构造，来确定古岸线。

2.3.2　确定海滩淤、蚀动态和海岸稳定性预测

海滩层理的组合可以解释海岸的淤蚀动态。双坡式海滩的完整层理组合是一个假背斜构造，假背斜的向海侧为含冲洗交错层理的前滨层理组地层，向陆侧为后滨层理组地层。假背斜两侧地层不同组合就反映海岸的淤蚀动态。

（1）淤进海岸的海滩层理，主要由前滨层理组成，后滨层理（向陆倾）很小或被切割掉，如山东莱州三山岛海滩探槽剖面 L01 全部是向海倾的前滨层理（图 2.11A）。

（2）海滩剖面上只有薄薄的前滨层理掩盖着绝大部分的后滨层理，如山东招远远海滩探槽剖面 Z02 前滨层理无法保存，海岸长期侵蚀，留下的层理组地层都是向陆倾的后滨层理地层（图 2.11B）（庄振业等，1987C）。

（3）若海岸的海滩横剖面上许多暴风浪冲刷面集中于一起，如山东荣成城厢海滩探槽剖面 R01，许多冲刷再作用面集中一起，证明海岸多次后退到冲刷面附近又淤长了（图 2.11C）。

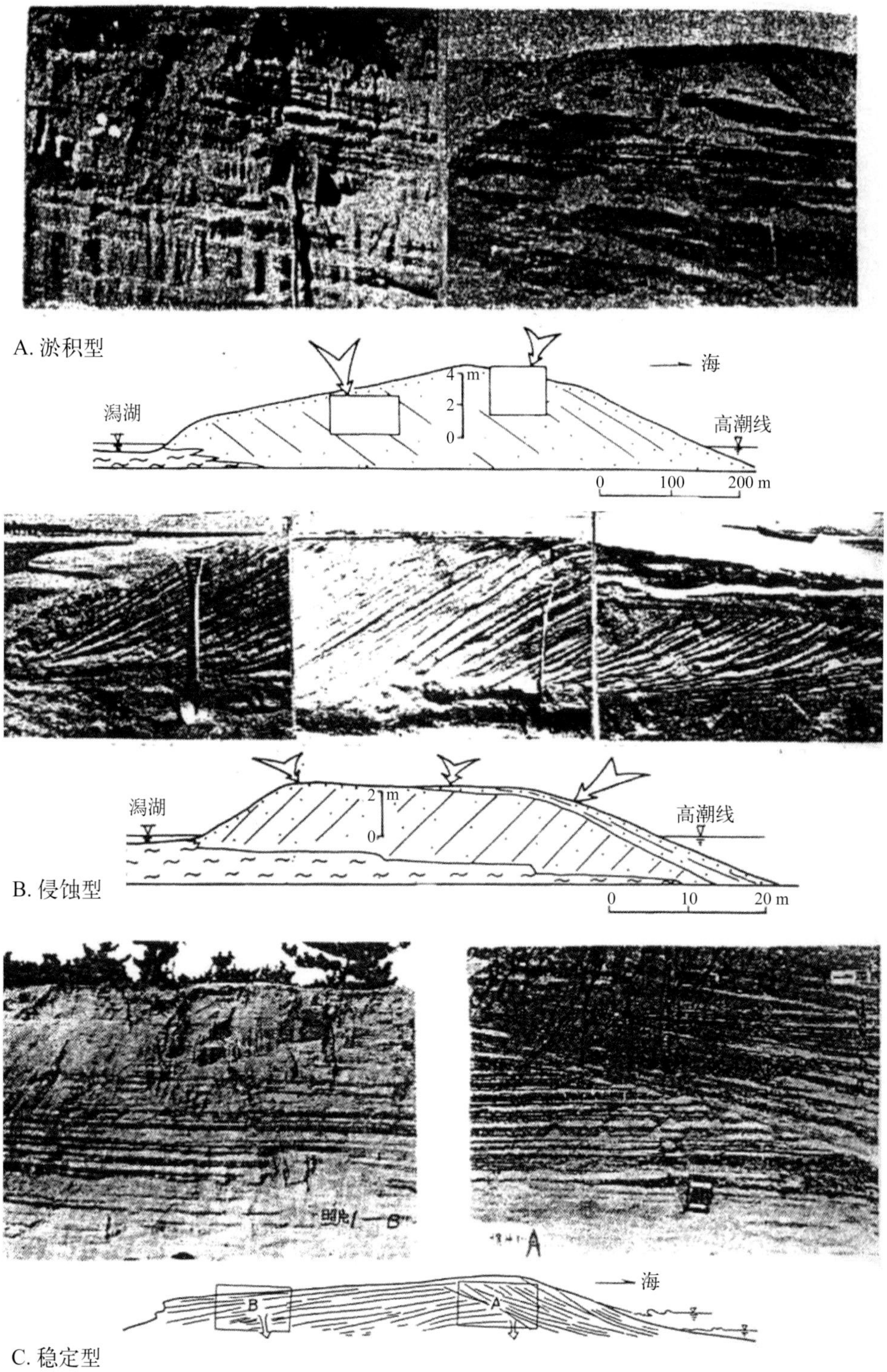

图2.11 两种海滩层理组成的三海滩剖面

A.探槽L01山东莱州淤长型海滩层理组合剖面（1984年摄）；B.探槽Z02山东招远界河口外侵蚀型海滩层理组合剖面（2009年摄）；C.探槽R01山东荣成市城厢镇稳定型海滩层理组合剖面（1982年摄）

Fig. 2.11 Three beach sections composed of two beach bedding

A. Profile of long silt beach stratification combination in Laizhou, Shandong (taken in 1984). B. Sounding groove Z02 erosion type beach stratification combination section outside the mouth of Jiahe River in Zhaoyuan, Shandong (taken in 2009). C. Trough R01 section of stable beach stratification combination in Chengxiang town, Rongcheng City, Shandong Province (taken in 1982)

图 2.11A、B、C 3 处海滩探槽剖面的层理假背斜组构清晰显示出海滩层理组构两侧翼变化，可标志海滩的淤、蚀动态。并预测该段海滩未来将淤长增宽还是侵蚀变窄，解释海岸演变历史，预测海岸近期动态稳定程度。如 1994 年山东荣成县准备在沙坝内潟湖湿地上建一大型渔业工程，需要了解自然沙坝（作为护岸堤）的稳定性。笔者根据沙坝探槽 R02（图 2.12）上的多条再作用面叠置的层理组合和坝内潟湖泥的 ^{14}C 年龄，确定为 6 ka 以来的稳定海滩，不影响工程的稳定性。如今已建成投产。1994 年，山东核电站选址调查中，笔者所在的乳山队，曾开挖探槽，以海滩层理组构关系证明无任何前人调查资料的该段海滩的动态状态，预测其稳定程度，得到工程设计单位的认可，被称为海滩沉积相法。并指定另一核电调查队来补测这一项。

图2.12　山东荣成张家村剖面（探槽R02）（1981年摄）

Fig. 2.12　Section of Zhangjiaccun, Rongcheng, Shandong (probe R02) (taken in 1981)

2.4　讨论

2.4.1　反递变纹层的分布

如前，海滩前滨冲洗交错层理（楔状交错层理）中含反递变纹层。反递变纹层是粒序层理，一个细层中，自下而上砂粒径由小到大，重矿物分布于细层的底部（图 2.8A、B）。20 世纪 50 年代以来，油气勘探和古环境研究者一直视反递变纹层是海岸线（海滩）沉积砂中的标志性层理构造，但不连续分布。刘宝珺（1980）引谢帕德（1979）意见“海滩层理中有时具反递变纹层”。怎样理解“有时”二字？李从先在广西海滩的层理统计中，反递变纹层占 5%，却未说明在海滩探槽的什么部位，笔者利用海滩探槽层理，仔细区别各单层的反递变层，认为反递变纹层主要分布于海滩前滨平均潮线至平均高潮线的高度上，该高度上楔状交错层较丰富，反递变纹层约占该层的 17%（庄振业，1983a）。该高度以上为较多的风沙层理，以下为细粒滨面以及陆相层，按 L01 探槽（图 2.3）。说明海滩层理的前滨高度上楔状交错层较多，而其上下没有楔状交错层，反递变纹层的比例十分微小，从而证明反递变纹层的确可以作为海滩相的标志层理。

2.4.2 海滩层理细层组（含层系）交角

海滩层理的另一标志性构造是层系界面的相互楔状交切，层系界面是两层系间的分界面，它是大浪形成的滩面在层理中的记录，不同级波浪产生不同波浪倾角的海滩面。同一地点不同波浪形成不同倾角的滩面，它们相互交切成楔状交错构造。Thomson（1937）总结了美国各海滩层理交切构造，分成 4 种交切构造（图 2.13），至今仍被学者广泛引用，并视为经典。若用上述双坡式海滩层理横向组合规律来分析，图 2.13 中，“A”型就是前滨层理覆盖后滨层理，可以推断后者的前滨部分已被冲刷掉，说明该点海岸是蚀退的；“B”型是后滨层理覆盖前滨层理，推想前者的前滨部分应在剖面向海很远的地方，说明该点海岸是迅速向海淤长的；“C”型和“D”型均属于不同倾角的前滨层理,仅显示该处海滩面的倾角是不断变动的。所以，若从成因上分析，它的 4 种交错类型可以归并为两种：

①前滨层理与后滨层理的交切。如图 2.13 中的“A”型和“B”型，或者说是冲、回流形成的单层组与冲越流形成的单层组的交切，交角较大，一般为十几度，甚至达到 20° ~ 30°，反映海岸较长期的冲淤动态，如图 2.14A 中的山东荣成成山卫龙王庙海滩。

②前滨层理中的层系交切，反映海岸带的波浪参数或泥沙来量变化，浪大，滩面陡，层理的向海倾角较大；浪小，滩面倾角小，如图 2.13C 和 D，交角只是相邻层系向海倾角之差，只 1° ~ 3°，如图 2.14B，山东青岛海滩剖面的前滨倾角。

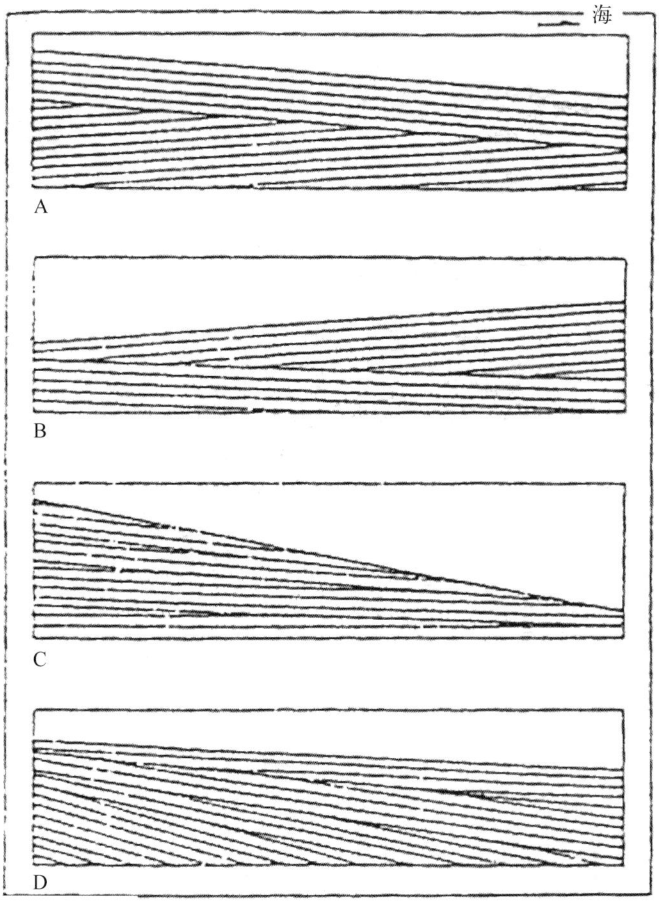

图2.13 海滩那层理中的4种主要交错层理（Thompson，1937）

Fig. 2.13 Four major cross-bedding types in the beach bedding (Thompson, 1937)

A

B

图2.14　A. 山东荣成探槽R03海滩前滨后滨成钝角层理交错（1988年摄，左侧为海）；B. 山东青岛探槽Q02海滩前滨楔状锐角交错层理（2005年摄，左侧为海）

Fig. 2.14　A. Obtuse Angle stratification of foreshore and backshore of R03 beach, Rongcheng trough, Shandong Province (taken in 1988, sea on the left). B. Acute wedge-shaped cross-stratification of foreshore at Q02 beach, Qingdao, Shandong (taken in 2005, the left side is sea)

2.5 结论

海滩层理是海滩冲流带和冲越流带的沉积构造。它受波浪力的大小、颗粒粗细、物质来量多寡和海岸的动态变化等因素所控制。在海滩横剖面上，自海向陆顺次发育前滨冲洗交错层理，后滨滩顶平缓的平行层理和向陆侧边缘的大型斜层理。

冲洗交错层理的细层是不同潮周期冲流塑造的泥沙活动层之厚度差。同一层系中，细层相互平行，以低角度向海伸展较远，又被上层系界面切割成楔状，故称楔状交错层理。细层中的反递变纹层是冲流带特征性的沉积构造。层系界面是大浪塑造的海滩滩面。不同大浪的滩面产状不同，不同倾角层系的相互交切，构成标志性的楔状交切构造。

海滩层理，在垂向上存在着自下而上、细层由薄变厚、粒度由细变粗，若有风沙再变细和向海倾角由大变小的规律，这与现代海滩冲流带展布自下而上、粒度由细变粗和活动层厚度由薄变厚的现象相对应。冲洗交错层是海滩相标志性层理构造，在辨认古环境和确认古海岸稳定性方面有重要的地质意义。

第三章 海滩上的底形
——以山东半岛为例

海滩处于海陆的交接带上，从水深只有几米的闭合深度到几乎不经常接受海水作用的后滨带，期间，既受波浪动力及变形、破碎和波流的控制又受潮汐起伏、流向多变等海洋动力所制约，还不断承受陆上环境特别是河流和风动力的作用，引起海滩上水流十分活跃。水流的侵蚀和沉积，导致海滩表面此起彼伏，底形琳琅满目，纷繁复杂，形态多样，大小悬殊，从几厘米到几千米。前章已按波浪作用的变化将海滩分成浅水波带、破波带、激浪带、冲流带和后滨翻越流带等 5 个动力带（图 2.4），各带均具有一定的水动力特征，发育代表性的底形，如海滩顶的风成沙影、沙丘和沙丘链，前滨斜坡滩面间的各种流痕，滩面凹槽和裂流带的流成沙波以及水下大型岸外坝和沿岸沙坝等（图 1.5）。本章综合成岸外沙坝、滩面沙波、各种流痕和风成沙丘等 4 种底形系列，并结合山东半岛海滩上的实际观测材料分别加以探讨它们的形态特征，形成机理和实际应用。

3.1 岸外沙坝沉积系列

岸外沙坝和沿岸沙坝是海滩较大型的沉积底形，主要分布在海滩的破浪带、激浪带和潮间带。现代沉积中的岸外沙坝（offshore bar；barrier）又称离岸坝或滨外坝，我国统称沙坝（蔡爱智，1985；Certain and Barusseau，2006）。油气勘探中称其为障壁、堤岛、堰州和堡岛等，是 barrier island；barrier bar；barrier beach 和 barrier spit 等的不同译词。现代的岸外坝因障壁岛砂层与其两侧泥层（潟湖和浅海泥层）组成理想的岩性圈闭油气藏而受到地质界的普遍关注（丹尼东，1974）。现代岸外坝宽约数十米到数百米，厚约 1 ~ 10 m，平行等深线延伸数十千米。是海滩破浪带的沉积体。波浪在近岸带浅水区传播过程中，多次破碎、消能，可沉积数条水下沙坝，环境条件满足时，淤长成水上沙坝，潮间带的波浪又多次破碎，沉积多条沿岸沙坝（朱而勤等，1991）。

3.1.1 水下沙坝的塑造

波浪在浅水区向岸传播，受底摩擦而发生变形，波峰通过时海底水质点向岸流速大于波谷通过时的向海流速，约在水深接近 3/4 波高时，开始破浪。波浪破碎时，对海底发生较强的侵蚀作用，每一破浪冲蚀海底呈约 5 ~ 10 cm 厚的泥沙活动层。海底被搅动的碎屑物质大多以推移质形式向海和向陆迁移，粗粒落于海底面上，细粒常被水带走，则在海底形成一条平行等深线的较粗粒的破波沉积带，海滩最外侧的破波带大都在当地闭合深度之内。破波粗粒带还有约 5% 以上的碎屑物质呈悬浮状态，破浪粗粒带的向海侧的泥沙随破浪水流向陆流动，而向岸侧的泥沙随垂向环流向海运动，双向运动促使碎屑物质沉积成一条水下沙坝（图 3.1）。波浪进一步向岸传播，又可在水下塑造多条水下沙坝，我国砂质海滩的低潮线以外通常可见 2 ~ 3 条水下沙坝。水下沙坝的数量取决于海滩的总体坡度，坡度缓，沙坝多，坡度陡，则沙坝少。山东半岛海滩一般有 3 条水下沙坝，很少有超过 4 条的。但美国墨西哥湾岸区发现岸外分布十几条平行的沙坝（Komar，1998）。

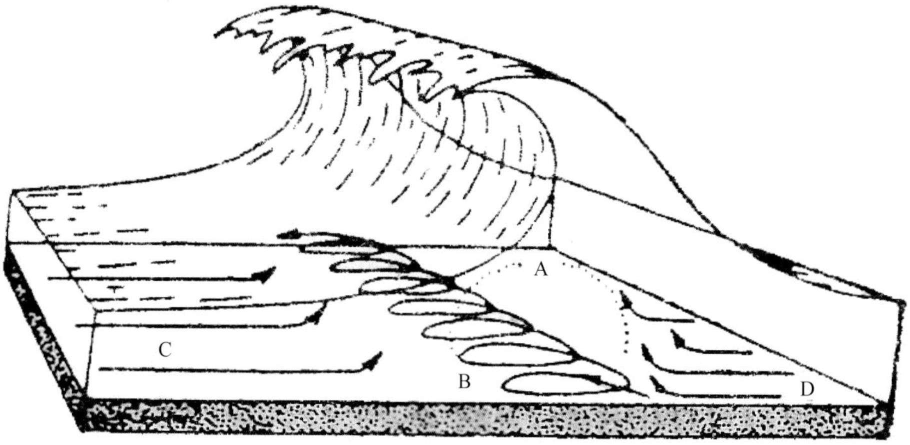

图3.1　破波时碎屑颗粒的运动途径（Ingle，1966）

A.悬浮颗粒；B.最粗的颗粒；C.破波向岸侧的颗粒；D.破波向海侧的颗粒

Fig. 3.1　Movement path of debris particles during wave breaking (Ingle, 1966)

A. suspended particles; B. coarsest particles; C. particles of breaking wave towards shore; D. particles on the seaward side of the breaking wave

3.1.2　水上沙坝的形成

如无暴风浪等特殊的环境变化，水下沙坝永远在水下，尽管也保持着向岸或向海的迁移。因为水下沙坝建立在水下泥沙向海和向陆两向运动的基础上，一旦露出水面，就失去了泥沙的向海运移的方面。有关岸外沙坝的成因，20 世纪曾有泥沙横向运动说（Lenotyev and Nikiforov，1965）和吉尔伯特泥沙纵向运动说的争论（王宝灿，黄仰松，1988）。若干实验得知岸外沙坝发育的有利条件为（1）高波陡（>0.03）的波浪，即风浪，特别是暴风浪;（2）海底坡度在 0.002 ~ 0.005 之间，坡度过大，沙坝被侵蚀掉，坡度过小，波能变小;（3）泥沙供应丰富（例如河口三角洲或大型水下浅滩附近带）;（4）相对海平面稳定或缓慢下降（Zenkovich，1959）。4 个条件存在一定的互补关系。同时满足以上 4 个条件或极大地满足其中 1 个条件的岸段和时期，亦是水上沙坝的广泛发育和淤长的时期和岸段。中国东部海岸大部分大型沙坝基本形成于这一时期（若干 ^{14}C 资料可证）。因为全新世海侵，淹没了低海面时期的平缓平原，波浪在具丰富碎屑的平缓原始岸坡上发育平衡剖面，引起泥沙的重新调整，加之 56 ka BP 上升的海平面趋向稳定或缓慢下降（庄振业等，1991），充分满足了上述 4 个条件，许多水下沙坝迅速淤长成水上沙坝。如山东半岛的长 100 km 以上的莱州大沙坝（庄振业等，1994）、荣成的月湖沙坝（王永红等，2000；Gao and Zhuang，1998）、日照岚山沙坝（庄振业，李从先，1989）以及辽宁、闽浙等一些大型沙坝，尽管它们当中受波浪斜向入射以及河口、岛屿等的影响，许多沙坝可以演变成泥沙纵向运动的沙嘴（蔡爱智，1980），岛后的连岛沙洲等形态类型，均形成于这一时期和过程。现代这些大型沙坝的向海侧的 2 ~ 3 条水下沙坝，往往难以发育成水上沙坝，因为现今近岸海底坡度多大于0.05，还有沙源匮乏和海平面上升等因素的影响。只有个别河口三角洲附近，沙源丰富，也会发育数条水上沙坝，如山东日照市付疃河口两侧，因供沙较强，在低潮线以上的海滩上平行分布5 ~ 6条岸外沙坝（图3.2）。

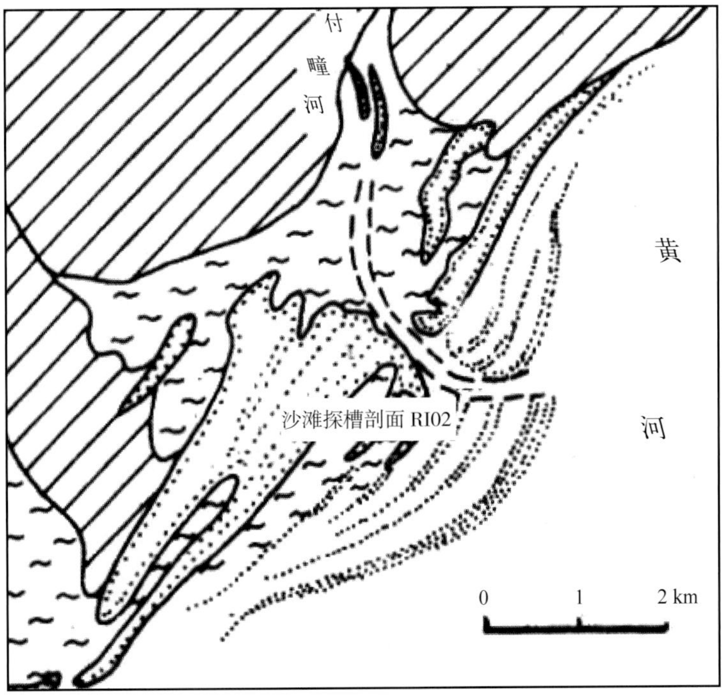

图3.2 山东日照市付疃河口外发育数条沙坝

Fig. 3.2 Several sandbars develop outside the estuary of Futuan River in Rizhao, Shandong

图3.3展示山东莱州三山岛－西由的淤长型沙坝，众多钻孔和 ^{14}C 数据证明在7 ~ 5 ka BP时，那里的海岸线在图3.3的61孔一带，5 ka BP左右，岸外水下沙坝迅速淤长成水上沙坝，沙坝内具有向海倾的楔状交错层理（图2.11A），坝与岸之间形成大潟湖，如今潟湖

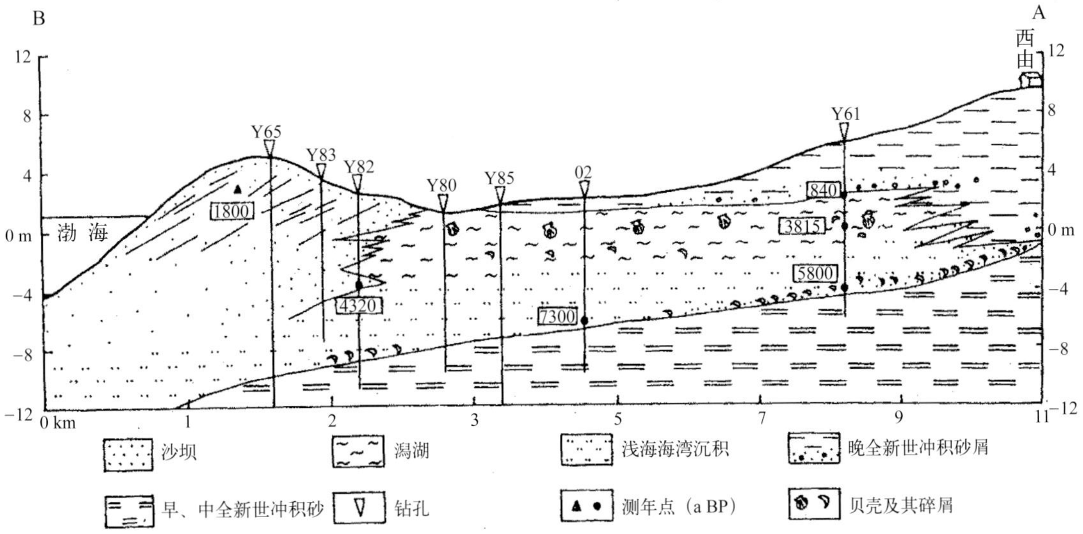

图3.3 山东莱州三山岛-西由淤长型沙坝演化剖面图（庄振业，1994）

Fig. 3.3 Evolution profile of sand-sand bar of the silt-long type from Sanshan Island, Laizhou, Shandong (Zhuang, 1992)

淤干、海岸线移至沙坝外侧。现代岸外破浪带上也发育 3 条水下沙坝，但一般发育不成水上沙坝，因为现今海底坡度远大于 0.005，还有沙源匮乏和海平面上升等因素。

3.1.3 沿岸沙坝

沿岸沙坝（longshore bar）又称沿岸堤和滩脊，它是激浪带上较大的沉积底形。较宽的海滩滩面上可同时发育数条堤状沿岸堤。通常平行或斜交岸线延伸，长数十千米，高 1 ~ 2 m 左右，向岸坡陡，向海坡十分平缓。季节性向岸迁移，或原地前后进退。它们的迁移和表面泥沙运动与水下沙坝类同，因为高潮时，许多沿岸沙坝就是水下沙坝。横切沿岸堤可见类似沙波的前积层，前置纹层和底积层等 3 种层理，可按层理组合解析沿岸堤的迁移速率，推断暴风浪的作用状况。如山东日照市付疃河口外十三户村外潮间带 2.5 km 宽的滩面上，发育 5 条侵蚀型沿岸堤和相间的潟湖或凹槽湿地，堤的垂岸剖面上见暴风浪期间，海面高，后滨翻越流多（流量和次数），形成正递变层高角度斜层理，好天气时，海面低，翻越浪几乎不发育，形成后滨较低角度的沉积再作用面（图 3.4）显示两次暴风浪期间沙坝向陆迁移的距离约 1 ~ 2 m。

图3.4　探槽RI02山东日照市付疃河口外十三户村外潮间带上沿岸侵蚀型沙坝层理构造图（剖面位于图3.2）照片右侧较缓层理为好天气沉积缓倾再作用面和风暴浪期间后滨翻越沉积层高角度向陆倾的层理

Fig. 3.4　Trench RI02 bedding structures map of coastal erosion sandbank in the intertidal zone outside Shisanhu village of Rizhao City, Shandong Province. The relatively slow stratification on the right side of the photo shows the high Angle landward dip of the backshore overturning sedimentary layer during fine weather deposition and the redip action surface during storm waves

3.1.4 岸外沙坝的沉积动态和演变

岸外坝形成于水下，成熟于水上，泥沙颗粒经受潮流和向海向岸两向浪流的长期冲洗、簸选和搬运，成熟度较高，表现为砂的分选好，标准偏差约 0.35 ~ 0.78，含黏土甚少，粗砂和小砾石的含量较高，中值粒径介于 0.3 ~ 0.4 mm，频率曲线呈负偏态。砂中石英长石的比率相对较高，不稳定矿物与稳定矿物的比值相对较低。淤进型岸外坝（如图 3.3）层理组构上以向海侧微倾的斜层理为主，常具楔状斜切再作用面和反递变细层。反映沙坝的向海坡不断淤长的过程，老地层中的沙坝往往是淤长型，以垂向自下而上由细变粗的反序列。自下而上由浅海相细粒层、水下沙坝相、沙坝相和风沙陆相的层序（庄振业，1991）。

然而，现代形成的岸外沙坝常见侵蚀型，如图 3.4 向陆倾的高角度斜层组成反映沙坝长期向岸迁移过程。沙坝的迁移与泥沙多寡和波浪变化有关，在正常情况（泥沙供应不变）下，山东半岛两岸沙坝随季节变化，夏季风浪（波陡高）多，水下沙坝和沿岸沙坝发育较高，并向岸迁移，按青岛海岸定位观测，沙坝迁移率约 3 ~ 5 m/a，冬季多涌浪泥沙回返，沙坝淤平，凹槽变浅。这种季节性迁移符合风暴浪形成沙坝剖面和低能浪形成滩肩剖面的理论（Shepard，1950；Bascon，1954；Komar，1998；Kroon，2008）。

除沙坝动态和季节尺度外，最重要的是沙坝的多年净迁移，荷兰有沙坝多年向海迁移和外坝比内坝迁移率高之说（Ojeda，2008；Walstra，2015），可能与那里多年来人工大量向水下沙坝或凹槽抛沙有关。近年 Wijnberg 和 Kroon（2002）提出沙坝转换（NOM）（Net offshore migration）说。Kuriyama 和 Lee（2001）；Plant 等（1999）；Ruessink 和 Kroon（1994）；Shand 等（1999a）；Wijnberg 和 Terwind（1995）曾提出过沙坝的离岸输运循环（NOM）。此后许多学者在各地作过多种实验和观测（Tatui et al，2011；Aleman et al，2013；Ruggiero et al，2016；Grunnet，Hoekstra，2004），然而沙坝迁移率和回返期受许多参数控制（岸方向、粒度、坡度和沙坝波峰水深等）。Shand 和 Bailey（1999b）提出 NOM 即沙坝的平均寿命（沙坝出现和消失的时间）约 2.5 ~ 20 a，平均迁移率约 30 ~ 200 m/a，法国南部狮子湾沙坝 NOM 为 3 ~ 9 a（Aleman et al，2013）迁移率为 19 ~ 69 m/a。目前（Aleman，2013）的沙坝转换的三阶段（近岸出现新沙坝，沙坝向海迁移，外坝以外出现新沙坝）仍然是沙坝寿命的具体标志。

3.2 沙波底形系列

沙波（ripple）是近岸带最常见的水下底形，亦称沙纹和波痕，大的沙波称沙浪（sand waves），大沙波（megareples）或沙垄以及沙丘（dunes）等。

3.2.1 沙波的产生

大约在 300 多年前人们已认识了河底上和地层中的各种沙波底形，并通过它们解析沉积地层和水流方向。但从机理上解析沙波的形成和演变，还是近百年来的事。吉尔伯特（1914）通过水槽实验，发现沙波和它们的运动、形成和演变。Simons 和 Richardson（1961）用粒径小于 0.6 mm 的沙进行了多次水槽实验，所用水槽长 45.72 m，宽 2.44 m，令水在水槽底平铺的沙床上流动，沙的粒度和矿物成分固定不变，发现在水流速度很小的层流时，底沙不运动，称为平床；随着流速的增大，水流进入紊流状态，当流速 V 大于砂的起动流速 V_0 时，沙可以跳起，流速变小时，沙又瞬时落下，紊流本身就存在忽大忽小的脉动性。据实验，当流速达 17 ~ 20 cm/s 时，平坦底床上就出现若干个小沙凸起，这就是沙波的雏形。小凸起形成后，仍有水流作用，随着流速的进一步加大，小凸起的顶部和两侧均发育有较小的涡流，造成小凸起迎流面变缓，而背流面受水平涡流和垂直涡流作用而变陡，则形成迎流面缓，背流面陡的沙波。

3.2.2 沙波的形态要素和沙粒运动

流水形成流成沙波，风流形成风成沙波，波浪形成浪成沙波。虽然不同成因的沙波有不同的形态参数和内部构造，但它们总体上都具有类似的形态特征。地层中的沙波十分普遍，可以反映沉积颗粒特征、介质动力和底床环境，是推断沉积环境最直观的沉积构造和沉积形体。

沙波形态要素包括波峰（沙波的最高点）、波谷（沙波的最低点）、波长 L（相邻两个波峰或波谷的水平距离）和波高 H（相邻波峰与波谷的垂直距离）。波高与波长之比值为波陡 δ。反过来，波长与波高的比值称为沙波指数（L/H）。沙波上游坡投影与下游坡投影长度之比称为对称指数（L_1/L_2）（图 3.5）。人们用这些要素来标志沙波的特征，推断介质动力和计算沙波运动速度。有时，也可用要素间的相关模式分析动力状况。通过 F 氏斜线（沙波波长与波高的向关斜线）就可以得到波高数值、含沙多少及波体动态等，波长波高相关斜线 $H=0.0677\,L^{0.8098}$（Flemming，1978）等。利用这些模式来对比沉积环境。

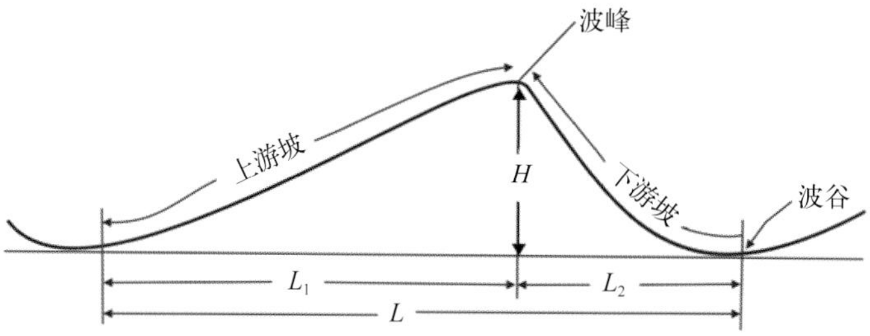

图3.5　沙波形态要素

H 波高；L波长；L_1沙波上游坡投影；L_2沙波下游坡投影；沙波指数（L/H）：波长与波高的比值；对称指数（L_1/L_2）：沙波上游坡投影与下游坡投影之比值

Fig. 3.5　Sand wave shape elements

H wave height; L wavelength; Upstream slope projection of L_1 sand wave; L_2 sand wave downstream slope projection; Sand wave index (L/H): ratio of wavelength to wave height; Symmetry index (L_1/L_2): ratio of slope projection on the upstream and slope projection on the downstream of sand wave.

沙波的上游坡称为向流面（stosside），受流体剪切力的作用，表面颗粒处于运动状态，在流体作用下，颗粒呈推移、跃移和悬移方式自前一波谷向波峰运动，则迎流坡表面存在一个薄薄的颗粒流动层，至波峰附近以喷流形式向下游扩散，在背流面（lee side）上分成 3 个动力带（图 3.6）：无扰动带在上部，流速类似于迎流面上的，可将细粒物带到下一沙波的迎流坡上；混合带流速的垂直分布有明显变化，流层不稳定，并产生紊动和旋涡；回流带流体方向相反，逆沙波的背流坡面而向上运动，并将细粒物质沉积于背流坡崩落面之间。则沙波迎流坡表面的沙不断被转移到背流坡上，导值沙波向前运动。

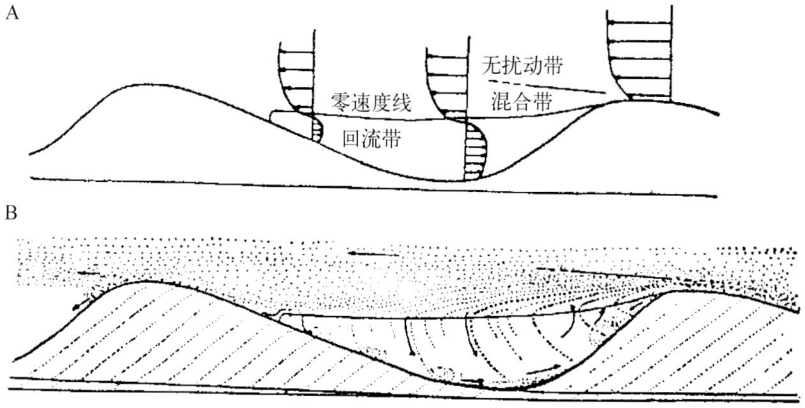

图3.6　沙波背流面上的水沙分布特征

A. 流速分布；B. 泥沙流分布（刘宝珺，1980）

Fig. 3.6　Water and sand distribution characteristics on the back flow surface of sand wave

A. velocity distribution; B. sediment flow distribution (Liu, 1980)

3.2.3 沙波的发育

沙波底形的发育，其尺度和特征的变化与介质的流速、组成物质和水深等 3 个条件有关。

水下近底流速是沙波发育的动力条件。流速大于沙的起动流速（V_0），沙粒才能运动，更大一些，才开始发育沙波。上述水深 *Fr* 的大小主要决定于流速，因为 *Fr* 与 *V* 正相关。早在 1961 年 Simons 和 Richardson（1961）的水槽实验认为 $Fr < 0.17$ 时，水底为下平床，$0.17 < Fr < 0.37$ 时，发育小沙波，$0.37 < Fr < 0.71$ 时沙波增大，发育水下沙垄，或称沙浪；$Fr > 1$ 时，沙波被水流切平，发育上平床。$Fr = 1.3$ 时，出现逆行沙波（antidune）。1968 年 Allen（Allen，1968）的实验进一步确立沙波与流速的关系（图 3.7）：在一定水深情况下随着流速的增大底床经历下平床—小沙波—大沙波（沙垄）—上平床—逆行沙波的演变过程。在近海变向流情况下，同样适用这一实验成果。40 ~ 100 cm/s 的底流速（刘振夏，印萍，2001），可能发育沙波，其中，小于 40 cm/s，发育小沙波，40 ~ 75 cm/s，发育直脊型沙波，75 ~ 100 cm/s，发育新月型大沙波（或沙丘）。

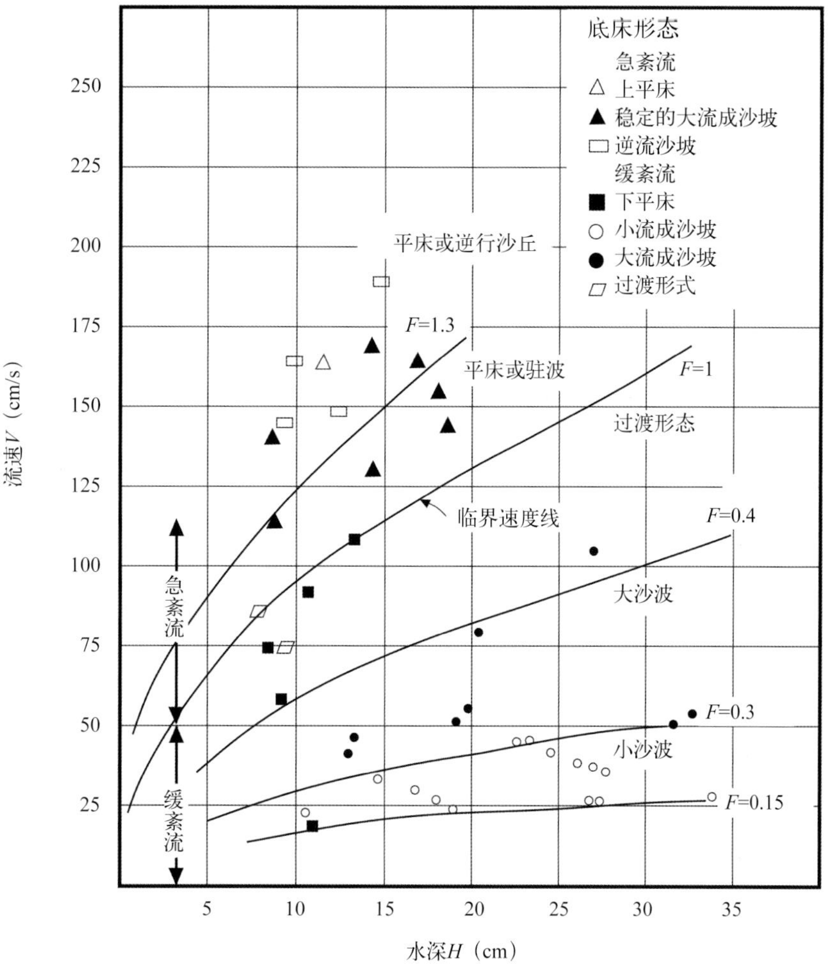

图3.7 单向流水槽试验流态、流速和水深的关系（Simons and Richrdson，1961）

Fig. 3.7 Relationship between flow pattern, velocity and water depth in unidirectional flow tank test (Simons and Richardson, 1961)

沙波发育与组成沙波沙的粒度关系出之于粒度成分的起动流速。大粒径的起动流速大，就需要更大流速的水流促其运动。按单向水流的实验（图 3.8），小沙波主要出现在平均粒径小于 0.65 mm 的沉积物中。中沙和细沙中，形成大沙波需要更大功率的水流，粒径大于 0.65 mm 的沉积物随着流速的增大可在平坦底床以上直接发育大沙波，因为大粒径的底床，比出现上平床的流速值还高。

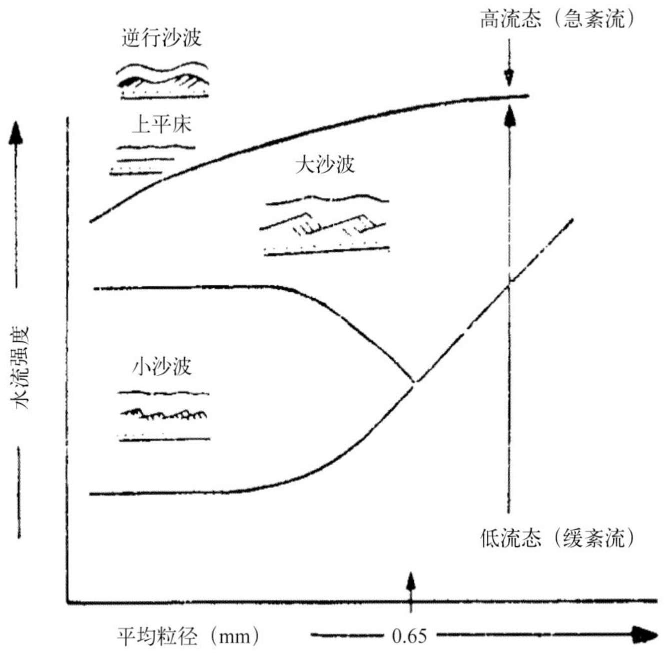

图3.8　单向水流中的水流强度、平均粒径（单位：mm）和底床形态的关系（Simons and Richrdson，1961）

Fig. 3.8　Relationship between flow strength, average particle size (unit: mm) and bed morphology in one-way flow

弗劳德数本身就与水深有负相关关系，浅水水槽试验中，若流速不变，沙波大小与水深呈微弱负相关公式（1.3），如图 3.7，就塑造小沙波来说，随着水深的增加要求更大的流速。

水流沙波根据水流速度的变化波脊线也发生变化，Allen（1982）按波脊线不同形态将沙波分成如下几种类型（图 3.9）。

（1）直线型沙波。波峰线平直，相邻波峰线互相平行，沙波扁平，沙波指数高。形成于缓流、浅水和横向变化不大的水流环境。

（2）弯曲型沙波。波峰脊呈“S”形弯曲，反映水流和水深变化较大，流速不稳定的环境。

（3）链状和舌状沙波。波脊线弯曲率较大且不连续的沙波呈舌状向下游突出，舌体之间是椭圆形侵蚀槽，槽长轴平行于局部水流方向。形成于流速，水深均不稳定且变化较大的环境。

（4）菱形小沙波。波峰弯曲呈鱼鳞状，波高低，波舌呈尖角。形成于水浅（一般水深小于 0.5 m），*Fr* 大，流速较大或伴以倾斜海底的环境。

随着水流不稳定性的增强，波脊线由直线向微弯进一步弯曲率更大的方向发展。反之，根据沙波的类型和峰脊状态又可以推断水流状况。

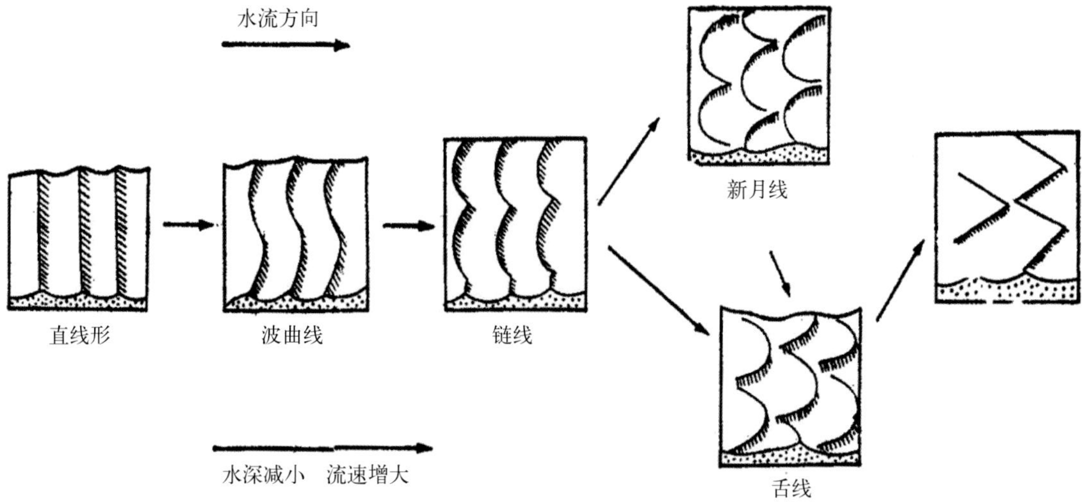

图3.9 波脊线形态及其与水深、流速的关系示意图（Allen，1982）

Fig. 3.9 Schematic diagram of ridge line shape and its relationship with water depth and velocity (Allen, 1982)

3.2.4 海滩上的沙波底形

海滩动力十分复杂，有潮流、波浪和风流等，虽然各种动力均可塑造沙波底形，但它们的尺度形态和层理构造各有差异。因此，按成因分成流成沙波、浪成沙波和风成沙波 3 种。

3.2.4.1 流成沙波（flow ripples）

海滩上的水流包括潮流，沿岸流和因近岸波浪破碎增水而成的离岸底流（回流和裂流），它们在平缓滩上流动，更有大量的顺凹槽水道（平行海岸流动）和裂流凹沟（垂直岸线流动）流向海。在较平坦的滩面上，也有片状流水，发育直线形流成沙波，但由于水流紊乱，波峰不像浪成沙波那样平直，且多见断峰和不规则扭曲，也无音叉状分支（图 3.10A）。在落潮海滩疏干之初，仍然有水流动，好像滩上的许多小河道，在这些凹槽的水底常发育波脊线弯曲的舌状（图 3.10B）和蝶状沙波，小者，波长 20 ~ 60 cm，波高 0.8 ~ 5 cm，平行海岸迁移。大型沙波波长达 1 m 多，波高大于 15 cm，菱形沙波（图 3.10C）呈鳞片状，波高极小，是薄水层（水深小于 2 cm），较高流速，*Fr* 数接近 1 的产物。海滩裂流凹沟中，水流窄而浅，加之滩坡向海倾斜，流速极大，*Fr* 数可大于 1，常见逆行沙波，其两坡接近对称，波长 0.3 ~ 1.2 m，波高几厘米（Allen，1982）。在青岛海滩裂流颈中常见，泥沙混杂着云母片扑向沙波的背流面，导致沙波不断向裂流上游方向迁移。

水流沙波的层理构造与河流沙波较接近单个沙坝，由前积层、前置纹层和底积层组成（图 3.11）。流动过程中前积层被侵蚀掉，留下的只是前置纹层，又称崩落面。纹层向下游方向倾斜，倾角常接近砂的休止角（34°）。

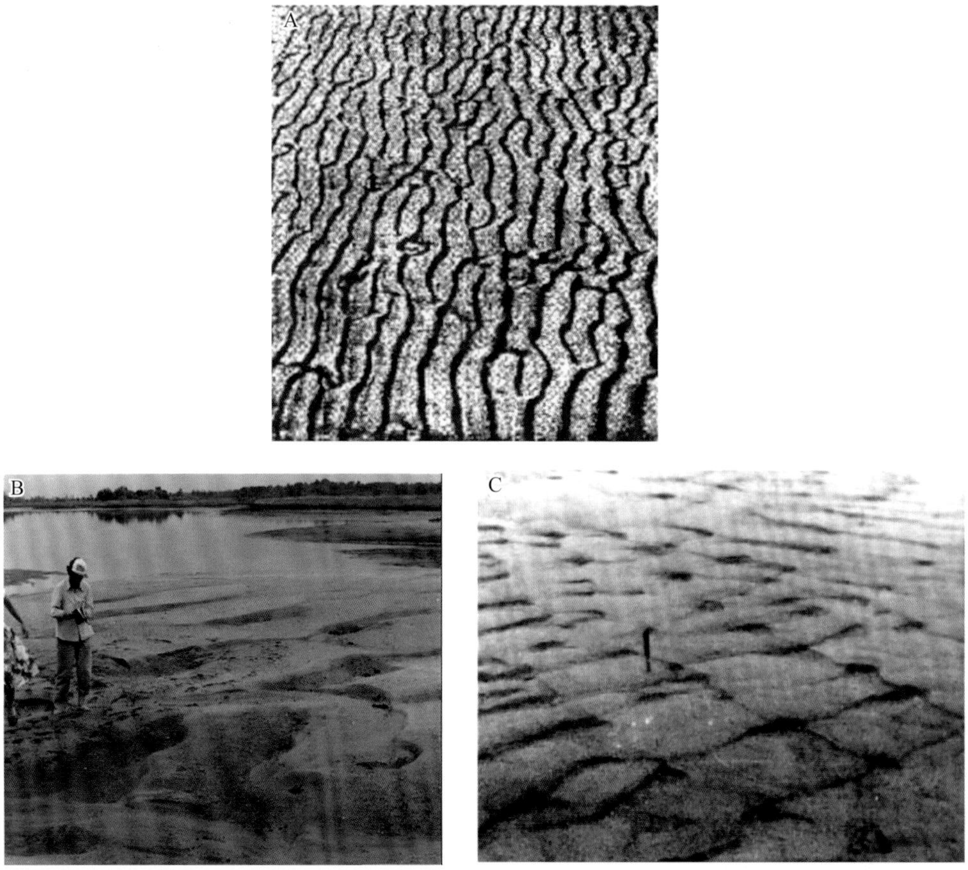

图3.10 海岸带水流沙波。A. 直线型流成沙波，山东昌邑潮滩（1985年摄）；B. 舌状流成沙波（山东招远沙坝潮流通道，1990年摄）；C. 菱形状流成沙波

Fig. 3.10 Quicksand waves in coastal waters. A. Straight flow sand wave, tidal flat, Changyi, Shandong (1985); B. Sandwave formed by tongue flow (Zhaoyuan sandbar tidal channel, Shandong Province, 1990); C. Diamond shaped sand wave

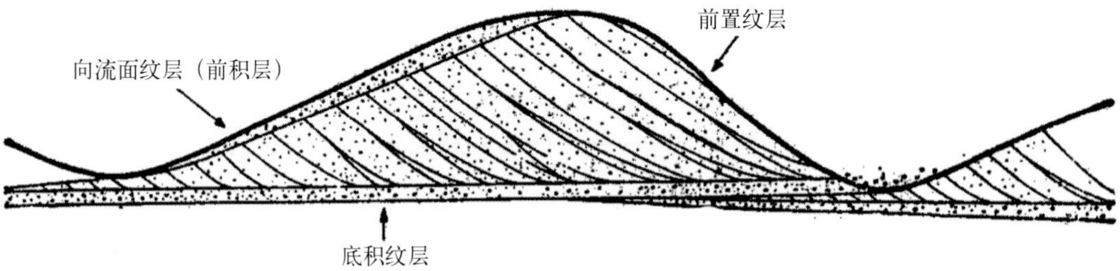

图3.11 发育良好的沙波的内部构造，主体由前置纹层、底积层以及向流面纹层构成

Fig. 3.11 Well-developed internal structure of sand wave, the main body of which is composed of the front layer, the bottom layer and the advective surface layer

3.2.4.2 浪成沙波（wave ripples）

浪成沙波指波浪破碎之前所塑造的沙波。浅水区，波浪受底摩擦，水质点在海底往返震荡运动，波峰通过时，向岸运动，波谷通过时，向海运动。水质点运动的速度即海底波流速度（U_m），当其大于泥沙的起动流速 V_0 时，底沙就随波流而运动。Inman 等（1971）在加利

福尼亚海岸的详细观测得知，细砂海底，波浪水质点运动速度大于 11.9 cm/s 时，细砂就开始运动，称其为细砂的起动波流速度，进而，发育浪成小沙。波流流速增大，沙波个体也变大，当波流流速大于 90 cm/s 时，沙波就消失，出现平滩（图 3.12），即上平床。则影响浪成沙波大小和形状的因素有波流的速度，近底水质点水平移动的幅度和底质粒径。波浪愈强烈，运动的沙愈粗，塑造的沙波愈大。就同粒度沙而言，较深水海底形成的浪成沙波往往大于较浅水的。这是因为深水处波浪的波长大，海底水质点往返震荡的距离也大，沙波指数（*L*/*H*）就大。一般地，如海底沙丰富，颗粒大的轻矿物分布于沙波顶，密度大的颗粒沉积于波谷（Inman and Ewing et al，1966）。由于近岸带波浪的性质和变形的程度不同，所形成的浪成沙波也分为对称的和不对称的两种：

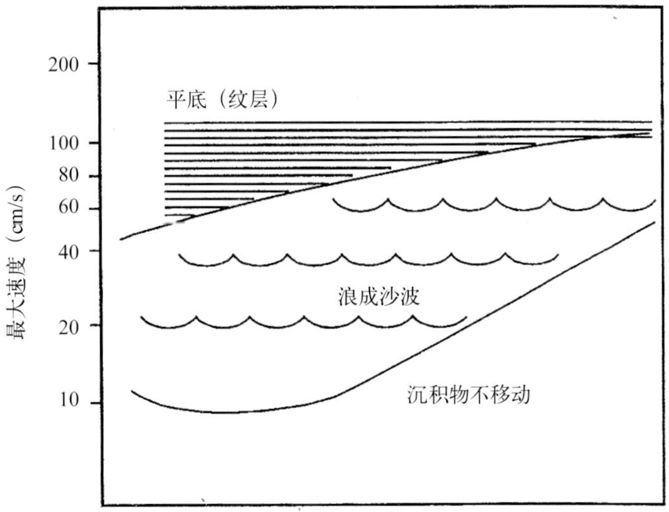

图3.12 浪成沙波的形成和消失与粒径和波流速的关系（据Inman,1971修改）

Fig. 3.12 Relation between the formation and disappearance of sand waves and particle size and wave velocity (Modified by Allen,1970)

浪成对称沙波（symmetric wave ripples）是未变形的波浪通过时，海底水质点往返等距离运动塑造的底形。其波长约为 0.9 ~ 200 cm，波高 0.3 ~ 23 cm，沙波指数 4 ~ 13，一般 6 ~ 7，波峰尖，波谷浑圆而宽阔，两坡对称，波脊线直和微弯，平行岸线。峰顶部分以人字形层理出现，纹层呈叠瓦状接合，波谷处有较缓的上凹形纹层发育，峰或谷交接处有纹层不连续，甚至交叉现象（图 3.13A）。若物源丰富，可发育同相叠复纹层。在近岸而较深水处和滨外海底可见到对称浪成沙波，在近岸带直立坝形外侧高潮时可见到对称浪成沙波（图 3.13A），而大部分海滩潮间带上，由于水太浅，波浪变形太甚，一般见不到对称浪成沙波。

近岸带水浅，波浪变形加剧，海底水质点往返震荡极不对称，则形成向陆坡陡向海坡缓的浪成沙波，多分布在海滩滩面上。其波长在 15 ~ 105 cm 之间，波高 0.3 ~ 20 cm，沙波指数（*L*/*H*）5 ~ 16，不对称指数（L_1/L_2）1.1 ~ 3.8。沙波峰脊线仍然延伸很远，往往平行岸线（陈景山，张国栋，1984），见音叉状分支（图 3.13B），并以此与流成直线沙波相区别。内部呈弯曲束状前置纹层组（或卷曲不对称纹层组）和不规则的层理底面（图 3.13C）。说明在近岸强烈变形的波浪作用下，海底水质点往返运动速度差较大，海面波峰通过时，海底水质点向岸运动速度远大于波谷通过时的向海运动速度，所携带的泥沙大量向岸运动，形成向岸倾的前置纹层；反向的流速小，运动的颗粒细，沉积层薄，就形成沙波剖面上的向海收敛的束状薄层（图 3.13D）。笔者在山东乳山海滩滩面上微拍的不对称浪成沙波波长约 15 cm，波高 0.6 ~ 1.0 cm，剖面上的束状收敛前置纹层组和沙波不规则的层理底面都比较明显（图 3.13C、D）。

图3.13　浪成沙波形态及其层理图

A. 对称沙波，a.沙波外形；b.层理构造，波峰人字形不连续纹层；c.d.波谷上凹形不连续纹层（Reineck，1980）。B. 山东日照岚山头村潮间带不对称浪成沙波（1986摄）。C.山东乳山小滩村滩面上的不对称浪成沙坝及层理构造（1998摄）。D.（C图的）束状收敛前置纹层组组构图（据Reineck，1973的浪成不对称沙波）

Fig. 3.13　Sand wave formation pattern and stratification diagram

A. Symmetrical sand wave, a. Shape of sand wave; b. Stratification structure, crest herringbone discontinuous lamination; c.d. concave discontinuous laminae above trough (according to Reineck, 1980). B. Sand waves formed by asymmetric waves in the intertidal zone of Lanshantou village, Rizhao, Shandong (photo taken in 1986). C. Asymmetrical wave-formed sand bar and bedding structure on the beach in xiaotan village, Rushan, Shandong (Photo taken in 1998). D. (C) Bundy-convergent prelaminar group composition (Reference to Reineck, 1973，waves into asymmetric sand waves)

3.2.4.3 风成沙波（wind ripples or eolian ripples）

风成沙波发育在海滩后滨和滩顶，是非黏结性物质在风的作用下塑造的底形。包括沙尾、沙丘和沙丘链 。沙尾（sand taies）是落潮时被疏干的海滩面上孤立的草丛或大石块阻挡风沙，在背风面形成的尖尾状底形。沙尾又称沙堆；平面上呈流线形，高不过 0.3 ~ 0.5 m（图 3.15A），长不过 2 ~ 5 m，尖端指示向岸风风向，是古地层中常见的标志性沉积底形，在沙源丰富区可发展成沙丘。

沙丘是海滩在向岸风作用下在高潮线以上被吹积成直线形或新月形丘状底形（傅启龙，1994）。风速较和缓（4 m/s）时，可吹积成直线形沙纹（图 3.13B），沙纹波长 2.5 ~ 25 cm，高 0.5 ~ 10 cm，沙波指数 7.5 ~ 70，波峰直线形垂直风向延伸较远，脊间距（波长）约等于细砂跃越的长度。风速增大和沙源丰富时，常从沙尾扩张成沙丘。通常称为岸前沙丘，呈新月形或抛物线形，其尺度视风速、物源和海岸地形而定。河北秦皇岛的岸前沙丘长约 10 ~ 20 m，高约 1.0 ~ 1.5 m，脊线延伸 30 ~ 50 m，向海坡不及向陆坡陡。若沙源广而持续丰富，岸前沙丘向岸迁移速度达 2.0 m/d（李从先，1987b）。

沙丘链（dune）是许多岸前沙丘横向连接而成的沙脊。沙脊规模视沙源而定。河北秦皇岛的大型沙丘链高达 42 ~ 45 m（图 3.15B）（李善为，1981），山东烟台西部的沙丘链曾高达 40 m 以上（王颖，朱大奎，1963）。

风成沙丘以细砂或中细砂组成，分选好，频率曲线单峰尖。风成沙丘含丰富的层理构造。虽然沙丘分前积层、前置纹层和底积层，但通过其迁移，留下的主要是高角度的前置纹层和平缓的倾斜的再作用面两种，二者组成交错层理，如陕西铜川的侏罗纪洛河风沙岩剖面（图 3.14），板状斜层理（即前置纹层）倾角约 25°，再作用面岩层组反向倾斜约 3° ~ 5°（含反递变纹层）。再作用面常是风吹加积的楔状层，按其在沙丘不同部位分成加积上收敛（图 3.15E）和加积下收敛（祁兴芬，庄振业，2004）（图 3.15F）两种斜层。后者多分布于丘顶两侧，细层向下变薄，前者分布于丘麓附近，细层向上变薄，两者反映沙丘向岸的海风和向海的陆风交替的影响（李从先，1983）。

图3.14 陕西铜川洛河岩层中的风砂沉积构造侏罗纪洛河砂岩剖面照片（1982年摄）

Fig. 3.14 Jurassic luohe sandstone profile photo of wind-sand sedimentary structure in luohe formation of tongchuan, shaanxi (taken in 1982)

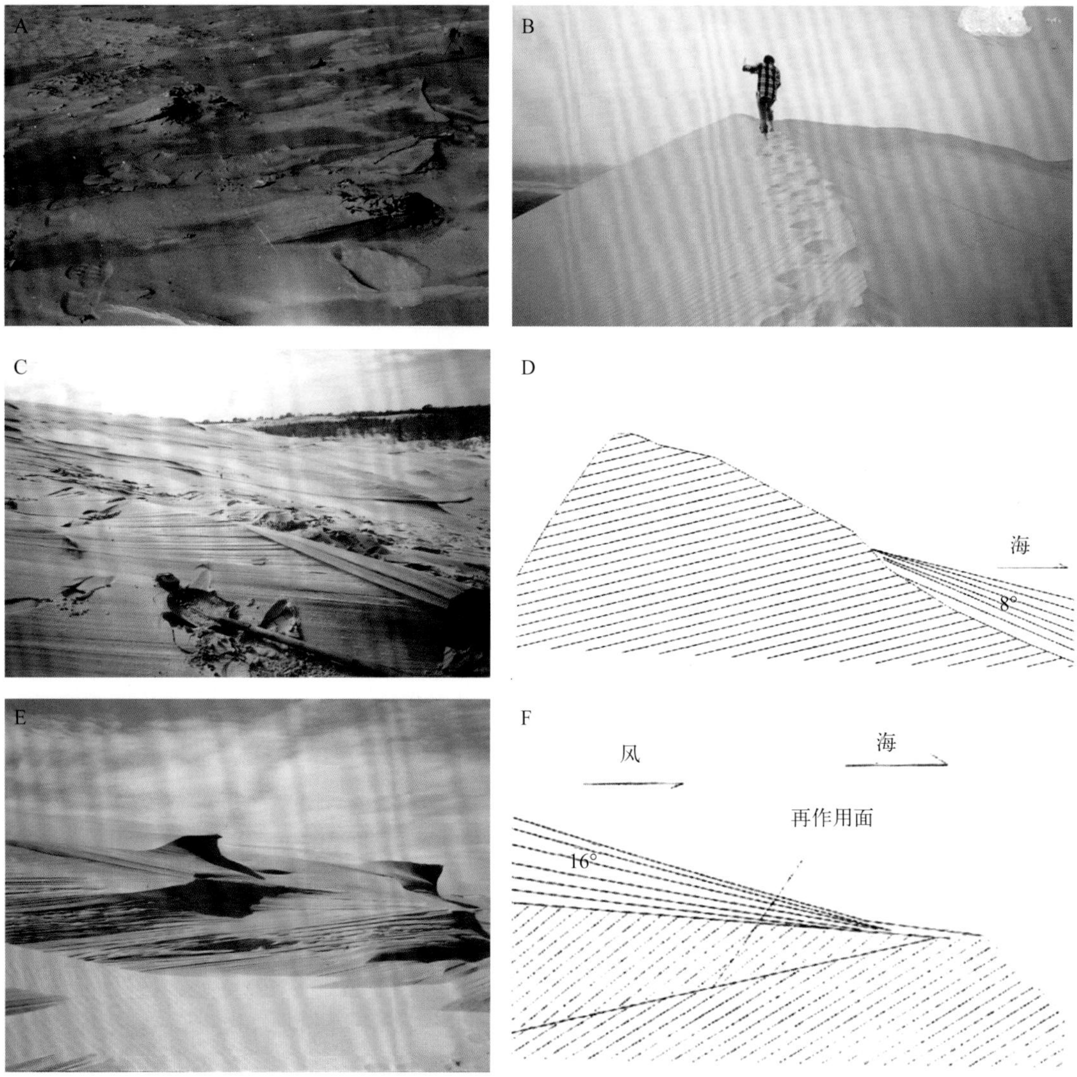

图3.15　风成沙波及层理状态图

A.沙尾；B.沙丘链，河北秦皇岛黄金海岸主体沙丘（横向为沙丘链）（2009年摄），高42 m，右侧为海；C.楔状加积上收敛层理；D.楔状加积上收敛层理解译图；E.楔状加积上收敛层理；F.楔状加积下收敛层理解译图

Fig. 3.15　diagram of aeolian sand swept bedding state

A. ShaWei; B. Dune chain, main dune of gold coast of qinhuangdao, hebei (transverse dune chain) (photo taken in 2009), 42 m high, with sea on the right side; C. Wedge accretion superconvergent bedding; D. Interpretation diagram of the convergence layer on wedge accretion; E. convergence stratification under wedge accretion; F. Interpretation of translation diagram of convergence layer under wedge accretion

3.2.5　沙波的改造形体

沙波受改造是海滩底形最常见的沉积过程，基本原因是（1）同一种动力随时间变化而改变其流向和流速；（2）不同类型动力随时穿插加入。沙波被改造之后可以改变形体，或者重新组合新的沙波系统。最常见的改造系统归纳为以下 3 种。

（1）干涉沙波。不同类型沙波的交叉组合。如浪控与流控沙波的交叉，或不同时期不同向浪（或流）的交叉，导致沙波形体的畸变。前后期水流同向，可改造成双脊沙波或阶状沙波（图 3.16A），前后期水流垂向，可形成网状沙波或疙瘩状沙波。

（2）削顶沙波（clip-crest ripples）。沙波峰顶平而宽，波谷横断面成半圆或短弧形被削峰顶有平形和圆弧形几种，乃往返涨落潮流，水位和流速多变造成（图 3.16B）。沙波断面可见不同厚度和方向的细斜层的交错组合。平顶沙波反映后期流速远远大于前期，圆弧顶沙波反映后期流速变弱，泥沙运动变慢。

（3）叠置沙波（overlapping ripples）。常见小沙波叠覆于大沙波之上，以及相反方向沙波的叠覆。前者的大小沙波往往不反映相同的动态环境，小沙波往往是大沙波一侧表面泥沙的再修饰（图 3.16C），则大小沙波的波脊线并不一致。后者多发育于潮流通道附近，那里涨落潮期间的流速流向和水深均发生显著的变化。涨潮向海水流形成向岸倾的斜层理组，在落潮时，向海的流速往往侵蚀掉原沙波的上部，形成再作用面重新发育向海的沙波，形成向海倾的斜层理（图 3.16D）。上下层组成沉积学上著名的鱼翅状层理。可以此来分析海水的流向流速变化和所处的近岸环境。

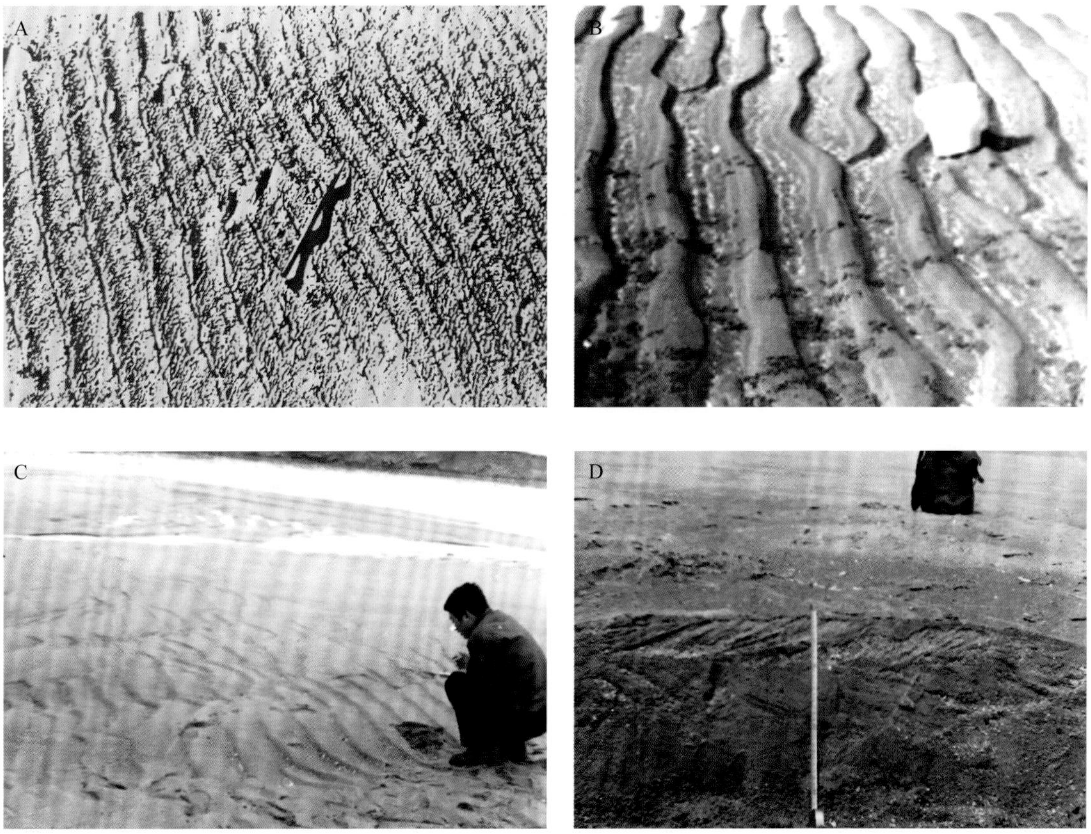

图3.16　A. 双峰沙波；B. 侵蚀槽沙波；C. 叠置大小沙波；D. 青鱼翅层理和叠置沙波，山东莱州刁龙嘴海滩（1986年摄）

Fig. 3.16　A. Bimodal sand wave; B. Erosion channel sand wave; C. Superimposed large and small sand waves; D. Layering and stacking of green shark fin, diaolongzui beach, laizhou, shandong (taken in 1986)

3.3 海滩流痕

海滩冲流带的上冲流和回流的片状水流由于水深极小，*Fr* 数很高，冲刷和沉积的能力极强，在海滩的高潮斜坡带（滩肩的前坡）塑造了大量的沉积构造。有表面水或渗出水形成的侵蚀型底形构造，如各种流痕和沉积型沉积底形构造，如冲流痕和滩角等。它们的规模虽小，却可作为海滩沉积环境的标志，在沉积相学上占有重要的位置，可通过对它们的特诊，推断近岸带的水流流向、流速、沉积物厚度、组成和海岸线的位置。

3.3.1 冲流痕

波痕冲流在滩面运动时，其前缘靠表面张力携带砂和碎屑运动，在上冲流的最上边界沉积一条 1 ~ 2 mm 高的不规则的弧形沙脊线，其中富含云母片、片状贝壳碎片、泡沫、海草枝叶和其他碎屑（图 3.17）。Johnson（1919）称其为冲流痕（swash marks），沿用至今。该小沙脊向陆弧形凸出，为最末落潮时最后一上冲流的上边缘的踪迹。Emery 和 Gale（1951）认为其多分布于海滩潜水面以上和干出的滩面的上部，按其测量统计较缓的海滩上相邻两条冲流痕的间距约 3 ~ 6 m，在较陡的海滩上，冲流痕的间距可小于 0.3 m，原因是陡斜粗粒海滩潜水面下降较快。地质学家有时根据地层中冲流痕的间距来标定海滩坡度和当时波浪的周期（相对大小）。图 3.17 所列冲流痕位于山东日照韩家营子村海滩坡度约 4°（摄于 1983 年 6 月的一次风暴浪之后的落潮时期）。冲流痕粗碎屑较多，痕间距 0.8 m 左右。

图3.17　山东日照韩家营子海滩冲流痕（1983年摄）

Fig. 3.17　Streamer marks at Hanjiaying beach, Rizhao, Shandong (taken in 1983)

3.3.2 渗流痕

在低潮或暴风浪之后从海滩渗出的水在滩面陡倾斜部位的坡麓汇聚成各种小细流，初看起来很像向海流的小水流沟。这些侵蚀底形切深不过 0.5 ~ 0.3 cm，最深者主沟深可达 15 cm，宽达 30 ~ 50 cm，小细水流源自海滩滩面，下游向海。柯马尔（1976）称其为细流痕，按渗出流痕的形态，莱内克（1973）分成齿状、梳妆、圆锥状、树枝状、分支状、舌状和蛇状等八大类，若从成因上讨论，只有两种即加积沉积型海滩流痕和侵蚀型海滩留痕。前者滩面斜坡较缓一般 2° ~ 3°，由较厚的多次加积的中粗砂组成，渗出水较和缓，流痕较长，多分支，切深很小，不过 1 ~ 2 cm。如图 3.18B、D 树枝状、曲流状两流痕；后者，当次风暴后涌浪回返沉积层水下即较老的海滩后滨地层，硬度较大，孔隙度相对较小，则渗水只在当次沉积层，渗流速大，流量强烈，多形成切深较大长度较小的流痕，如图 3.18A、C、E 的梳妆和深沟状流痕。在沉积学上，流痕是古地层古环境中海陆分界和潮水强度的标志，根据其分布可追溯新老海滩的位置和解释海岸进退动态。

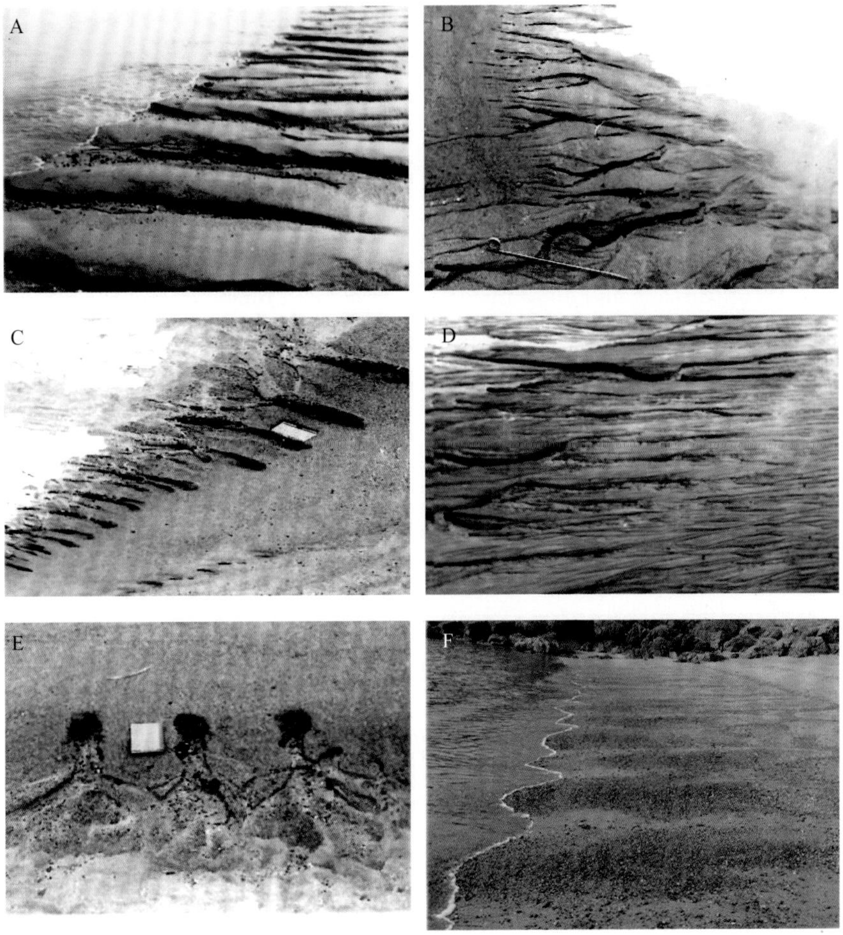

图3.18　渗流痕形态类型

A. 深槽状渗流痕；B. 树枝状渗流痕；C. 梳状渗流痕；D. 曲流状渗流痕；E. 锥状渗流痕；F. 滩角（2019年摄于青岛汇泉湾）

Fig. 3.18　Seepage mark morphological type

A. Deep groove seepage mark; B. Dendritic seepage trace; C. Comb seepage mark; D. Meandering seepage mark; E. Cone-shaped seepage mark; F. Cusp (Photo taken in 2019 at Huiquan bay, Qingdao)

3.3.3　菱形痕

在冲流带的陡斜的滩面上，回流受个别凸出物或小砾石的阻挡分成许多薄薄的鳞片状的小水流，许多小菱形沉积体面上组成鳞片状图案。菱形体长轴长不过 30 ~ 60 cm，指向海滩最大坡度，菱形两侧边夹角小于 90°，长宽比从 2∶1 到 5∶1。滩坡坡度愈大，其长宽比愈大，菱形图案迎流顶点两边的夹角随回流流速的增加而减小。Reineck 和 Singh（1973）认为回流的流深不过 2 cm，当达超临界流（$Fe = 1$）时。受到海滩上凸出物的干扰形成菱形痕。其迎流锐角 sin（d）= $1/Fr$。该关系式曾引起地质学家的兴趣，菱形痕在岩石中的存在可以推断古流速和古海滩坡度及海陆分界（Hoyt and Henry，1964）。

3.3.4 滩角

滩角（beach cusp）又称滩尖嘴，是冲流带起伏较大的韵律底形（Guza and Inman, 1975）。滩角长（顺岸）2 ~ 5 m，宽（垂岸）1 ~ 5 m，高 10 ~ 30 cm，三角形（也有垄形、栅状和抛物线状等变形形状），尖角向海（图 3.18F），若波浪斜向入射，角尖向一边偏斜。滩角由砂砾石组成，垂向见砂、砾石层单层厚 2 ~ 10 cm 和较粗的砾石在滩角上部和脊部，角尖向海，粒度向海变细。一个海湾的滩角大小几乎相等，间距也相差不大，沿岸线分布于冲流带的下部（图 3.18F），组成海滩韵律地层。老地层中可以见到含滩角的粗砂砾石层位，可指示海、陆位置和海滩坡度。按现代滩角的规模，组成和间距可推断当时的海滩坡度，波浪类型，强度和方向。按青岛沿岸实测，开敞式海滩滩肩间距大，闭塞海滩间距小。

Palmer 于 1834 年最早报导过滩角地貌，有关滩角的成因，20 世纪曾有侵蚀学说和沉积学说（Johnson, 1910; Russella and McIntire, 1965; Bowen and Inman, 1969; Guza and Inman, 1975 等）之争论。仔细现场观测就会发现，滩角出现在较大暴风浪之后的几个好天气里，这段时间以涌浪为主，波峰平行海岸线的涌浪会将大量的碎屑从滨面搬向前滨上部，沉积的同时受上冲流和回流的冲洗和修饰而成。当波浪垂直于海滩传入时，亦即波峰线与岸线平行时，最有利于滩角的塑造。滩角大小相等和间距相当的规律与波浪类型，方向和强度以及上冲流距离有密切关系。Longuet-Higgins（1970）曾假设边缘波与涌浪的周期相同时发育滩角韵律地形。Komar（1973）同意其假设，并提出入射涌浪与同周期的边缘波（波浪的离岸驻波）相叠加形成等间距的滩角。其滩角间距（L_e）公式为

$$L_e = (g/2\pi)\ T_e^2 \sin[(2n_0+1)\beta] \tag{3.1}$$

式中，n_0 为离岸模数，T_e 为边缘波的周期和 β 为海滩坡度。

参考文献

蔡爱智 . 1985. 山东龙口湾的泥沙来源和连岛沙坝的形成 , 海岸河口区动力、地貌、沉积过程论文集 [M], 北京：科学出版社 .

蔡爱智 . 1980. 刁龙嘴堆积地貌的发育 [J]. 海洋与湖沼 , 9(1): 1–14.

陈方 , 朱大奎 . 1996. 闽江口海岸沙丘的形成和演化 [J]. 中国沙漠 , 1996, 16(3): 227–233.

陈景山 , 张国栋 . 1984. 沉积构造与环境解释 [M]. 北京：科学出版社 .

丹尼东 . 1974. 砂岩地层圈闭勘探技术 [M]. 北京：石油工业出版社 .

冯增昭 . 1994. 沉积岩石学 [M]. 北京：石油工业出版社 .

傅启龙 , 沙庆安 . 1994. 昌黎海岸风成沙丘的形态与沉积构造特征及其成因初探 [J]. 沉积学报 , 12(1): 98–105.

弗里德曼 , 桑德斯著 . 徐怀太 , 付维文 , 译 . 1987. 沉积学 [M]. 北京：科学出版社 .

何其祥 , 等 . 2006. 中国海洋沉积地质学 [M]. 北京：海洋出版社 .

莱内克 , 辛格 I B. 1973. 陈昌明 , 李继亮译 . 1979. 陆源碎屑沉积环境 [M]. 北京：石油工业出版社 .

柯马尔 P D 著 . 1976. 邱建立 , 庄振业 , 崔承琦 , 译 . 1985. 海滩过程与沉积作用 [M]. 北京：海洋出版社 .

李从先 , 等 . 1983. 滦河废弃三角洲和沙坝潟湖沉积体系 [J]. 沉积学报 1(2): 8–18.

李从先 , 陈刚 . 1984. 山东荣成桃园沙坝 – 潟湖地区的垂直层序和沉积环境 [J]. 海洋通报 , 8(4): 38–44.

李从先 , 陈刚 , 庄振业 . 1985. 海滩层理及其地质意义 [J]. 海洋地质与第四纪地质 , 5(3): 30–55.

李从先 , 陈刚 , 王秀强 , 等 . 1987. 滦河以北海岸风成砂沉积的初步研究 [J]. 中国沙漠 , 7(2): 13–22.

李从先 , 陈刚 , 高曼娜 , 等 . 1987. 山东荣成成山头至石岛海岸地貌和沉积特征 [J]. 海洋与湖沼 , 18(2): 162–171.

李凡 . 1982. 白沙口海岸带沉积物的床面形态及层理构造 [J]. 沉积学报 , 1(3): 99–108.

李善为 , 夏东兴 . 1981. 山东海岸地貌发育特征 [J]. 海洋湖沼通报 , 3: 39–45.

李铁松 , 李从先 . 1993. 潮坪沉积与事件 [J]. 科学通报 , 38(19): 1778–1782.

刘宝珺 . 1980. 沉积岩石学 [M]. 北京：地质出版社 .

刘锡清 , 等 . 2006. 中国海洋环境地质学 [M]. 北京：海洋出版社 .

刘振夏 , 印萍 , Berne S, 等 . 2001. 第四纪东海的海进层序和海退层序 [J]. 科学通报 , 增刊 , 74–79.

祁兴芬 , 庄振业 , 韩德亮 , 等 . 2004. 秦皇岛市海岸风成沙丘的研究 [J]. 中国海洋大学学报 , 34(4): 617–624.

任美锷 . 1965. 第四纪海面变化及其在海岸地貌上的反映 [J]. 海洋与湖沼 , 7(3): 295–305.

孙英 , 黄文盛 . 1984. 浙江海岸的淤涨及其泥沙来源 [J]. 东海海洋 , 4: 38–46.

王宝灿 , 黄仰松 . 1988. 海岸动力地貌 [M]. 上海：华东师范大学出版社 , 174.

王琦 , 朱而勤 . 1989. 海洋沉积学 [M]. 北京：科学出版社 .

王颖 , 朱大奎 . 1994. 海岸地貌学 [M]. 北京：北京教育出版社 .

王永红 , 庄振业 , 李学伦 . 2000. 山东荣成湾沿岸输沙率及沙嘴的演化动态 [J]. 海洋地质与第四纪地质 20(4): 31–35.

王永红 , 庄振业 , 李从先 , 等 .2000. 成山卫沙坝潟湖链的形成与近期演化 [J]. 海洋学报 , 23(2): 86–92.

王月霞 . 1996. 昌黎黄金海岸沙丘沉积特征及形成演化 [J]. 地理学与国土研究 , 12(3): 60–64.

吴正 . 1996. 海南昌江海尾海岸沙丘岩的发展 [J]. 科学通报 , 41(4): 340–348.

夏东兴 , 等 . 2009. 海岸带地貌环境极其演化 [M]. 北京：海洋出版社 .

谢帕德 F P.（梁元博等译）. 1979. 海洋地质学 [M]. 北京：科学出版社 .

杨世伦 . 2003. 海岸环境与地貌过程导论 [M]. 北京：海洋出版社 .
杨子庚 . 2004. 海洋地质学 [M]. 济南：山东教育出版社 .
张国栋 , 王益友 , 朱静昌 , 等 . 1984. 苏北弶港现代潮坪沉积 [J]. 沉积学报 , 2(2): 39–50.
庄振业 , 李振林 , 张永华 . 1983a. 海滩层理中的反递变纹层 [J]. 青岛海洋大学学报 , 18(2): 82–95.
庄振业 , 盖广生 . 1983b. 山东半岛海滩层理的研究 [J]. 山东海洋学院学报 , 13(1): 75–81.
庄振业 , 林振宏 , 李从先 , 等 . 1983c. 山东半岛西北部的全新世古海岸线 [J]. 山东海洋学院学报 , 13(3): 25–29.
庄振业等 . 1987. 莱州湾东岸的全新世海侵和地层 [J]. 海洋湖沼通报 , 2: 31–39.
庄振业 , 李从先 . 1989. 山东半岛滨外坝砂体沉积特征 [J]. 海洋学报 , 11(4): 470–480.
庄振业 , 许卫东 , 李学伦 . 1991. 渤海南岸 6000 年来的岸线演变 [J]. 青岛海洋大学学报 , 21(2): 99–110.
庄振业 , 鞠连军 , 冯秀丽 , 等 .1994. 山东莱州三山岛 – 刁龙嘴地区沙坝潟湖沉积和演化 [J]. 海洋地质与第四纪地质 , 14(4): 43–52.
庄振业 , 刘冬雁 , 刘承德 , 等 .2008. 海岸带地貌调查与制图 [J]. 海洋地质动态 , 24(9): 25–32.
朱而勤 . 1991. 近代海洋地质学 [M]. 青岛：青岛海洋大学出版社 .
曾照爽 , 庄振业 , 祁学芬 , 等 . 2003. 秦皇岛昌黎黄金海岸的沙丘沉积和发育机理 [J]. 海岸地质动态 , 19(7): 23–27.
曾呈奎 . 2004, 中国海洋志 [M]. 郑州：大象出版社 .
Aleman N, Robin N, Certain R, et al. 2013. Net offshore bar migration variability at a regional scale: inter-site comparison (Languedoc- Roussillon, France) [J]. Coast. Res. SI65, 1715–1720.
Allen J R L. 1968.The nature and origin of bedform hierarchies[J]. Sedimentology, 10: 161–182.
Allen J R L. 1970. Physical Processes of sedimentation: An Intruduction. London Allen G & Uniwin, 248.
Allen. 1982. Sedimentary structures[M]. Amsterdam-Oxford-New York.
Anderson R S, Sorensen M, Willetts B B. 1991. A reviewer of recent progress in our understanding of Aeolian sediment transport. In: Barndorff-Nielsen O E, Willetts B B. eds. Aeolian Grain Transport [J]. Mechanics, Acta Mechanica (suppl. 1). Wien, Springer-Verlag, 1–19.
Bascom. 1954. Characteristics of nature beaches [J]. Proc. 4th Conf. on Coast. Eng. 165–184.
Bagnold R A. 1954. Experiments on a gravity-free dispersion of large solid spheres ina Newtonian fluid under shear [J]. Proc. Roy. Soc. (London), series A, 187: 1–15.
Bigarella J I. 1965.Sand-ridge Structures from Parana Coastal Plain [J], Marine Geol. 3: 269–278.
Bowen A J and Inman D L. 1969. [J] Geophys, Res., 74: 5479–5490.
Certain R, Barusseau J P. 2006. Conceptual Modelling of Straight Sand Bars Morphodynamics for a Microtidal Beach (Gulf of Lions, France) [J]. International Conference on Coastal Engineering, San Diego. 2643–2654.
Chandler P L and Sorensen R M. 1973. Proc. 10th Conf [J]. Coastal Eng.1: 358–404.
Cliffon H E. 1969.Beach lamination nature and Origin [J]. Marine Geol. 7, 553–559.
Davies J L. 1964. A morphogenic approach to world shoreline. Zeit . fur Geomorph., 8: 127–142.
Davidson-Arnott R G D B Greenwood. 1976, Facies relationship on a barrier coast. Kouchlbouguc Bay, Beach and Nearshore Sedimentation [J]. New York, 149–168.
Eisma D. 1998. Intertidal Deposit [J]. Boca, Raton, Florida: CRC Press, 599.
Emery K O and R E Stevenson (1950). Laminated beach sand [J]. Sediment. Petrol., 20: 220–223.
Emery K O and Gale J F. 1951.Swash and swash mark: Am. Geophys [J]. Union, Trans. 32: 31–36.
Fisher R V and Mattionson J M.1968. Wheeler Gorge curlidite conglomcrate scries [J]. California. Inverse

Grading. Jour. sed. Pet 1968, 38(4) : 1013–1023.

Flemming B W. 1978. Underwater Sand dunes along the Southeast African continental margin observations and implications[J]. Marine Gel. , 26 (3/4): 177–198.

Gao Shu, Zhuang Zhen-ye, Li Hong-jiang, et al. 1998. Physical processes affecting the health of coastal Embayments: an example from Yuehu Inlet, Shandong Peninsula, China[A]. Health of the Yellow sea[M]. Seoul: The Earth Love Publication Association, 313–329.

Grunnet N M, Hoekstra P. 2004. Alongshore variability of the multiple barred coast of Terschelling, The Netherlands [J]. Mar. Geol. 203 (1-2): 23–41.

Guza R T and D L Inman. 1975. Edge waves and beach cups [J]. Geophys. Res., 80(21): 2997–3012.

Hallermeier R J. 1978. Uses for a calculated limit depth to beach erosion. Proceedings of the 16th Coastal Enginerring Conference [J]. New York: American Society of Civil Engineers, 1493–1513.

Hoyt J H and Henry V J. 1964. Sedimentology [J]. 3: 44–51.

Ingle J C Jr. 1966. The movement of beach sand-an analysis using fluorescent grains [J]. Dev. In Sedimentology, v 5: Amsterdam-London- New York: Elsevier Pub: co., 221P.

Inman D L Ewing G C and Corliss J B. 1966. Coastal sand dunes of Guerrero Negro. Baja Caligornia [J]. Mexico Geol Soc. Am Bull, 77: 787–802.

Inman D L, R J Tarr and C E. Nordstron 1971. Mixing in the surf zone [J]. Geophys. Res., 76: 493–514.

Johnson D W. 1910. Bull. Geol. Soc. Am., 21: 599–624.

Johnson D W. 1919. Shore Process and Shoreline Development [J]. Wiley, New York, 584.

Jibert G K. 1914, The transportation of debris by running water. U.S. Geol.Survey Prof. Paper 83, 263 pp.Abs. Washington Acad.Sci.J4, pp.154–158.

Komar P D, Miller M C. 1973. The threshold of sediment movement under oscillatory water waves [J]. Journal Sedimentary Petrology, 43(4): 1101–1110.

Komar P D. Komar. 1998. Beach Processes and Sedimentation. (2nd Edition) [M]. New Jersey: Prentice Hall: 544.

Kroon A, Larson M, Möller I, Yokoki H, Rozynski G, Cox J, Larroude P. 2008. Statistical analysis of coastal morphological data sets over seasonal to decadal time scales [J]. Coast. Eng. 55 (7-8): 581–600.

Kuriyama Y, Lee J H. 2001. Medium-Term Beach Profile Change on a Bar-Trough Region at Hasaki, Japan, Investigated With Complex Principal Component Analysis [J]. Coastal Dynamics '01: 959–968.

Lenotyev O K and Nikiforov R L. 1965. Reason for the world-wide occurrenee of Barrier beaches [J]. in "Barrier island " 1975: 162–169.

Longuet-Higgins M S. 1970. Longshore currents generated by obliquely incident sea waves [J]. T.J. Geophys. Res., 75(33): 6678–6780.

Matthew S Phillips, Mitchell D Harley, Ian L Turner, Kristen D Splinter, Ron J Cox, 2013. Shoreline recovery on wave-dominated sandy coastlines: the role of sandbar morphodynamics and nearshore wave parameters [J]. Marine Geology 385: 146–159.

McEwan I K, Willetts B B, Rice M A. 1992. The grain/bed collision in sand transport by wind [J]. Sedimentology, 39: 971–981.

Middlenton G V. 1970. Experimental studies related to problem of flysch sedimentation [J]. Geol. Assoc. of Canada, Special Paper. 7: 253–272.

Ojeda E Ruessink B G, Guillen J. (2008). Morphodynamic response of a two-barred beach to a shoreface nourishment [J]. Coastal Engineering 55, 1185–1196.

Pettijohn F J. 1949, 1957, 1975. Sedimentary Rocks. New York: Harper and Row.

Plant N.G, Holman R A, Freilich M H, Birkemeier W A. 1999. A simple model for interannual sandbar behavior [J]. Geophys. Res. 104 (C7), 15755–15776.

Postma H. 1961. Transport and accumulation of suspended matter in the Dutch Wadden Sea [J]. Netherlands Journal of Sea Research, 1: 148–190.

Reineck H E, Singh I B. 1973. Deposieiunal sedimentary environments-with Reference to Terrigenous Clastics [M]. Berlin: Springer-Verlag.

Reineck H E, Singh I B. 1980. Deposieiunal sedimentary environments [J]. Springer-ver/ag. Ber/in Heidelbery, New York.

Ruessink B G, Kroon A. 1994. The behaviour of a multiple bar system in the nearshore zone of Terschelling, the Netherlands [J]. 1965–1993. Mar. Geol. 121, 187–197.

Ruggiero P, Kaminsky G M, Gelfenbaum G, Cohn N. 2016. Morphodynamics of prograding beaches: a synthesis of seasonal-to century- scale observations of the Columbia River littoral cell [J]. Mar. Geol. 376: 51–68.

Russell R J and Mcintire W G. 1965.Geol. Soc. Am. Bull., 76: 307–320.

Sarre R D. 1989. The morphological significance of vegetation and relief on coastal foredune processes [J]. Z. Geomorph., 73 (suppl. Band): 17–31.

Shand R D, Bailey D G. 1999a. A review of net offshore bar migration with photographic illustration from Wanganui, New Zealand. J. Coast. Res. 15 (2): 365–378.

Shand R D, Bailey D G, Shepherd M J. 1999b. An inter-site comparison of net offshore bar migration characteristics and environmental conditions [J]. Coast. Res. 15 (3): 750–765.

Shepard F P. 1950. Beach cycles in Southern California [J]. Beach Erosion Board Tech Memo. No. 20. U.S. Army Corps of Engrs., 26.

Shepard F D. 1973. Submarine geology third edition [M]. United states of America.

Simons D B and Richardson E V. 1961. Forms of bed roughness in alluvial channels: Am. Soc. Civ Engineers, Proc., V 87, Hydraulics Div., Jour., HY3, p: 87–105.

Tatui F, Vespremeanu-Stroe A, Ruessink B G. 2011. Intra-site differences in nearshore bar behavior on a nontidal beach (Sulina? Sf. Gheorghe, Danube Delta coast) [J]. Coast. Res. SI64, 840–844.

Thompsoh W O. 1937.Original structures of beaches, bars and dunes [J]. Geol. Soc, Am, Bull 48: 723–752.

Trenhaile A S. 1997.Coastal Dynamics and Landforms. Oxford: Claredon Press, 365.

Walstra D J R, Ruessink B G, Reniers A J H M, Ranasinghe R. 2015. Process-based modeling of kilometer-scale alongshore sandbar variability [J]. Earth Surf. Process. Landf. 40 (8): 995–1005.

Wiegel R L. 1964. Oceanographical enginerring. Preentice-Hall, Englewood Cliffs, N. J., 532.

Willetts B B Rice M A. 1989. Collisions of quartz grains with a sand bed: the influence of incident angle [J]. Earth Surface Processes and Landforms, 14: 719–730.

Wijnberg K M, Kroon A. 2002. Barred beaches. Geomorphology 48 (1): 103–120.

Wijnberg K M, Terwindt J H J. 1995. Extracting decadal morphological behavior from high-resolution, long-term bathymetric surveys along the Holland coast using eigen function analysis [J]. Mar. Geol. 126 (1–4): 301–330.

Zenkovitch V P. 1959. On the genesis of cuspate spits along lagoon shores [J]. Jour. Geol., v. 67(.3): 269–277.

第二篇

陆架砂质底形

从陆地到大洋高度相差数千米，大陆与大洋底之间的交接过渡带称为大陆边缘，按水深的差异，可将大陆边缘分成陆架和陆坡两部分。陆架水浅而平缓，陆坡水深又陡，为平均坡度 3° ~ 6° 的一个大斜坡，两者的水文动力、泥沙运动和沉积底形都不相同。本章至随后的几章均讨论陆架沉积底形。

陆架（continental shelf）是大陆的水下延伸部分。从岸边到外缘坡折带，宽度变化很大，平均宽度约 78 km（Kennett，1982），欧洲北海和中国东海等陆架均宽约 600 km 以上。陆架坡度平缓，平均坡度只有 0.7′（李学伦，1996），其外缘以陡坡交接陆坡，称为陆架外缘坡折带。外缘坡折带的水深从 50 ~ 60 m 至 200 ~ 600 m，各地不一，平均为 130 m，按成因可分陆架成构造型和沉积型两类，构造型陆架与断层、褶皱、火山等有关，沉积型陆架上覆较厚的沉积物，大多与一些河口沉积相关联，许多陆架前第四纪沉积层可达数百米厚。

按水动力和沉积物粒度，又可将陆架分为近岸带、内陆架和外陆架 3 个沉积带。近岸带以砂质沉积为主，由河流和波浪消能而形成的海滩岸外沙坝、三角洲以及潮流沙脊等砂质底形组成，外缘可达 8 ~ 10 m 水深，已在前篇介绍过。内陆架波能较弱，沉积物以细粒粉砂、黏土为主，（也具一定砂质沉积），外缘 50 m 水深左右。外陆架又是一个粗粒带，往往是残留的冰期低海面时的近岸砂质沉积，外缘以坡折带过渡到陆坡。

第四纪冰期间冰期气候导致海平面以 130 ~ 150 m 的幅度升降。冰期期间海水退出，陆架几乎全部裸露，沉积了河流、风沙和平原等陆相层，其间也被水流侵蚀成许多沟谷负地形，当时的近岸砂质沉积带被推移到如今的陆架外缘。例如，距今 15 ~ 20 ka BP 的末次盛冰期，就在今 130 ~ 150 m 水深处沉积了大片的砂砾沉积层。间冰期海侵，海平面上升。若缓慢而持续地上升，在陆架上先沉积了近岸砂质层，再加积了浅海相粉砂层，局部未被浅海相层覆盖的低海面陆相层，就成了残留沉积（Emery，1968）。

若海侵过程中的一段时间海平面稳定（或上下波动）再海侵，则其近岸砂质层被留于陆架一定深度上，例如，距今 10 ka BP 左右的冰消期海平面在现 50 ~ 60 m 水深附近波动，就留下了一片片的砂质沉积层，如中国东海的扬子浅滩砂层和台湾浅滩。

组成现代陆架的若干水下砂质底形的硅质碎屑，除源于河流输沙外，大多来源于陆架上的残留沉积砂层（蔡锋等，2015），甚至一些大型水下沙丘和沙脊的机体，其本身就是全新世海侵前的更新世砂质沉积层，仅受现代海水动力的修饰和改造。

陆架水动力复杂，沉积底形众多，研究较为深入，与陆架工程等关系密切，具有重要的理论意义和实际应用价值。

第四章 陆架水动力和底形术语

4.1 陆架水动力

丰富的砂质碎屑是形成陆架砂质底形的物质基础，水动力的强弱是底形塑造的关键动力要素。

陆架浩瀚的海水时刻都在运动着，对海底泥沙碎屑运动起作用的动力主要是潮流、波浪和洋流等 3 种。由于产生动力的因素不同，它们在流动的方向、性质、强度和作用方式上都有明显差异，所塑造的陆架底形自然也具有各种特点。为此，要了解陆架底形必先讨论水动力的情况和作用机理。

4.1.1 潮汐和潮流

4.1.1.1 *潮汐*

潮汐是海水在太阳和月亮共同吸引下发生的周期性的运动，包括海面周期性的起伏和海水周期性的水平流动。有时也称前者为潮汐和后者为潮流。世界上大部分陆架和浅海均为有潮海，海面在一昼夜里有两次升降，也有的海域一昼夜一次升降。由于月球、太阳和地球之间相对位置的变化以及地形的影响，潮汐分正规半日潮、不正规半日潮、正规全日潮和不正规全日潮等四类。可用各分潮振幅之比值（F）来判断，$F=\frac{H_{k1}H_{o1}}{H_{M2}}$，$H_{k1}$、$H_{o1}$ 和 H_{M2} 是两个日分潮和一个半日分潮的振幅，若 $0.0 < F \leqslant 0.5$，为半日潮；$0.5 < F \leqslant 2.0$，为不正规半日潮；$2.0 < F \leqslant 4.0$，为不正规全日潮；若 $F > 4.0$，为全日潮。如南海北部巴士海峡附近和台湾海峡南端均为不正规半日潮，海南岛以东海域为不正规全日潮，珠江口以西海域为不正规半日潮，以东为不正规全日潮，北部湾大部分为正规全日潮。

一个潮周期内海面高程之差称为潮差，潮差大小反映潮波运动的特征。潮波是在天体引力作用下海水的起伏现象。我们假设全球均被海水覆盖，在以月球为主的引潮力（月球距地球近，远大于太阳对地球的引力）的作用下，某一时刻全球海面起伏成两个长周期大波，如以大洋平均深度 4000 m 计算，半日潮的潮波波长约 8600 km，半日潮的周期接近 12 小时 50 分。潮波传播过程受地球效应，浅水效应和底形影响发生变化。地球效应是潮波传播过程中，不断接受地球偏转力又称科氏力（Corilis force）的作用，导致潮波传播方向和潮差变化。如黄海东部潮差 8 ~ 9 m，西部只有 3 ~ 4 m。浅水效应是潮波遇浅水受底摩擦发生变形，降低传播速度。如水深为 h，按公式 $C=1+\frac{3}{2}\frac{\eta}{h}\sqrt{gh}$，$\frac{\eta}{h}$ 随水深 h 的减小而增加引起潮波的两坡不对称导致涨潮期缩短，落潮期延长，进而变波即涌潮现象如钱塘江涌潮。岸线曲折引起潮波的折射、反射和绕射，导致潮波传播速度变化，潮时早晚快慢的变化。如海湾一侧是优势流，一侧为无潮点（潮差为0）。由于潮汐传播过程中的变形，导致不同海区不用时间潮差有大小之别。大洋中潮差很小，约有0.5 m，近岸潮差大多高于大洋。Davies（1964）根据各地大潮潮差把潮汐区域粗略地分为强潮区，潮差≥ 4 m；中潮区，潮差为2 ~ 4 m；弱潮区，潮差≤ 2 m。大西洋沿岸主要是半日潮，欧洲沿海该类型潮十分明显，英国海岸潮差很大，布里斯托尔湾潮差达11.5 m，利物浦8 m，泰晤士河口6.8 m，冰岛沿岸4 ~ 5 m，波罗的海、芬兰湾潮差只有几厘米。太平洋沿岸许多地方潮差可超过7 ~ 9 m。一般东岸潮差大，如阿拉斯加的科克湾8.7 m，巴拿马湾和加利福尼亚湾在9 m以上，智利群岛附近水域为8 m，鄂霍次克海品仁湾潮差可达11 m，朝鲜半岛仁川港8.8 m，中国钱塘江8.0 m，福州7.0 m，澳大利亚东岸2 ~ 4 m，日本海俄国沿岸潮差只有2.5 m。太平洋正规半日潮小于日潮和混合潮，印度洋沿岸主要是半日潮，澳大利亚西岸主要为全日潮，达尔文港潮差6.8 m，非洲桑给巴尔潮差4.4 m。据图还可知弱潮区和中潮区普遍见于世界大洋的开敞海岸和陆架区，如地中海黑海、红海和渤海等。强潮区一般见于局部大小弯曲岸段，加拿大的芬地湾，潮差15 m，西欧潮差也很强的以陆架的潮流沙脊底形十分发育。北部湾东侧近岸潮差高达4.5 m，构成海湾一侧的优势流现象，流速为90 ~ 140 cm/s（王文介，2000），优势流海区流速很高，海底发育大片的沙丘和沙脊底形。

4.1.1.2　潮流

潮流是潮汐作用下产生的海水周期性水平流动现象。潮流是塑造陆架砂质底形最主要的动力。按照潮流的运动形式可分成旋转流和往复流两种。旋转流又称回转流，是陆架潮流的普遍运动形式，在大洋和宽阔的陆架海区，一个潮周期内，潮流的方向旋转360°（北半球顺时针旋转，南半球逆时针旋转）。流速大小也有变化，若以某测点为中心，一潮周期内每小时一次的流速矢端连接起来（箭头线的长度代表流速大小）就得到一封闭的曲线，即潮流椭圆，潮流椭圆率绝对值常大于0.4 ~ 0.6。潮流场中的泥沙碎屑就随之呈多方向运动，一潮周期泥沙净运移的方向往往是椭圆长轴方向。近岸浅海、河口和海峡区域，潮波受底摩擦影响和受地形限制，潮流椭圆极其扁平。在前进波中，高潮时流速最大，在驻波中，中潮位时流速最大，大流速的潮流集中于椭圆长轴方向上，称为往复流，如欧洲北海潮流椭圆的分布明显地从开阔海区的旋转流和似旋转流向近岸和英吉利海峡区的往复流变化（图4.1）。海底沙脊也多分布于似往复流和往复流区，那里的潮流速约为70 ~ 100 cm/s，远大于泥沙的起动流速（细砂的起动流速为26 cm/s），水质点在半个潮周期（6.25 h）内可流过1 ~ 10 km的距离，（王琦，朱而勤，1989）成为搬运碎屑物质的主要动力，也是大批海底沙脊的发育动力。

常态海况下除憩潮外，海水表层的潮流速均可达到30 ~ 50 cm/s，但水深对潮流有消减作用，如2002年1月东海70 m水深处实测不同水层潮流速分布资料，表层流速55 cm/s，20 m水深处，流速就消减1/2，至海底（近底1 m处）即70 m水深处，流速就相当于表流速的1/3。朔望潮期间，流速较大，内陆架表层流速一般可达60 ~ 70 cm/s，底流速接近30 cm/s左右，超过细砂的起动流速，可携带细砂运动；中陆架水深60 ~ 80 m，70 cm/s的表层流，海底就变成20 cm/s左右，就难以带动泥沙运动。依此，外陆架海底的潮流速会更小，按照海水混合理论，陆架外缘潮流仍有一定流速。潮汐作用能影响整合水层，即比较大的深度，陆架外缘仍有一些潮流。而潮流作用往往集中于海岸的上层，潮流速度垂直分布类似于河流速度的垂直分布，即上部速度梯度很小，近底速度梯度很大，垂直速度范围一般不超过200 m水深，在水平方向浅水近岸流速大，远岸大洋潮流速小。所以除风暴潮，一般海况下，外陆架海底的潮流速很小，大多不能带动泥沙，更难以塑造现代砂质底形。但此时洋流的作用却很强烈。

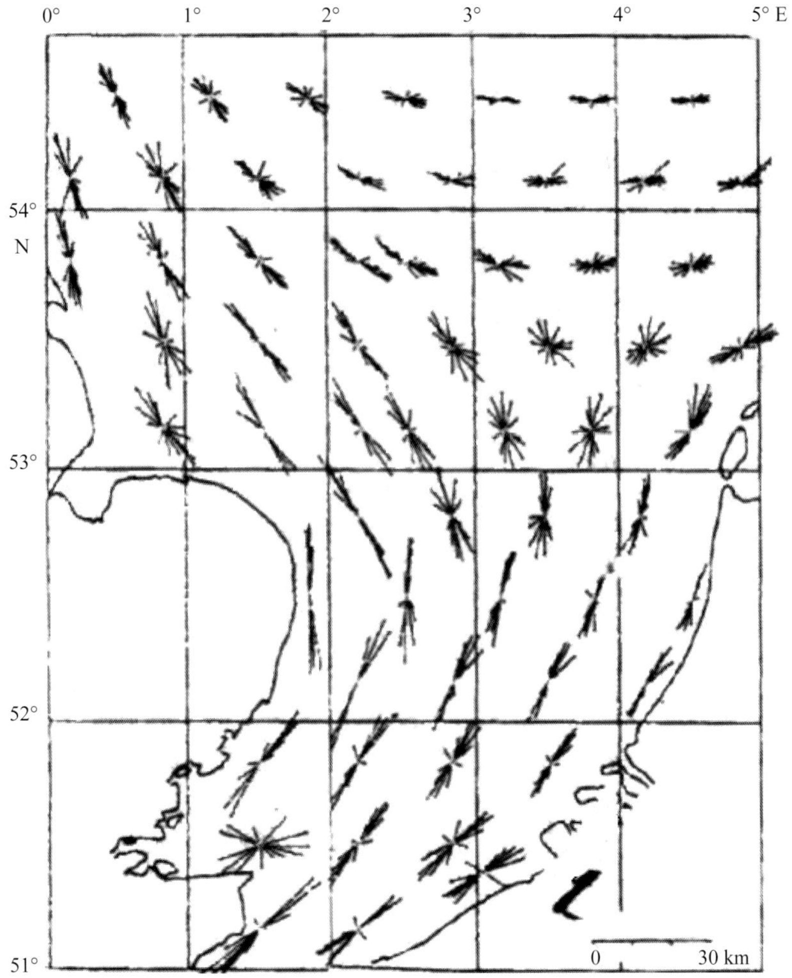

图4.1　欧洲北海南湾潮流椭圆分布图（据Dyer et al，1999修改）

Fig. 4.1　Tidal ellipse distribution map of the southern beisea bay (modified from Dyer et al, 1999)

总体来看，潮流是中、内陆架最普遍的水动力。具有定时变向、频率高、浅海流速大于外海和表层流速大于底层的特点，潮差大，潮流速也大。

4.1.2　波浪流

波浪是海面上最普遍的动力。波浪在海水表面传播的实质是水质点在水下作垂直海面的圆周运动，波高通过时，海底水质点向岸运动，波谷通过时，水质点向海运动，受风剪切力和底摩擦的作用，水质点作不对称的运动，波浪强烈变形、破碎以及破碎后均产生波流。深水波水质点圆形轨迹的直径 d_0（相当于波高 H_0）与任一深度 Z 处水质点圆轨迹直径 d_Z 呈指数关系，即水深以算术级数增加时，波高以几何级数减小，常见的 100 m 波长的风暴浪水质点作用深度达 200 m，说明整个陆架都处于波浪流作用之下。风暴浪期间，浪流成为整个陆架海底的重要动力。如美国华盛顿州滨外 75 m 深处每年有 53 天风暴浪，底流超过碎屑的起动流速（Reading，1986）。Komar（1972a，b）总结，美国加利福尼亚岸外波高 6 m，周期 15 s 的波浪就可以带动 125 m 深处粒径大于 0.3 mm 的碎屑运动。并推导出波流计算公式（Komar，1973）：

$$U_m = \frac{\pi d_0}{T} = \frac{\pi H}{Tsh(2\pi h / L)} \tag{4.1}$$

式中，U_m 为近底层的流速，d_0 为波浪水质点运动轨迹直径，T 为波浪周期，H 为波高，L 为波长，h 为水深。例如，我国黄海的扬子浅滩水深 40 m，平均台风过境时波高 H 为 5.1 m，T 为 10 s，U_m 为 104.94 cm/s（龙海燕等，2007）。

风暴浪流是风的剪切力造成的，包括风生流、波浪流、近岸沿岸流和离岸海底逆流。它们可使海底泥沙悬浮，顺流运动向岸和离岸运动。风暴浪流的作用强度往往大于潮流，如我国东海 50 ~ 60 m 深处 6 个实测点资料的计算，6 个点最大潮流底流速 55 ~ 70 cm/s，而该 6 个点风暴浪（台风）期间波浪产生的底流速平均 90 cm/s 以上（叶银灿，2004），不过只是一年中风暴浪的频率远小于潮流。风暴浪流一般远大于海底泥沙碎屑的起动流速（细砂和中砂的起动流速一般在 27 ~ 33 cm/s）。所以，从总的来看，中陆架上的浪流（风暴浪）的底流速 90 ~ 100 m/s，远大于当时当地的潮流速，也可塑造波状海底表面，发育沙丘，沙脊等砂质底形。但是波浪流频率小，具有一定偶发性。

4.1.3 洋流

洋流是海水从一个海区向另一个海区大规模（尺度）非周期性的定向运动。洋流既不像潮流那样的定期转向的运动，也不像浪流那样的偶发性变化的流动，而是具有定向、定量、持续和大尺度运动特点的水流。引起陆架海水如此运动的原因很多，包括地球自转、大气环流引起的热交换，不同温度或盐度的水团的交互变换，以及其他的海底地形的因素等。世界最强的洋流在北半球是黑潮和墨西哥暖流，南半球是厄古拉斯洋流，它们都是因地球运转形成的大气环流的热交换而引起的水体运动。黑潮从赤道以北开始，顺太平洋西侧向北流动，在台湾东岸外的断面上表流体流速 55 ~ 77 cm/s，流量 $43.2 \times 10^6\ m^3/s$，宽约 1000 ~ 2000 m。黑潮在巴士海峡和台湾海峡以北分别分支成南海环流和东黄海环流，进而纵贯日本列岛，这样大规模的洋流日夜向一定方向流动，必然对海底砂质碎屑作用，发育大小尺度的水下沙丘，沙脊和其他水下底形。洋流主要在较深水区域，陆架上的洋流只是大洋洋流的边缘、分支或末梢部分，而且常与潮流、波流和大河河流等混合作用，导致在不同季节，洋流强度发生一定变化。但一些特殊海区在常年洋流作用下，发育洋流控砂质底形。如白令海的陆架洋流流量 $1 \times 10^6 m^3/s$，常年如此发育 5 条顺洋流方向延伸的沙带（Field，1981），由中粗砂组成，S 向风暴期间阻滞洋流流速，而 N 向风暴加速洋流流速，最终，沙波大部分也向 N 迁移。证明洋流在陆架上的作用。一些极窄陆架的海如日本、南非东岸外等，黑潮和厄古拉斯洋流的中心带也可以纵贯外陆架和坡折带。长期的定向洋流作用发育典型的洋流控沙脊和大型水下沙丘，在其外形和组成物质等方面具有一定的特色。

世界各地不同陆架往往以某一种外动力水流作用海底，欧洲的北海陆架都以潮流和一定时期的波浪流为主要动力，洋流居于次要地位。同一陆架，不同部位和时期，外动力水流也有差异，如中、内陆架水深较浅，常以潮流作用为主，洋流常位于外陆架和陆坡等深水地带。Reading（1986）按外动力类型将世界陆架划分成潮控陆架（潮差大于 3 m，潮流表流速 50 ~ 100 cm/s），如欧洲北海和中国黄海等;浪控陆架（包括风暴浪控陆架），如美国俄勒冈—华盛顿陆架和白令海陆架；以及洋流控陆架，如南非东岸外陆架区。中国东海陆架潮流和风暴浪流作用均很强烈，潮流频率大，流速低，浪（包括风暴浪）流频率小，但作用强烈，短时期的风暴浪可以彻底改观长时期形成的潮成砂质底形。不同类型陆架沉积一定类型的底形，不同时期的潮流椭圆和作用强度也会有变化。因此，陆架砂质底形的类型众多，形体较大，千姿百态，形成机理也十分复杂。

4.2 陆架底形术语

陆架上流动的水流为潮流、浪流和各种洋流等，只要流速超过陆架海底碎屑的起动流速，就可携带泥沙碎屑运动。可以侵蚀改造海底，塑造成各种侵蚀沟槽和模痕等负向底形，也可以堆积海底，塑造成各种凸起的砂质沉积底形（bedforms）。Swift（1972a）按照砂质底形脊线与陆架主水流方向的交角关系划分底形成横向的和纵向的两种类型。Allen（1982a）在其著作“沉积构造”中，进一步将脊线垂直于主水流方向的底形称作横向底形，如沙纹，沙波和沙丘等；把基本顺主水流方向延伸的堆积和侵蚀底形称为纵向底形，如沙脊，沙带，冲蚀沟槽和砂砾障碍痕等。并分别从水动力上解释了底形的形成机理和演化模式。

4.2.1 横向底形

横向底形包括沙斑和水下沙丘系列，虽然它们的尺度随动力的增强而依次增大，但都形成于陆架底流的缓紊流（见第一章）环境中，流速一般 40 ~ 90 cm/s（王琦，朱尔勤，1989）。它们的沉积脊线常垂直于主水流方向。

横沙斑（sand patchs）或沙席乃陆架底流较低（常小于 40 cm/s）或砂质物较贫乏的环境下形成的片片薄沙，其形状不定，长宽数十米至数百米，厚 1 ~ 3 m，表面平缓，有时见一排排沙纹，边缘陡斜，长轴方向近似垂直陆架主水流方向。

沙波（ripples）系列，包括大、中、小型沙波。小者波长小于 60 cm，波高小于 5 cm，又称沙纹，多分布于近岸带。由于个体小，旁侧声呐图上不易显现，只有通过水下摄影才能见到，常覆于陆架上大沙脊、沙浪和沙斑之上，并与小型浪成不对称沙波混淆，中型和大型沙波又称沙浪（sand waves）和大沙浪（megaripples），或中型水下沙丘，成为分析水流流向的有力标志。大型沙波称沙丘（dunes），或沙垄，波高大于 2 ~ 10 m。

在沙波的尺度上，Allen（1982a）的若干论文中曾把波高大于 0.06 m，波长大于 0.6 m 的底形称为三维沙丘和二维沙波；Harms（1982）和 Middlten（1986）亦赞成这种“两分”法，而 Stride（1982）、Amos 和 King（1984）却都使用“三分”法，即 ripples，megaripples 和 dunes。为了统一，1987 年在美国德克萨斯州奥斯汀召开的沉积地质专业会议上，专门讨论了水下沙波底形的各种分类特征。会议建议采用水下沙丘（subapueous dunes）来描述陆架大尺度横向底形，简易将陆架水下沙丘划分为小（L 为 0.6 ~ 5 m，H 为 0.075 ~ 0.4 m）、中（L 为 5.0 ~ 10 m，H 为 0.4 ~ 0.75 m）、大（L 为 10.0 ~ 100 m，H 为 0.75 ~ 5.0 m）和巨（L > 100 m，H > 5 m）等 4 类（Ashley，1990）。这一术语既可借风成沙丘的普遍性增强陆架水下沙丘的普遍感，又能通过形态特征反映出潜在的成因概念。近几年，一些学者如 Park（1994）和刘振夏（1995），相继应用了上述建议的术语，本文也如此。

4.2.2 纵向底形

脊线基本平行主水流流向延伸的底形称为纵向底形，陆架海底分布较广，有侵蚀型（负向）的，也有堆积型（凸向）的，常见如下几种。

冲蚀坑槽（scour hollow，erotional gully），形成于强流速的环境，大多超过 3 kn。冲蚀槽平行于主水流方向延伸。爱尔兰海北口海峡冲蚀坑深 28 m，最大侵蚀速率约 3 mm/a；英吉利海峡的 Hurd 侵蚀坑槽长 150 km，宽 5 km，深 150 m，切至基岩，其延伸方向与主水流方向小角度斜交。一些较大型侵蚀沟往往与陆架侵蚀古河谷相连。如美国东岸外陆架上的哈德孙峡谷（Nordfjord et al，2005）。

障碍痕（obstacle mark），凸向堆积型底形。陆架底流常被天然或人工障碍物所阻挡，引起局部的冲刷或沉积，通常在障碍物的顺水流下游侧沉积沙尾，又称为沙影（sand shadow），单沙影流线型，由砂或砾石组成，挪威岸外海底砾石沙尾长约 10 m，障碍石直径不过 1 m（Masson，2004）。有时一个障碍物下游侧发育双沙影或多沙影。

彗星痕（comet marks）是由大小砾石组成的脊状体。常成排出现，波罗的海 Langelang 海峡的水下彗星痕长 30 ~ 50 m，由砾石组成，顺水流流向延伸（Werner，1975），彗星痕是凸出海底的条形粗粒堆积体，属于沉积底形，有时也可通过侵蚀沙脊而成，若潮流宽 ，彗星痕往往平行多条伸展。

沙脊（sand ridges）、沙带（sand ribbons）和纵沙斑是 3 种堆积型的纵向底形，由砂组成的顺主水流延伸的海底线状地貌。Amos（1984）提议长宽比大于 40 的沙条带称为沙脊。沙脊长度大小可相差悬殊，从数 10 m 到 100 km，其横断面通常不对称，形成于 90 ~ 100 cm/s 的底流速环境。潮流沙脊是陆架上普遍分布的大型砂质沉积底形，往往成群出现，如北海的潮流沙脊群，凯尔特海的潮流沙脊群，朝鲜西岸外的沙脊群等，每群由数十条大型沙脊平行排列。大都是高潮差区，陆架潮流与浪流（或其他水流）相交叉沉积而成（Allen，1982b）。尺度较小的沙脊称为沙带或称沙流（sand streamers），通常是沙脊过长或过短的沉积。如白令海海底 40 ~ 60 m 水深处分布 5 条纵向沙脊，长 10 ~ 15 m，宽 1 ~ 3 km，高 10 ~ 20 m，由于沙脊短而宽，Field（1981）称其为沙带。纵沙斑是顺水流流向的薄沙席，厚 1 ~ 3 m，表面光滑，或沉积一排排小沙纹，且瞬息多变。

由于沉积物供应量和陆架底流流速的变化在海底形成不同大小和类型的底形，Belderson（1982）总结了世界各地实验底形的流速资料，总结了陆架底形的演化模式，他认为，不管横向底形还是纵向底形均随流速和物质供应的增加而变化。若物质供应不变，随流速的增加有沙斑沙席（V，40 ~ 50 cm/s）– 小沙波或波纹（V，50 ~ 60 cm/s）– 大沙波（V，60 ~ 90 cm/s）– 沙丘和沙脊（V，90 ~ 150 cm/s）– 砾石脊（V > 150 cm/s）的系列变化，若物质供应贫乏，底形间距变大，分布稀疏，也随流速的增大发育沙斑 – 小沙波 –

大沙波－纵向侵蚀沟和砾石脊的递变系列（图 4.2A），若物质供应丰富有余，则沙席广泛分布，依次出现小沙波－大沙波－沙脊系列，但即便达 150 cm/s 仍不会出现侵蚀脊沟和砾石脊（图 4.2B）。三系列显示陆架底形的演变对流速大小和物源多寡的依赖关系。当然，一些底形也可以共存，如沙波可叠置于沙垄和沙脊之上，小沙波叠置于沙斑之上。但它们所标志的水流方向并不相同，这是因为相叠置的底形和下伏底形并非同一时期形成的。大底形上叠置小底形显示现代水流方向和底形的演化动态并不一致，但二者却有连带关系。

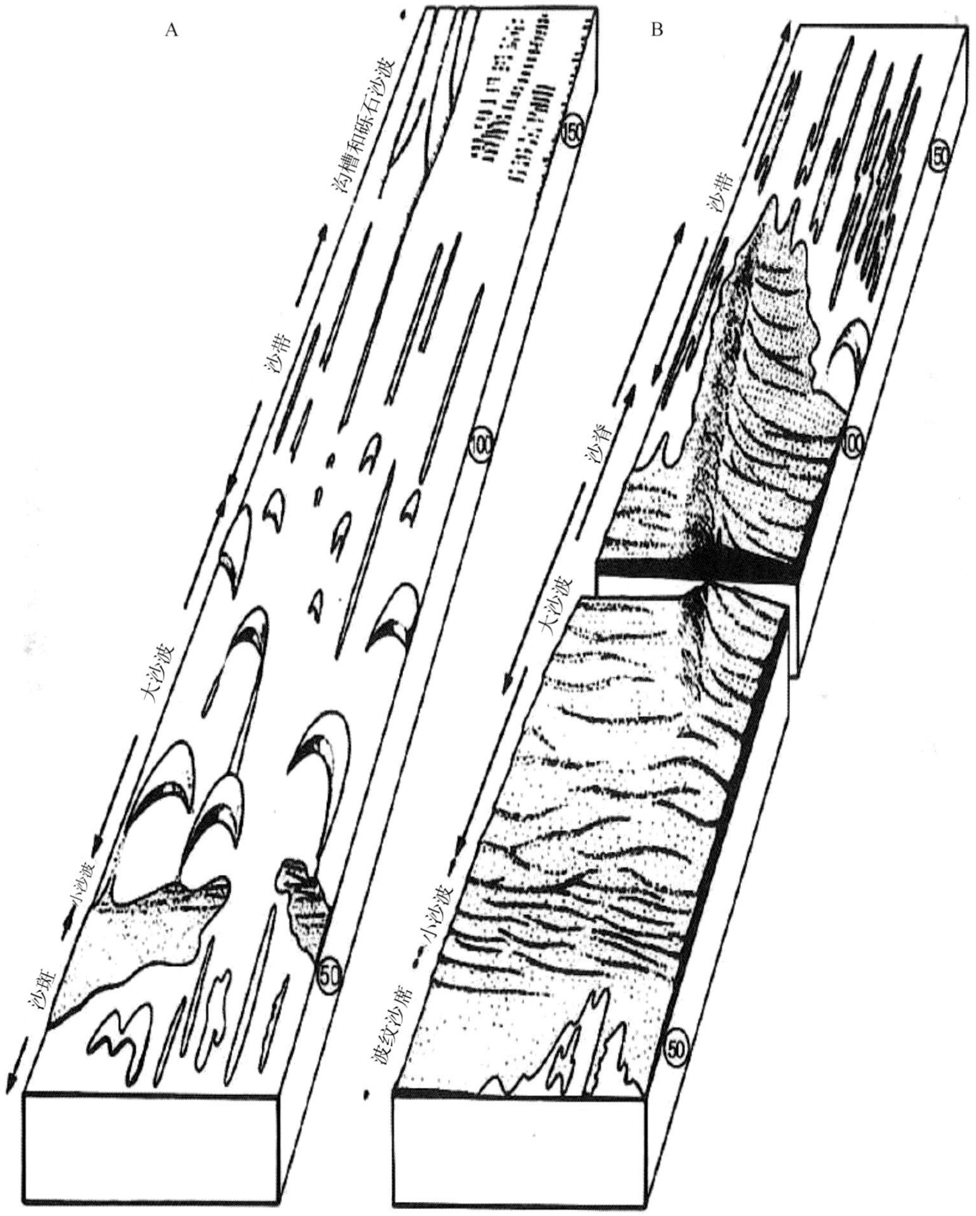

图4.2　陆架水流底形及其与环境的关系（据Belderson,1982修改）

A. 物源贫乏，底形随流速增大具演变序列；B. 物源丰富，底形随流速增大演变序列

Fig.4.2　Bedform of the shelf flow and its relationship to the environment (Modified from Belderson,1982)

A. Poor source, the bedform has an evolution sequence with the increase of flow rate; B. Abundant source, evolution sequence of bedform with increase of flow rate

第五章　陆架沉积底形

底形（bedform）是沉积学上的名词，按字意乃海底形态。陆架海底形态十分复杂，有侵蚀的沟槽等负地形，也有沉积物堆积的丘岗等正地形。Swift（1972a）按这些正地形的脊线与陆架水流方向的交角划分成横向和纵向两种类型。然而不同粒度物质组成的沉积底形特征并不相同，本文将这两种划分结合起来，研讨各种类型沉积底形。如砾石组成的纵向底形有障碍痕和彗星痕等，砂质物组成的横向底形有横沙席、水下沙丘等，砂质物组成的纵向底形有纵向沙席、沙脊和沙带等。以下将依这一次序，介绍和研讨它们的形态特征、分布规律、发育和演化机理，对研究陆架底形和国民经济活动均具有实际意义。

5.1　水下沙席

陆架上大片旋转潮流分布区域或流速较低的海区的片状砂质沉积体，称为水下沙席（subaqueous sand sheet），又称潮流沙席。Stride（1982）认为底流速在 50 cm/s 左右，常形成沙席。世界陆架上沙席分布十分广泛，曾因其表面平坦单调而被忽视。实际上，凡有大片水下沙丘和潮流沙脊的陆架海区都有沙席分布。Belderson 等（1982）在著名的陆架潮流成因的底形演变图示中把沙席放在潮流由强变弱形成的一系列底形中的最后一级，即在水下沙脊，水下沙丘之后，当流速为 50 cm/s 左右时形成沙席和沙波。这里沙席是指上层覆盖在底床上的薄层席状砂。那么从形态上可分沙席成两种，即平坦沙席和覆盖大片沙波的沙席。后者比前者流速稍大些，常大于 55 cm/s（Belderson，1982；Berne，2002）。然而，Belderson 在绘制潮流底形与环境关系图式时将沙席分成横向和纵向底形之内，实际是没有意义的，沙席既属于纵向底形也属于横向底形。

平坦沙席也有起伏，通常以水下潮流三角洲出现，多分布于海峡束狭水流的外侧或大河水下三角洲的外缘，这些地方流速降低，砂源也丰富，多以细砂为主。沙席表面也顺稍高些的上游段向下游段辐射，流速缓慢降低，沙层也渐渐变薄。除上述地形之外，世界陆架上许多水下沙脊区的外缘均伴随沙席的分布。最著名的沙席区如欧洲北海南部、南非东南岸外、美国佛罗里达半岛以西、白令海东部。我国近海陆架上有数片沙席区，如长江口外的扬子浅滩、珠江口外的台湾浅滩以及渤海东部的沙席区等。

渤海海峡位于黄渤海交界处，是黄渤海通道，又称老铁山水道（图 5.1）。往复流流速可达 3 ~ 5 kn，入渤海后发育向 N 的沙脊群，沙脊群以西，水深 15 ~ 40 m 处，沉积了约 5000 km^2 的沙席。该沙席由细砂组成，最高处沙厚 4.8 m 和 5.6 m，沙席中部厚 2.8 m，外缘更变薄，消失于渤中盆地。沙席表面基本平坦，偶见小片直线型小沙波，当地称沙席为渤中浅滩坪。潮流为旋转流，椭圆绝对值 0.4 ~ 0.5（Liu et al，1998），按 ^{14}C 数据，该沙席形成于 3.0 ~ 2.4 ka BP（刘升发等，2008），沙层覆盖于全新世中期渤海海相层之上（图 5.1）。

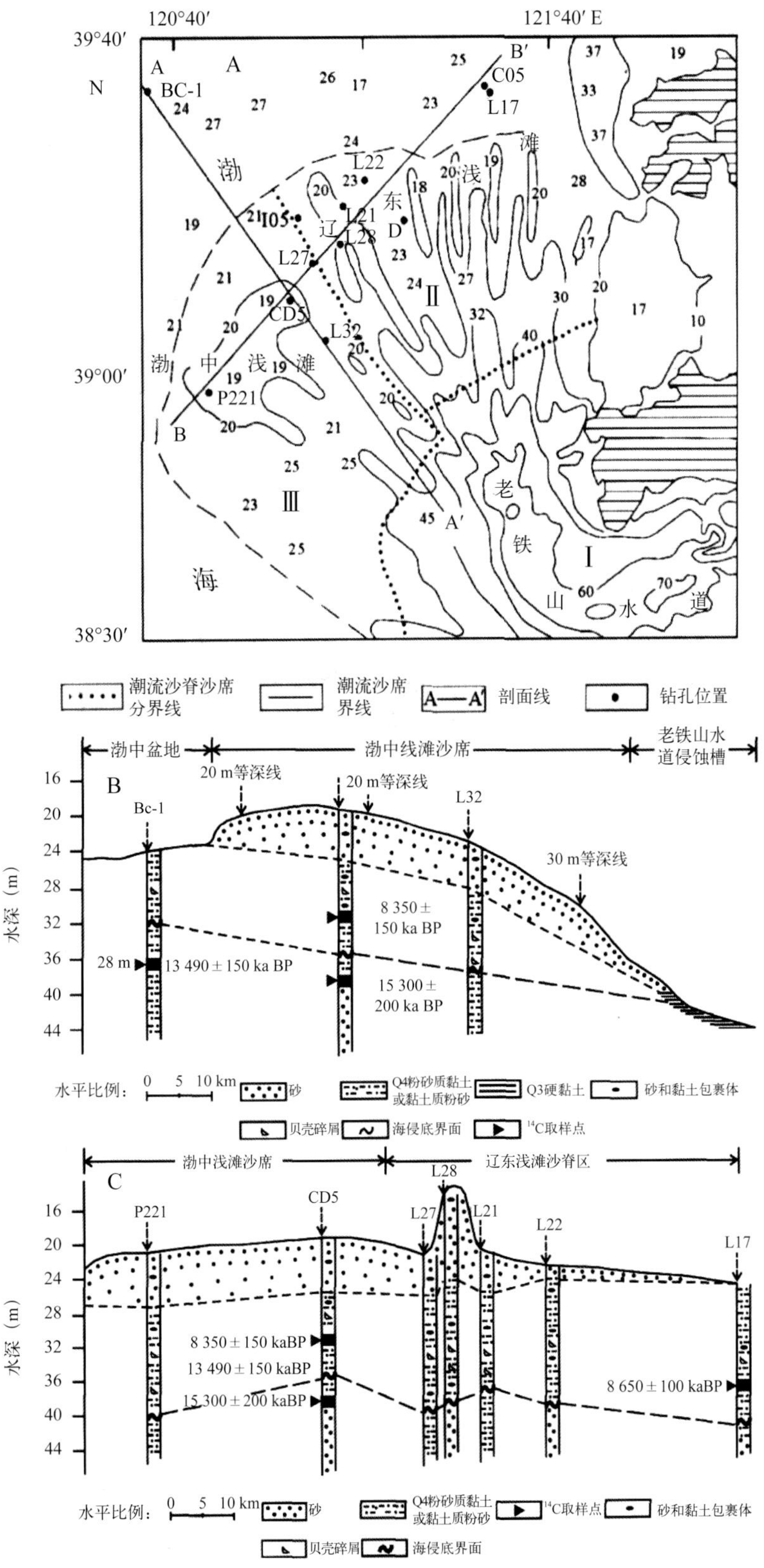

图5.1　A. 渤海东部潮流沙席分布图；B. 渤海东中部潮流沉积A–A′剖面；C. 渤海中东部潮流沉积B–B′剖面

Fig. 5.1　A. Distribution map of tidal sand sheet in eastern Bo Hai; B. A-A′ profile of tidal deposit in the east central Bo Hai; C. B-B′ profile of tidal deposit in the middle and eastern Bo Hai

沙席的动态与否常从其上的沙波沙脊的运动测得，一般其迁移率较为缓慢。由于沙席表面平坦，起伏小，厚度薄，稳定性较好。但受工程的振动，也会使已稳定的沙席沙层重新复活，再发育运动的沙丘沙脊等，发生新的海底灾害。如海南省西侧东方岸外，40 m 以深海底，本来是平坦沙席，受海底管线的扰动后，多处重新发育水下沙丘，工程建设之后的一年中，管线发生了 30 余处被掏空的现象（陈昌翔等，2018）。

5.2 水下沙丘

陆架海底广泛分布着尺度不等，形态各异的水下沙丘（subaqueous dunes），又称海底大沙波，或海底丘状沉积。它常叠置于现代潮流沙脊或沙席之上，也以集群形式分布于平坦海底，称水下沙丘场。水下沙丘是单向流沉积底形（Allen，1982a），其长轴脊线基本垂直流向，属于横向底形系列（Kenyon，1970）。也有的是改造老沉积形态的沉积体。

5.2.1 形态特征和类型

水下沙丘主要分布在中、内陆架上，那里的物源丰富，潮流强烈。许多大河的水下三角洲、海峡口外的潮流三角洲等平坦海底大多分布大小尺度的水下沙丘。如欧洲北海南部潮流强烈，在其东部荷兰、德国和丹麦西岸外，是莱茵河、易北河等河的汇集区，约 18 m 水深附近沉积大面积的特大水下沙丘，组成世界上最大的水下沙丘场，丘长约 500 m，丘高 3 ~ 4 m，两翼坡缓，背流坡不过 2° ~ 4°，丘脊线 NNE—SSW 延伸，陡坡向 NWW，丘峰中细砂组成，而丘麓和凹槽见粗砂和小砾石，属于现代侵蚀型水下沙丘（Anthony，2002），反映近期泥沙亏损。但沙丘仍然有迁移动态，冬季北海强风暴（浪高 5 m）和向 N 的强沿岸流（可达 1.2 m/s）的作用下，沙丘仍有缓慢迁移的动态。中国附近陆架宽阔，汇集了长江、珠江等许多大河的沉积物，平坦的水下三角洲上往往发育大范围的沉积型水下沙丘场，如长江口外 40 ~ 60 m 水深的扬子浅滩，面积约 3×10^4km^2，其上分布丘长 15 ~ 50 m，丘高 1 ~ 4 m 和长 200 m，高 12 m 的中、小两组水下沙丘，丘两坡不对称，陡坡向 SE，迁移率约有 32.4 m/a（龙海燕，2007）。越南 09°03′ — 10°48′N，101°02′— 108°44′E 一带水深 19.8 ~ 44.0 m。细砂海底分布五大片大型水下沙丘场（Kubicki，2008）。属于稳定型沙丘，其丘长 118 ~ 670 m，丘高 2.1 ~ 19.0 m，沙丘指数（L/H）80.9，说明该沙丘长而低。两坡不对称，陡坡指向 SWW，沙丘不对称系数 0.69 ~ 0.78，动态迁移率平均为 2.78×10^{-5} m/s（曹立华等，2012），说明基本不太运移。

世界各大洲陆架上均分布若干大面积的水下沙丘场，初步统计载于表 5.1。由于水下沙丘是活动的海底，与海底工程的稳定有关，因此受到许多学者的关注（如夏东兴，2001；陈昌翔等，2018；王伟伟，2007；叶银灿，2004；庄振业，2008）。

按平面形态可将水下沙丘分成直线型、弯曲型（包括舌型）和新月型等几种。若水动力横向变化不大，较低的缓紊流（见第三章）环境下，水下沙丘脊线的高度也不变，就形成直线型沙丘；若水动力横向扰动较大，较高的缓紊流环境下，丘脊线高度横向起伏多变，脊线较低处，流速相对较高，脊线上的沙冲向前方，就发育弯曲状沙丘，并可形成新月型沙丘的两翼角。

表5.1 世界陆架主要水下沙丘场

Table 5.1 Main subaquatic dune fields in the world continental shelf

名称	坐标	水深（m）	面积（km^2）	形态类型	丘长（m）	丘高（m）	迁移方向和迁移速率	资料来源
丹麦荷兰西岸外	56°22′—56°28′N，8°—9°E	12 ~ 18	24	直线形	500	3 ~ 4	N 1.2	Anthony，2002
中国扬子浅滩	30.7°—32.6°N，122.5°—125°E	40 ~ 60	30 000	直线形	15 ~ 200	12	SE 32.4	叶银灿，2004
越南 SE 陆架	09°03′—10°48′N，101°02′—108°44′E	19.8 ~ 44			118 ~ 670	2.1 ~ 19.0	SWW 2.78×10^{-5}m/s	Kubicki，2008
西朝鲜湾		10 ~ 30	14 000			10 ~ 30		刘振夏，夏东兴，2004
中国黄海弶港沙丘场	34°20′—38°32′N，120°40′—122°20′E	20 ~ 60	30 000	水滴形，八字形，卵形		10 ~ 20		Xu et al，2016
日本男女群岛西侧	31°—32°25′N，127°—128°E	140 ~ 220	3000	新月形 直线	450 ~ 900 4 ~ 26	5 ~ 10 0.4 ~ 1.5	垂直等深线	金翔龙，1992
美国新泽西岸外	38°—39°N，72°—74°W	140 ~ 200		直线型	100 ~ 400	0.5 ~ 2	SW	Snedden，2011
美国佛罗里达州西南	24°—27°N，81°—82°W	5 ~ 10		直线形	300 ~ 500	0.5 ~ 2.0	SE	Richard，1993
欧洲凯尔特海	47°—49°N，6°—10°W	115 ~ 150		直线形	20	1.0	SW	Marsset，1999
美国白令海	63°—65°N，166°—172°E	30 ~ 35	800	直线舌状	200 20	2.0 1.0	N	Field，1981
中国南海北部	20°—22°N，113°—117°E	80 ~ 250	7200	直线形、新月形		< 1.0 > 2.0	S 0.186	冯文科，1994
中国台湾海峡南口	23°30′—23°45′N，117°20′—117°35′E	15 ~ 40	24 050		140 ~ 160	2	残留	杨顺良，1996
中国海南东方岸外	18°—19°N，108°—109°E	< 40	11 000	新月形、直线形	50 ~ 100	4 ~ 6	N 1010	陈昌翔，2018
西班牙加迪斯湾	34.5°—36.5°N，8.5°—7.5°W	140 ~ 500	800	直线形	30 ~ 150	3 ~ 5	SW 不对称	Hans et al，1993
西班牙地中海埃布罗湾	39°40′—40°0′N，0°30′—1°E	80 ~ 116	150	直线形	150 ~ 750	0.5 ~ 3	稳定	Iacono，2012
南非德班内陆架	30°S，31°E	29 ~ 34		直线形	5 ~ 25 320	0.5 ~ 0.7	SW 25 ~ 125	Cawthra，2012

叶银灿（1984）将中国东海 40 ~ 60 m 水深的扬子浅滩上沙丘形象地划分成直线型、弯曲型、树枝状和格子状等 4 种类型（图 5.2），又结合各类沙丘分析了它们所处的动力环境（表 5.2），如格子状和菱形沙丘就是由不同向两底流相交叉干扰而形成，且流速接近临界流（见第三章）的沉积。

A. 直线形大型波痕

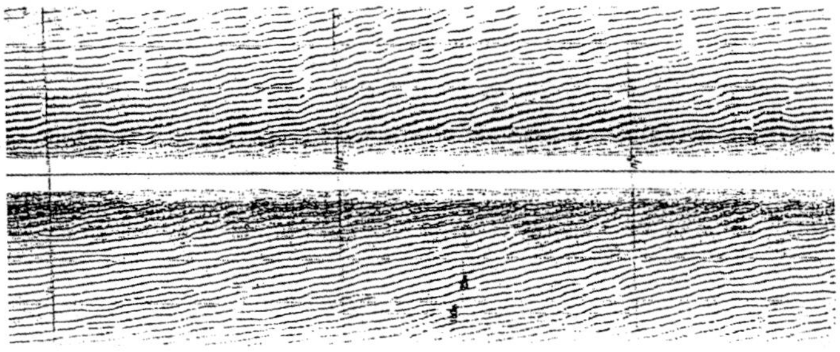

B. 弯曲形大型波痕

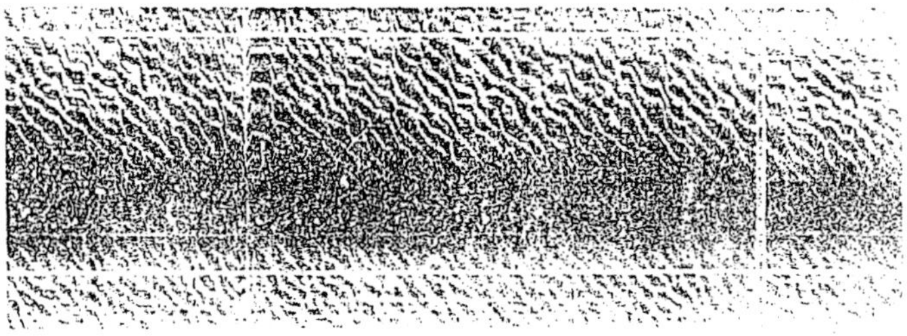

C. 格子形大型波痕

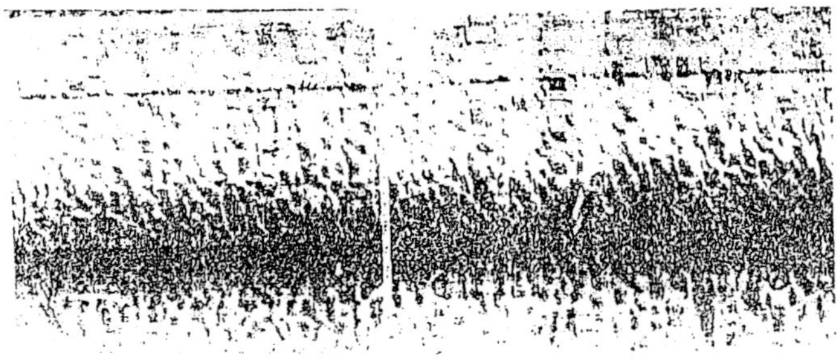

图5.2　东海扬子浅滩上的大型水下沙丘（叶银灿等，2004）

Fig. 5.2　Large subaquatic dunes on the Yangtze shoal of the East China Sea (Ye et al, 2004)

表5.2　东海扬子浅滩沙丘的形态特征和形成环境（据叶银灿，1984，修改）

Table 5.2　Mqrphological characteristics and formation environment of dune in Yangtze shoal of the East China Sea (Modified from Ye,1984)

类型		丘长 L（m）	丘高 H（m）	沙丘指数 L/H	形态描述	形成环境
大型沙波	直线型	2.3 ~ 8.0	0.37 ~ 0.97	6 ~ 25	丘峰直线形，连续发育，丘高丘长稳定，剖面不对称	分布于水深 28 ~ 51 m 残留的中细砂区，在稳定的单向水流作用下形成
大型沙波	格子状	5.5 ~ 13.6	0.20 ~ 0.96	10 ~ 28	丘峰格子状、菱形，由两组丘长和丘向不同的大型沙丘叠置而成	分布于水深 35 ~ 52 m 残留的中细砂区，在较强向波向变化的水流作用下形成
大型沙波	树枝状	5.6 ~ 7.6	0.35 ~ 0.54	13 ~ 22	呈不规则的树枝状、连钩状，波峰窄、波脊平宽	分布于水深 38 ~ 44 m 残留的粗粉砂至细沙区，在较弱而不稳定的水流作用下形成
大型沙波	蜂窝状	6.3 ~ 8.0	0.25 ~ 0.30	18 ~ 22	丘峰多呈蜂窝状、舌状，峰谷延续性差，无明确的方向性	分布于水深 17 ~ 63 m 残留的粗粉砂底质区，外观似生物掘穴

5.2.2 形成、发育的环境要素

水下沙丘作为海底的沉积地貌，其形成和发育与海底环境密切相关。陆架水流状态是水下沙丘发育的基本动力环境，海底泥沙多寡是其形成演变的物质基础。有利的海底地形又为海底水动力和沙源提供了促进或制约作用。

5.2.2.1 水流动力

底流速的作用是水下沙丘的主要动力要素，水下沙丘是陆架单向水流形成的底形，实验（Simmons，1965）证明水下沙丘的产生和发育的过程与底流速不断增大有密切的关系（Berne，1998）。当底流速大于泥沙起动流速（V_0，一般 26 cm/s）时，泥沙就开始运动，当 V 达到 40 cm/s 时，可形成小沙丘，40 ~ 75 cm/s 塑造直脊形沙丘，75 ~ 100 cm/s，发育新月形大沙丘。许多学者做过陆架水下沙丘区底流速的实测：夏东兴等（2001）在海南东方岸外 20 ~ 50 m 水深的水下沙丘区测得最大底流速约为涨潮 68 cm/s，落潮 64 cm/s；王文介（2000）实测台湾海峡水下沙丘区底流速为 50 cm/s 左右（这时的表流速达 125 cm/s）；谢钦春等（1984）在东海外陆架沙丘区实测底流速，3 天平均为 63 ~ 59.4 cm/s。综合实验和实测资料不难看出，陆架 30 ~ 70 cm/s 底流速的水流是塑造水下沙丘的最佳动力条件（庄振业等，2004）。暴风浪期间波浪破碎成波流，连同近岸水下逆流和风海流亦可形成比潮流更强的水流，也是塑造沙丘更强的动力。无论潮流还是波流或洋流均可得到大于泥沙起动流速的流速，则均可在海底塑造沙丘。

5.2.2.2 底沙的作用

陆架底沙是水下沙丘形成发育的物质基础，其中包含沙源多寡和砂粒成分两个参数。前者是输沙率大小的问题，输沙丰富的海区是沙丘形成的先决条件。Allen（1982b）研究，高输沙量的陆架区，沙丘尺度大，前置纹层厚；反之，沙源不足的海区，引起床沙粗化，已形成的沙丘也被降低、变疏甚至消失。刘振夏（2004）认为在相同水动力条件下，沉积物供应丰盈的地区，更容易发育直脊形沙丘，而且沙泥供应越丰富，沙丘的密度越大，若泥沙供应不足，往往发育新月形沙丘，且疏密不均，丘间距较大。全新世海侵淹没了晚更新世晚期由松散碎屑组成的平缓大平原，在现代波浪动力簸选下，可提供大量砂质物质。则被淹没的古海岸线、古三角洲和古沙坝沙脊一带，就是丰富沙源区，例东海陆架外缘 130 ~ 150 m 水深和 40 ~ 60 m 等深线一带分别为末次冰期盛冰期和冰消期低海面时的岸线，海底沙丰富，都是现代水下沙丘的活跃发育区。那里的浪流和潮流只要超过砂的启动流速就能塑造和迁移水下沙丘。细、中砂的起动流速均在缓紊流的流速范围（Fr 小于 1，即流速 30 ~ 150 cm/s）之内，若 Fr 大于这一流速，就切平大、小沙丘。陆架沙丘尺度大小与沙的磨圆度，即沙的成熟度也有关，成熟度高的沙，圆度较好，所组成的沙丘相对平缓，丘高较低；反之，同样粒度的沙，圆度低者，容易形成坡度大的沙丘。细砂（0.125 ~ 0.063 mm）到中砂（0.5 ~ 0.25 mm）是陆架水下沙丘的主要组成粒级，粒级过大和过小均不发育水下沙丘，这主要与砂级范围颗粒的起动流速在缓紊流的范围内有关。仍然是较大颗粒需要较大的底流速才能运动的道理。正如王尚毅（1994）研究珠江口外陆架水下沙丘时观测到的：中砂沙丘区，近底流速 50.7 cm/s，中细砂沙丘区，底流速为 40.9 cm/s，细砂沙丘区底流速为 27.2 cm/s。此外粒径大小还与沙丘的形态类型有联系，如其他环境条件相同的情况下，较粗粒级的砂多发育新月形沙丘，较细

粒级易形成直脊形沙丘。

5.2.2.3　海底地形的影响

正如风成沙丘的形成需要宽阔而平坦的地形一样，陆架水下沙丘的发育也离不开这一环境。首先海底陡与缓影响底沙的运移效率，通过增高输沙率而促进水下沙丘的发育；其次海底坡度陡缓也直接影响水下沙丘的生存，从而因底坡而改变沙丘的两坡形态。东海陆架大部分是冰期低海面时的古长江下游平原，地形平坦，平均坡度仅 17″ ~ 20″（金翔龙等，1992），适于沙丘的发育。海底粗糙度也影响底砂运动和水下沙丘的迁移，同时，已形成沙丘的底形区，也因沙丘的存在，引起糙度增大而放慢了底沙推移的运动速率，进而影响沙丘的发育。

5.2.3　动态迁移

随着陆架底流速的变化，水下沙丘大约经历形成、发育、消亡和被埋藏等四阶段的动态演化历史，其中发育和消亡两阶段持续的时间均较长。发育阶段主要特点是沙丘的运动和迁移；而沙丘长期运动之后，就进入消亡阶段，沙丘的运动和消亡两阶段的演化均严重影响海底工程的稳定，研究沙丘的动态演化历史具有重要的实际意义，受到许多研究者的关注（夏东兴等，2001；王琳等，2007；王伟伟等，2007；叶银灿等，2004）。

陆架底流速度和方向的变化，以及海底供沙的多寡都是水下沙丘运动的条件。沙丘的运动会导致平台基桩裸露和倒塌，管线被掏空甚至断裂。定性确定运动沙丘的标志不外乎如下 3 点。

（1）运动沙丘的海底往往具有砂质纯净，成熟度高，粒度曲线峰值高，中值低，砂中所含有孔虫壳破损较多，种属杂，外来种比例增加等特征；

（2）运动沙丘脊线尖锐，两坡不对称，沙波指数和对称系数均较大，两坡愈不对称，反映沙丘运动迁移性愈强；

（3）浅地层和声呐剖面上两坡灰度差（沙丘背流面反射散乱，迎流面光滑明亮）愈强反映沙丘的运动愈强，沙丘与下伏底床间界面清晰，剖面中沙波的前置纹层排列整齐，与底界面交角明显。

但定性标志运动沙丘的海底特征尚难确定沙丘运动量级。近数十年，许多海底工程为了有效地避开或采取相应维稳措施，要求明确沙丘的活动量级或速率。为此，许多论文反复探讨水下沙丘的迁移率，究其方法可归纳为图件对比、定位观测和水文计算 3 类。

①图件对比。

按不同时期的声呐和浅地层测定的大型水下沙丘的位置或沙丘区的范围进行对比，可得到沙丘的大致迁移速度。但精度不够，误差较大，有时，仅可满足小比例尺图件的需要，往往无法满足工程上的要求。

②定位观测。

据 Swift（1972a）介绍，20 世纪 70 年代，Ludwick 曾对美国东部切斯皮克湾的沙波做过定位观测，使用测深仪在 17 个月之内观测过 22 次，认为较大的沙波的迁移率为 63 m/a，中、小沙波的速率更大些。Langhorme（1981）为了改正 Bagnold 公式中的 *K* 参数，曾对英吉利海峡南端 Devon 湾的水下沙丘作过详细的定位观测，该处水深 10 m，所观测的沙丘高 3.5 m，长 180 m，其上列出数个断面，每隔 0.5 m 锤入一杆桩，在桩底（离丘表面 1 m）安装底流传感器，测定海底波浪水质点轨迹速度，在沙丘峰顶装自记流速仪，水面测波浪，得到输沙量、海底波浪水质点轨迹速度和丘面活动层沉积厚度，进而得到沙丘的迁移速度。1990 年，Fsenster 公布对美国长岛海峡东部的巨型水下沙丘的稳定性进行过 7 个月的定位观测，使用高精度水深测量和原位深潜观测技术，该区水深 49 ~ 90 m，底流速 58 cm/s，所观测的巨沙丘高 17 m；1980 年的 148 天里该沙丘向西迁移 6.7 m。迁移率为 16.3 m/a。Boyd（1988）等在该年夏季对加拿大新斯科舍湾水深 10 m 地方作过波浪、流和沙波底形的 17 天连续观测，结论是浪控沙波以主动迁移（顺波方向）为主,通常速率小于 ±0.05 m/d,最大速率为 ±0.1 m/d。平均迁移率为 0.05 ~ 0.4 m/a。对于已建海底管线区的定位观测更容易些，可以以管线某点作标准点或在该点上施放一发射波的仪器，加以观测管下地基和沙波的运动，特别是某一次特大暴风浪前后的观测。定位观测固然准确，但投入太大，工效较慢。人们多倾向于水文泥沙计算。

③水文计算。

水文计算的前提是沙丘个体迁移。使用水文泥沙法计算水下沙丘运动速率是从河道单向持续的水流条件下发展来的，计算公式亦较多，如武汉水利学院公式、长江流域规划办公室公式等，所得到的沙丘迁移速率都比较大，如波高 0.3 ~ 4.9 m，波长 40 ~ 457 m 的长江水下沙丘迁移速率为 3.45 ~ 52.7 m/d。这是因为河底单向水流的沙丘只前进无后退。陆架水流远比河流复杂得多，使用河流沙波运动公式已不能反映实际。近十余年，有关陆架沙丘运动速率的计算曾倾向于筱厚和椿东一郎公式，该公式为

$$\frac{ch}{\sqrt{\left(\frac{\gamma_s-\gamma_w}{\gamma_w}\right)gd^3}}=a\left(\frac{\gamma_w}{\gamma_s-\gamma_w}\cdot\frac{u_*^2}{gd}\cdot\frac{\tau_c}{\tau_0}\right)^m \tag{5.1}$$

式中：c 为沙丘迁移速率（cm/s），h 为水深（m），γ_w 为海水比重（1.00 g/cm^3），γ_s 为泥沙比重（取 2.65 g/cm^3），g 为重力加速率（取 980c m/s^2），d 为粒径（cm），u_* 为水流摩阻速度，$u_* = u_\Delta/23.2$，其中 u_Δ 为实测近底 100 cm 的流速，τ_0 与 τ_c 分别是底床出现沙波时，水流对底床的剪应力，a 和 m 通过实验而来，与粒度有关，粒径 0.69 ~ 1.46 mm 时，a 为 48.6，m 为 1.5；粒径 0.10 ~ 0.21 mm 时，a 为 76.1，m 为 2.5。

冯文科等（1994）、王尚毅与李大鸣（1994）和夏东兴等（2001）分别用该公式计算过南海北部、海南东方岸外等区域的水下沙丘运动速率，结果数值较小。因为公式仅仅使用潮流底流来计算，未涉及暴风浪流，同时钱宁是在其泥沙运动力学中谈到河流沙垄运动流速时详细介绍了该公式（庄振业，2008），对于陆架水下沙丘来说分明不够全面，陆架潮流频率高而强度中等，暴风浪流频率小而强度大，可使沙丘在短期内迁移较远的距离（龙海燕等，2007）。

Rubin 等（1982）根据陆架沙丘迁移速率、底沙输运和沙波形态之间的关系，假设沙丘两翼坡面近似斜面，纵断面为三角形，沙丘靠底流输沙而不断迁移，将沙丘迁移率简化为下公式：

$$U_g=\frac{2q_s}{H_\gamma} \tag{5.2}$$

式中，H 为沙丘高度，U_g 为沙丘迁移速率，q_s 为底沙输运率，γ 为沙丘沉积物容重（取 1600 kg/m^3）。

用 Rubin 公式计算沙丘迁移率过程中，底沙输沙量的计算是个关键，许多有关输沙量公式都是在 Bagnold（1956）关于输沙量与流速的三次方成正比的基础上修改而来。Gadd（1978）提出剩余速度公式

$$q = \beta (V_{100} - V_{cr})^3 \tag{5.3}$$

式中，V_{cr} 为底沙起动流速，β 为校正系数，在粒径为 0.18 mm 时，取 7.22×10^{-5} g/(cm^4·s)，Vincent（1981）修改为

$$q = k_1 (U_{100}^2 - U_{cr}^2) U_{100} \tag{5.4}$$

式中 k_1 为 1/6.6 $D_{mm}{}^{1.23} \times 10^{-5}$ g/(cm^4·s^2)。

Hardisty（1983）提出再修改意见，公式为

$$q_s = k(U_{100}^2 + U_w^2 - U_{cr}^2)(U_{100}^2 + U_w^2)^{1/2} \quad ，当(U_{100}^2 + U_w^2)^{1/2} > U_{cr}时 \tag{5.5}$$

式中，q_s 为底沙输运率，k 为系数，U_{100} 为海底 1 m 处的潮流流速，U_w 为波浪引起的近底流速，U_{cr} 为沉积物临界起动流速，输运方向定义为与 U_{100} 一致，k 为系数，是沉积物粒径的函数，其量纲是 kg/(cm^4·s^2)，水槽实验可知它与沉积物的中值粒径 D 呈线性关系（Wang et al, 2001）：

$$k = 0.1\exp\left(\frac{0.17}{D}\right) \tag{5.6}$$

式中，D 的单位为 mm。

式中内陆架近海底 100 cm 波流速 U_m 可用浅水波公式计算（4.1）。

按上式计算海底泥沙起动流速很关键，可根据王尚毅（1994）的“细砂起动（底）流速 $U_{cr} \approx 19.8$ cm/s；中细砂起动（底）流速 $U_{cr} \approx 36.2$ cm/s；粗砂起动（底）流速 $U_{cr} \approx 39.2$ cm/s。”计算。式中，外陆架和陆坡的底流速（U_{100}）可将海区水文和风等环境参数代入 ROMS（Regional Ocean Modeling System）模型而提出。

近几年又有人提出新的公式计算沙丘迁移率，如 Knaapen（2005）基于海底沙丘的形态，假定沙丘沿最陡的方向迁移，得迁移率公式为

$$C = a_L.L/H.A|A| \tag{5.7}$$

式中，C 为沙丘迁移率（m/a），a 为待定系数，L 为沙丘长度（m），H 为沙丘高度（m），A 为沙丘的不对称系数。

Li Yong（2011）提出最新的计算沙丘迁移率公式：

$$C = \phi_1\theta + \phi_2\theta \tag{5.8}$$

式中，θ 为希尔兹数，ϕ_1 和 ϕ_2 为待定系数，分别为 0.013 和 0.86，$\phi = \omega A \,\&\, \alpha^2\beta$，$\omega$ 为潮汐频率，A 代表风的影响，为 $0.535\sigma^2$，σ 为风速，& 为自由表面高程。

近几年，已有许多人使用定位观测和水文计算方法研究水下沙丘迁移率，列于表 5.3 。

表5.3 国内外使用定位观测和水文计算方法所得沙丘迁移率统计

Table 5.3 Statistical table of dune mobility obtained by positioning observation and hydrological calculation methods at home and abroad

位置	沙丘高（m）	迁移率（m/a）	测算方法	水深（m）	底流速（cm/s）	资料来源
美国切斯皮克湾		63	定位观测			Swifi，1972
美国长岛海峡东部	17	16.3	高精度测深，原位深潜观测	49 ~ 90	58	Fsenster，1990
加拿大新斯科舍湾		0.05 ~ 0.4	定位观测	10		Boyd，1988
法国 Cherboarg 岸外	7 ~ 8	12	电子定位观测			刘振夏等，2002
法国多佛尔海峡	8	70	电子定位观测			Beren, 2002
法国 Sub Surtainville	2.7 ~ 7	2.5 ~ 11	定位观测	15 ~ 20	最大 50 ~ 70	夏东兴等，2001
中国南海北部外陆架	1 ~ 2	0.267 ~ 0.534	水文计算（筱原公式）	100 ~ 200		冯文科，1994
海南东方岸外东区	1 ~ 10	0.57 ~ 1.99	水文计算（筱原公式）	20 ~ 40	最大 62 ~ 83	夏东兴等，2001
海南东方岸外东西区	1 ~ 4	0.18 ~ 0.29	水文计算（筱原公式）	50	64 ~ 68	夏东兴等，2001
海南东方岸外	1 ~ 4	42	水文计算（Rubin 公式）			王伟伟等，2007
海南乐东市岸外	1 ~ 8	常规天气 0.2 ~ 2；暴风浪天气 21.8 ~ 41.6	水文计算（筱原公式）	20 ~ 25	20 ~ 58	中海油（2006）勘察报告书
中国东海扬子浅滩	0.6 ~ 1	32.4	水文计算（Rubin 公式）	40	42	龙海燕等，2007

表 5.3 说明，各家所得沙丘迁移速率相差较大。而且公式（5.6）明确提出潮流和浪流对底沙共同作用的概念，适应陆架动力的特点，只考虑底沙输运方向与主潮流 U_{100} 流速相同，未解释浪流方向与主潮流方向不同的情况。高抒（2001）意见，这种经验公式往往记录常态海况，缺少暴风浪时的波流记录。作者认为按目前研究程度作为沙丘迁移量级尚可。如 m/a，10 m/a，100 m/a 和 km/a 等量级。

水文计算方法便捷、省力、投资少，陆架任何水深的沙丘，只要取到底流速和沙丘参数就可以预测出它的运动量级，从而决策工程的位置和稳定级别，但公式合适与否，动力参数准确与否，都会影响计算的精度。若将计算的运动速率粗略地划分为强弱两个量级，似乎可以达到工程设计要求；现场定位观测的方法费时、费力、投资高（装备以新技术，如水下摄影、录像，高精度深潜定位和电磁波发射等），但所得沙丘运动速率比较确切，值得推崇。

5.2.4 沙丘的消亡、活化和被埋藏

5.2.4.1 不运动沙丘

当底流速长期减小到小于细砂的起动流速，或底沙沙源严重短缺时，陆架水下沙丘将停止运动，逐渐变成不运动沙丘（又称残留沙丘）。在外形上，残留沙丘常呈孤立的沙丘块体，丘高和丘长不相胁调，几乎没有迎流坡和背流坡之分，脊线比较模糊。我国海南东方市岸外20 ~ 22 m水深平坦沙底上零星分布孤立的高达4 m的沙丘丘长50 m，对称系数3.6，目前动力几乎难以塑造该孤立沙丘，可能是冰消期低海面时的沙丘或沙脊的残块。目前变成残留沙丘（图5.3）。

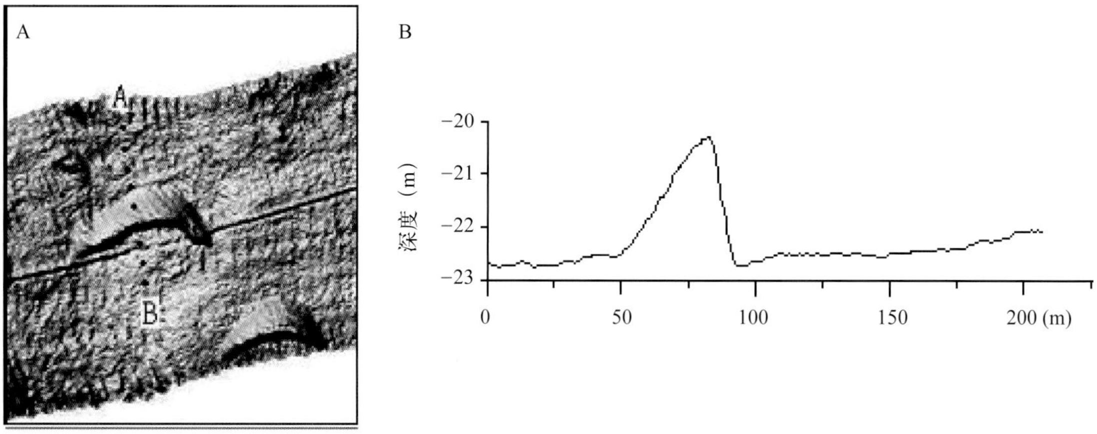

图5.3 中国海南东方岸外残留沙丘三维图（A）及AB剖面图（B）(陈昌翔等，2018)

Fig. 5.3 Three-dimensional map (A) and AB profile (B) of residual dunes outside the east coast of Hainan, China (Chen et al, 2018)

沙丘长期不运动就进入消亡阶段，这时海底特征是：

①海底表层常被粉砂薄层所覆盖，或未被覆盖的砂质海底砂层中含一定量（大于3% ~ 5%）的粉砂黏粒，稳定性的重矿物、黏土矿物并且多呈逆粒序层（下粗上细）。

②海底或沙丘表面硬度大，有植物根屑虫迹较多，生物碎屑和有机质含量相对丰富，有孔虫壳一般完整，有锈斑少见破碎和磨损现象，并以底栖种为主，少见浮游外来种。

③沙丘两坡模糊，脊线不清，常呈缓丘形，断面纹层紊乱，多个平缓再作用面叠加。

④海底流速一般只有10 ~ 20 cm/s，风暴期也不超过30 cm/s。

5.2.4.2 不运动沙丘的活化

不运动沙丘的消亡过程可以逐渐被细粒泥层所覆盖，也往往经历几次活化再运动的阶段然后逐渐消亡并被泥层覆盖。

不运动沙丘活化再运动的原因如下。

①强风暴、地震引起的海啸等强烈的底流，导致已沉睡的海底泥沙再跃起，细粒被带走，一夜之间可以沉积成大片沙层，并发育沙席和数米高的沙丘。

②大河河口改道，可以在稳定的海底沉积一定厚度的沙层并发育一系列的砂质底形。如

东海沙脊区常有古长江在陆架上的分流沙区，沉积新沙层和沉积底形。

③海底工程诱发沙丘底形的活化再运动。海底平台基桩阻挡底流造成绕桩凹槽和沉积下游带状沙丘群；海底管道阻挡底流，在管道上游侧的管涌效应和下游侧的滴水涡流作用引起管道掏空，诱发已稳定的砂质海底再次发育水下沙丘、沙带等新底形，且随着掏空点的发展，砂质新底形迅速扩大。例如中国海南东方市岸外管道工程 2003 年 6 月第一次调查只有水深 40 m 以浅为沙席沙脊区出现 33 个掏空点，大于 40 m 为平坦沙质海底区，未发现大小沙丘底形和掏空现象。至 2006 年测量，该平坦沙区却出现百余管道掏空段，每段小者长 1 ~ 2 m，大者达 10 m 以上。说明管道工程会引起在沙质底形区发育新的泥沙运动流，形成新底形和新管道掏空点。

以上说明，沙丘消亡过程中并非一帆风顺，而是经常因底流和底砂的变化而多次活化再运动，有时活化的幅度可以逐渐变小，最终达到彻底消亡而被后期细粒沉积物所埋藏。则在地层上常出现多个黏土薄层与砂层相间，黏土薄层界面见浸润式的细砂。垂向上，自下而上黏土薄层由薄到厚，最上变成粉砂黏土层。这种在沙丘消亡过程中的砂泥间层现象，作者称为临界转层沉积。使用简易取样器即可取到该柱样，从而可据此推断已消亡的水下沙丘沉积会不会死灰复燃。

5.3 陆架潮流沙脊

陆架海底顺主水流延伸的砂质线状高地称沙脊，是陆架上常见的大型砂质堆积底形。沙脊的运动也像水下沙丘一样对海底油气管线和勘探平台的安全构成威胁，从经济资源考虑，陆架沙脊既是鱼类洄游的渔场，又是大型建材的沙场，近岸沙脊有护岸作用，老沙脊地层又是油气的储集层。陆架沙脊是海底大尺度底形，对海底的影响范围较大，对其研究已成为近代海洋地质、海底工程地质领域受广泛关注的课题之一。

陆架沙脊的研究最早于 20 世纪 30 年代已开始了，当时由于战争的需要，发现欧洲北海南部海底分布许多砂质岗地，有的脊顶水浅破浪，影响航运，沙脊间凹槽水深，利于潜艇往来和建设水下军事设施，德国、法国和英国等国家相继对它们展开了测量。欧洲人称这些沙脊为“sand banks”，直至今日仍被沿用。1963 年，Off 最先提出潮流沙脊（tidal current ridges）的概念，他认为这些脊槽相间排列的水下底形是潮流塑造的，并划分成 4 种类型。Werner 和 Nowton（1975）总结波罗的海各种大尺度纵向底形时，将长度大于 100 m 的顺水流分布的沙条带称为 Sand ribbons（沙带），又把长度达到或超过 100 m 的侵蚀脊或粗粒砂和砾石组成，称为 comet marks（彗星痕或线状痕），它们都可以指示海底水流的方向，又将海底障碍物顺流方向沉积的超过 100 m 的条状砂体借陆上风成沙尾的知名度而称为“沙影”（Sand shodows），后来 Field 等（1980）将白令海陆架上的较短的沙脊也称为“沙带”（Sand ribbons），沙带这一名词就被普及开。Amos 和 King（1984）认为应有一个定名标准，提出陆架上长、宽比大于 40 的顺流砂体可称为沙脊。Kuijpers（1993）在报导丹麦岸外底形时又提出了“沙流”或“沙条带”（Sand streamers）一词。我国一般均称其为沙脊（sand ridges）。

陆架沙脊是平坦砂质陆架上分布最广泛的大型线状地形。西欧的北海，苏格兰南外海，地中海内外，美国东和东南岸外，非洲东、南岸外以及宽阔的阿根廷陆架上，均分布大面积的沙脊群。其中，北海南部 $1.5\times10^4 km^2$ 的陆架上就发育 30 余条和 3 大片沙脊群，它们相互平行伸展，高出附近海底 5 ~ 20 m，最大 60 m，宽几千米，最长者约 60 km。

我国近海沙脊分布广泛，规模宏大，类型齐全。辽东浅滩的沙脊群和渤中沙席约 $1.1\times10^4 km^2$ 是渤海潮流三角洲的组成部分，以长 9 ~ 43 m 高 10 ~ 15 m 的 6 条指状沙脊为代表，组成完整的潮流沉积系统。北黄海—西朝鲜湾沙脊区，面积约 $3.5\times10^4 km^2$，自鸭绿江口岸外向南 40 余条沙脊平行排列，NE—SW 向延伸，组成世界著名的梳状沙脊场。中国苏北弶港为中心的辐聚型潮流沙脊，由 70 多条沙脊组成，最长的沙脊高 20 ~ 30 m，长 120 km，勘称世界之最。东海 50 ~ 115 m 水深处发育我国最大面积的沙脊群，呈 NW—SE 向平行排列，单个沙脊长 10 ~ 60 km、宽 2 ~ 5 km、高 5 ~ 20 m，发育于长江古河口湾和古岸线上，目前已成残留和消亡沙脊。台湾海峡南北段，由于流速较大，发育了数条 NE 向的沙脊和浅滩。琼州海峡东、西分别发育了 10 条宽而短的水下沙脊，有的脊顶较高尚可影响航运。海南省西南岸外的沙脊区在莺歌海—东方海区，20 ~ 40 m 水深处 S—N 方向分布 3 条沙脊，脊长 20 ~ 30 km，宽 1.4 ~ 2.2 km，高 8 ~ 30 m，两坡坡度不对称，最大坡坡度达 3° ~ 5°。

5.3.1 沙脊形态特征

陆架沙脊作为顺主水流延伸的线状底形，与水下沙丘的脊线垂直主水流为重要区别。Off 曾于 1963 年首先提出陆架沙脊是潮流作用的结果，脊线延伸方向与主潮流方向基本一致，或者有 10° ~ 20° 的偏角，北半球逆时针偏角，至今尚没有南半球沙脊延伸顺时针偏角的报告。研究表明，南半球阿根廷的布宜诺斯艾利斯陆架沙脊延伸方向与主水流方向不一致，但交角不是固定方向偏转（Parket et al，1982）。欧洲北海的沙脊方向大多与主潮流方向呈逆时针交角 7° ~ 15°,也有个别沙脊与主水流方向不偏斜,这种情况很可能与后期涨落潮流的改造有关。沙脊方向与海岸线的方向没有什么关系，它可以平行、斜交或垂直海岸线，但浪控沙脊与海岸线的关系较为密切，因为它建于波浪在一定水深处破碎的基础上。残留沙脊也往往平行岸线，因为它曾从古离岸坝演变而来。

陆架沙脊往往集群分布，平行排列，或以小角度相交。沙脊间的凹槽宽约 1 ~ 2 km，凹槽宽度随水深的增加而加宽，但常宽于相邻沙脊，凹槽底沉积物粒径一般小于沙脊。相邻脊槽宽度比或一个沙脊集群区的脊槽比的大小，可指示物源丰贫，沙脊发育阶段和涨落潮流路的变化。一般涨落潮不同槽者，利于螺旋流的发育，促进沙脊淤沙和延展；涨落潮同槽者容易引起槽扩脊缩，沙脊两坡变陡和高度降低，脊槽比也随之改变。

陆架沙脊多分布于 30 ~ 50 m 水深区域，这与冰消期古岸线砂质物丰富和古三角洲平原较为平缓有关。但有些沙脊分布区自 30 ~ 50 m 向下直到 100 多米水深处，如中国东海的残留和埋藏沙脊群，与古残留砂的丰度较大和潮流主轴的垂直岸线分布有关。也有些沙脊向岸伸至滨面，连接滨面（shoreface connected ridges）甚至脊顶水深接近破浪带，这可能成因于浪控沙脊或与区域特殊潮流动力有关。如中国黄海弶港沙脊根部均向弶港收敛，甚至与陆地相连接，与这里是两向潮波汇聚点（张光威，1991）和晚更新世以来多次古潮流沙脊的叠加有关。

沙脊的脊线通常是直的或稍微弯曲，经常上游端（供沙端）相对宽平，下游端窄尖，开阔陆架的沙脊可延伸数十千米甚至百千米以上，沙脊尺度大小相差悬殊。沙脊的高度以高出周围海底为准（并非脊顶与槽底的水深差），通常高 5 ~ 20 m，最高如欧洲北海沙脊可达 60 m，我国临近海域沙脊一般高约 15 ~ 20 m。沙脊宽度一般数百米至 2 km，长度数千米至数十千米，最长者弶港沙脊长 120 km。沙脊的长宽比可反映螺旋流的作用距离，长宽比愈小愈向沙席过渡，如白令海的沙脊长 30 km，宽 5 km，长宽比为 6（Field，1981），这与流速较小有关。按 Amos 和 King（1984）给的标准，（长宽比＞40）长宽比为 6 的底形既不能称为沙脊，也不能称为沙带，应称纵向沙斑。沙脊的两坡不对称，缓坡常小于 1°，陡坡 3° ~ 6°，最大 20°（地中海西侧 Maresme 沙脊）。两坡坡度差的存在反映沙脊在纵向延伸的同时有侧向（向陡坡）迁移的趋势，其宽度变化也有可能与凹槽内潮流侧蚀有关。一般前者脊线尖锐，陡坡延续较远，后者只局部出现陡坡。欧洲北海沙脊迎流端常宽而浑圆。尾端尖窄，且渐变降低。

5.3.2 形成机理

陆架沙脊形成发育的基本条件是丰富的砂质物源和较强的定向流速，许多其他环境都是通过泥沙多寡和动力强弱来起作用。

5.3.2.1 砂质物源充沛

物源丰富是塑造沙脊的物质基础，有了沙才能在一定动力作用下塑造大型底形。陆架底砂丰富区，大致分布于以下海区。

①海水淹没的原陆上三角洲和冲积平原。那里松散物质多，地势平坦，在海水动力作用下容易被簸选塑造成沙脊。如东海陆架密集分布的沙脊，就与古长江三角洲的沉积有关。

②海侵前的古岸线附近。岸线上的海滩、沙坝、沿岸堤等都由砂质碎屑组成，在海水动力作用下容易塑造成砂质底形。地中海马格斯姆湾的几乎平行海岸的沙脊以及美国东岸的若干陆架沙脊均顺冰期古岸线发育。

③陆架残留沉积区。那里分布大面积海侵前的砂质碎屑（包括冰碛物和古河口岸线），可在现代水动力作用下破坏原底形，塑造新沙脊或改造老沙脊。

5.3.2.2 较强的定向底流

较强的底流速和定向的往复流是塑造沙脊的动力基础。据夏东兴等（2001）对海南东方岸外的研究，80 ~ 90 cm/s 的底流利于沙脊的塑造，因为按图 3.7 西蒙斯等的实验，高于塑造大沙波的底流速也就是最强的缓紊流才能塑造比大沙波更大的底形，当流速太大，到 150 cm/s 时，*Fr* 数大于 1，形成上平床，底流将侵蚀海底，已形成的大、小底形均被切平。陆架潮流具有明显的旋转性，近岸，受底摩擦作用才向往复流发展。刘振夏（1998）认为 M_2 分潮椭圆率（潮流椭圆短轴与长轴之比）绝对值大于 0.4，发育沙席，小于 0.4，接近往复流，利于顺主水流延伸的沙脊的发育。中国近海，岸线弯曲较多，引起潮波折射和绕射，形成若干个无潮点和优势流区。例如北黄海西朝鲜湾沙脊区，M_2 分潮椭圆率绝对值小于 0.2，使潮流接近往复流，主轴流速增大。北部湾和辽东湾也发育这种优势流，极大地提高了主轴流速。

中等和强潮河口，河口湾往往以往复流为主，加之河流过程，洪流的影响，往复潮流成为控制河口的优势动力，流速常达 0.8 ~ 1.0 m/s，并脱离河流来源与次生流交叉，是形成河口湾沙脊的重要动力。

5.3.3 沙脊的成因

开阔陆架上相互平行集群的沙脊的形成机理为研究者所重视（Smith，1969; Pingree，1978; Robinson，1983; Belderson et al，1982; Takasuki et al，1994），至今仍处于假说之中。Dyer 和 Huntley（1999）综合的解释沙脊浅滩成因理论归于三项，即次生流说、长周期波浪作用说和沙脊伸展方向说。一般认为次生流仅对岬角附近小型浅滩而言，长周期波理论难以解释浅滩的存在，沙脊生长方向说分析似乎对开阔陆架线性沙脊的成因有利（刘振夏，夏东兴，2004）。不过三理论均未考虑海平面升降的影响，多从物理海洋方面解释。以下对此加以讨论。

5.3.3.1 次生流说

Off（1963）和 Houboll（1968）认为开阔陆架平行主潮流的线性浅滩（沙脊）由水体中的反螺旋流所致，其流向螺旋流轴向平行于主流方向，近底形成区域性的辐聚，造成沉积物堆积成沙脊。Houboll（1968）报道了 1935 年 Casey 在一个宽水槽中在用正反螺旋的方式形成 14 个不同等尺度和强度的螺旋流，结果在平底上形成了 6 个沟槽，如果除去两边的单个螺旋流，其余正好是 6 对纵轴横向环流，在两个表面流交汇的下方就形成沟槽。可以认为，这是螺旋流塑造沙脊底形最早的模型试验，但至今未见其他水槽实验的成果报导。

按螺旋流假说，可以解释潮流晒的延伸方向与潮流椭圆主轴有偏角，通过对北海沙脊的研究认为受到科氏力影响，北半球沙脊偏向潮流主轴的左侧，即反向旋转 8° ~ 12°，而尚无资料证明南半球沙脊向正向旋转 8° ~ 12°。Dong（1997）计算次级流速流动的空间尺度与主流呈左偏角 18°。螺旋流的流向垂直于主流轴向，则所引起的泥沙输运也是垂直于沙脊延伸方向，并且构成沙脊的横向不对称。

Hulscher（1996）对该假设有疑议的是次生流源于主流，流速小于主流，则次生流的量级能否启动泥沙?

5.3.3.2 长周期波说

Dolan 等（1979）认为岸线大尺度周期性变化和滨外线状砂体与长周期（100 s）边缘波浪联系起来。边缘波浪相位相连产生固定沿岸流模式是近岸海滩底形和下一沿岸不规则砂体的形成原因。包括滩角、沙坝和新月形滨外坝，以及更复杂的近岸地形。

海滩边缘波的周期远大于风波，将边缘波和尺度为几百米的地形特征联系起来还是有启示性的，但用 Dolan 等（1979）的理论去解释尺度为数千米的海岸地形应当只是一种推测。将边缘波理论用于陆架上，由于其高度的随机性，更难以与垂直于波传播方向的沙脊相联系。

5.3.3.3 沙脊伸展方向的讨论

欧洲北海沙脊长数十千米，既不平行岸线，又不平行潮流主轴，而是与其斜交，引起许多研究者的关注（Smide，1974；Huthnance，1973；Pattiaratchi and Collins，1987；Swift and Ludwich，1996；Hulscher，1996；Trowbridge，1995）。Swift 和 Ludwich（1996）提出在一个潮汐椭圆中，最大悬浮输沙相对于最大流的滞后造成输沙斜交于流主轴。如果潮流主轴平行于沙脊，并且存在涨落潮流间的不对称，则将会发生向沙脊的净输沙。但实际观察与此理论不符。Huthnance（1973）认识到，沙脊（Banks）通常是斜交于潮流主轴现象的动力学含义，他用深度平均流体动力方程组指出，沙脊上的潮流将产生一围绕沙脊的反气旋潮汐余流，它与潮流主轴气旋斜交成 30° ~ 60°。1982 年，他用同样的深度平均方程组和包括海底坡度项的底沙输运方程来研究此地貌动力体系对海底高程扰动的稳定性，他指出，成长最快的扰动是与潮流主轴呈 28° 角等深线的扰动，实际角度可能受靠近岸线等因素的影响。他预测，沙脊长是平均水深的 250 倍，这些观测与在欧洲（Pattiaratchi and Collins，1987）、北美洲（Swift et al，1978）和南美洲（Parker et al，1982）观察到的开阔陆架沙脊的特点一致。

Allen（1982a）从物理海洋方面进一步解释了螺旋流（langmuir vortices）说，该说最早源于 Langmuir（1938）在空气动力学方面的假说，后人称为来米尔环流（langmuir circulation）。Allen（1982b）解释当海面发生次生流［与主水流分离的环流（Allen，1982a）］与海底主轴潮流相交叉时，就形成许多垂直海岸的螺旋流。陆架螺旋流是主水流与次生流相融合的水流，主水流方向螺旋式前进，正像河流里的横向环流一样。次生流是与主水流呈交角的水流，包括潮流、浪流、风海流和洋流等。若次生流为风海流，则强风带通过陆架主水流时产生三向水流，即①风海流方向，②陆架主水流方向，③风剪切力的向下水流直到海底，引起海底泥沙的辐散，同理相邻强风带也在海底形成泥沙辐散带，两辐散带之间为海底泥沙辐聚带，即水下沙脊沉积带。Off（1963）和 Houbolt（1968），称该流为螺旋二次流，即近底床汇聚流，该二次环流和风引起的水体表面的来米尔环流相似。但后者的规模不及形成沙脊的螺旋流大（图 5.4）。每个垂向螺旋流运动一圈，主轴流长度为螺旋一圈的 50 ~ 150 倍。相邻两螺旋流在海底辐聚时，能量消耗，就沉积底沙，塑造沙脊；相反方向，两螺旋流在海底辐散时就侵蚀海底，刷深凹槽（图 5.4）。刘振夏和夏东兴等（1995）形象地用河流环流解释了沙脊的形成与螺旋流的关系。使用螺旋流理论不但可解释开阔海区沙脊形成的动力机理。如西朝鲜湾的梳状沙脊场，也可解释过海峡迫流和边缘优势流塑造陆架沙脊的问题。前者如过南海的琼州海峡之后水流由束狭急剧扩展，流线转向两侧，必然形成若干个垂向螺旋流，在海峡两端形成 10 余条沙脊。后者，如涨潮流在老铁山水道有 250 cm/s 的流速，出海峡入渤海后流速降低，流线扩展也形成若干垂直的螺旋流。由于辽东湾东侧为优势流区，螺旋流向北伸展较远，故使 6 条沙脊均向 N 延伸（图 5.1）。

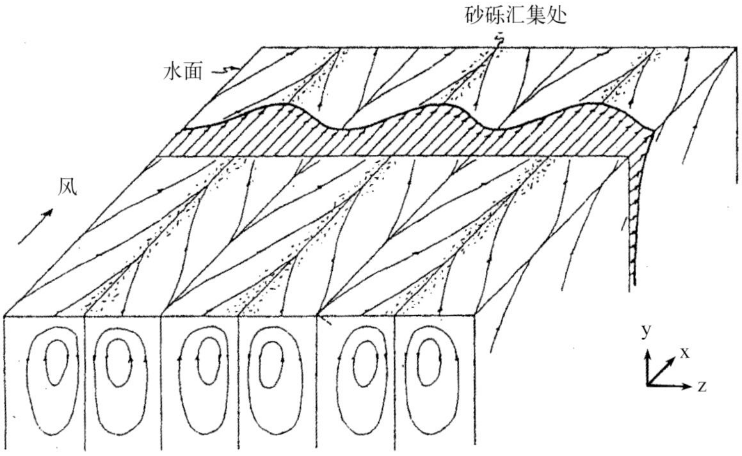

A. Langmuir环流流线结构

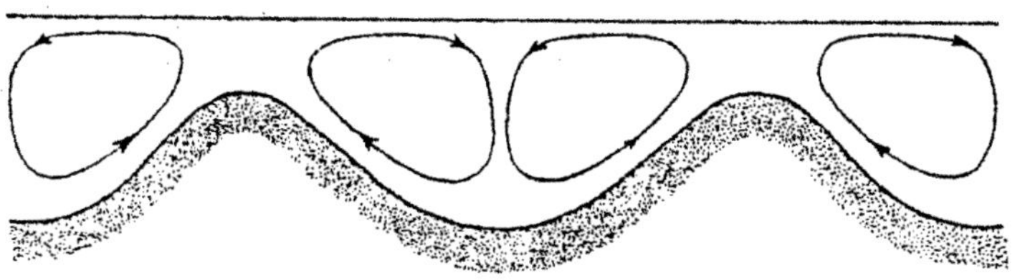

B. 环流近底辐散和沙脊的形成

图5.4 A、B垂向环流流速分布示意图（Allen，1982a）

Fig. 5.4 The map of A and B vertical circulation velocity distribution (Allen, 1982a)

5.3.4 沙脊的成因类型

沙脊是陆架上较大型的砂体地貌，其特征和兴衰对较大片海域产生影响，反之，区域性的泥沙水文环境的变换又往往在一定沙脊底形和海底特征上起关键性作用，许多海底沉积和生物生态和经济项目均依沙脊的变化而决定取舍。20 世纪 50 年代以来，一直被许多学者所重视，也曾有多种分类。

Off（1963）研究过潮流沙脊，分其为 3 类：海湾及湾口沙脊（平行海湾主轴），岸外岬连沙脊（多平行海岸）和陆架边缘沙脊；Amos 和 King（1984）注重沙脊几何形态特征，曾强调长宽比大于 40 算作沙脊，结合动力则分出潮流型和风暴型两类沙脊，除介绍二者沙脊的差异还概括了沙脊的不同高度。Pattiaratchi 和 Collins（1987）分为 6 类沙脊：邻近汇聚岸或海峡的沙脊，垂直海湾口门或三角洲前缘的沙脊，与海岸线不规则或突起相关的单个沙脊等。这种分类，很大程度上依赖于沙脊的相对海岸位置和方向，缺乏成因感。Swift 等（1981）再次提出有一定标准的分类：开阔陆架沙脊，河口沙脊（包括宽窄河口、潮流三角洲和连滨沙脊）和海岬沙脊。虽然也费了很大笔墨解释了各类沙脊的特征，但离开动力机理讨论沙脊难以真正突显出沙脊的根本。笔者认为，按成因分类既能揭示沙脊的外部特征又能反映其动态动力机理，沙脊成因分类如下。

5.3.4.1 潮控沙脊（又称潮流沙脊）

我国近海该类型的沙脊较多，这是因为海岸线的曲折引起海峡过迫束狭流和半封闭海湾的优势流（王文介，2000）较多，往复型潮流流速较强。该类沙脊由分选好的中细砂组成，脊粗，槽砂细，沙脊修长，长宽比比较大，一般皆大于40，主水流与沙脊延伸方向逆时针夹角10° ~ 20°，沙脊受潮流影响范围广，易受宽阔陆架螺旋流的影响，常平行成排出现，如西朝鲜湾沙脊。欧洲北海和凯尔特海的沙脊，一般具活动性，两侧陡缓坡度差较大。浅水区受潮浪共同作用，沙脊脊部平坦，中、外陆架水深超过平均波浪的作用，沙脊脊部较陡。内部前置斜层理倾向陡侧。

5.3.4.2 浪控沙脊

浪控沙脊由暴风浪流、风海流和波流运移砂质物而形成的沙脊。沙脊由粗砂组成，分选不好，夹黏土、小砾和贝壳碎屑薄层，显示暴风浪的偶发性。浪控沙脊长宽值较小，小于40，沙脊常平行或斜交岸线延伸，平行叠置数条沙脊，两坡坡度差较大，显示近代的横向迁移较频繁。内部层理倾向两坡。向陡坡的细层较厚，多倾向陆地，含粗砂黏土夹层。如美国东岸外分布较多的浪控沙脊，美国马里兰岸外的浪控沙脊和佛罗里达的岸外沙脊(图5.5A，B)。法国地中海马格斯姆湾三条沙脊均平行等深线，皆顺古岸线分布。我国东海暴风浪流的强度也较大，但频度远不及潮流。所以常有浪潮混合控沙脊之称。

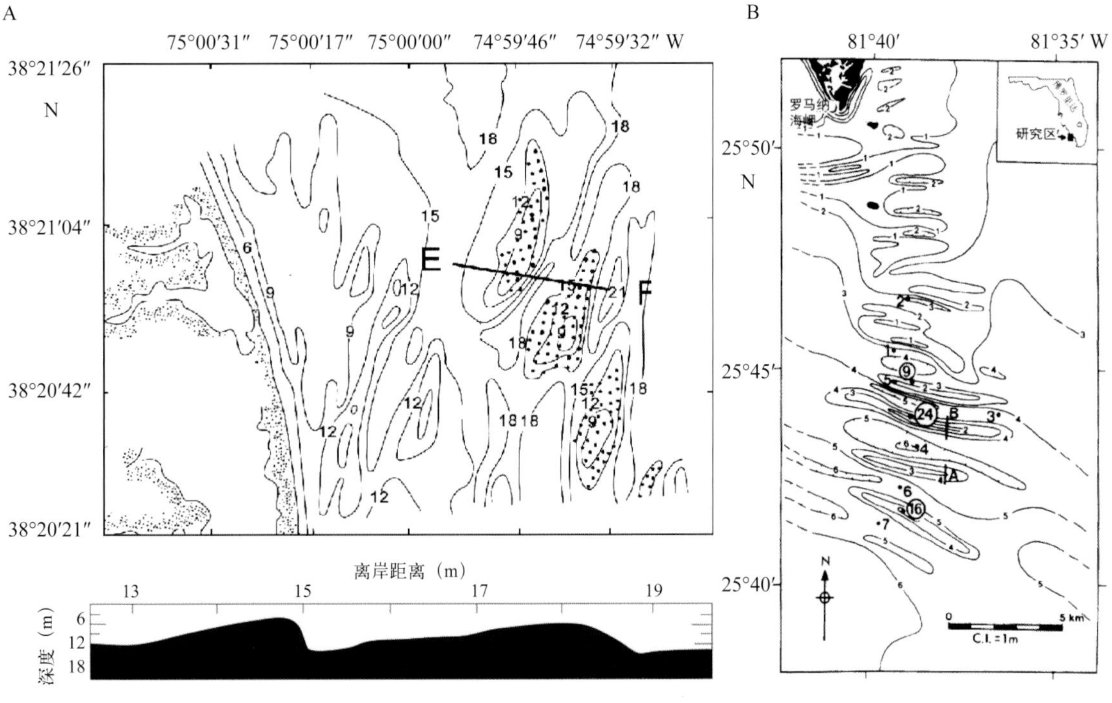

图5.5 A. 美国马里兰岸外沙脊和沙脊剖面（Dolan et al，1981）；B. 美国佛罗里达岸外浪控沙脊（Sussko et al，1992）

Fig. 5.5 A. Profile of offshore sand ridge and sand ridge in Maryland, USA (Dolan et al., 1981); B. Sand ridge of wave controlled off the coast of Florida, USA (Sussko et al, 1992)

5.3.4.3 洋流控沙脊

洋流具有高流速流量的定向持续流动的特点，南非东陆架尼古拉斯洋流的中心带表流速可达 2.0 ~ 2.5 m/s，底流速达 1 m/s 左右，大于粗砂小砾石的起动流速，则洋流控沙脊具有粗粒度、短轴滩状和断续分布的特点，如南非东岸外和日本东岸外的陆架甚窄，洋流中心带可通过外陆架和外缘破折带，那里的沙脊和水下沙丘以粗砂小砾石组成，长宽比 4.6，宽高比为 8.5，均比潮流沙脊小得多（表 5.2）。而世界上大部分陆架上的洋流均像洋流分支，边缘和末梢洋流作用变弱，难以显示真正的洋流控沙脊。

5.3.4.4 河口控沙脊

强潮河口出流和涨落潮往复流塑造沙脊。原因是河口区河水随河道增宽，水流扩散消能过程中，形成多股流速相对较强的水流，亦为优势流，形成多个向海的旋转流，则发育多条沙脊和脊间凹槽。沙脊延伸方向与河口主轴水流一致，沙脊长宽比的大小视河口开阔程度而定，通常较小的河控沙脊，由中细砂组成沙脊头端高而沙层厚，末端低而尖窄；较大的河口湾如泰晤士河口的沙脊（图 5.6），横向数条，长数十千千米。我国的钱塘江河口湾，输沙少，现代沙脊小而短。长江输沙多而无河口湾，沙脊短而粗壮，如崇明岛，低海面时长江古河口湾沙脊较多（李广雪等，2005；杨文达，2002；杨长恕，1989）。加上此后随海面上升沙脊的不断塑造，并被后期埋藏，该古河口沙脊亦保留往日河口沙脊短而粗的形态和结构。

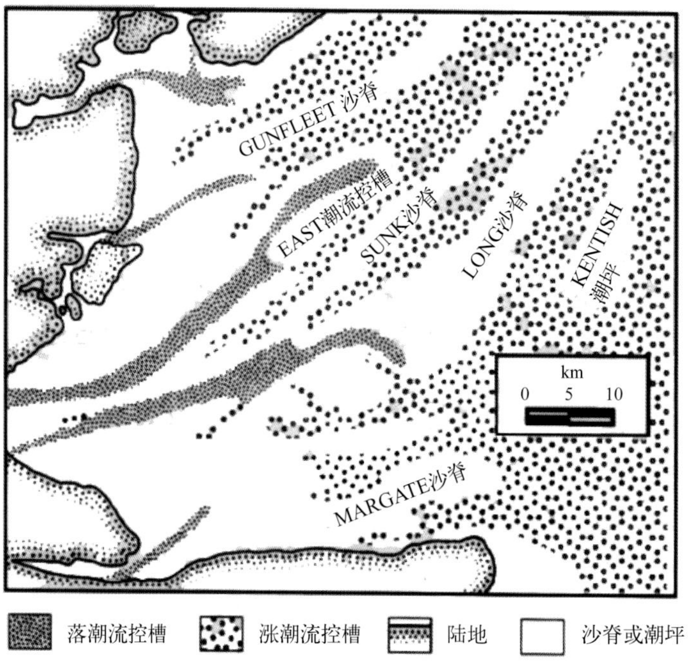

图5.6 泰晤士河口潮流沙脊（Dyer et al，1999）

Fig. 5.6 Tidal sand ridges in the Thames estuary (Dyer et al, 1999)

5.3.4.5 残留和埋藏沙脊

残留和埋藏沙脊本来是沙脊一种演化阶段，但从水动力角度分析是动力变弱，泥沙不运动，被悬浮沉积所代替，不论潮控、浪控还是河控沙脊的被埋藏均以动力强烈降低为前提。

则从动力角度分析，应是沙脊另一种成因类型。

淹没的古岸线砂体（古沙坝、海滩、三角洲和古沙脊）或沉溺型沙脊，有时沙脊具光滑表面，不长沙波，有时被粉砂黏土层所覆盖（杜文博等，2007）。若物源丰富，海面上升率小，沙脊被淹没后可继续再发育，增厚沙脊，若物源贫乏，海面上升的快，残留沙脊就变成埋藏沙脊。陆架外缘大多分布低海面时形成的沙脊，如今被淹没于百余米深的海水之下，但往往平行古海岸，保持古沙脊内部构造和沙脊外形。如西班牙巴塞罗纳陆架水深 90 ~ 100 m 的马格斯姆沙脊，长 24 km 也有缓陡坡之分，基本平行今海岸，沙脊基本稳定，表面也有无次一级沙波，仅暴风浪期有大量沙运动，认为是冰消期形成的，现代长期不运动的残留沙脊（见第七章）。

5.3.5 沙脊沉积构造和沉积层序

滨外砂体在世界许多大陆架及其地层记录中都有描述，通常是丰富的储油层，这些古老的砂体最初被解释为沙脊，现在被重新解释为低水位滨面沉积物，相反，对现代沙脊的关注相对较少，很大程度上是由于缺乏对它们的内部构造的了解。随着地震探测技术的进步，高分辨率地震剖面的发展，一些浅层岩心的观测和测年技术的提高，我们可以重建陆架沙脊的内部沉积构造，并通过沙脊上下层位的关系，得以深入的了解沙脊相关海区的地层层序，确定沙脊砂体及其相关陆架区的地质发育史。也是确定陆架砂体海底稳定性的重要环节。

5.3.5.1 沙脊的层理构造

了解滨外沙脊的沉积构造，不仅要考虑海平面变化的影响，还要特别强调沉积物（砂）的供应和水动力的变化过程。从而应用于预测沙脊砂体的几何形态和相对于古海岸线的走向和位置。

在螺旋流作用下，海底泥沙顺流向沙脊端点运动的同时，也垂直沙脊作侧向运动。暴风浪期间（或一年中的强风季节），大量粗颗粒泥沙向沙脊陡坡侧运动，并在沙脊陡坡上沉积相对较厚的粗粒层，两风暴浪之间（或一年中的缓风季节），长时间流速较低，在粗粒层上沉寂了较薄的细粒层，粗细粒层的叠置就形成沙脊的横向斜层理或称前置层，组成沙脊的主要沉积构造。

沙脊内部沉积构造的层理组合可以反映沙脊的动态。按断面层理组合可分沙脊成堆积型和侵蚀型两类。

堆积型沙脊两侧明显不对称，迎流面缓平，背流面较陡，横剖面内部，由平行陡侧的前置层斜层理组成，下伏为水平的海侵侵蚀面（或临时侵蚀面）。若沙源丰富且流速较强，沙脊连续侧向加积，横向叠置的斜层理就十分清晰，浅地层和浅层地震图谱上均可见到，如东海 DS32 沙脊横剖面上（图 5.7）。斜层理上陡下缓，向 SW 倾斜，倾角 2° ~ 3°，最大 6°。连续分布数千米，斜层层理以上的水平细粒层反映海侵以后底流流速变小，沙脊不发育，成残留沙脊，上覆水平细粒层是近期深水沉积层。

侵蚀型沙脊斜层理中较为紊乱，发育侵蚀沟槽和多向延伸的再作用面，下伏也往往是海侵侵蚀面，如图 5.8 的东海沙脊断面图，反映海底泥沙贫乏，流速多变，沙脊缓慢侧向加积或侧向侵蚀，据李广雪（2005）研究，东海陆架扬子古河口变化沙脊中，堆积型的多分布于中部，古主流线附近，侵蚀型沙脊多分布于古河口湾的两边缘带。

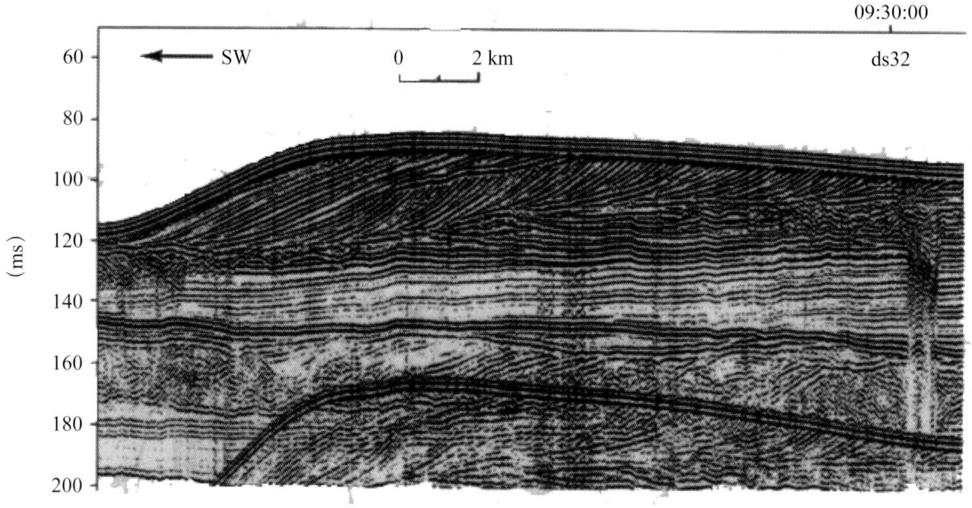

图5.7　东海堆积型潮流沙脊（DS32）（刘振夏，夏东兴，2004）

Fig. 5.7　East China Sea accumulative tidal sand ridge (DS32) (Liu and Xia, 2004)

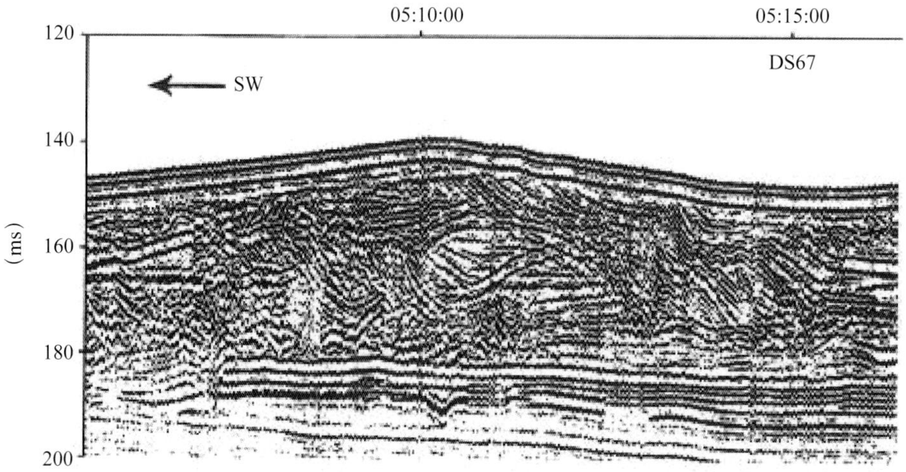

图5.8　东海地震剖面（DS67）显示的侵蚀型沙脊（刘振夏，夏东兴，2004）

Fig. 5.8　Erosion type sand ridges shown in the East China Sea seismic profile (DS67) (Liu and Xia, 2004)

5.3.5.2　沉积层序

沙脊砂体常覆于海侵侵蚀面之上，说明沙脊的演化受海平面升降的制约。杨子赓（2001）认为通常沙脊像滨外坝一样生长于海平面上升后的稳定或缓升期。末次盛冰期以来海面从120 m左右升上来，速度有快有慢，沙脊的发育也经历3个发育期（盛冰期、冰消期和现代）和两个消减期（杨子赓教授称为跃迁期）（盛冰期—冰消期和冰消期—7 ka BP）。在沙脊发育期里沉积了数十米厚的砂层，消减期里，沙层甚薄或沉积一定厚度的泥层（庄振业，2008）。沙层和泥层组成的垂向层序，记录了区域地质发育的历史。Berne（2002）根据杨长恕等（1989）对东海陆架沙脊的物探调查和钻孔（DZQ4）资料加以解剖，绘制了表示东海外陆架沙脊沉积层序模式（图5.9A），说明东海沙脊形成发育与海平面升降息息相关，晚更新世晚期低海面时，沉积了海退三角洲层（图5.9A的C层）和海退侵蚀面，古河道内陆相沉积（图5.9A的B层）。

全新世海侵沉积图 5.9A 的 A 层，冰消期，形成侵蚀底界面，和再次河道沉积（图 5.9B 的 U_{130} 层），在河道边缘开始沉积潮流沙脊（图 5.9B 的 U_{140}a 层），全新世中晚期海面接近现在，沉积了图 5.9B 的 U_{140}b 浅海相层，并覆盖了沙脊 5 层。

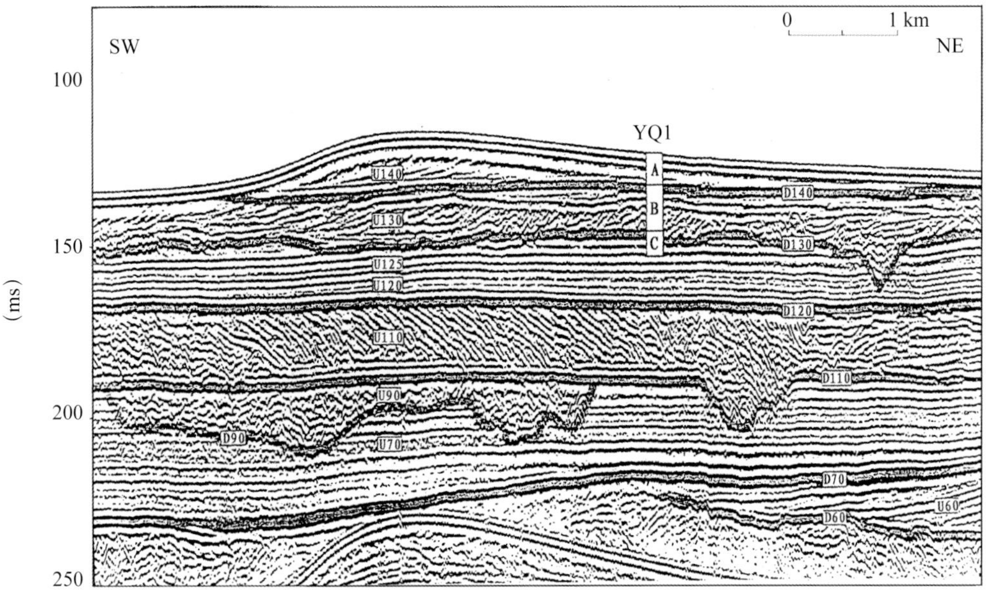

图5.9A　东中国海埋藏沙脊物探地层解释图（Berne,2002）

Fig. 5.9A　Geophysical stratigraphic interpretation of buried sand ridges in the East China Sea (Berne,2002)

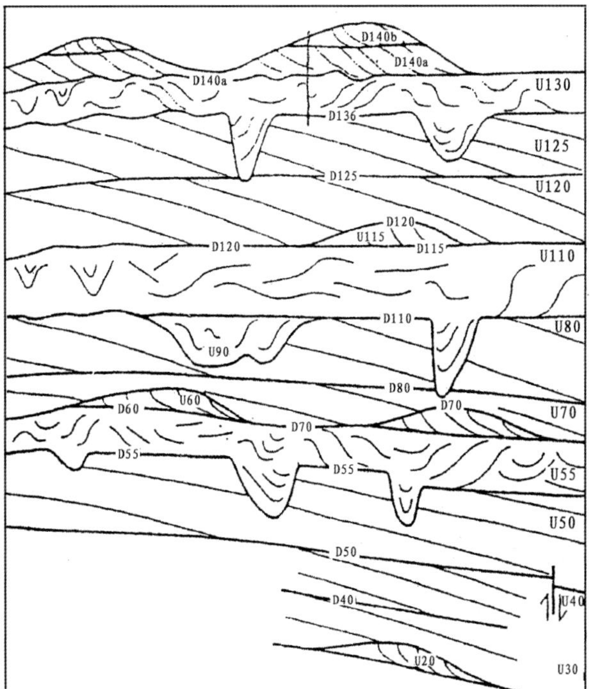

图5.9B　东中国海埋藏沙脊地层物探剖面图（杨长恕，1989）

Fig. 5.9B　Geophysical profile of buried sand ridges in the East China Sea (Yang, 1989)

5.4 陆架沙丘沙脊在海底管道工程中易发的地质灾害

5.4.1 海底管道工程的地质灾害

陆架沙丘沙脊底形长期处于陆架水动力的作用之下，组成底形的砂和底形本身都处于不断运动状态，势必影响陆架海底工程的稳定性，导致海底油、气、水和电管线的裸露、掩埋、掏空和断裂，引发海底工程地质灾害。随着各沿海国经济的不断发展，海底管道纵横交错，据统计自 1985—2005 年我国海域累计铺设 60 余条输油管道，总长度约 3 000 km（喻国良等，2007），也发生过多起工程失稳灾害和管道掏空、断裂事故。如我国浙江岸外的平湖输油管道，在岱山水道高流速（水流的峡道效应）的冲击侵蚀下，曾多处裸露和掏空，最大掏空距达 41 m，终于在 2000 年发生两次管道断裂溢油事故（图 5.10），多方抢修均不成，不得不改线，绕道处理。这次事故不仅造成大面积的溢油污染，而且改建工程浪费数亿元人民币。北部湾某海区的输气管道只建成一年，就因台风过境沙丘运动而发生数十处掏空事故，最大掏空距达 20 余米，不得不一再采取潜水应急加固工程。

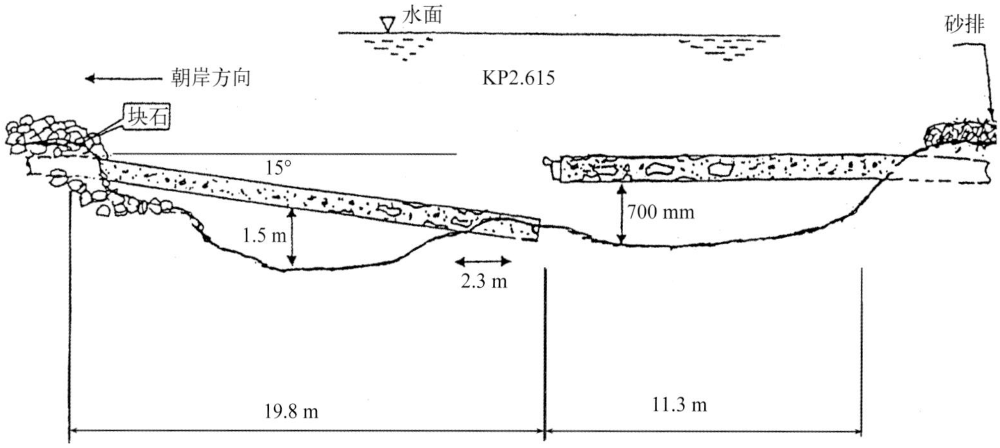

图5.10　中国东海平湖油管断裂示意图（叶银灿，2012）

Fig. 5.10　Schematic diagram of pinghu oil pipeline fracture in the East China Sea (Ye, 2012)

陆架沙脊底形的面积大，沙层厚，所殃成的海底工程地质灾害的严重性和波及的范围远大于水下沙丘，水下沙丘迁移所引起的管线掏空高差不过 1 ~ 2 m，而受侵蚀的沙脊可造成 10 ~ 20 m 的砂质陡坎，除引发管线掏空断裂之外，还常造成沙层突然滑塌，存在钻塔倒塌和平台倾斜的隐患。

5.4.2 管道掏空及底形负面作用

管道掏空断裂是当前较为常见的海底灾害，从形成机理上可分成管道效应（包括跌水效应）掏空、沙波运动掏空和水流冲刷掏空 3 种类型。

5.4.2.1 管道引起管道掏空

海底沙处于疏松状态，若平坦沙底，证明海底沙与水流（潮流和浪流）已相平衡，现在铺设上一条近 1 m 左右直径的管道就对水流起阻水作用，使已稳定的沙重新活化（曹立华，2006；李广雪等，2007）。若裸管，管道的阻水增加了管道迎流侧的水压，并形成管前涡流和管下沙的管涌（piping）效应（图 5.11A），水流不断扩宽沙孔，殃成管道悬空灾害。Chiew（1990）认为管涌渗流和管前涡流是管道冲刷掏空的主要机理，Gao 等（2006），Surner 等（2001）等均解释过各种管涌效应；若埋管，在暴风浪期间，管道背流侧容易形成涡流并产生跌水效应（图 5.11B），殃成管道掏空；管内液体长期流动，会引起管外沙层液化，导致泥沙被冲走，造成管线掏空。

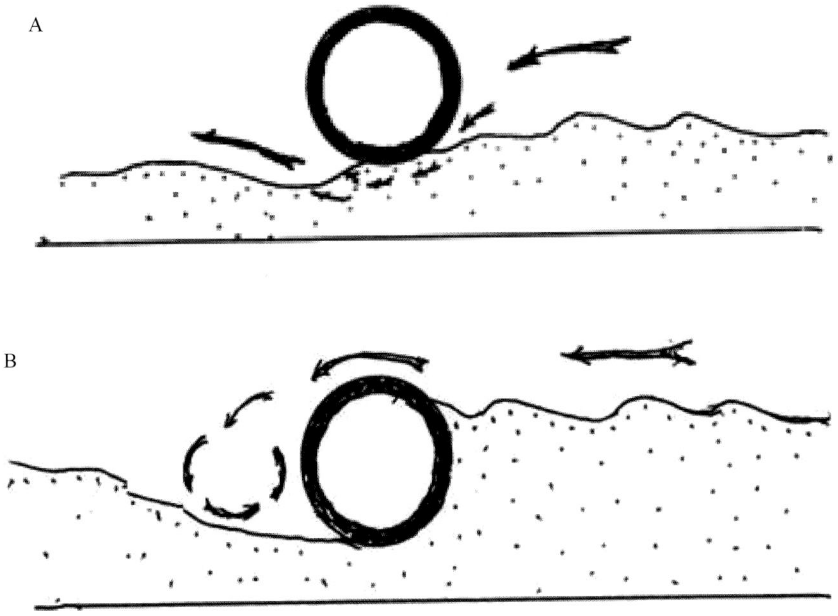

图 5.11　A. 水流过管道的管涌效应；B. 底流横过管线的跌水效应

Fig. 5.11　A. Piping effect of water flowing through a pipe; B. Drop effect of bottom flow across pipeline

5.4.2.2　沙丘运动管道掏空

在陆架海底，水下沙丘的迎流坡受水流剪切力的作用，砂质碎屑被带走，堆积在背流坡，最终导致沙丘顺流迁移，称为沙丘运动。运动着的沙丘对工程特别是海底管道的稳定程度有密切关系。大、中沙丘的高度常大于管线直径，则通常水动力状态下，沙丘带埋藏的管道因沙丘的运动迁移常处于半裸露状态（图 5.12A），波峰区管道被埋，波谷区管道上表面露出，这时不会出现掏空现象。但暴风浪或强潮流通过时，底流速也增大，导致沙丘尺度增大，丘顶增高，丘谷底刷深，波谷区的管道常被全裸露于海底（图 5.12B）之上，这时管道对水流起明显的阻水作用，管道上游侧因阻水阻沙而使沙波堆积，而管道下游侧受跌水涡流作用，蚀深管下海底，引起管道悬空。一旦出现悬空现象，大量水流就会顺悬空处流动，迅速扩宽悬空断面，使掏空段不断扩宽，如北部湾东侧沙丘沙脊区管道 KP88.5 处的一系列掏空点（图 5.14A）就是因暴风浪导致沙丘尺度增大造成的管道掏空，在三维图（图 5.12C）上可见明显的相应冲刷沟通过管道。说明测试沙丘运动规律和迁移速度对减灾防灾具有重要意义。

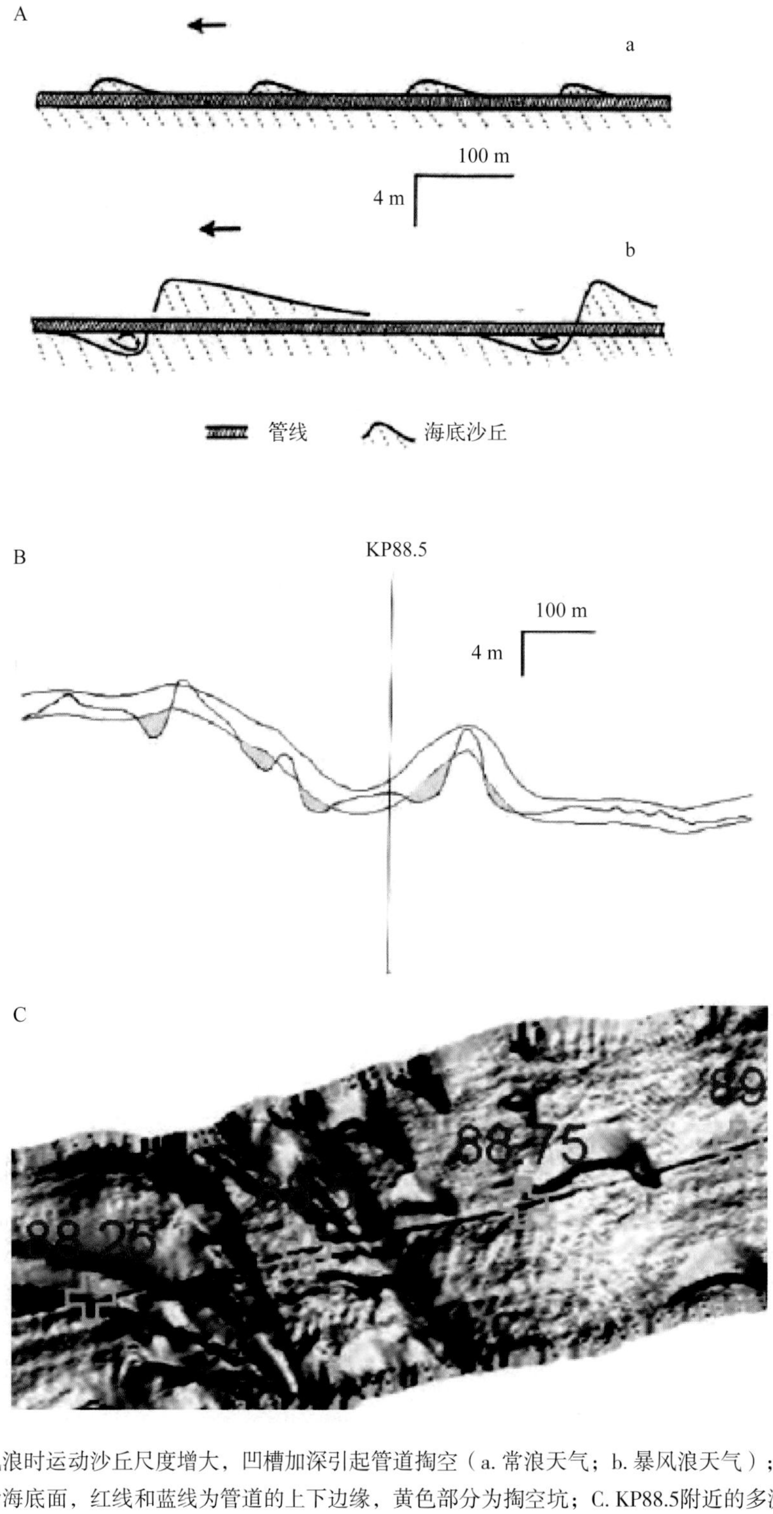

图5.12　A. 暴风浪时运动沙丘尺度增大，凹槽加深引起管道掏空（a. 常浪天气；b. 暴风浪天气）；B. KP88.5附近的剖面图，黑线为海底面，红线和蓝线为管道的上下边缘，黄色部分为掏空坑；C. KP88.5附近的多波束图像，管道通过大小新月形沙波区和丘间冲蚀坑（陈昌翔，2018）

Fig. 5.12　A. Movement dune scale increases during storm, and pipe hollowing is caused by deepening of grooves (a. frequent wave weather; b. stormy weather); B. The profile near KP88.5 shows that the black line is the seabed surface, the red and blue lines are the upper and lower edges of the pipeline, and the yellow part is the hollowed pit; C. multi-beam image near KP88.5, where the pipeline passes through the crescent-shaped sand wave area and the erosion pit between hills (Chen, 2018)

5.4.2.3 水流侵蚀管道掏空

海南西岸外已稳定的沙丘沙脊的某一侧受海底较强水流侵蚀，形成较高的砂质陡坎，导致砂层滑塌，管线掏空和断裂（图 5.13）。一般发生在涨落潮流异槽区或管道横过较大型沙脊发育区。其主要动力使较强的旁蚀水流，侵蚀成连续陡坎，坎高可达数十米，坎坡常大于 20°，甚至接近 30°。世界最陡的欧洲北海沙脊 Maresme 3 号沙脊陡坡达 20°，就伴随着水流旁蚀作用，发育了连续陡坎。陆架沙脊陡坡的稳定度差，加之凹槽水流长期旁蚀坡麓，就会使沙脊边坡变陡而滑塌。北部湾东方管道就横过高度差约 20 m 的几条沙脊，在其 KP76 至 KP80 之间受陡坡坡麓水流的冲蚀形成数个深约 0.6 m，长约 24 m 的掏空点（陈昌翔，2018），声呐图（图 5.13C）上见明显的过掏空点和侵蚀沟槽。

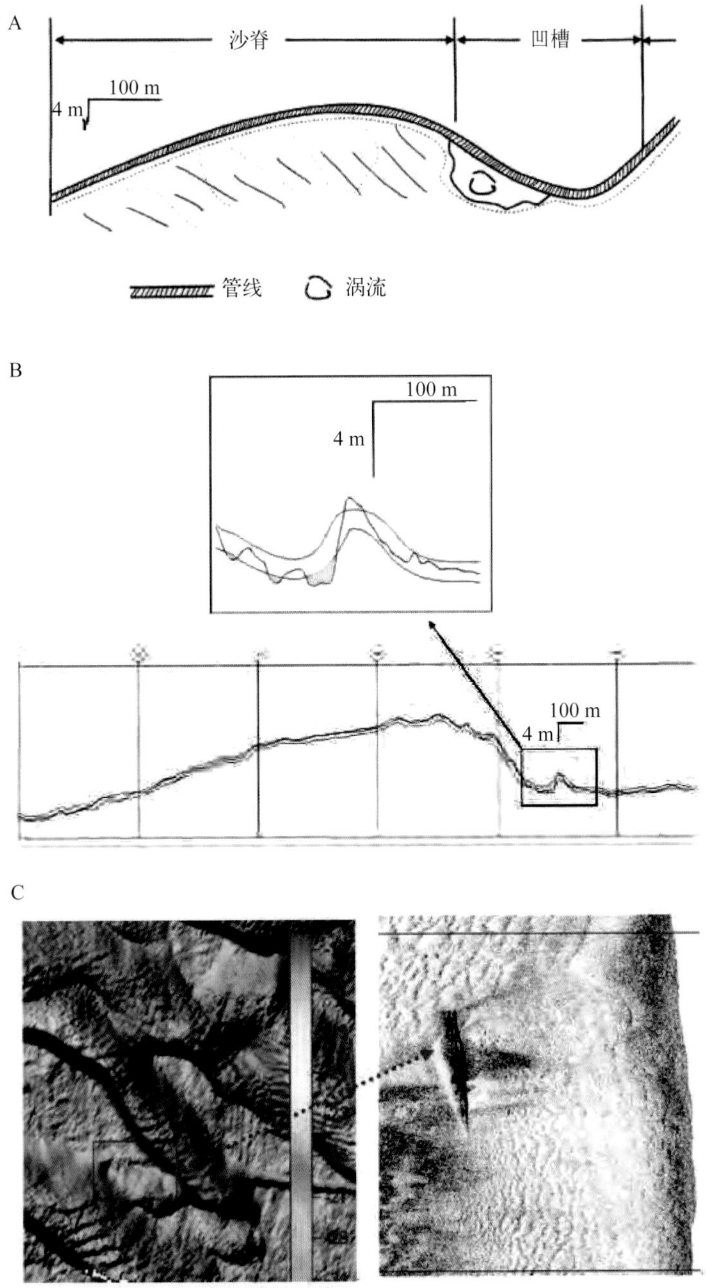

图5.13　A. 凹槽水流旁蚀沙脊引起管道掏空；B. 沙脊陡坡被底流侵蚀切割造成管道掏空（底形被动掏空），黑线为海底面，红线和蓝线为管道的上下边缘，黄色部分为掏空坑；C. KP80.2附近的3D（左）和局部放大后的声呐图（右）（陈昌翔，2018）

Fig. 5.13　A. Pipe hollowing caused by erosion of sand ridges beside the water flow in the groove; B. the sand ridge steep slope is eroded and cut by the bottom flow, resulting in pipe hollowing (bottom passive hollowing). The black line is the seafloor, the red line and the blue line are the upper and lower edges of the pipe, and the yellow part is the hollowing pit; C. 3D image near KP80.2 (left) and partially enlarged sonar image (right) (Chen, 2018)

第六章　西欧陆架水下沙脊群

西欧陆架属强潮区，潮差高，流速大，加之冰期时，这里位于斯堪的那纳亚冰盖前缘和冰舌覆盖区，冰后期在海底留下丰富的粗粒碎屑，加之海岸曲折较甚，导致许多海湾形成优势流区，偶遇暴风浪流，就容易产生许多垂岸环流，导致泥沙在水流中辐聚和辐散运动，因而塑造许多相平行的大尺度或超大尺度的沙脊底形，最典型的沙脊群应是北海南湾和凯尔德海陆架等海域。

6.1　北海沙脊群

北海是欧洲西北部（51°—61°N，3°W—7°E），英国、挪威、丹麦、德国、荷兰、比利时和法国等国家圈闭的半封闭海，水域面积约 750 000 km^2，北接挪威海，西北和南端以岛群和海峡与大西洋相连。北海平均水深不超过 90 m，海底平缓向北倾斜，东部和南部水浅，水下沙丘和沙脊广布，东西海岸差异较大，西岸英国，岩石、岬角、海蚀崖和砾石滩较多，东岸德国、荷兰、比利时和法国等沙滩，三角洲、沙丘岸甚广。

北海地处末次冰期斯堪的那纳维亚冰盖南部，冰期过后提供了大量冰川碎屑，北海南部和东部水深均小于 50 m，正是冰消期大面积近岸沉积地带，砂质物也较多，均为今日海底砂质沉积以及大片水下沙丘沙脊提供了丰富的碎屑物源。

北海盛行西风，冬季 NW，夏季 SW，北海为半日潮（M_2）区，潮波从北海北部传入，受科氏力影响优势流在英国东部，潮差 2 ~ 4 m，并向南部增加；受地形影响，在北海东部形成 3 个无潮点（图 6.1A），附近潮差降低成 1 ~ 2 m，潮流变成逆时针旋转。

东北大西洋冬季风暴强烈，严重影响北海海底泥沙运动，风暴海面自北向南不断增高，又遇南部收缩海湾，风暴海面愈向南愈高，靠近多佛尔海峡海面可增高 3 m，潮流和波浪力也随之增强，正是北海南部塑造岸外沙脊的理想动力环境（Baeteman，2012）。

近 30 年来，许多学者使用浅层地震、多波束、旁侧声呐、地质钻探、泥沙运动等工作方法研究沙脊群和沙丘的形态特征，沉积机理，按已有报道（Davis and Balson，1992; Trentesaux et al，1994，1999; Williams，2000; Knaapen，2005; Vanaverbeke et al，2002）综合分析北海海底沙脊沙丘区共分 4 个亚区（图 6.1B），即多佛尔海峡沙脊亚区、英国诺福岸外沙脊亚区、苏格兰东岸外沙脊区和东部岸外沙脊沙丘亚区。

6.1.1　多佛尔海峡外的沙脊群

北海南部加莱 - 多佛尔海峡北口外是强潮区，潮差达 4 m，受海峡影响，接近往复流，潮流速较大，大潮期近底流速常大于 80 cm/s，沉积了许多条潮流沙脊，统称其为 Flemish 沙脊群（或沙脊浅滩）。浅滩区水浅，除砂质海底之外，偶见第三纪古沟谷切割的始新统和第三系粉砂黏土地层。大约在距今 9000 a 左右海面上升，海峡被打开多佛尔海峡与英吉利海峡相

A

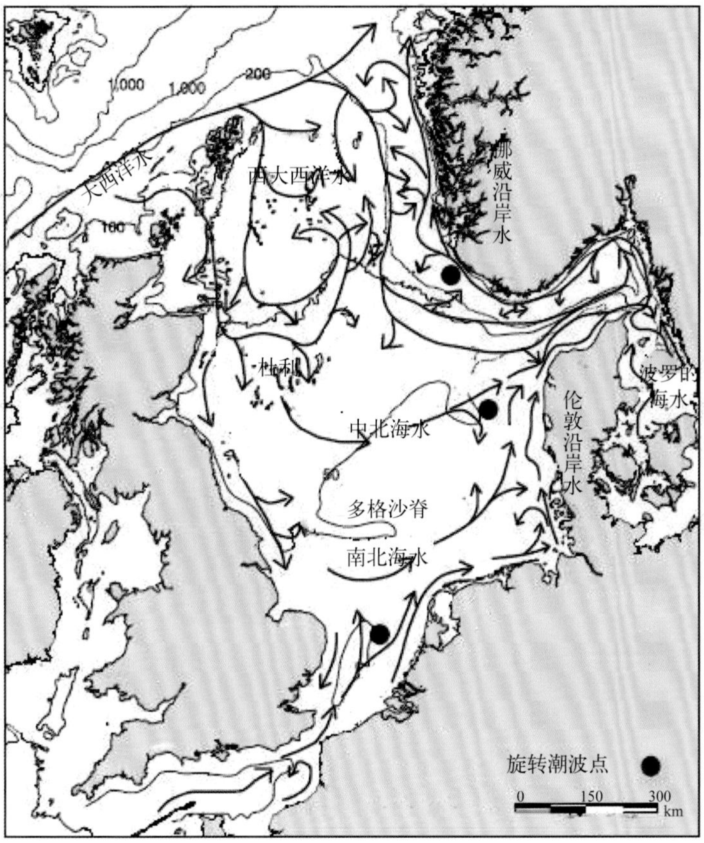

图6.1A　北海，Skagerrak, Kattegat, 英吉利海峡的水深图（单位：m）（资料来源：NSTE, 1994）和环流黑点表示无潮点

Fig. 6.1A　Bathymetric chart of the English Channel at Skagerrak, Kattegat, North Sea (unit: m) (source: NSTE,1994) and circulation. Black dots indicate no tides

B

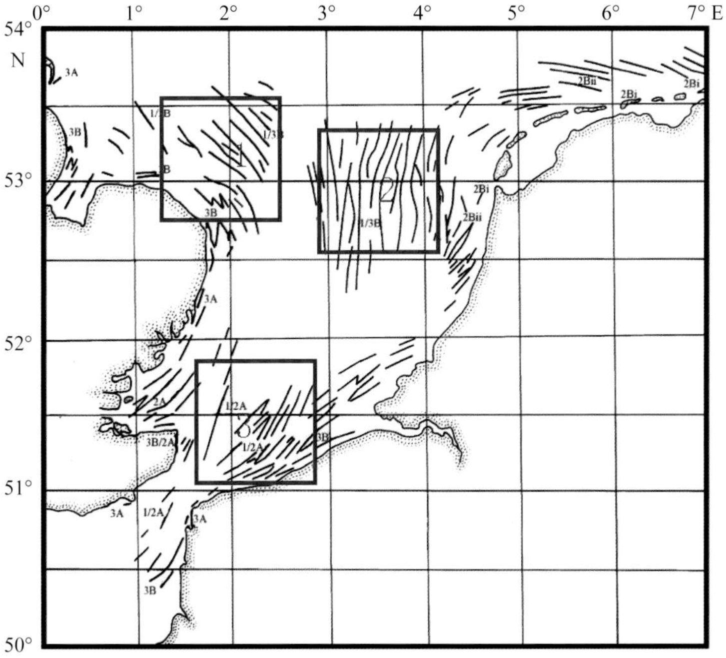

图6.1B　欧洲北海沙脊分布图（修改自Dyer et al, 1999）

1. 为诺福克海峡沙脊亚区；2. 为东部岸外沙脊亚区；3. 为多佛尔海峡沙脊亚区

Fig. 6.1B　Distribution map of sand ridges in the North Sea of Europe (modified from Dyer et al，1999)

1. Sand ridge sub-region of the Norfolk Strait; 2. Sand ridge sub-region of the eastern shore; 3. Sand ridge sub-region of the Dover Strait

通连，距今 7000 a 左右，海面接近当今海岸。受北来的风暴浪的作用，近岸和海底发育大小水下沙丘，往往覆于若干条潮流沙脊之上。

1990 年 12 月至 1992 年 6 月“Belgica”号和“Lesuroit”号调查船在本区进行了 470 km 的地震剖面勘测，并覆盖了 Middlkerke 沙脊，周围两凹槽和邻近沙脊部分。振动活塞钻取岩心 125 个，每个岩心长 5.5 m，进行了粒度、重矿物、碳酸钙含量和 ^{14}C 测年等项目的测试。

6.1.1.1 沙脊形态组成和动态

Flemish 沙脊群位于多弗尔海峡的北出口比利时奥斯坦德港以西约 15 km 的海区。众沙脊呈 NNE 向伸展，相互平行分布，主要沙脊约 7 条（图 6.2），除 Flemish 沙脊之外还有 Zeeland，Goote，Bligh，Hider，Kwinte 和 Middelkerke 等沙脊（VanaVerbere，2002）。

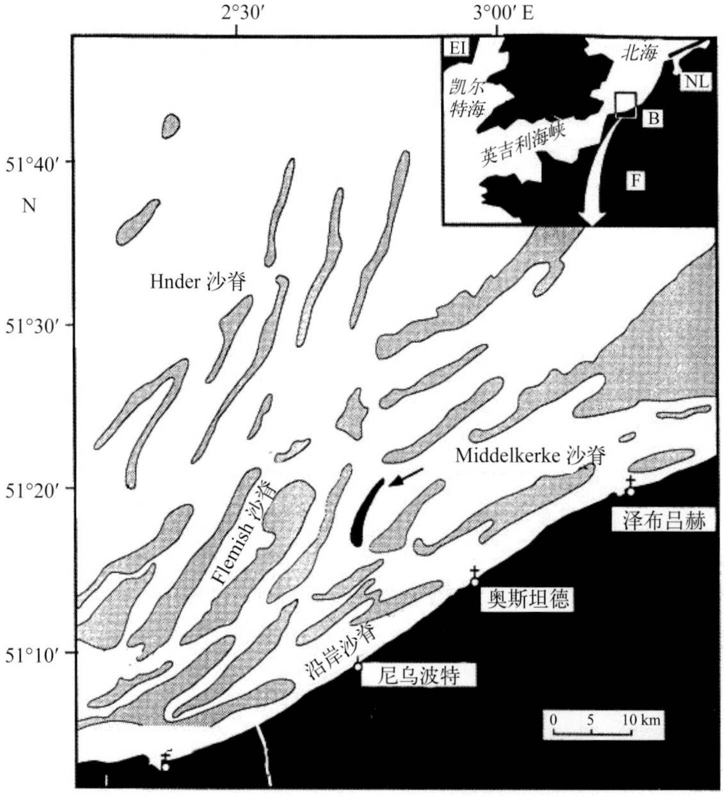

图6.2 多弗尔海峡的Flemish沙脊群（Trentesallx，1999）

Fig. 6.2 Flemish sand ridges in the Dover strait (Trentesallx, 1999)

上述潮控沙脊或多或少的与海岸线平行，与潮流椭圆主轴呈 0° ~ 20° 交角（Kenyon，1981）。大部分沙脊长 10 余千米，宽 1 ~ 3 km，间距 3 ~ 5 km，高出周围海底 10 ~ 20 m，脊顶水深约 5 m，凹槽水深 25 m，基本平行排列。沙脊横断面往往不对称，陡坡 NW 翼 3° ~ 5°，SE 翼的缓坡 0.5° ~ 1°，现代海平面状况下，沙脊是稳定的，但其上的水下沙丘却是运动的，反映现代的海况动力态势。

沙脊表面和上部沉积物为细－粗砂，贝壳碎屑含量高达 8% ~ 47%（Trentesaux et al，1994），其上的次一级沙丘沿沙脊两翼呈相反方向运动，在沙脊顶两向沙丘终止，沙脊较陡坡（NW 向）的沙丘被向 NE 的沙丘所覆盖，缓坡（SE 坡）的沙丘向 SW 运动（Lanckneus et al，1994），随气象变化，两组沙丘分界线位置亦有变化。

虽然，在海洋地质研究者之间对那些大型沙脊底形是消亡的还是活动的常有争论，但假如混合波和剪应力足够输送大量沙运动，在大潮时底流速能达到 0.6 m/s 以上，就能使沙脊上部的沙保持运动，并可通过长期水深监测而实测出来。如监测证明 Middelkerke 沙脊于暴风浪时期顶部侵蚀背流侧加积。Van de Meene（1994，2000a，b）根据贝壳碎屑推断沙脊陡坡（背流侧）的迁移率为 0.5 ～ 1.0 m/a。使用精确的电子学定位也说明法国瑟堡半岛岸外（英吉利海峡）高 7 ～ 8 m 的潮成沙丘向北迁移速率为 12 m/a（Berne，2002），而多佛尔海峡较窄，潮流速必然极大，高 8 ～ 10 m 的水下沙丘向 NE 迁移速率为 70 m/a（Trentesaux，1999）。

6.1.1.2 内部沉积构造和地层

岩芯揭示 Middelkerke 沙脊有向陡坡方向倾斜的层理，倾角约 5°，乃风暴浪期间较粗粒沉积和风暴间细粒沉积层相间（或不同季节之间）沙脊沉积的记录。早期的沙脊沉积内部构造被破坏，但第四系的沉积地层，将岩芯和地震资料相结合，可以区分出不同时期沉积相单元和单元间不整合地震地层分界面。Middelkerke 沙脊第四系不整合界面以上共分 7 个（U1 ～ U7）单元（图 6.3），钻孔岩芯划分沙脊区垂向自下而上 4 个岩相地层，岩芯地层和地震地层相结合分层于下。

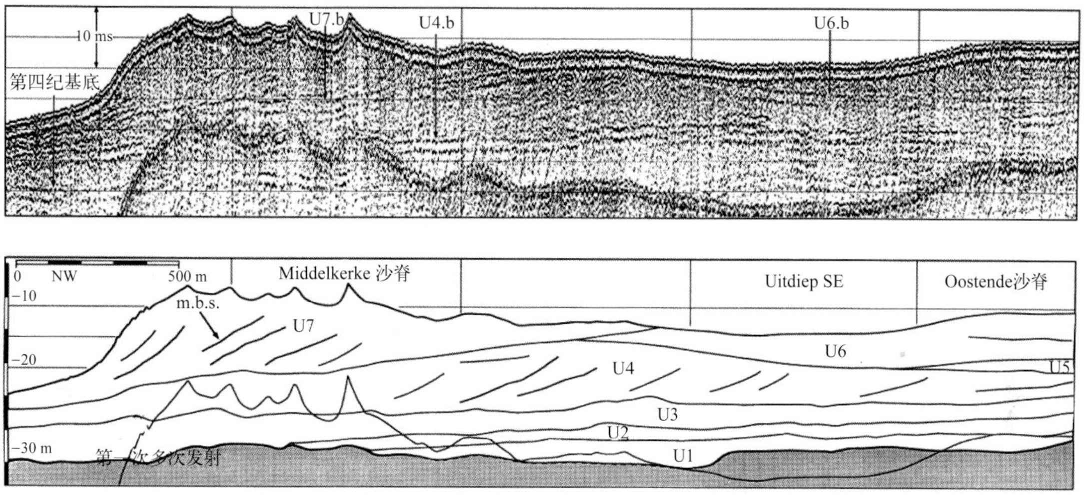

图6.3 Middelkerke沙脊地层和内部构造图（Trentesallx，1999）

Fig.6.3 Middelkerke sand ridge formation and internal structure diagram (Trentesallx, 1999)

（1）一岩相地层，相当于地震 U1 单元，U2 单元和 U3 单元，是晚更新世魏克塞冰期古河道充填层和陆相冲积层；

（2）二岩相地层，水深 27 ～ 20 m，相当于地震层 U4 单元为潟湖沙坝浅海潮坪相，距今 8 ～ 5 ka BP 的沉积，地层含大量贝壳碎屑，细植物根系，腐殖质丰富的古土壤层，夹砂砾碎屑层。其厚度较大，可能与早全新世的海面快速上升有关。

（3）三岩相地层，为近岸浅海沙脊残留砂层，相当于地震层 U5 单元和 U6 单元，Tessier（1997）将近海岸砂质层定义为“介于潮控沙脊和风暴控沙脊之间的过渡沙脊”，在北海南部普遍分布该层，与潮控沙脊有差别，通常表层较细，平行岸线或向岸线微倾，倾角可达 5.5°，地层表面有起伏，突起处为风暴时生长的沙脊，在 Middelkerke 和现岸线之间的 10 km 范围内普遍分布该层（Trentesaux，1999）。

（4）四岩相地层，为现代动力塑造的潮控沙脊层，相当于地震层 U7 单元，砂质中夹若干厚 1 cm 左右的黏土层和生物碎屑层，除前置纹层之外见较多的生物扰动构造，上部夹小沙丘的小型层理，反应沙脊上次一级底形的加积作用。按 Vanaverbere（2002）意见：黏土层和贝壳碎屑粗砂层相间应与风暴浪控与潮控相互作用有关，属于风暴岸外坝型的沙脊。不过，海峡向北的若干长型沙脊黏土夹层较少，是典型潮汐沙脊结构。

6.1.2 诺福克沙脊群

欧洲北海南部西侧诺福克（Norfolk）沙脊群位于英国东英格兰诺福克海岬以东 90 ~ 100 km（53°05′—53°27′N，2°00′—2°25′E），它们属于滨面浅滩退缩沙脊，沙脊伴以浅滩，总宽约 90 km，统称诺福克浅滩。

诺福克浅滩一带属于中潮区，M_2 分潮潮差 1.2 ~ 1.8 m，潮流 NW—SE 向，表层流速最大可达 75 ~ 100 cm/s（Balson and Harrison，1988）。短期风暴大潮，引起的砂质物运移方向，数值模拟统计 50 a 最大风暴潮流向 NE，则有人怀疑浅滩砂质物是从东英格兰海岸向 NE 运移的。冬季有效波高（H_s）50% 超过 1.3 m。而夏季降为 0.7 m，波浪周期 3.5 ~ 9.5 s，平均波长 75.8 m，冬季大于夏季。最大波高 8.0 m，周期 8.4 s。较强的潮流和波浪是塑造沙脊的主要动力。

6.1.2.1 浅滩区沙脊形态特征

诺福克浅滩区水深 18 ~ 45 m。主要沙脊约 13 条，相互近平行排列，主要沙脊为 Leman，Mner，Well，Broken 和 Swarle 等（图 6.4），Swift（1975）称为“Norfolkbank”，即

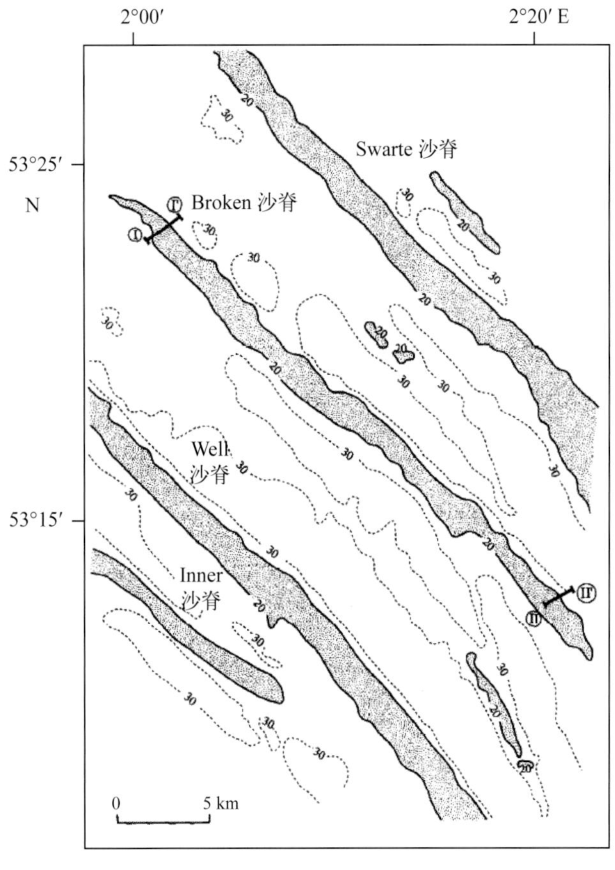

图6.4 Well沙脊、Broken沙脊和Swarte沙脊体系水深图（m），两条次底部（布麦尔震源）测量剖面位置如图6-1所示（Collins，1995）（位置见图6.1的2区）

Fig.6.4 Bathymetric chart of Well ridge, Broken ridge and Swarte ridge system (m). The positions of the two subbottom (bhumer source) measurement profiles are shown in Fig. 6.1(Collins, 1995) (location is shown in section 2 of Fig. 6.1)

诺福克沙脊浅滩。最长的 Lemanbank 沙脊长约 55 km，宽 6 km，高出周围海底约 40 m（Off，1963），详细测量过的沙脊是 Brokenbank，长 33 km，宽约 1 km，高出周围海底约 30 m，由分选好的细砂（平均粒径 0.2 mm）组成。沙脊横断面不对称，陡坡向 NE，倾角 2° ~ 6°，缓坡朝向 SW，沙脊延伸方向与潮流椭圆长轴方向呈逆时针 20° 左右。

相邻沙脊间距（即凹槽宽度）自岸向海有增大趋势，近岸区脊槽比约 1 左右，远岸可增至 1/3 左右。凹槽海底沉积物较细，生物虫孔变多，有机质丰富，次一级沙波尺度较小，近沙脊边坡“2D”形沙丘变大，沙脊的向流缓坡上的水下沙丘，高 2 ~ 3 m，长约 50 m，两坡极不对称，显示活动性较强，沙丘脊线与沙脊延伸线有较大交角，而近沙脊顶沙丘脊线渐变模糊，沙脊陡坡侧的水下沙丘一般不多，说明沙脊有向陡坡方向（NE）迁移的趋势。

6.1.2.2 沙脊凹槽的水沙运动

20 世纪 80 年代，围绕沙脊形成和运移曾有螺旋次生流（见第五章）和河口分散流等假说，为验证假说，许多人重现沙脊区的实际水流和底沙运动的状况。海底水沙运动是维系假说的根本。例如，水流和底沙在凹槽处是否有辐聚和辐散运动。RRV 挑战者 40 航次（1988）及其之前的调查，曾对 Brokenbank，Wellbank，Swartebank 和它们之间的凹槽做过 50 多个点的底流测量和海底示踪沙测量，得到与沙脊运动有关的水流速度和底沙运动的结论。

在沙脊区中间层和近底层观测到的水体流速流向列入图 6.5 和表 6.1，得知：垂向中间层流速比离海底 2 m 处的流速大。在 Broken 沙脊脊线处的流速比两侧凹槽的流速大。同时，中间层和近底层余流指示 Broken 沙脊周围，水体运动呈顺时针模式（图 6.5 和表 6.1），凹槽中（图 6.5，G 点）见水流离岸（向东）运动，近底余流相对于中间层余流有发生偏斜现象（图 6.5，B 点顺时针，E 点和 H 点逆时针），只有 B 点观测到的水流偏转现象支持了螺旋次生流假说。

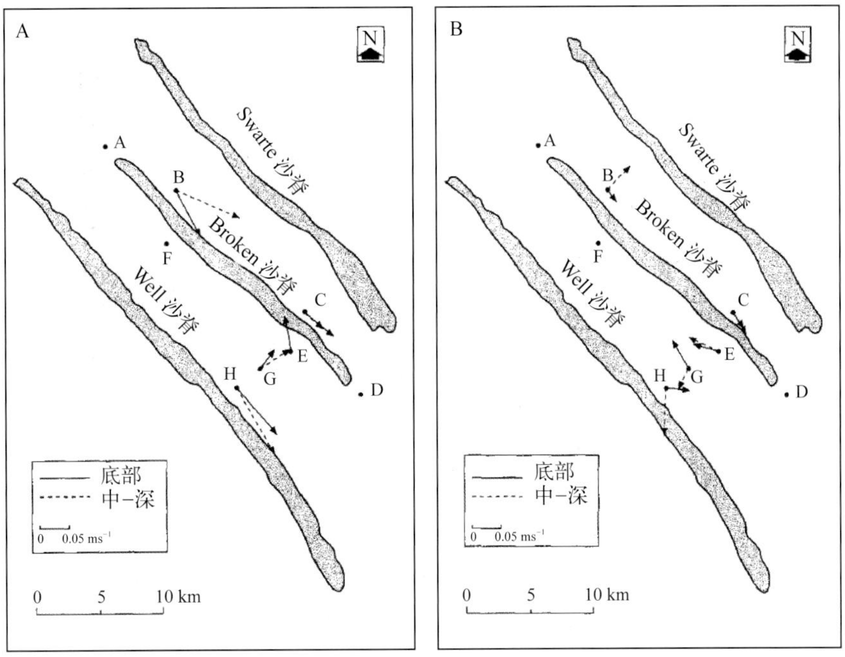

图6.5 Norfolk沙脊附近观测点位和余流速度：A.大潮；B.小潮（Collins，1995）

Fig. 6.5 Observation position and residual velocity near Norfolk ridge :(A) spring tide (B) neap tide (Collins, 1995)

表6.1 观测潮流速度和方向（U_{max},U_{mean}和U_R分别代表最大、平均和剩余潮流速度）

Table 6.1 Observed tidal current velocity and direction (U_{max},U_{mean} and U_R represent maximum, average and residual trend velocity respectively)

站点	潮汐	海床上高度（m）	U_{max}(m/s)(°N)		U_{mean}(m/s)(°N)		U_R (m/s)(°N)
			涨潮	落潮	涨潮	落潮	
B	大潮	2	0.80（138）	0.54（320）	0.44（143）	0.29（317）	0.09（152）
		10	0.94（127）	0.62（326）	0.52（130）	0.34（321）	0.11（113）
	小潮	2	0.51（137）	0.41（314）	0.22（150）	0.19（316）	0.01（144）
		10	0.48（88）	0.45（333）	0.25（121）	0.22（324）	0.04（40）
C	大潮	2	0.83（141）	0.63（311）	0.42（142）	0.32（328）	0.06（125）
	小潮	2	0.54（142）	0.36（336）	0.26（141）	0.16（318）	0.04（148）
E	大潮	2	0.70（153）	0.84（329）	0.35（146）	0.39（331）	0.05（349）
	小潮	2	0.41（154）	0.37（320）	0.21（152）	0.19（327）	0.04（290）
		10	0.44（148）	0.39（321）	0.23（155）	0.21（322）	0.05（296）
G	大潮	2	0.68（160）	0.73（343）	0.36（148）	0.39（337）	0.03（41）
		12	0.86（152）	0.80（351）	0.49（150）	0.47（344）	0.06（58）
	小潮	2	0.39（135）	0.40（332）	0.24（140）	0.28（323）	0.05（330）
		12	0.48（153）	0.53（259）	0.26（156）	0.27（319）	0.04（210）
H	大潮	2	0.97（133）	0.62（326）	0.50（142）	0.36（323）	0.11（140）
		12	1.12（146）	0.64（327）	0.57（146）	0.39（325）	0.14（148）
	小潮	2	0.58（151）	0.44（325）	0.33（135）	0.28（325）	0.04（98）
		12	0.63（149）	0.49（312）	0.33（147）	0.27（310）	0.07（185）

沙脊区海底粒度在 0.2 mm 左右，按流速和粒径状况，表明海底泥沙运移方式在悬移和推移边界处（Sternberg et al，1985；Middleton，1986），单潮流作用，多以推移为主，当然加波浪作用，也可以将推移质转变为悬移质。按观测，站点 B 和 E 分别位于 Brokenbank 的东北和西南翼，表6.2数据表明沿沙脊推移质运移在大小潮都是顺时针方向，和余流一致，加波浪影响，泥沙净运移速率按 Gadd 等（1978）和 Hardisty（1981）公式［$qb=k(V_{100}{}^2-V^2{}_{100CR})V_{100}$］计算显示通常浪和潮流合力指向脊线的成分随着波高的增大而增加，因此波浪作用有加大砂质物向脊线运移的趋势（表 6.2）。

某些凹槽潮流较为强烈，旁侧声呐可见大量 2D 大沙丘成排排列，两坡坡度极不对称，如图 6.4 Wellbank 与 Brokenbank 之间的凹槽中 2D 沙丘基本 NEE—SWW，沙丘基本向 NW 运移，而 Brokenbank 与 Swartebank 之间的凹槽中 2D 沙丘脊 NE—SW 向，沙丘一律向 SE 运移说明是涨落异槽，即 SW 侧凹槽受落潮主轴控制，NE 侧凹槽受控于涨潮主轴。这一规律正印证定点观测海底水流和推移质泥沙运动的特点（Collins，1995）。

表6.2 沉积物运移速率特征，用Gadd等（1978）和Hardisty（1981）方程计算
（$q_{sb,max}$，$q_{sb,mean}$和$q_{sb,R}$分别代表最大、平均和剩余运移速率）

Table 6.2 Characteristics of sediment migration rate, calculated by equations Gadd et al. (1978) and Hardisty (1981) ($q_{sb,max}$，$q_{sb,mean}$ and $q_{sb,R}$ represent maximum, average and residual migration rates, respectively)

站点	潮汐	Eqn	$q_{sb,max}$[kg/(m·s)](°N)		$q_{sb,mean}$[kg/(m·s)](°N)		$q_{sb,R}$[kg/(m·s)](°N)
			涨潮	落潮	涨潮	落潮	
B	大潮	GA	1.1（138）	0.21（320）	0.24（143）	0.033（319）	0.10（144）
		HA	0.20（138）	0.031（320）	0.049（142）	0.012（319）	0.019（145）
	小潮	GA	0.15（150）	0.054（314）	0.0099（141）	0.0025（315）	0.0036（143）
		HA	0.045（150）	0.023（314）	0.0045（140）	0.002（315）	0.0012（145）
C	大潮	GA	1.3（142）	0.43（330）	0.21（141）	0.057（331）	0.079（139）
		HA	0.22（142）	0.093（330）	0.043（142）	0.017（331）	0.015（138）
	小潮	GA	0.21（143）	0.025（336）	0.021（141）	0.0006（327）	0.009（149）
		HA	0.057（143）	0.014（336）	0.0075（141）	0.0008（322）	0.0033（141）
E	大潮	GA	0.66（153）	1.3（329）	0.098（150）	0.19（333）	0.054（335）
		HA	0.13（153）	0.23（329）	0.026（149）	0.039（333）	0.009（337）
	小潮	GA	0.05（154）	0.027（327）	0.0044（152）	0.0017（328）	0.0087（158）
		HA	0.022（154）	0.015（327）	0.0029（153）	0.0017（328）	0.0013（180）
G	大潮	GA	0.56（160）	0.78（343）	0.098（147）	0.13（338）	0.019（9）
		HA	0.12（160）	0.15（343）	0.026（149）	0.031（338）	0.007（8）
	小潮	GA	0.037（135）	0.048（332）	0.0059（147）	0.011（328）	0.0035（329）
		HA	0.018（135）	0.021（332）	0.0049（145）	0.0067（327）	0.0016（330）
H	大潮	GA	2.4（133）	0.37（326）	0.38（141）	0.077（324）	0.18（140）
		HA	0.36（133）	0.087（326）	0.072（141）	0.022（324）	0.03（140）
	小潮	GA	0.29（151）	0.072（325）	0.044（137）	0.013（327）	0.016（133）
		HA	0.07（151）	0.027（325）	0.015（138）	0.0069（326）	0.0042（132）

6.1.3 苏格兰东深水浅滩沙脊群

欧洲北海中南部东西横亘一片水深 30 ～ 40 m 的浅滩，称为 Dogger 沙脊，该浅滩以北和以西水深均达 50 ～ 90 m，Dogger 浅滩上分布苏格兰东沙脊群（55°00′— 55°40′N，1°— 2°E）。大约在距今 9000 a 左右，海面相当于当前海平面以下 50 m 左右时，Doggcr 浅滩与英格兰之间为狭窄的海峡（图 6.6a），潮流受海峡作用而比较强烈，发育了该海峡北口外的东英格兰沙脊群（Jelgersma，1979）。

东英格兰沙脊群由 7 条沙脊组成（图 6.7A，B），各沙脊呈 NNE—SSW 方向延伸，基本平行排列，沙脊长 17 ～ 60 km，平均 33 km，宽 1.5 ～ 5 km，高出附近海底 15 ～ 30 m，横剖面对称或稍微不对称，陡侧倾向 E—SE，表面光滑无大小沙丘，由分选较好的粉砂和细砂组成，夹沼泽泥层。沙脊内部见向 E—SE 倾斜的斜层理。

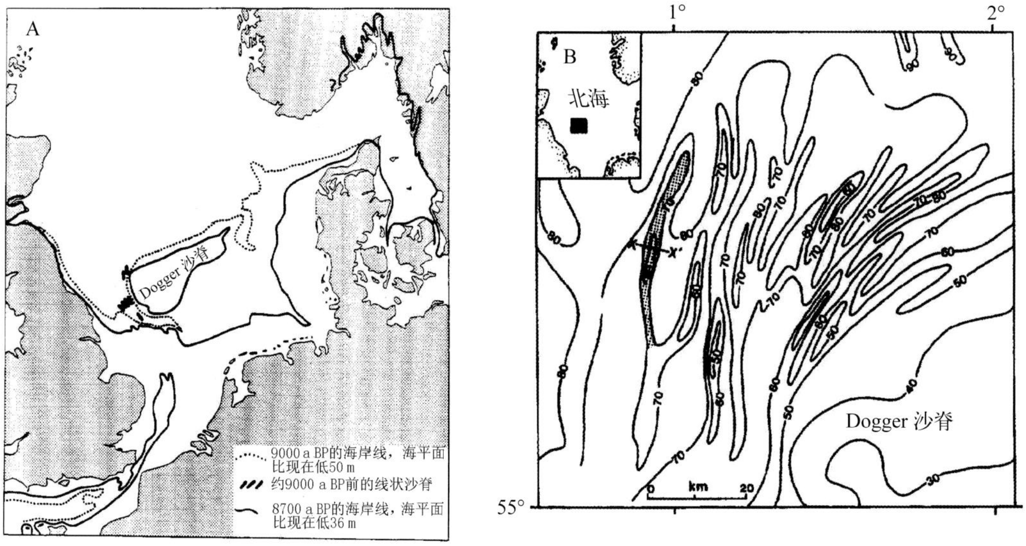

图6.6 A, B. 全新世低海面时沙脊和环境图（位置见图6.1的3区）（Davis，1992）

Fig. 6.6 A, B. Sand ridge and environment in holocene low sea level (location is shown in zone 3 of Fig. 6.1) (Davis, 1992)

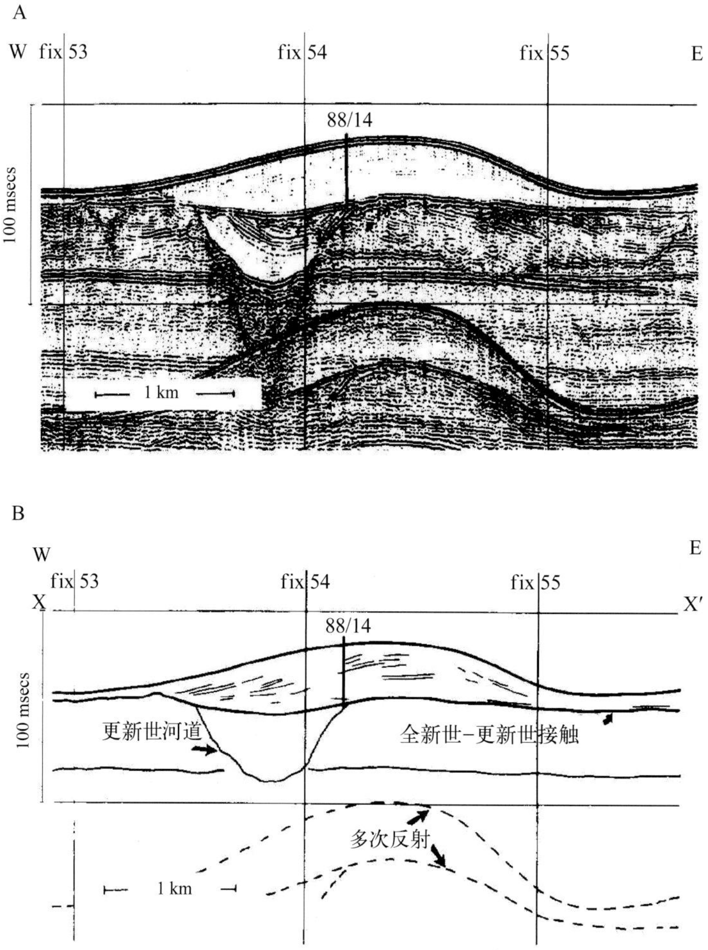

图6.7 苏格兰埋藏沙脊剖面图（Davis，1992）

Fig. 6.7 section of buried sand ridge in Scotland (Davis, 1992)

当前潮流（实测）海底以上 8 m 处平均流速 29 cm/s，海面流速 51 cm/s。按当地资料，表流 50 cm/s 为界限，该值以上，海底砂一般不运动（Kenyon et al，1981）。说明该沙脊表面的粉、细砂基本处于不运动状态，则东英格兰沙脊均为残留埋藏沙脊。

东英格兰沙脊群中最西侧沙脊长 40 km，宽 3 km，高 25 m，脊顶水深 62 m，横剖面微不对称，东侧坡度 1.25°，西侧坡度 1°，1988 年 8 月在该沙脊北端打钻 88–14 号，钻位 55°31.55′N，0°59.47′E，在北海取得当时最深的岩心（35 m）。岩心说明海底以下 35 ~ 13 m 为沙脊砂层，夹粗砂小砾石和贝壳碎屑，平均粒径由 35 m 处的 0.31 mm 到埋深 13 m 处的 2.39 mm，且有较模糊的斜层理和波状层理，反映 22 m 厚的沙脊的发育过程，自埋深 13 m 至海底表面由粉细砂组成，夹多层粉砂黏土层和虫孔扰动层，记录了沙脊消亡过程中的多次反复。消亡和被埋深原因应与距今 9000 ~ 7000 a 海平面快速上升有关。该沙脊岩心上部的 13 m 粉砂细砂黏土层应当是距今 7000 a 以来水深增大流速降低的海底沉积地层。

6.1.4 北海东部丹麦西岸外的特大型水下大沙丘

北海中东部及丹麦西岸外陆架区曾是晚更新世最后冰期（魏友塞）欧洲冰盖的南缘，冰蹟碎屑十分丰富，全新统砂砾碎屑厚达 5 m（Leth and Anthony，1999）。大约在距今 5.5 ka 最大海侵（Leth，1996; Zeile，2000）被淹没。冰蹟碎屑成为塑造水下底形的物质基础。丹麦西岸 Thorsmide 以西水深 12 ~ 18 m（56°23′—56° 28′N，8°2′—8°6′E）海区于 1999—2000 年曾由 Anthony 等（2006，2010）做过 24 km^2 的旁侧声呐等内容的底形调查，发现海底分布大小各类型的水下沙丘。

丹麦西岸海区受较强的西风（SWW）的影响，风暴期间有效波高达（H_{m0}）5.5 m，强浪和较长的风区形成自南向北的日德兰沿岸流。波流速可达 1.2 m/s，西北浪时向南 0.7 m/s。本区潮差不足 1 m，潮流流速分量在 0.2 ~ 0.4 m/s 范围内。则海底泥沙运动属浪控型。

6.1.4.1 水下沙丘沉积

丹麦岸外发育各种类型的水下沙丘，按 Ashley（1990）分类，波长 L 为 10 ~ 100 m 者为水下大沙丘，L 大于 100 m 者称特大水下沙丘，本区可分为特大型、大型和中小型 3 种沙丘。

特大水下沙丘，称 Thorsmide，沙丘长 350 ~ 700 m，平均沙丘高 1 ~ 3 m，平面接近椭球状，模糊脊线呈 E—W，两坡稍微不对称或对称，迎流坡向 S，在旁侧声呐图谱上显白色，背流面向 N，显黑色调，两坡坡度和缓，背流坡不及 1° ~ 2°，尽管局部有陡坡，但两坡平缓是 Thorsmide 沙丘的主要特点。该底形由细—中砂组成，平均粒径 0.15 mm。Thorsmide 沙丘的峰脊区由细砂组成，而向流坡和背流坡均分布一定宽度的中砂带，这与通常运动的沙丘峰脊粗于两坡正相反，证明沙丘较稳定，多次定位测量得出沙丘位置几乎未发生变化，特别是冬季两次暴风过后仅见丘面上次一级沙丘的迁移。沙丘之间的凹槽多见粗砂和大小砾石（冰碛砾），局部为薄层细砂覆盖的晚更新统和中新统的泥层。说明近期沙源贫乏。

调查区南北各分部 NEE 向延伸的更特大沙丘，沙丘长 3 ~ 4 km，高 3 ~ 4 m，疑为解体的滨面连接沙脊的残块。

10 ~ 100 m 的大沙丘一般成簇出现，大多分布于西部近 18 m 水深处，大沙丘主脊方向也是 E—W 向，与 Thorsmide 底形的方向一致。波长 10 ~ 100 m，迎流面向 S，背流面向 N，峰脊明显尖锐，说明与近期浪流作用有关。

第三级 2D 小沙丘，在大沙丘背流坡的凹槽中可以见到，往往成排出现，丘长 10 m 左右，脊线 NNE—SSW，系局部浪成小沙波。

6.1.4.2 形成机理分析

按 Yalin（1964）的经验，波长（L）与水深（H）成正比时，$L = 6H$，Thorsmide 大沙丘位于 12 ~ 18 m 水深处，丘长 L 应为 72 ~ 108 m，实际本区的丘长 350 ~ 700 m，则其形成机理显然与已现水动力无关。

按丘长与丘高的关系式（Flemming，1988），本区特大沙丘丘高 1 ~ 3 m，与丘长 350 ~ 700 m 相比，丘高过低，同时，底形背风坡度过于平缓几乎不能与常规沙丘相比，符合 Flemming（2000）物源的贫乏和有限深度流可以减少沙丘的高度。

以上从波长波高和坡度几方面讨论本区 Thorsmide 特大沙丘的形成与现代水动力无关，应是现代动力蚀余的残块。现代风暴潮日德兰强沿岸流和相应波浪对残余沙丘再造塑造了大沙丘和局部反向的中小沙丘。所以特大沙丘是稳定或基本稳定的，而大沙丘和中小沙丘是运动的。特大沙丘凹槽处缺乏细粒沉积，且暴露原基质砂砾冰蹟泥层更说明现代物源的贫乏的环境。

6.2 欧洲凯尔特海陆架沙脊群

凯尔特海（英语：Celtic Sea; 爱尔兰语：An Mhuir Cheilteach），位于英吉利海峡西南口外，面积约 65 000 km^2。毗邻爱尔兰、英国、法国及它们之间的海峡，西界 51°0′N，11°30′W 至 49°N，南接大西洋较深的比斯开湾。凯尔特海陆架宽约 100 ~ 150 km，近岸较陡，100 m 等深线逼近陆缘岬角。100 ~ 200 m 水深之间较为平缓，分布 NNE—SSW 延伸平行展布的 20 余条水下沙脊。20 世纪 80 ~ 90 年代，在该陆架上成功建构了 Kinsale 天然气田，是爱尔兰重要的能源区。由于工程上的要求，许多学者关注海底沙脊的研究（Bouysse et al，1997；Reynaind，1996；Leeckie，1988），在形态、理论、成因和地层等方面均较突出。凯尔特海沙脊区成为陆架沙脊研究研究的实验田。本章着重介绍该陆架沙脊的形态特征、内部沉积结构、地层组构和沉积演化，进而解释沙脊地层的工程地质性质，建立现代沙脊砂体生储盖层圈闭模式，借以在海底油气藏勘探开发中起比较沉积学作用，兼评价其在海底工程稳定性上的作用。

6.2.1 地质环境

第四纪冰期间冰期的气候变化派生出的海平面相应的降升。如晚更新世末次盛冰期时，凯尔特海海面降低到今 120 ~ 150 m 水深处，海岸和近海的海滩沙坝、潮流沙脊和河口三角洲沉积成顺岸大面积的砂砾质地层，而陆上斯堪的那纳维亚冰盖的冰舌曾伸展到今爱尔兰海和凯尔特海区。全新世冰川融化后，为海底提供了大量粗粒物质。全新世直到弗兰德林（Scourse et al，1990）海侵，海面上升到现海平面附近，波浪潮流再作用海底，塑造了各种砂质底形。包括大片沙脊群。

在凯尔特海东南部现水深 165 m 处的潮流测量，表明大潮期内表面流速高于 100 cm/s，这时海底以上 50 m 深处流速可达 80 cm/s。即使更深海底流速再降低，仍可以证明潮流能驱动海底泥沙再运移（底砂起动流速为 26 cm/s），可以沉积新沙波和侵蚀低海面时的残留砂质底形。暴风浪期间波浪参数高，也可携运海底泥沙。

6.2.2 沙脊形态特征和分布

凯尔特海陆架 100 ~ 200 m 水深处分布 20 余条 NNE—SSW 延伸近平行排列的沙脊（图 6.8），沙脊平均长约 70 km，宽约 7 km，高约 50 m，脊峰间距约 16 km。脊峰的顶现代水深通常外端 120 m，中部 110 m，向陆端只有 70 m。较长的沙脊分布于西北部，如 Greatsale 和 Cockburn 是最长的沙脊，长约 200 km（号称世界上最长的沙脊），宽约 15 km，高约 55 m，脊峰间距约 20 km 左右，峰顶浑圆，两坡倾斜不足 1°，未见不对称。东南部的沙脊相对稍短些，长约 40 ~ 70 km，宽约 4 ~ 7.5 km，高约 20 ~ 50 m，脊峰间距约 15 km。NE10° ~ 20° 方向延伸，几乎垂直于陆架外缘，外端水深约 150 m。Kaiser-I-Hind 沙脊（以下简称 KIH）是东南部第三条沙脊（图 6.8），向海端距陆架外缘仅 20 km，水深约 150 m，向陆端水深约 115 m，其间被现深 135 m 的沟槽所切割。沙脊长约 60 km，宽约 5 km，高约 35 m，两坡未见不对称，但脊顶有间隔 2 m 的直线型沙波，峰线走向 NE20°，两坡不对称，说明它们现代仍处于运动状态。

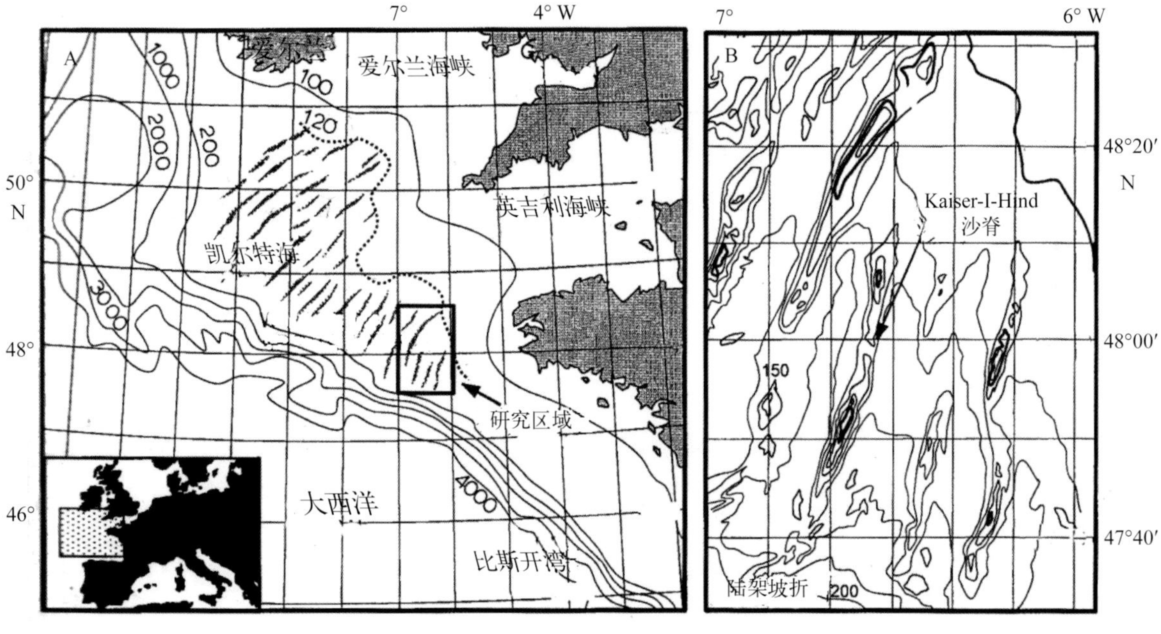

图6.8 凯尔特海陆架沙脊分布图（Marsset et al，1999）

A. 沙脊分布图；B. KIH沙脊位置图

Fig. 6.8 Distribution map of sand ridge of Celtic sea shelf (Marsset et al, 1999)

A. Distribution map of sand ridge; B. Map of KIH sand ridge

6.2.3 内部构造和地层

6.2.3.1 地震地层界面

1994 年 7 月 Belgiea 第 17 次调查集中对 KIH 沙脊南段研究，使用 SIG-1580A 电火花和单道电子流密集网络获得高分辨率剖面，数据通过 ELISDelph2 目标定位系统记录，然后经多种滤波获得 KIH 沙脊南半段内部构造方面解释数据并成图（图 6.9）。每一个单位内的反射体视磁偏角在每两线交点测得，使用 wulf 图表计算，并将每一磁偏角方向画于每一个等时线图上。

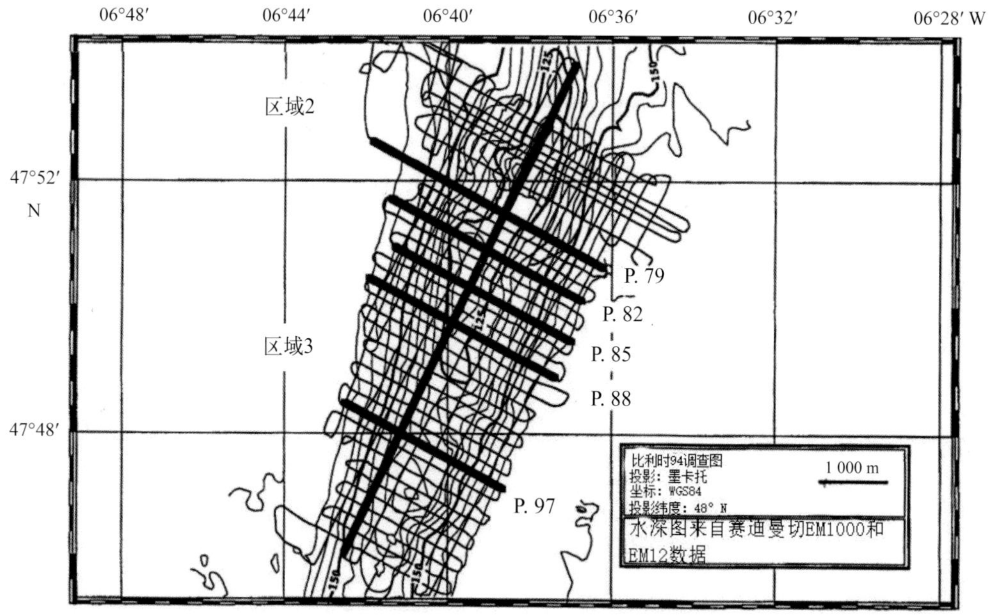

图6.9　KIH沙脊南段平面和剖面位置图（据Marsset, 1999修改）

Fig. 6.9　Plane and section location of the south section of KIH sand ridge（Modifidy from Marsset, 1999）

从地震反射体间解释出沉积面（沉积或侵蚀），因此可以区分出 3 段不连续面（图 6.10）。①一级不连续面（D）是单元（地层）的边界，反射体延伸较远，边界面也分布很长，将不同的地层分隔开来，一般是侵蚀面，如 D50，但有时有多成因的时序堆积面，被标记在地层下部，沙脊底部 D50 到 D40 为沙脊系统基底层。沙脊顶部的界面为 D0，是沙脊层与上覆的海相沉积层的分界面。地层反射过 D0 发生突变。②二级不连续界面是沙脊内的不连续面，是动力变化引起的沉积面，这里是暴风浪期间的强烈侵蚀面，或进积面（图 6.10 中的长虚线和斜实线），强浪侵蚀面斜切较长时期的潮流沉积进积层，强烈的暴风浪可以彻底改观沙脊地层。③三级界面为沙脊地层反射体内的粒度变化的时序界面，或为层理界面，反映沙脊的迁移，倾角达 7°。但后期的反射层可以相当平缓。

6.2.3.2 地层

在 KIH 沙脊内主要有 4 个地震地层单元（4 个地层），由下而上依次以 U3、U2、U1 和 U0 作垂直叠置。每一个单元除了个别情况下会使下面的单元受到冲刷外，一般不与上下单元渐变过渡。

U3 层，大部分分布于沙脊两翼（图 6.10），与下伏的古河道和系统底层不整合接触，底界面为 D40。从底部到顶部至少有 5 个次一级单元，即 U34、U33、U32、U31 和 U30，它们顺次叠置（图 6.11），表明沉积物向 NNE 长期迁移。

U2 层，厚达 30 m，形成沙脊的中心，从底部到顶部由 3 个次一级单元组成，即 U22、U21 和 U20（图 6.10）。它们顶部依次叠置，反映沉积物顺沙脊向 NNE 方向长期迁移。U2 顶面多次受暴风潮期间二级面的侵蚀切割，层面倾斜破碎。

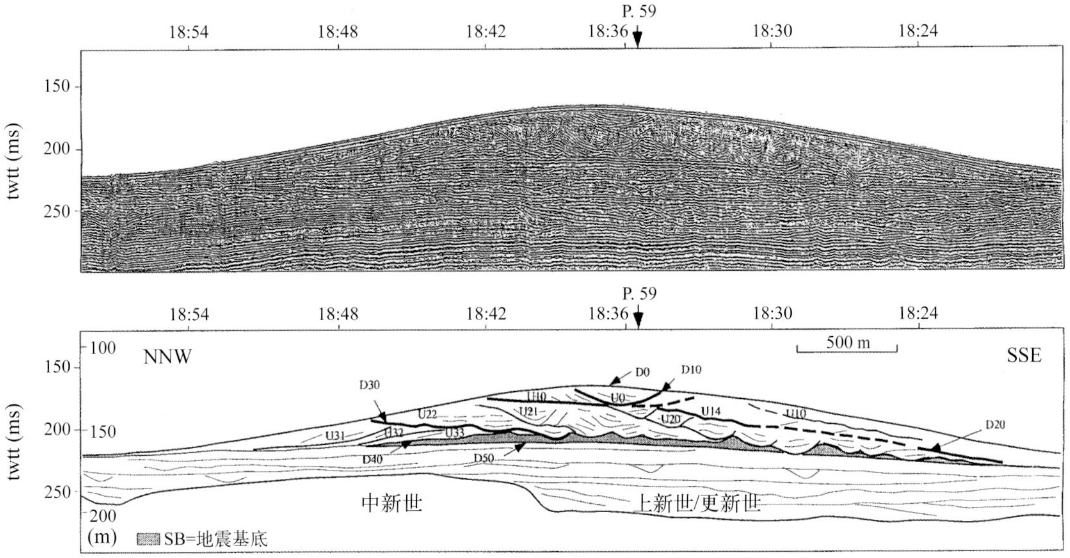

图6.10 KIH沙脊88横剖面图（Marsset,1999）

Fig. 6.10 Cross section of KIH sand ridge 88 (Marsser, 1999)

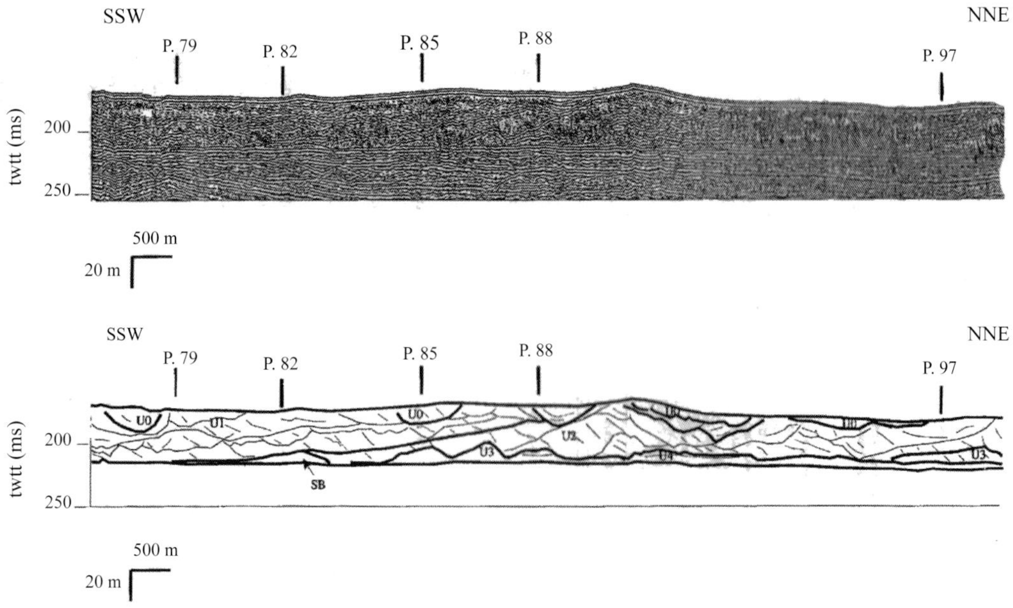

图6.11 KIH沙脊过88，85.8的59纵剖面图（据Marsset，1999修改）

Fig. 6.11 59 Profile of KIH ridge across 88,85.8. (Modifidy from Marsset, 1999)

U1 层，上部厚约 10 ~ 20 m，表面起伏，自下而上由 5 个次一级单元组成，分别是 U14、U13、U12、U11 和 U10。地层底部有侵蚀斜面，顶部倾斜，地层相互叠置或堆积，也表明沉积物有向 NNE 方向迁移的趋势，并多次被暴风浪侵蚀切割成波状。

U0 层，填充于沙脊表面的凹槽中，槽的轴线向脊倾斜，轴向通常 NNW—SSE，脊顶一般 500 m 宽，轴的东翼略微加宽。U0 层是向侵蚀凹槽的充填沉积，一致恢复和填平了沙脊砂层系列。

6.2.4 沙脊发育和演化

凯尔特海沙脊是在侵蚀夷平面（D50）上发育起来的。按地震层序分析，D50 之前为陆相河流沉积环境，许多古河谷沉积斜层被 D50 所夷平。当时属于晚更新世末次盛冰期。斯堪的那纳维亚冰盖南缘的爱尔兰冰舌附近，受冰水、冰川、风和河流的综合作用，总之属于陆上动力环境，充填和夷平了古河道，侵蚀切割了风沙和河口阶地，形成了末次盛冰期侵蚀夷平面。年龄上应属于氧同位素 2 期，当时海面低下，古岸线在今陆架外缘，约 150 m 水深以下。

末次盛冰期后期，海平面开始上升，约上升至今 150 m 水深附近，波浪和潮流的作用将陆上冰川冰水和河流沉积碎屑加以改造，沉积成 SB 层古岸线沉积，大量砂质沉积中间或有小砾石和近岸相贝壳碎屑。在 KIH 南段附近成为凯尔特沙脊的系列基底层（SB），即沙脊底砾层。随着海平面的快速上升，波浪侵蚀和切割了 SB 层并形成波状起伏的 D40 不连续界面。

大约在距今 13 ~ 10 ka BP 的冰消期，海平面上升到现今 70 ~ 80 m 水深处，在全球海平面缓慢升降的几千年里，海水潮流和波浪均较强烈，在 KIH 沙脊南段附近水深不过 40 ~ 50 m，先后在螺旋环流作用下，先从 W 向 E 超覆沉积了 U34、U33、U32、U31 的沙脊砂层，后从 E 向 W 超覆沉积了 U22、U21、U20 的沙脊砂层，形成了高出海底约 36 ~ 40 m 的沙脊，其中多次暴风浪侵蚀切割了沙脊，甚至切深 10 ~ 20 m 的沟槽，随后又加以充填和加积，即 KIH 南段的 U14—U10 的 U1 砂层（图 6.11）。这就是沙脊的全盛发育时期。

冰消期以来，海平面再次快速上升进入欧洲的弗兰德林海侵，直至现海平面的高度。KIH 南段海底水深 80 ~ 100 m 左右，潮浪动力均变弱。早期形成的沙脊被残留于海底，仅在特大的暴风浪期间，海底动力增强，引起残留的沙脊的表面沙运动，有时也可能切割了沙脊，但沙脊主体基本不运动。则 KIH 沙脊面上形成的 D0 界面，界面以上可以沉积海底泥层，令沙脊表面光滑，或有次一级小沙丘。

第七章　西地中海环流与陆架砂质底形

地中海界于欧、亚、非三大陆之间，我国古称其为西大食海，是世界最大的陆间海，东西长约 4 000 km，南北宽约 180 km，面积约 2 512 000 km^2。西以达达尼尔和波斯普鲁斯海峡与黑海相接，东以直布罗陀海峡与大西洋相连通，平均水深 1 450 m，最大水深 5 121 m。海水盐度较高，最大约 35.5。以亚平宁半岛—西西里岛—突尼斯一线分为东西两部分。西地中海面积较小，海水较浅，陆架相对较宽，如突尼斯陆架宽 275 km，水流活动较强；东地中海面积大，海底地形崎岖不平，最浅处只有几十米，最深处达 4 000 m 以上，陆架较窄（北亚德里亚海除外），岸线曲折较甚。

地中海是古特提斯海的残留部分，地质年龄远大于大西洋。6 000 ka BP 前曾经历过生物灭绝事件，许多海盆海水干枯，沉积一定厚度的结晶岩层，5 ka BP 前以来海水多次输入地中海，沉积了盐层以上的盐、石膏、沙层相交互的地层。

地中海为典型的地中海型气候区域。夏干热少雨，冬温暖湿润，冬季受西风带控制，锋面气流活动频繁，引起海岸泥沙强烈活动。地中海洋流颇具规律性，现代海水源于大西洋的输入，表层水顺北非岸外向东流动，盐度更高的地中海水从下层流出地中海，称地中海出流，流入大西洋。

陆架海底砂质碎屑在浪、流、潮等水动力作用下，形成水下沙丘，沙脊等底形，它们低者数十米，高者数百余米，并在暴风浪期间迁移，变换和演化，是陆架海底不稳定的重要因素（曹立华等，2014）。近数十年，海底油气工程星罗棋布，油、气、水、电等管线纵横交错，工程倾倒和斜歪管线被断裂和掏空事故时有发生，它们都常与这些不稳定的砂质海底和底形相关，类似海底灾害受到许多研究者的重视（Lobo et al，2001; Dalla Vallea et al，2013; Nelson et al，1981，1993; Munoza et al，2005）。以水下沙丘、沙脊活动规律和海底稳定性的研究课题也因应而生，并迅速发展。本章在介绍西地中海及直布罗陀海峡内外）、埃布罗河水下三角洲）、巴塞罗那岸外利翁湾陆架和东地中海海底沙丘等（图 7.1）砂质底形分布区的底形形态特征的同时，结合区域海底水动力系统，探讨底形形成机理，演化阶段和对实际工程稳定性的评估。

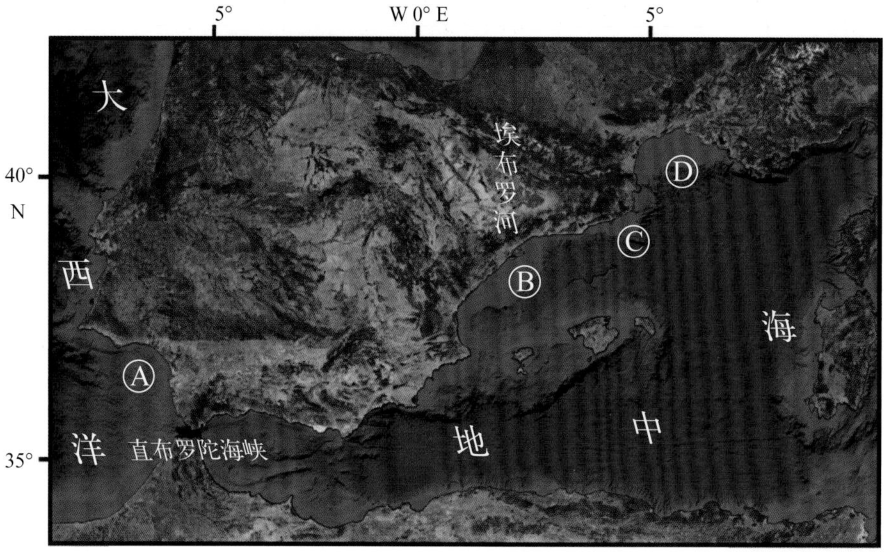

图 7.1　西地中海A,B,C,D区砂质底形分布图

Fig. 7.1　Sandy bottom shape distribution of area A,B,C and D of the western Mediterranean

7.1　加的斯湾陆架陆坡的砂质底形

加的斯湾位于直布罗陀海峡西端口外的西北侧，西班牙的西南端，36°00′—37°20′N，6°—8°W，湾口向 SSW 开敞，湾内陆架宽约 30 ~ 40 km，坡度 0.2° ~ 0.3°，外缘水深约 130 m，陆坡坡度约 2° ~ 3°（Lobo et al，2001），900 ~ 1 800 m 深处为平缓的深海平原。陆坡上分布若干垂直海湾岸线的海岭和峡谷（Dalla Vallea et al，2013）。中新世直布罗陀海峡开启，地中海与大西洋相连通以来，主要洋流有向东的表层流和向西的地中海底流以及顺峡谷沟槽的顺谷底流（图 7.2A）。后二底流日夜持续流动，流速均达 40 ~ 75 cm/s，成为塑造砂质底形的重要动力（Nelson et al，1993）。

地中海底流（又称“出流”）主要分布于陆架以外的陆坡上部，也是加的斯湾砂质底形主要分布区，按 Lobo（2001），自东向西分布沙带、沙脊、水下大沙丘和沙波沙席以及光滑海底等四区（图 7.2B），沙带区沙带宽约 100 m，长约 3 km 左右，砂层厚度 1 ~ 10 m 不等，伴以小型沙带间的凹槽和条痕，说明沙带形成后仍受底流冲蚀分割；沙浪大沙丘分布较广，主要在沙带区以西和峡谷口海底，以直线型二维沙丘为主，丘高 3 ~ 5 m，大者约 10 m，丘长 30 ~ 150 m，两坡明显不对称，直线形沙丘脊线垂直主底流方向，多分布于陆坡局部缓平的地带，偶见侵蚀海底。峡谷区沙丘脊线垂直于顺谷流，亦有两种方向沙丘的叠加，叠加沙丘尺度较大（高约 10 m，长约 75 m），呈三维横向新月形，叠置其上的（波长 10 ~ 20 cm）为直线型二维小沙丘，说明沙丘正处于迁移运动状态；西侧的沙波沙席区，平均粒径 0.2 mm，其中的大沙波高达 10 ~ 40 m，长约 500 m，坡度甚缓，其上叠加不规则的直线型二级沙波。甚至难以与沙席相区分。更向西沙丘起伏甚小，进入沙席带。沙席是全新世的沉积，因为砂层之下的黏土 ^{14}C 年龄为 10 ka BP，表层有运动的东部沙席年龄为 5 ka BP，而西部变成 0.5 ka BP（Lobo et al，2001）。

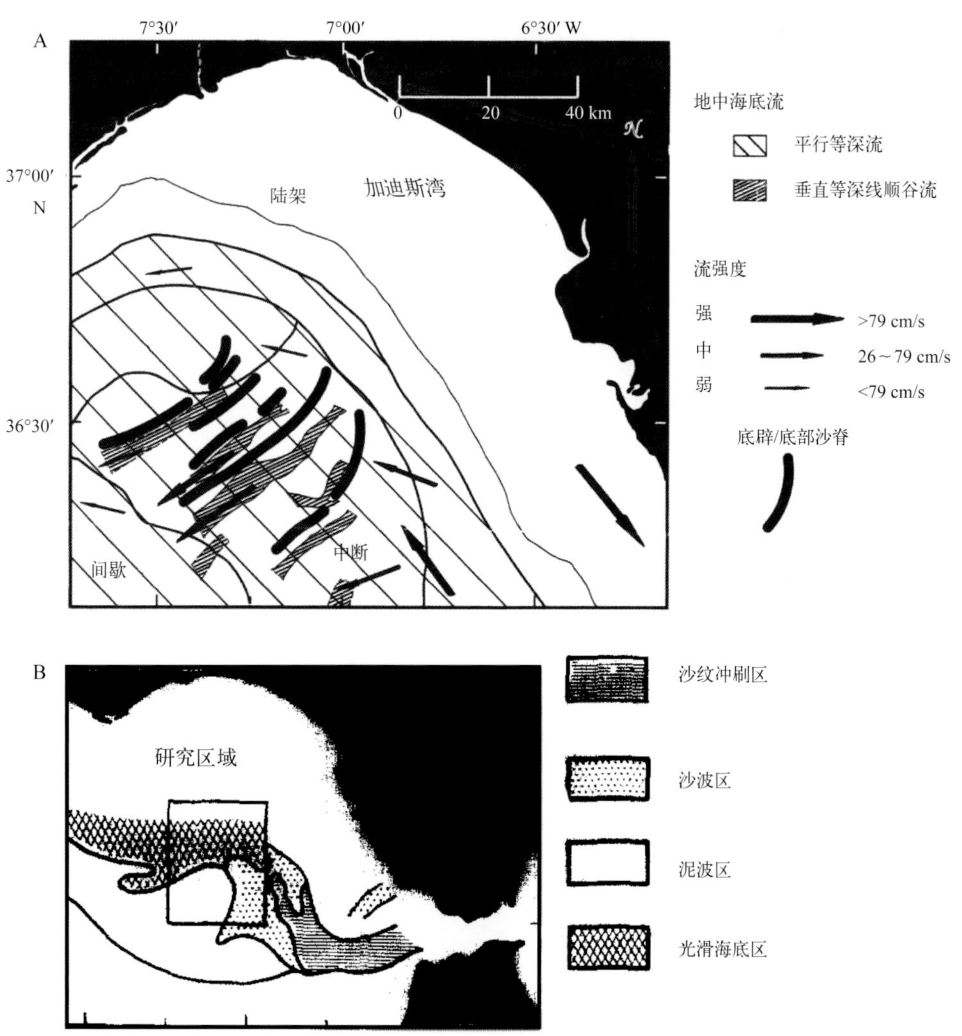

图7.2　A.加的斯湾底流分布图（Nelson et al,1993）；B.直布罗陀海峡西口外砂质底形分布略图（Lobo et al, 2001）

Fig. 7.2　A. Distribution of the bottom flow in cadiz bay (Nelson et al,1993); B. Rough map of sandy bottom distribution outside the western mouth of the strait of Gibraltar (Lobo et al, 2001)

加的斯湾砂质底形不在陆架而在陆坡的主要原因是陆架主要为大西洋水的入流，在入直布罗陀峡之前，流速受海峡阻滞而降低，底沙稳定；而陆坡区主要为地中海出流和顺谷洋流，受地形影响流速均较强烈，在局部平缓陆坡区自然发育较大尺度的沙丘。同时陆坡砂质底形自东向西呈沙脊—大沙丘—小沙丘—沙席的分布规律，正与地中海出流距海峡由近变远，流速由大变小有关。

7.2 西班牙埃布罗湾 C 岛陆架沙丘

西班牙西南部的埃布罗湾（39°40′—40°00′N，0°30′—0°58′E）有埃布罗（Ebro）河，该河口外的水下三角洲和陆架不足 100 km，陆坡亦较陡，分布着许多前第四纪低海面时的沟谷，主要的沟谷称 Velencla 古河道。（Munoza et al，2005）陆架外缘散布众多火山岛，称科伦布雷特斯（Columbretes）群岛（以下简称 C 岛）（图 7.3）。海底火山碎屑丰富。在较为强烈的西地中海底流作用下。发育了多片沙波和沙带等水下底形，39°40′—40°00′N，0°30′—0°58′E，尤以 80 ~ 116 m 水深 2D 和 3D 不对称的水下沙丘较多。沙丘宽约 150 ~ 750 m，高度从 10 cm ~ 3 m。沙丘的基体是末次盛冰期和全新世海侵时的沉积体，如今只在暴风浪期间才顺 SW 向的海流呈缓慢迁移状态。随着海底管线和平台等工程的兴建，许多人对这些砂质底形的海底稳定性和沉积特征作了调查研究（Munoza et al，2005; Palanquesa et al，2002; Flemming et al，2013; Iacono et al，2012）（图 7.4）。C L Iacono 等 2012 年全面计算和总结了 2002 年 6 月 BALCOM 航次的多波束调查以及 2008 年 10 月和 2009 年 3 月的两次调查数据。对 C 岛附近的埃布罗外陆架区北、中、南 3 片水下大沙丘做了形态和机理分析。该区显示砂质底形分布于北、中、南 3 片海区。

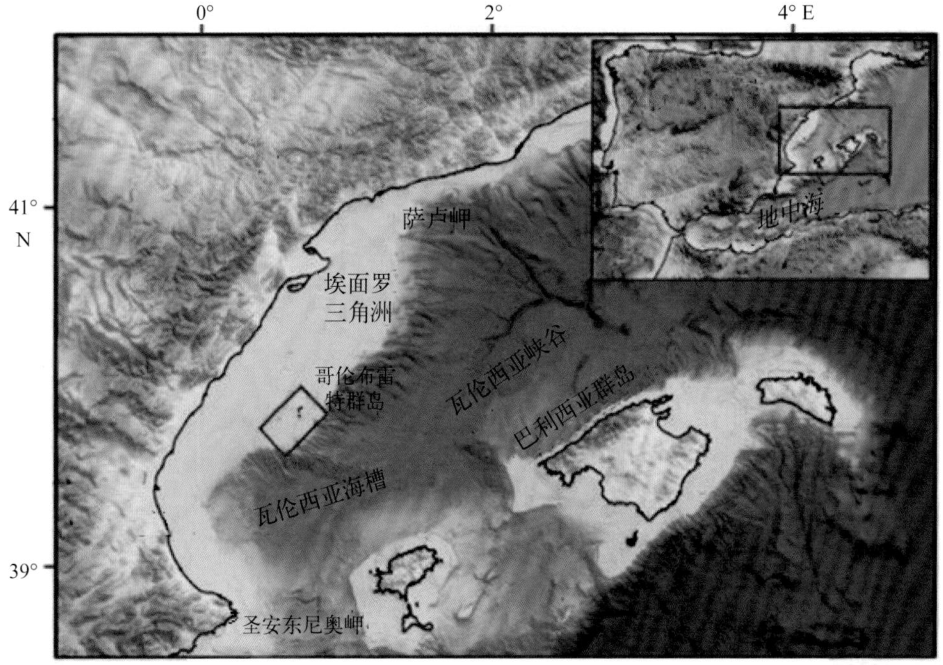

图7.3 Culmbretes岛陆架陆坡地形地貌图（Iacono et al, 2012）

Fig. 7.3 Topographical and geomorphic map of the slop of the Culmbretes island shelf (Iacono et al, 2012)

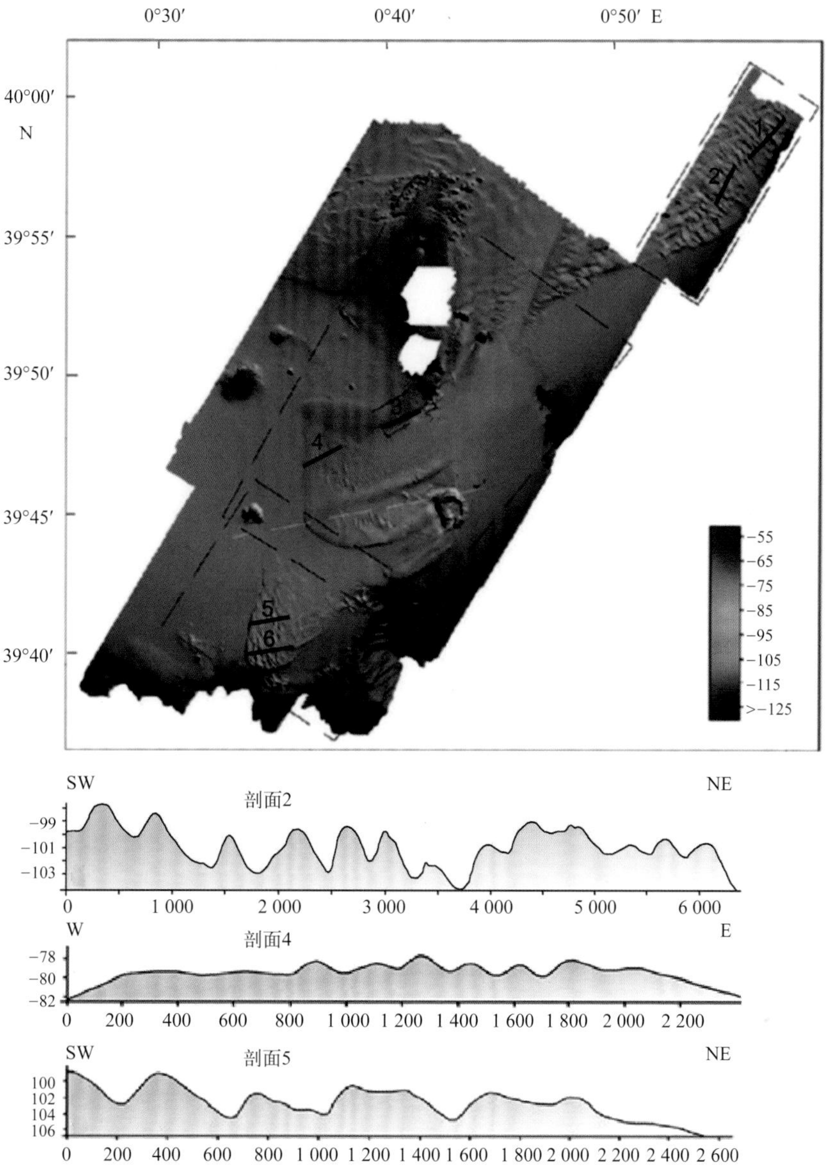

图 7.4 埃布罗陆架水下沙丘分布剖面图（Flemming et al, 2013）

Fig.7.4 Distribution profile of underwater dunes on ebro shelf (Flemming et al, 2013)

7.2.1 北部沙丘区

陆架北部沙丘区，图 7.4 位于 39°55′—40°00′N，0°50′—0°58′E，水深 97 ~ 120 m，面积约 15 km^2，沙丘高出海底约 3 ~ 5 m，最高 10m，丘长 100 ~ 500 m，缓坡向 NE，陡坡向 SW，平均对称指数 0.5 ~ 1.2，呈横向沙丘链，属于两坡不对称的 3D 型，最南端为 2D 型沙丘，丘长达 780 m，并渐变为高 4.5 m，长 1 km 指向 SWS 的纵向沙脊，沙脊表面叠加高 4.5 m，平均长 120 m 的小型沙丘（图 7.4 剖面 2）。

7.2.2 中部沙丘区

中部沙丘呈 NNE—SSW 至少分布 10 条沙丘条带，面积约 74 km^2，39°43′—39°55′N，0°30′—0°50′E，沙丘与水下火山混杂，水深 85 ~ 97 m，NE—SW 沙丘组成的条带长 6 km 左右，高出海底 10 ~ 12m，粗砂级火山碎屑组成，高出海底约 1 ~ 3 m（图 7.4 剖面 4）。另一沙丘条带 NNE—SSW 方向，面积约 4 km^2，接近火山岛（图 7.4 剖面 4），单个沙丘高 1 m 左右，长 90 ~ 100 m，脊线分开成天使翅膀状，两侧接近对称，但活动性极差，数条沙丘带之间有长 680 m，高 1.8 m 的独立沙丘，顶部浑圆，脊线横向沙丘链约 1 km，这些沙丘不对称性较弱，浑圆状未见叠置小型沙丘，说明沙丘基本稳定，现在水流影响不大。仅在各沙丘条带 SW 尾部砂体展开渐尖灭。

7.2.3 南部沙丘区

最南端的沙丘区位于外陆架面积约 50 km^2（39°35′—39°45′N，0°30′—0°40′E），沙丘群呈一个（图 7.4 剖面 5）南弧半瓜形，沙丘组合条带 NE—SW 走向，呈丘脊线 NW—SE 向伸展的沙丘群。水深 95 ~ 105 m，（115 m 水深处为陆架边缘）沙丘带高出海底 6 ~ 9 m。最南弧形为沙的陡坎，单个沙丘为 2D 不对称横向沙丘。陡侧向西，说明底流向 SW，沙丘波长 300 ~ 650 m，平均 440 m，丘高 1.5 ~ 6.0 m，平均 3 m，愈到沙丘边缘带不对称性愈加剧，丘顶较浑圆，脊线横伸展约 0.5 ~ 2 km。小尺度（长 80 ~ 0.8 m）的沙丘叠加于其上，说明暴风期间丘表面沙仍显运移状态。

7.3 西班牙马列斯姆陆架沙脊

西班牙马列斯姆（Marism）大陆架位于巴塞罗那市的东北郊（41°26′—35′N，2°15′—5′E），这里沙岸平直，陆架狭窄，平均宽约 21 km，外缘水深 120 m，以陆坡阶梯状形式过渡到陆坡和深海。陆架海底向海倾斜约 0.3° ~ 2.3°，普遍覆盖 1 m 左右的砂质碎屑（Lastras et al，2002），局部见平行海岸的岩石或砂质陡坎。外动力为弱潮强浪型，风浪约占波浪的 80%，有效波高 0.55 m，最大波高 4.7 m，周期 13 s。暴风浪引起的沿岸流西地中海洋流和超盐底环流控制现代陆架砂质物的运移。滨面以外 15 ~ 113 m 水深处分布 3 条近乎平行的陆架沙脊（Diaz et al，1990）（图 7.5），基于海底工程上的需要，Diaz 和 Maldonado（1990）总结了西班牙 GS84-6、GS85-5 和 GS85-6 3 个航次的旁侧声呐、浅层剖面、连续地震和浅层柱样资料，于 1990 年绘制和解释了各种图件联系区域地质历史，综合了马列斯姆陆架上的 3 条沙脊的形态特征和成因机理。最外侧的沙脊，位于外陆架缓倾斜斜坡面上，水深 95 ~ 113 m，沙脊长约 24 km，宽约 580 ~ 2 300 m，砂层厚约 12 ~ 16 m，两坡不对称，向海坡约 4°，向陆坡 1° 左右；中间沙脊位于陆架中部，水深 35 ~ 80 m 处，脊长 23 km，宽约 800 ~ 1 900 m，高出海底约 12 ~ 30 m，沙层向西呈楔状尖灭，沙脊两坡不对称向陆坡只有 0.7°，向海坡大于 4°（图 7.5）；沙脊位于内陆架与滨面之间，水深 15 ~ 30 m，脊长约 4 km，宽约 930 m，砂层厚约 18 m，沙脊向陆坡平缓，约 0.7°，向海坡大于 5°。

马列斯姆陆架三沙脊附近海底均为砂质物所覆盖，脊顶附近中粗砂为主，平均粒径

0.06 ~ 0.4 mm，分选好，脊间为平坦海底和凹槽区，细粒成分有所增多，但受地中海区域底流的作用，仍有细中砂运动。据钻孔分析，外和内沙脊分别形成于冰后期，海面快速上升达今水深 80 ~ 100 m 处的时期和距今 8 ~ 10 ka BP 早全新世海面相对平稳的时期，类似于当时的滨外沙坝，也与坡度变化古地形有关（Lambeck et al，2000）。它们均属于残留沙脊，现代陆架底流虽对其表面砂有所修饰，但脊身基本上是稳定的。最浅的近岸沙脊形成于 6 ka BP，目前陆架底流特别是暴风浪期间仍有大量底沙运动，峰脊附近向陆侧较粗，平均粒径 2 mm，向海侧为 0.5 mm，沙脊表面次一级沙波的发育都说明与现代浅海沙运动有密切关系。

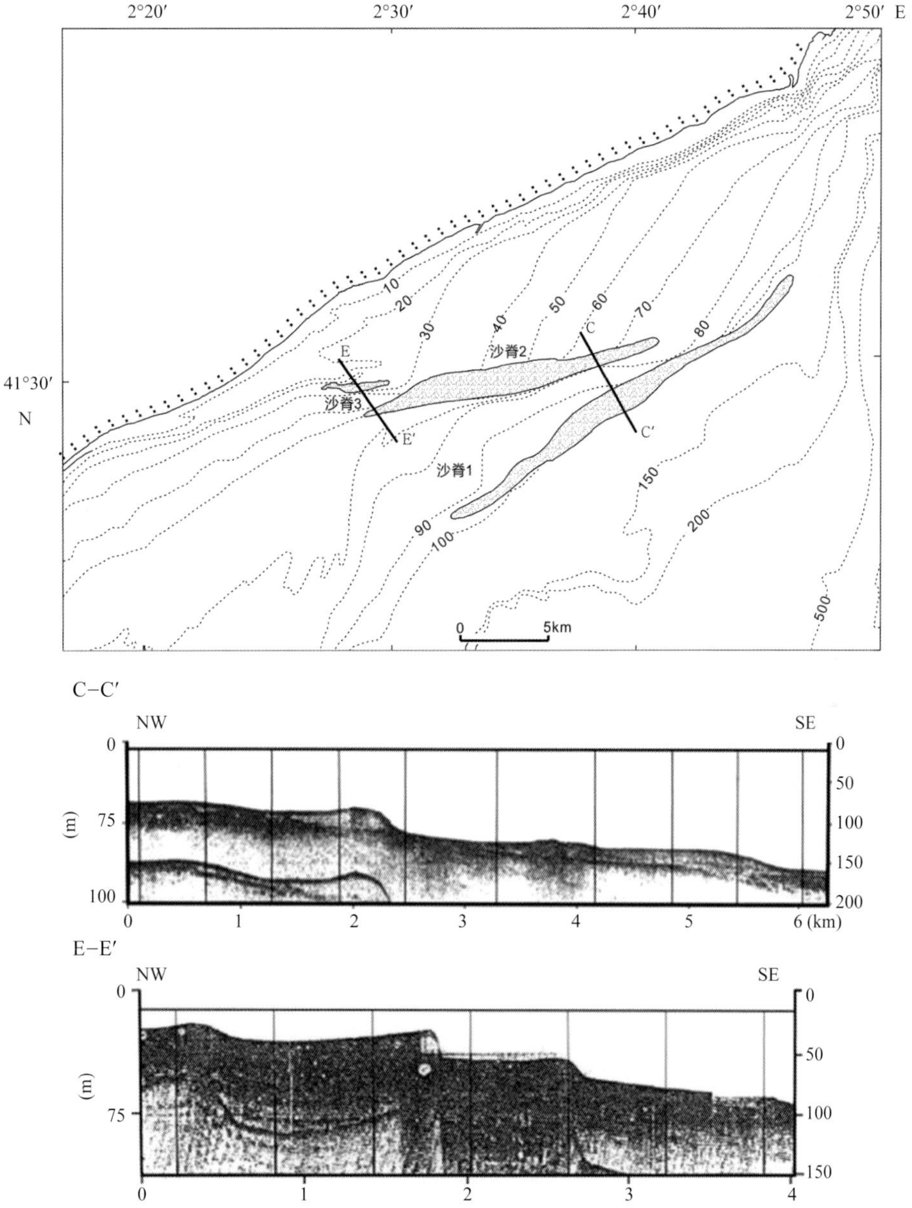

图7.5 马列斯姆陆架沙脊分布及剖面图（据Díaz et al，1990修改补充）

Fig.7.5 Distribution and section of the sand ridge of the Malesm shelf (modified and supplemented by Diaz et al, 1990)

7.4 法国利翁湾水下沙丘和沙脊

利翁湾位于法国西南侧（42°30′—43°30′N；3°—5°E）阿尔卑斯与比利牛斯山系的交接带上，海湾长约 150 km，SE 向地中海敞开，陆架中部宽约 50 km，两端更窄，陆架外缘沿 120 ~ 150 m 水深蜿蜒，陆坡较峻，分布大量墨西拿期（5000 ka BP）的基岩峡谷（Bassetti et al，2006）NW—SE 方向延伸（图 7.6A）。利翁湾为低能海区，潮差不及 1 m，波能中等，东部高于西部，冬季风暴期间波高可达 5 m，周期 8 s，出现率仅 0.1%。西地中海环流顺陆架流向 SW，在外陆架流速可达 50 cm/s，夏季约 20 ~ 30 cm/s（Whitmeyer et al，2008）。顺谷底垂岸流和向 SW 的风暴流流速更大，它们都是现代海底泥沙运动的主要动力。用浅层地震、声呐、振动活塞浅钻和 ^{14}C 测年等方法发现大面积的水下沙脊沙丘等砂质底形（Tessonl et al，1990）。

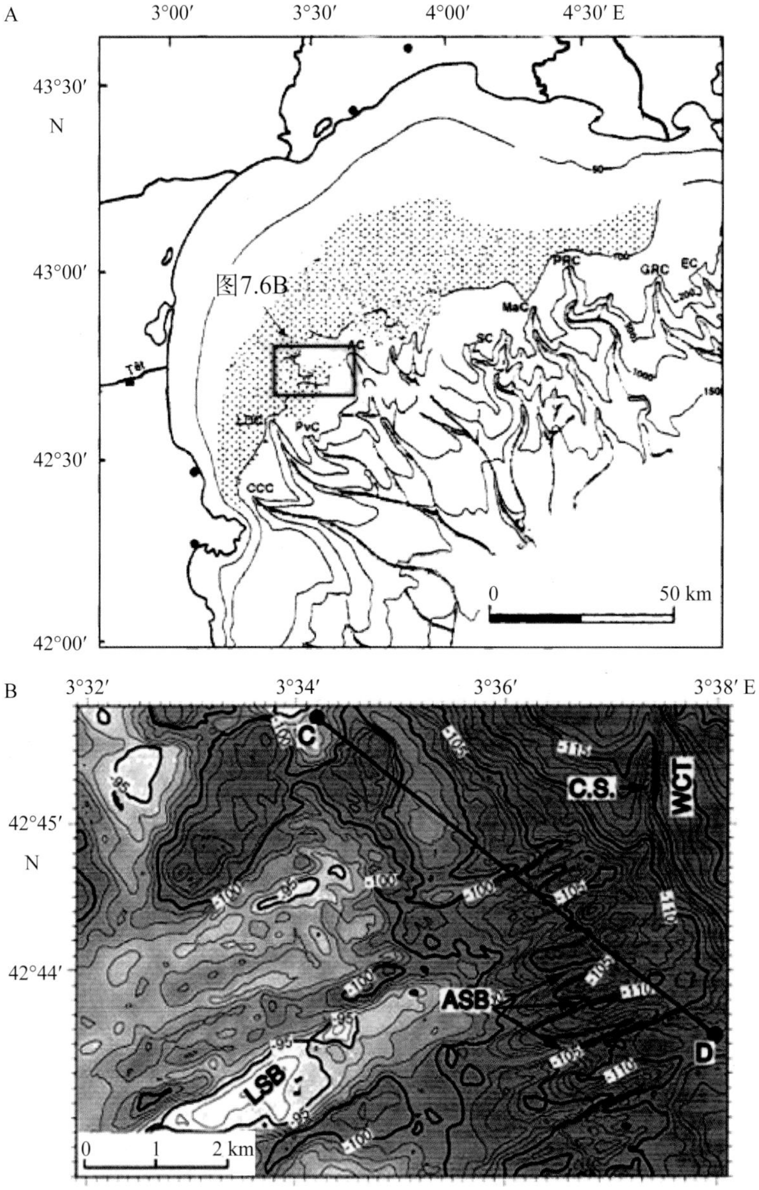

图7.6　利翁湾沙脊分布图（Berne et al, 1998）

Fig. 7.6　Distribution of Lion bay ridge (Simplified from Berne et al, 1998)

沙脊分布于外陆架 95 ~ 110 m 水深处，水深图显示两条大型沙脊（图 7.6B 中的 ASE 和 LSE）（Berne et al，1998），脊长 10 km，宽约 1 km，高约 10 m，主要走向 WSW—ENE，脊顶光滑，横断面不对称，陡坡朝向 SE，另一沙脊高约 7 m，长宽比约 60，两沙脊间距只有 500 m 左右，倾角约 5°（图 7.7B）。水下沙丘分布于峡谷附近，丘高 2 m，丘间距 130 m，陡坡 5° 左右，朝向 SES，长宽比接近 60，表面浑圆，顶部未见次一级沙丘，丘脊线 NSW—SSE 向，在测区西南部转为 NW—SE 向，Ashley（Ashley et al，1990）归类为横向沙丘链。沙脊和沙丘均由中粗砂组成，分选好，几乎不含泥，均对应于地震单元 U155 层（图 7.7B）。

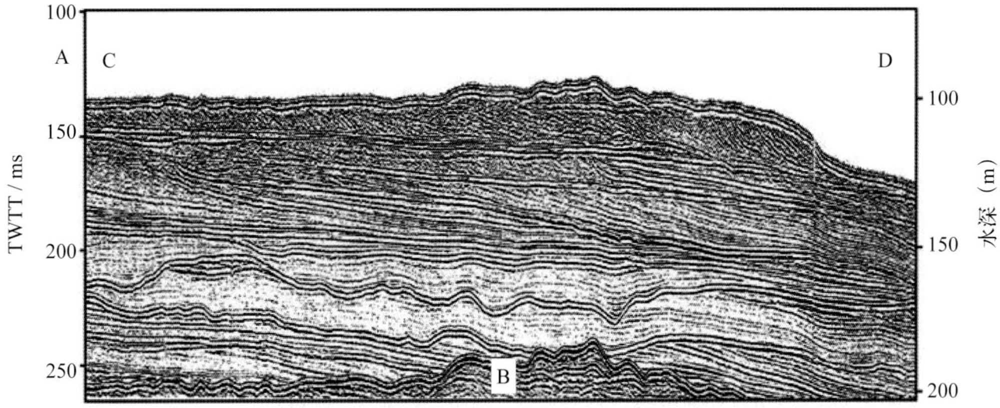

图7.7A　利翁湾沙脊地震地层剖面C–D图（Berne et al,1998）

Fig.7.7A　C-D seismic stratigraphic section of Lion bay sand ridge (Berne et al.,1998)

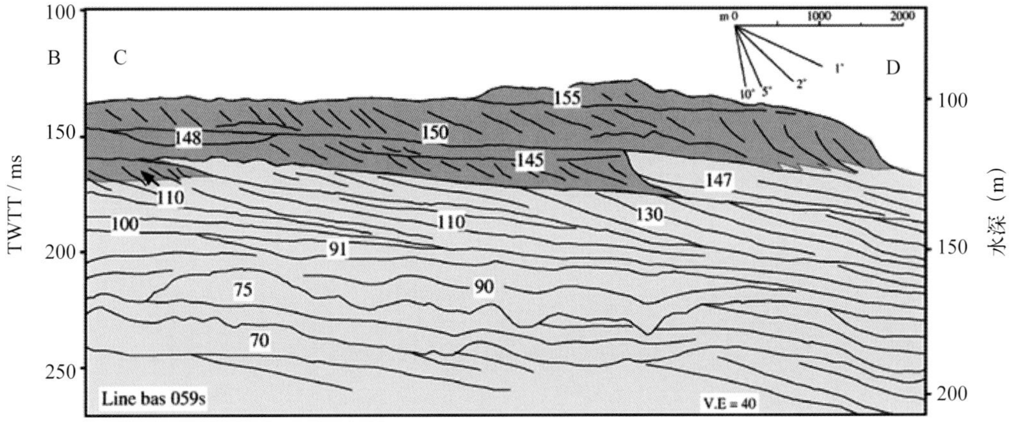

图7.7B　利翁湾沙脊C–D地层剖面解释图（Berne et al, 1998）

Fig. 7.7B　Interpretation of C-D formation profile at Lion bay ridge (Berne et al, 1998)

按岩心和 ^{14}C 测定，沙脊沙丘及其所在的 U155 层为 12 ~ 15 ka BP 冰消期沉积。其下与下伏 U150 之间为侵蚀面，由砂砾石和大量生物碎屑组成，包含典型冷水种生物化石（Arcticaislandica，Mystruncata，Buccinumsp）。U150 ^{14}C 测年均在 20 ka BP 左右，应属于末次盛冰期沉积。而沙脊沙丘之间的低地和局部表层沉积 1 ~ 2 m 厚的 U160 沙层，含大量沙泥混杂沉积和大量现代深海双壳类、腹足类、掘足类和浮游类贝壳，贝壳碎屑属于全新世海侵以来的沉积。说明沙脊形成于末次盛冰期低海面时期，很可能是当时的近岸沉积，且当时沙脊基本不运动。

7.5 西地中海砂质底形机理分析

7.5.1 砂质底形的塑造和动态

地中海西部从西班牙的加的斯湾、直布罗陀海岬、埃布罗湾、巴塞罗那岸外到法国的利翁湾，陆架和部分陆坡上断续分布大尺度沙丘、沙带、沙席和沙脊等砂质底形。物源丰富，强烈而适中的底流和陆架平缓海底，利于大型砂质底形的塑造。

西班牙直至法国地中海沿岸陆地乃比利牛斯山系和阿尔卑斯山系交接带的低山丘陵区，沿岸中小河流像发梳一样不断向海岸陆架输送大量砂质物质，陆架若干火山第四纪以来多次爆发，也提供了十分丰富的粗粒碎屑。

直布罗陀海峡以东和以西十分强烈的地中海环流就是海底砂质碎屑运移的主要动力，地中海环流含低密度的（盐度为 36.2）大西洋水，顺表层流入地中海，高密度（盐度为 38）地中海水，顺海底流出海峡（图 7.8），地中海称为等深流，海峡处最大底流速达 250 ~ 180 cm/s，在加的斯湾达 70 ~ 80 cm/s，在埃布罗陆架，底流速约 34 cm/s（Hernandez et al，2006），都大于中粗砂的启动流速，导致海底泥沙碎屑运移较活跃。

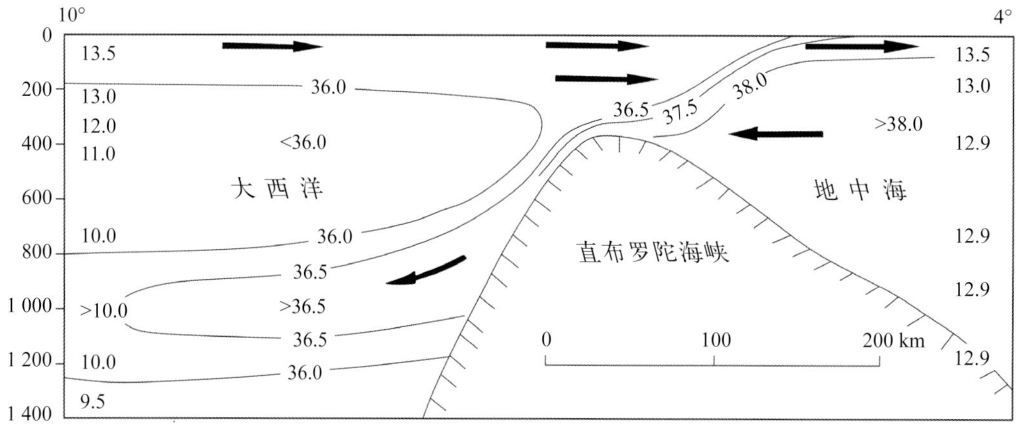

图7.8 通过直布罗陀海峡的一个垂直断面上的温度和盐度（陈宗镛等，1990）

Fig. 7.8 Temperature and salinity across a vertical section of the strait of Gibraltar

(Reference to Chen zongyong et al, 1990)

地中海陆架外缘普遍分布垂直岸线坡度较大的峡谷，并产生顺谷流，底流速高达 40 cm/s 或更高，谷口及局部平缓段的所谓扇区为塑造砂质底形创造了有利的地形条件。

在 13 ~ 15 ka BP 的末次盛冰期，海平面降低 100 m 以上，随后海面快速上升，约在 11 ka BP 的冰消期海面波动式稳定，近岸沙坝、海滩和三角洲的砂质沉积层均较厚。利翁湾当时近岸带化石证明约 11 ka BP（Tessonl et al，1990），之后海平面又迅速上升，淹没了外陆架。强烈的单向流（地中海底流）作用下形成大型底形。如今只有在强烈的暴风浪事件里底流增强，残留的大型底形的表面沙才有可能迁移和改造。据实验，利翁湾 20 m/s 的东向风可在水深 100 m 的海底产生 0.24 N/s 的底部剪应力，可引起海底沙丘的再度活化和迁移（Petrenko et al，2003）。

7.5.2 陆架沙丘形态对比分析

陆架沙丘的丘长与丘高之间存一定关系式。Flemming（1978）对全世界 1941 个陆架沙丘的长、高数据加以统计得 $H = 0.677\ L^{0.8098}$，（$R = 0.75$）的回归线（Flemming et al，1978），常被许多学者用作对比标准，在双对数纸上，其线的坡度大小与沙丘指数（L/H）相关，可依此推断沙丘动态、沙源变化、粒度和水动力强弱。对于较大沙丘，流速增大，趋向上平床（V 为 100 ~ 150 m/s）（Simons et al，1960）发展。西地中海北岸数百个水下沙丘，波高波长特征与海底环境，底流速，泥沙和水深条件有关，统计其波长波高参数，落于双对数纸上，其回归线得 $H = 0.934\ L^{0.0063}$；（$R = 0.75$）关系，与 F 氏的回归线相似，但本区斜率线下降 1 ~ 0.6 m（图 7.9），说明西地中海海区水下沙丘的丘高（相对于波长）偏低，应反映沙丘基质被退化，同时还反映在单向流的持续作用下的结果。而 F 氏所统计的回归线更多的是潮控（底流多方向）沙丘。本区为洋流控沙丘，流向固定，流速基本不变，单向持续流动。越南岸外 85 个大沙丘的斜率线也很低（Kubicki et al，2008），分析为现代物源不足，时间不足以使较大沙丘充分调整来改变沙丘动向，即残留沙丘之特点。和其他许多外陆架沙丘一样，西地中海外陆架大沙丘可能均是洋流控沙丘的特点。

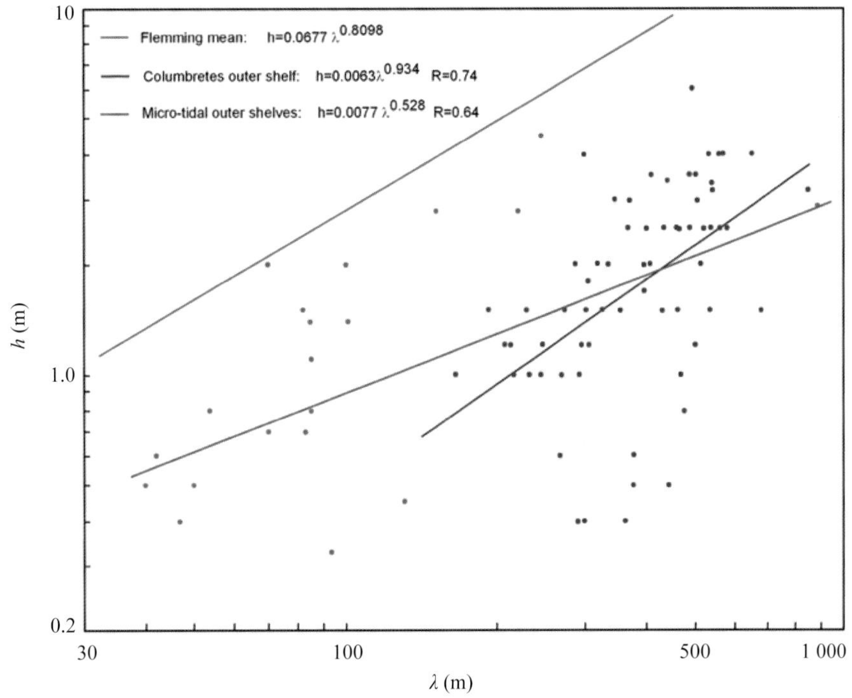

图7.9 研究区（内红点）的大沙丘丘高（h）与丘长（λ）比的回归斜线与Flemming斜线比较（Flemming et al, 2013）

Fig. 7.9 Comparison of the regression slant to the lambda ratio of the height (h) to the length of the lambda to the Flemming slant in the study area (internal red dot) (Flemming et al, 2013)

7.6 结论

（1）西地中海北岸陆架一般较窄，其外缘和陆坡上部海底发育大片沙席，大尺度沙丘，沙带和沙脊等砂质底形。沙丘丘长 150 ~ 760 m，丘高从几厘米到 3 ~ 5 m，2D 沙丘陡坡指向 SW，多向叠加的 3D 新月形沙丘一般更高，达 20 余米，主要分布于西地中海的西部，直布罗陀海峡内外。沙丘长与高相关的回归线 $H = 0.934\ L^{0.0063}$，与 Felmming（1978）统计的世界性的回归线斜率相似，但丘高较低，可能反映外陆架洋流控沙丘的主要特征。陆架沙脊长 4 ~ 24 km，宽 1.0 ~ 2.3 km，砂层厚约 12 ~ 18 m 与不同时期低海面古岸线砂质沉积有关。

（2）陆架沙丘沙脊的基质形成于全新世前的冰消期，由向 SW 的强大的地中海近底层洋流所控制，现代海水动力只能在暴风浪期间修饰和迁移底形的表层沙，迁移速率较小。

（3）水深只有 350 m 的直布罗陀海峡及其两侧大西洋和地中海不同盐度水团的交换形成地中海环流，大西洋低盐水（盐度为 36.2）通过海峡入地中海的表层水流动；地中海的高盐水（盐度为 38）通过海峡顺海底出流，流入大西洋。地中海环流是本区大片砂质底形形成发育的主要动力，陆架外侧普遍残留的前第四纪垂岸沟谷，顺沟谷流为底形的塑造提供了地形和动力条件。

第八章 南非东岸外洋流控砂质底形

南非共和国德班东岸为平直的基岩岬角穿插沙坝潟湖岸，岸外 40 ~ 70 m 水深附近的陆架上分布大面积的水下沙丘和沙脊，由于这里正是厄古拉斯洋流通过区域，20 世纪 70 年代以来早为许多研究者所关注，著名的 F 氏（Flemming，1980）沙丘高、长关系式（线）就是在这里测量和统计出来的，并一直沿用至今。90 年代，许多学者对大片中小沙波作过多次定位潜水观测，确认了水下沙丘的迁移速率。21 世纪以来，联系洋流测试讨论了陆架沙脊的发育演化机理，直至今日仍是陆架砂质底形的理想研究区（Cawthra，2012）。如前所知潮流引起的沉积物运动，形成陆架上的各种砂质底形，但由洋流形成的大规模浅海泥沙运移只是近几十年才有记录，南非东陆架有世界上最强烈的洋流，发育最典型的洋流控沙丘沙脊。本章将借助本区沉积探讨洋流控沙丘沙脊的沉积特征和演化机理。

8.1 区域自然

德班（Durban）是南非东部最繁荣的港口城市，位于夸祖鲁 – 纳塔省（简称“KZN”）的南部（图 8.1A）30°S，31°E，海岸 NNE—SSW 延伸，背靠更新世—全新世形成的高达 180 m 的风成沙丘带和广阔的沼泽湿地，前临陡窄的南非陆架。南非东岸外陆架十分狭窄，居世界四段最狭窄陆架（美国加利弗尼亚州，日本，新西兰和南非东岸）之首（Cawthra，2012），一般宽度只有 40 km，最窄处是德班以北，那里陆架只有 8 km，与世界陆架平均宽度 78km（Kennett，1982）相比，这里极端狭窄。德班附近陆架宽些，也不足 40 km，20 m 等深线至海岸的内陆架坡度可达 2° ~ 8°（图 8.1B），20 ~ 44 m 等深线间为中陆架，外陆架外缘在 65 m 等深线附近，为坡折带，被水下峡谷分割，坡度降至 2°（Cawthra，2012）。在小于 25 m 的浅水区域裸露许多晚更新世风砂岩和海滩岩露头，并长满现代珊瑚。25 ~ 70 m 水深大多为砂质海底，发育大量水下沙丘和沙脊。

南非 KZN 沿岸属于亚热带气候，多年平均降水量 1 000 mm 以上。德班夏季 12 月至翌年 2 月平均气温 32.6℃，盛行平行海岸的 N—NE 风（Hunter，1988），该风左右海岸泥沙运动，冬季（7 月）平均气温 5.8℃，盛行 S、N 交替风（Cawthra，2012）。

赤道南信风引起的厄古拉斯（Agulhas）洋流（图 8.2）是世界最强烈的大陆西部世界洋流之一（Lutjeharms，2006），自马达加斯加流入，纵贯南非 KZN 东岸外陆架和陆坡上部，洋流中心流经外陆架坡折带（图 8.1A），由于陆架窄而陡，洋流直扩展至内陆架，最大表流流速约 2.5 m/s，常年自 N 向 S 流动（图 8.1B）是陆架沉积物输移和塑造水下沙丘沙脊的主要动力，按实测底流流速 20 ~ 92 cm/s，自北向南逐渐增大，局部可达 3 m/s（Ramsay et al，1996）。近岸受海底地形影响也形成局部环流，如图 8.1B 德班附近的环流局部改变流向。KZN 岸外潮差约 2 m 左右（Flemming，1980），潮流和 SE、NE 向的涌浪只对沿岸小区域泥沙起作用。

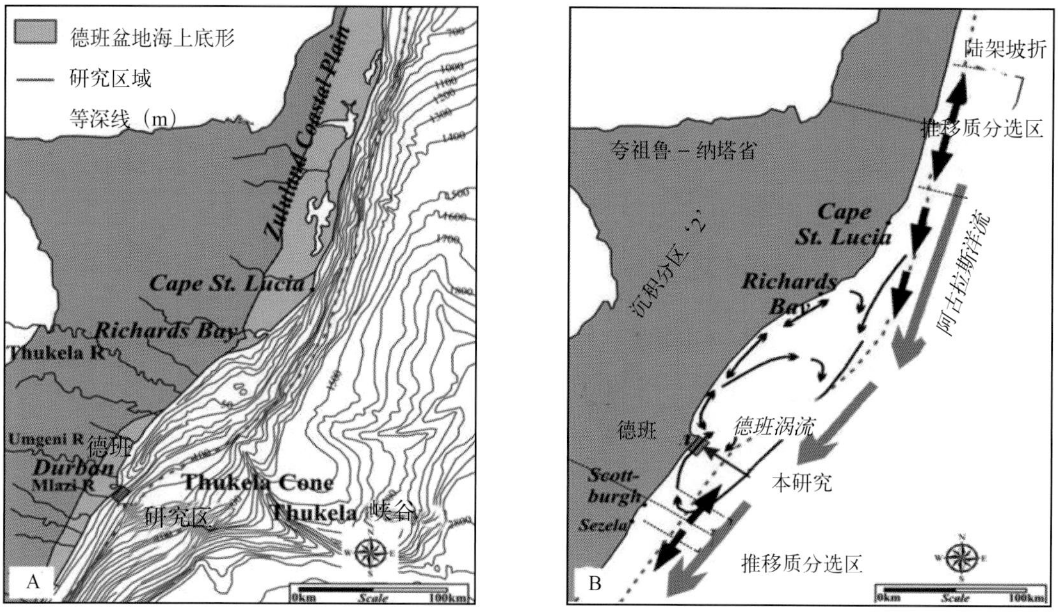

图8.1　南非KZN省和环境图（Cawthra，2012）

A. 水深图；B. 洋流环境图

Fig. 8.1　Map of KZN province and environment, South Africa (Cawthra, 2012)

A. Bathymetric chart; B. Ocean current environment

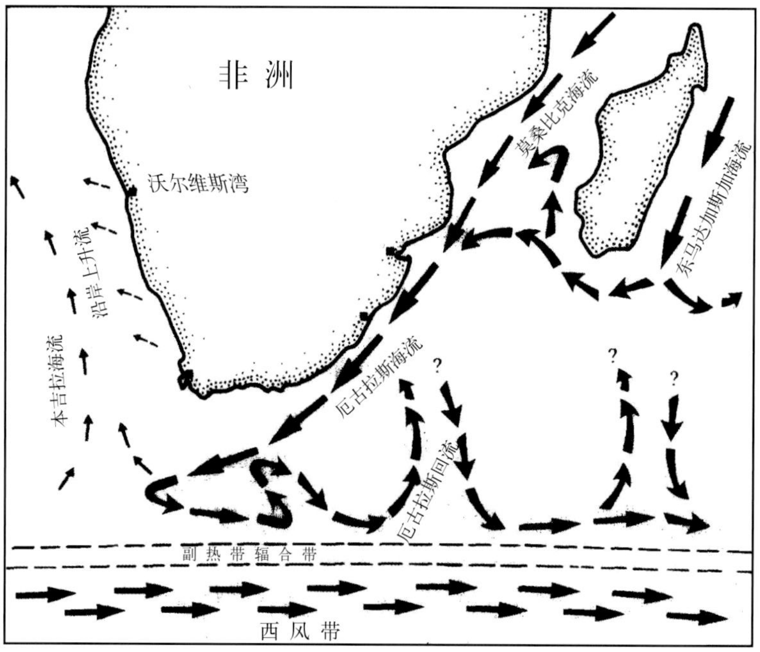

图8.2　南非陆架洋流系统（Flemming，1981）

Fig. 8.2　South African shelf current system (Flemming, 1981)

8.2　沙丘沙脊形态特征和分布

KZN 岸外相对和缓的倾斜海底沉积物以中细—中粗砂为主，分选程度中等到良好，在持续而强烈的洋流作用下发育各种各样的砂质底形，按 A 氏（Ashley，1990）的分类标准大致可辨别出 3 个形态类型和分布带，即 35 ~ 45 m 水深及以内的中小型水下沙丘带，45 ~ 55 m 水深的中大型水下沙丘带和 55 ~ 70 m 水深的沙脊沙丘带。

8.2.1 中小水下沙丘带

按双翼声呐测量和水下实际观测，中小沙丘均为直线形或舌状 2D 沙丘脊线垂直主流方向，丘长 5 ~ 25 m，丘高 0.5 ~ 0.7 m，沙波指数（L/H）10 ~ 35。两坡不对称，较小的沙丘分布于较浅水区域，丘长只有 1.5 ~ 4.5 m，丘高不足 0.3 m，有的分布于中型沙丘的两坡上。中型沙丘两坡也不对称，沙丘之间为粉砂泥质海底，偶见贝壳碎块和枝叶虫迹，说明沙丘迁移具有间歇性，照片（图 8.3）系水深 20 m 处的海底摄照。图 8.3A 为 NE—SW 延伸的一条直线型水下沙丘带，丘脊线 NW—SE，垂直于洋流流向，丘脊线伸长约 20 ~ 30 m，相互平行，丘长约 5 ~ 10 m，丘高约 12 ~ 15 cm。两坡不对称，陡坡指向 SW（洋流流向）。丘表面垂直叠置数十列直线型小沙纹，证明洋流和 KMN 环流的存在。水下沙丘之间的凹槽带中分布大量经磨研的贝壳碎块和粗砂小砾和泥块（图 8.3B、C、D），沙丘带呈 SE 向直线型沙丘转变成蜂窝状底形带。Flemming 于 1975—1978 多年统计了本区按声呐测深和水下观测得到的 1491 个中小水下沙丘（Flemming，1978）。中的丘长、高相关斜线（图 8.2）的倾角大小反映物源多少和流速变化状况，长期被后人沿用。小沙丘的丘长和丘高数据得出沙丘丘长与丘高间，$H = 0.0677\, L^{0.8098}$ 的关系式，双对数纸上的斜线常被用作反映沙丘丘高丘长的环境标准（图 8.4）。

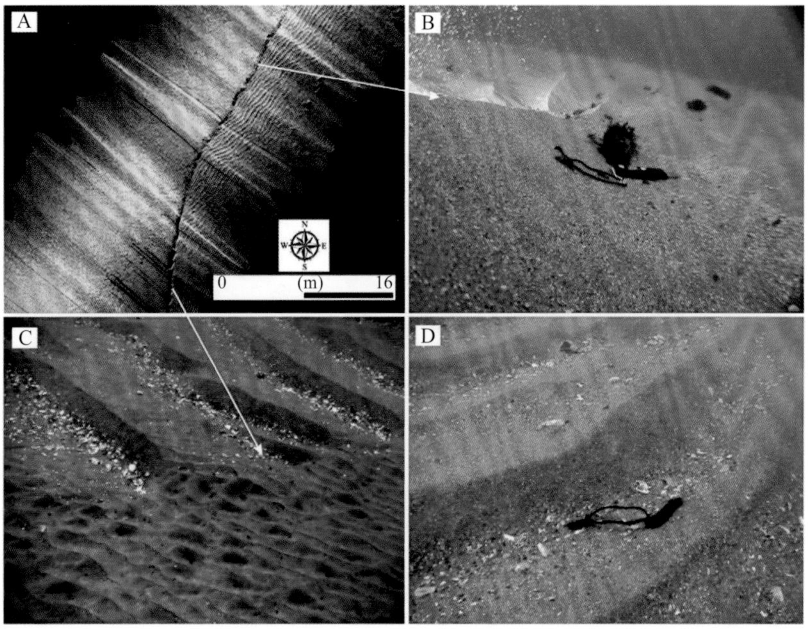

图8.3 生物碎屑砾石面。A.测深区域的多波束点群图像，说明了生物碎屑面和石英质陆架砂之间的明显接触。深度为平均海平面之下20 m。B，C.与A相同位置接触的照片。D.生物碎屑区域的沙波。L=30 cm；H=12 cm（Cawthra, 2012）

Fig.8.3 Bioclastic gravel surface. A. Multi-beam group images of the sounding area, illustrating the apparent contact between the bioclastic surface and quartzite shelf sand. The depth is 20 m below mean sea level. B and C. in the same position as A. D. Sand waves in the bioclastic region. L=30 cm; H=12 cm (Cawthra, 2012)

8.2.2 中、大型水下沙丘沙脊带

中小型沙丘区的外侧见多片 NNE—SSW 方向分布的晚更新世风砂岩和海滩岩礁石带当地称为育袋礁（blood reef 或 jessei point），礁石之间亦见较大的沙丘沉积最大者丘长 17 m（Ramsay，1996）。

海滩岩礁石带向外，大约在 45 ~ 55 m 水深，海底变和缓，发育中型、大型沙丘和沙脊，沙丘长约 45 ~ 90 m，高约 1.0 ~ 2.0 m，直线 2D 型往往成群出现，两坡不对称，陡坡向 SW，缓坡向 NE，丘脊线基本垂直主水流方向，按统计，KZN 陆架区自北向南丘脊线由 NE110°，中部 130°，变化到南部的 90° ~ 70°（Ramsay，1996）。沙丘脊线延伸方向自北向南转 40°—50° 可能与岸线向 W 收敛和洋流的局部分支环流有关。大型沙丘之上覆有中型沙丘链，或组成多峰式大沙丘群。向陆架外侧接近陆架外缘，大型沙丘个体明显变大，丘高约 3 ~ 4 m，最高沙丘达 17 m，穿插于沙脊带中。沙脊平行洋流方向延伸，以粗砂组成，断续出现，大小不一。

8.2.3 水下沙脊带

受海底基岩坡折带的间隔，海底沙脊底形在形态上比较混乱，常混于沙丘和沙脊之间。55 ~ 70 m 水深的中外陆架区正当洋流中心通过区流速较大，且定向而持续许多水下沙丘转变成沙脊，沙脊分布长短不一，总体上沙脊长约 4 km，宽约 1.1 km，高 12 m，沙脊两坡不对称，陡坡向岸，按断面层理构造是前置纹层约 8°（Ramsay，1996）分析，沙脊向陆坡应为 8°（图 8.4），沙脊脊线向 S 伸长，稍微向 E 凸出，成缓弓形（Birch，1981）。沙脊平缓坡上往往发育多排中、小型沙波，说明沙脊泥沙的横向输运。

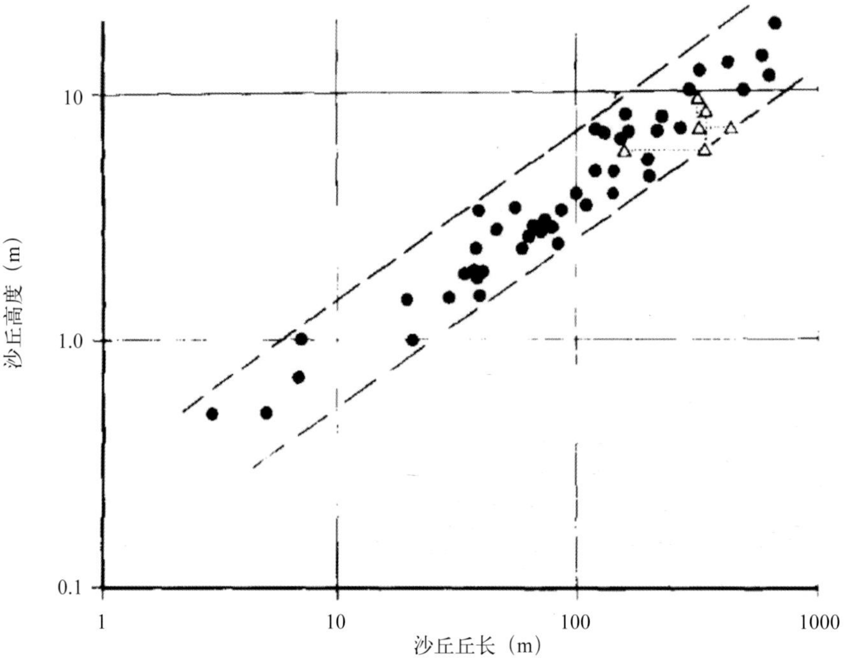

图8.4 解释沙丘高度和丘长关系图表，在观测范围内表明天然变化的程度

Fig.8.4 Illustrates the diagram of the relationship between height and wavelength of the dune, Indicates the extent of natural variation within the range of observation

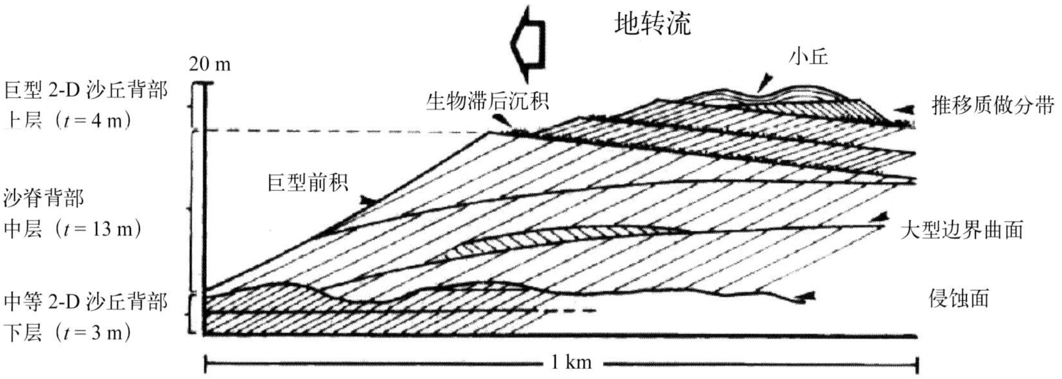

图8.5　一个可解释的地质模型，用来解释如果沙脊被保存在断崖剖面中，沙脊情况如何，断崖剖面基于浅钻沉积剖面记录的解释得出（Ramsay et al，1996）

Fig. 8.5　An interpretable geological model to explain how the sand ridge would look if it were preserved in the cliff section, which is based on shallow drilling sedimentary section records (Ramsay et al, 1996)

沙脊间的凹槽较宽，泥质为主，表层 13 cm 内 AMS 测试距今不足 50 年（Cawthra et al，2012），也见 2D 大沙丘，丘脊线以 NE70°—120° 之间延伸，说明沙丘现代仍有运动。

Cawthra（2012）根据 2009—2010 年的多波束资料，验证了 KZN 及其以南陆架上的沙脊主要有 3 条，即内陆架的连滨水下沙脊长约 319 m，脊高约 8 m，其他两条分布于外陆架，为残留的岸外沙脊，脊长 800 ~ 900 m，脊高约 17 ~ 21 m（表 8.1），由粗砂及小砾石组成，脊间分布较多的贝壳珊瑚碎块和小砾石。

表8.1　3个沙脊的规模。如下所列的深度与平均海平面和代表了沿着底形波峰的最大厚度有关（Cawthra，2012）

Table 8.1　Scale of three ridges. The depth listed below is related to mean sea level and the maximum thickness represented along the bottom crest (Cawthra, 2012)

沙脊命名	基底深度 (m)	波峰深度 (m)	脊高 (m)	波长 (m)	形式
内部	29	-17	8	319	附着
中部	34	-21	17	536	分离
外部	43	-22	21	926	分离

KZN 陆架的自岸向海砂质底形的沙波—沙丘—沙脊三带分布的规律性与区内狭窄而陡斜的陆架海底及其对洋流的底摩擦作用有关。

内陆架水浅，洋流受强烈的摩擦作用流速降到很低，只能塑造中小沙波，中陆架水深增大，导致流速增强自然发育大型沙丘，陆架外缘带水深增至 70 m 及更深，洋流受底摩擦作用十分微弱，接近洋流中心带流速很强，则可以塑造顺流延伸的沙脊。KZN 陆架这一底形的分布模式在南非东岸陆架分布甚远，自德班向南，陆架渐增宽，砂质沉积区随之增多，陆架上自岸向海沙波—沙丘—沙脊的底形分布模式仍然存在，甚至更有所发展。如伦敦东岸外的两片多峰、大沙丘区，宽度约 15 km，沙丘高约 10 ~ 12 m，丘长 450 ~ 700 m，更向南岸线向西弯曲，直到伊丽莎白港（图 8.6），仍有沙脊发育，但沙区变宽。

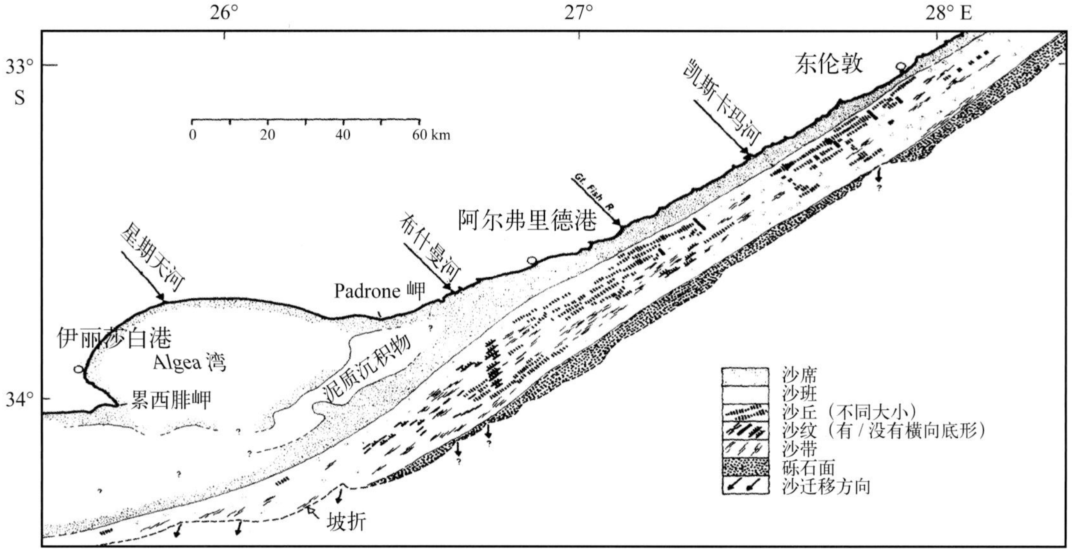

图8.6 东伦敦到伊丽莎白港之间的沙脊分布图（位置见图8.1A）（Flemming，1980）

Fig. 8.6 Sand ridge distribution between east London and port Elizabeth (location is shown in Fig. 8.1A) (Flemming, 1980)

8.3 动态

南非 KZN 岸外砂质底形在持续而强烈的阿古拉斯洋流的定向作用下，普遍处于运动状态。定性分析，沙波沙丘的两坡均不对称，背流面陡向 SW 和 S，迎流面长而平缓。背流面陡个别达 8°，不对称系数甚高，意味着沙波和沙丘长期向 S—SW 方向运移。迁移量多少，倍受关注，20 世纪 90 年代初曾对内陆架（水深< 31 m）的中沙波作过两年（1990—1992 年）多的固定位表面和潜水观测，总体上中型水下沙丘的迁移率为 125 m/a（Ramsay et al，1996）同时发现一年中 11 月沙丘迁移较快，而 2 月沙波坡面见虫孔，贝壳和零星水生藻类，反映基本不运动。这可能与洋流的随季节扩、缩与分支分流有关。而对于中外陆架较大的水下沙丘未进行 SCUBA 的水下观测，只有远距离的水下影像对比，从其上叠置的中小次一级直线形沙丘的脊线伸展方向的不断变化来看，大型沙丘长期处于向南运移状态中，总体上认为大型水下沙丘迁移率为 25 m/a（Smith and Mason，1996）。

8.4 底形发育和演化

20 世纪 70—80 年代，多次地震剖面显示 KZN 陆架浅地层分下、上两相，两相之间为不整合侵蚀界面。界面以下为晚更新世风砂岩和海滩岩组成的乱反射层，界面以上为全新世海相楔状沙层显平行透明层（图 8.7）。有限的岩芯和孢粉有孔虫分析证明全新世海侵之前的末次间冰期和末次盛冰期海平面低下，KZN 陆架被裸露成陆，海岸线推移到今陆架外缘坡折带以外。距今一万多年的全新世海侵，海平面上升，洋流中心向陆迁移，全新世沉积物主要集中于中陆架，形成一个近岸较厚（当时的海滩、沙坝和三角洲等）向海变薄的砂质沉积楔体，随后海平面进一步上升，掩盖全部 KZN 陆架区，沉积楔被解体，成连滨沙丘和连续沙脊。至距今 5 ~ 6 ka 的弗兰德林时期，海面升至今海岸附近，洋流中心扩展至今陆架外缘及坡折带，陆架上的流速增大，沙丘和连滨沙脊被冲蚀成侵蚀型底形，细粒被带走，粗砂、小砾石以及沙脊中贝壳碎屑残留于今沙脊或沙丘间的凹槽中。同时粗化了连滨沙脊和水下沙丘，改造了底形，呈今日短而薄的数条沙带式沙脊。

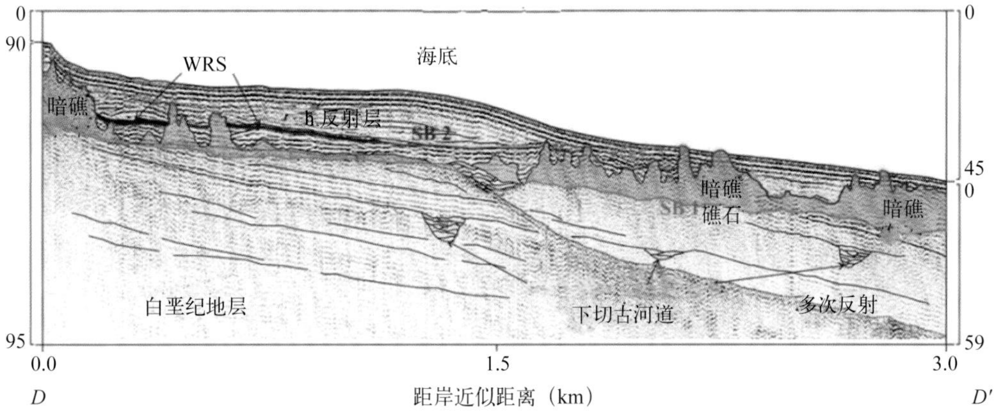

图8.7　南非KZN内陆架收的地震测线，显示了全新世沉积楔、层序和地质基底。SB–层序界面，WRS–波浪冲蚀面，f–断层（Green，2013）

Fig. 8.7　Seismic lines of the KZN inland shelf in South Africa, showing Holocene sedimentary wedges, sequences and geological substrates. SB-sequence interface, WRS-wave erosion surface, f-fault (Green, 2013)

8.5　洋流控沙脊特征分析

陆架海底水流携运泥沙运动。塑造海底底形的动力有潮流、浪流和洋流等几种，潮流具有定时变向随潮差变化而增减流速的特点，主要在内、中陆架起作用，浪流指风暴浪流，频率低而具有偶发性。洋流具有稳定的流量流速，定向而持续的流动。本区在洋流的主流带（中心流带）表流速可达 2 ~ 2.5 m/s，底流速也接近 1 m/s，基本接近缓、急紊流间的临界速度（$Fr \approx 1$），按钱宁（1983）的实验，该流速大于粗砂小砾石的起动流速。故洋流控的沙脊的粒度甚粗，在洋流中心带的沙脊甚至由小砾石组成，较细的砂质物已悬浮于水中而被带走。南非东陆架甚窄，导致洋流中心带达到外陆架和陆架坡折带，那里的沙脊，小砾石甚多（图 8.6），而潮流沙脊一般均由细中砂或中细砂组成，潮流的流速甚小，带不动小砾石。则洋流控沙脊的粒度十分粗，洋流中心带向边缘带粒度由小砾质向粗砂小砾石，砾石质粗砂直至中砂质粗砂过渡。这一沙脊粒度组成模式从德班直至数百千米以南的伊丽莎白港。图 8.7 可见陆架外缘破折带始终是砂砾石质，外、中陆架的沙脊才变成砾石质和粗砂质。洋流的第二特点是定向和持续性，如此大流速的水流持续向某一定方向流动，势必导致次生流的发育（Allen，1982），次生流与主水流间的辐聚和辐散，导致纵向沙脊的发育，但次生流与主水流的分离角和流速受海底环境（岩石质、砾质、砂质和泥质）的制约，导致螺旋流的宽度和速度的变化，进而使沙脊长宽、厚度不稳定，甚至经常中断发育。而陆架潮流流向多变，势必干扰并且降低潮流携运泥沙的能力，则潮流沙脊通常是具有修长的身段，如北海诺福克三沙脊（Collins，1995），平均长宽比为 13，而南非洋流沙脊（表 8.1）平均长宽比为 4.6。本区的沙脊长期在高流速水流作用下，砂质物被带走，留下的粗砂砾石，厚度不高，并具有断续性，故此只能称洋流控沙脊为短轴滩状沙脊。

综上分析，可以确定洋流控沙脊具有粗粒，短尺度，断续分布的模式。从而证明，Amos 和 King（1984）提出的长宽比为 40 作为定义沙质的标志是不严谨的，应做一定修改。

第九章　美国东岸新泽西州陆架的浪控沙脊沉积

美国东岸自纽约长岛经新泽西，马里兰直至佛罗里达半岛，基本属于沙坝—潟湖型海岸，岸外分布一系列数百千米长的平直沙坝，又称障壁或堡岛（Barrier island）。堡岛岸外的陆架，自北向南由宽变窄，海底分布大量水下沙脊以及脊间的沙带和水下沙丘等砂质底形。在世界陆架上常把长宽比大于 40 者称为沙脊（Amos and King，1984），而美国东岸的沙脊往往短而宽，两坡不对称，称为浪控沙脊，它们形成于全新世早期，现代飓风过境时，仍有迁移。引起许多学者的关注（Amos and King，1984；Donald et al，1981；Goff et al，1999；Snedden et al，2011）。新泽西岸外陆架（38°40′—39°50′N，74°20′—72°20′W）宽约 120 km，自近岸、内和外陆架区，均分布大小不等的陆架沙脊（图 9.1）。Goff 等（1999）及 Snedden 等（2011）对其做过详细的调查和研究，最近也发表一些研究成果（Goff et al，1999；Snedden et al，2011；Nordfjord et al，2005；Gulick et al，2005，John et al，2011），研究了沙脊形态特征，分布规律，动态速率和形成演变。不仅能深化陆架沙脊的形成理论机理，而且可为管线平台等陆架工程稳定性提供重要的依据，具有重要的实际应用价值。

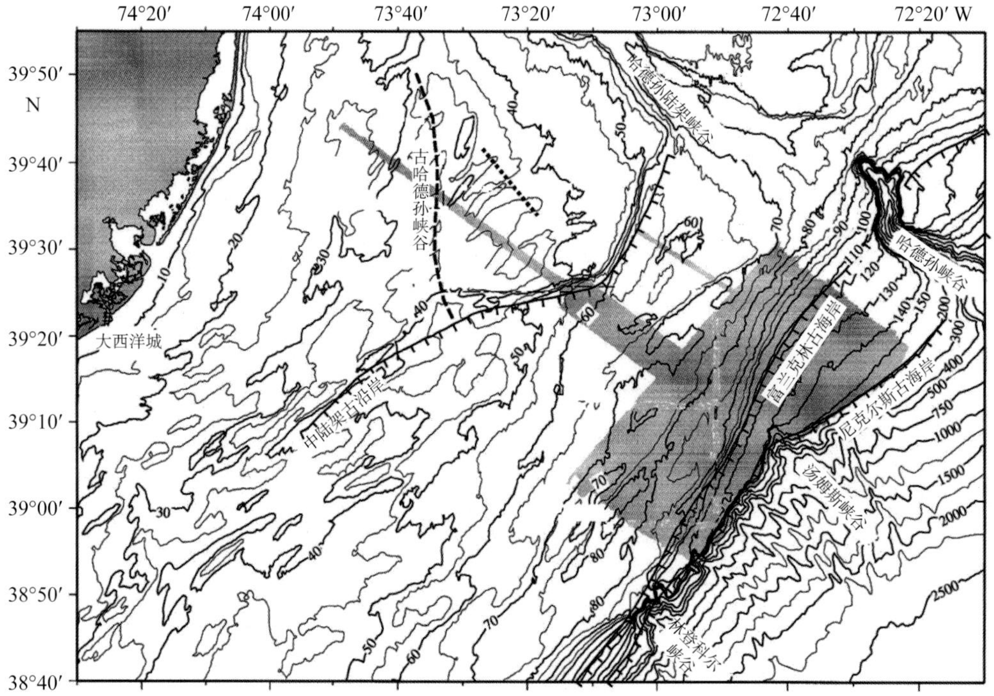

图9.1　美国新泽西陆架水深图（等深线距10 m）（Goff et al，1999）

Fig. 9.1　Bathymetric chart of the New Jersey continental shelf (isobath interval 10 m) (Goff et al, 1999)

9.1 区域自然

美国新泽西州和研究海岸外陆架，宽约120 km，北界古哈德孙河谷（图9.1），南至萨斯奎汉纳河及其伸展的古河道。晚更新世末维斯康辛冰期低海面时陆架裸露（Fulthorpe et al，2004），发育深切河谷（Nordfjord et al，2005），现代陆架海底基本平缓；向SE倾斜，由砂质物组成，发育若干条陆架沙脊、沙带和水下沙丘等底形。沙脊、凹槽相间分布，组成大片脊槽相间的浪控沙脊地貌系统。冰后期，随着海平面的上升和多次停顿，在陆架上留下了3条古海岸线（Goff et al，1999），即水深40 ~ 60 m的中陆架古海岸线（形成于9 ~ 11 ka BP）（Duncan et al，2000），水深100 ~ 110 m的富兰克林古海岸线和200 m等深线附近的外陆架尼克尔斯古岸线（图9.1），并分成内、中和外3个区带。由于各区带浪流动力和泥沙条件的差异，陆架沙脊底形也在形态矢量和组构动态等方面显示出各区域的特色。

本区陆架属低潮（潮差小于1 m）强浪型，大西洋飓风浪是作用陆架海底的主要动力，陆架沙脊也具有短而宽和两坡强烈的不对称特征，证明目前仍处于向SE迁移状态。沙脊地层总体分上和下两部分，都是全新世以来的沉积，又各俱地层的区域特点，区域性不整合界面间隔出下伏晚更新统陆相。不整合面以上是上覆的全新世海侵以来的砂质沉积和沙脊地层。

有关美国东岸外现代沙脊的研究最早于1979年美国一个石油公司做过钻探和地震调查。进而，1984年7月在新泽西陆架的一些沙脊上打了54支振动活塞岩心，44个箱式岩心，49个表层样品，以及70 km，3.5 kHz系统的声呐勘探，埃克森美孚国际公司做了大量岩心样品切片，用X射线照射，分析其沉积结构构造，并做了微体古生物分析。迈阿密的Beta Analytical实验室于2009年对贝壳和泥炭样品做了大量的年代学测试（表9.1），并校正为PDB ^{14}C标准。划分了地层层序，解释了沙脊形成和演化的年代。

表9.1 新泽西陆架沙脊岩心^{14}C年代（Snedden et al，2011）

Table 9.1 New Jersey shelf sand ridge core ^{14}C (Snedden et al, 2011)

孔号	样品埋深 (m)	样品类型	取样地层	常规^{14}C年代（ka BP）	误差（± 年代）	测样时间	注释
V92	1.4 ~ 2.2	贝壳	上部沙脊沙层	4320	110	1985	Autochthounous Shells
V92	2.9 ~ 3.7	贝壳	上部沙脊沙层	4410	110	1985	Autochthounous Shells
V93B	0.2 ~ 0.3	有机物	沙、砾石及黏土层	11 660	130	1984	In situ
V94	1.3 ~ 2.1	贝壳	上部沙脊沙层	710	50	1995	Autochthounous Shells
V94	2.1 ~ 2.8	贝壳（*Astante castenea*）	上部沙脊沙层	1420	80	1985	Autochthounous Shells
V94	2.8 ~ 3.6	贝壳	上部沙脊沙层	1660	90	1985	Autochthounous Shells
V94	4.7	有机物（树木）	沙、砾石及黏土层	10 580	170	1984	In situ
V95	1.2	贝壳	粉砂及黏土层	8890	330	1984	Autochthounous Shells

续表

孔号	样品埋深 (m)	样品类型	取样地层	常规 ^{14}C 年代（ka BP）	误差（± 年代）	测样时间	注释
V95	1.4	有机物	沙、砾石及黏土层	11 410	230	1984	In situ
V96	1.5 ~ 2.3	贝壳	上部沙脊沙层	1840	90	1985	Autochthounous Shells
V96	3.7	有机物（树根）	沙、砾石及黏土层	11 330	230	1984	In situ
V97B	1.2 ~ 2.0	贝壳	上部沙脊沙层	2750	80	1995	Autochthounous Shells
V98B	1.4 ~ 3.1	贝壳	下部沙脊沙层	6350	50	1995	Autochthounous Shells
V99	1.5 ~ 3.0	贝壳	上部沙脊沙层	4550	70	1995	Autochthounous Shells
V100	4.2 ~ 4.9	贝壳（*Ensis directus*)	上部沙脊沙层	3210	100	1985	Autochthounous Shells
V101A	4.7 ~ 5.0	贝壳	上部沙脊沙层	1380	90	1985	Autochthounous Shells
V101B	1.0	贝壳	沙、砾石及黏土层	10 850	120	1985	Autochthounous Shells
V101B	1.0 ~ 1.1	有机物	沙、砾石及黏土层	12 700	150	1984	In situ
V102	0.9 ~ 0.94	有机物	沙、砾石及黏土层	13 850	590	1984	In situ
V102	0.98 ~ 1.01	有机物	沙、砾石及黏土层	11 300	400	1984	In situ
V90C	1.7	贝壳（*M. Mercenaria*）	上部沙脊沙层	7740	50	2009	Reworked Large Shells
V90C	2.4	贝壳	上部沙脊沙层	8220	50	2009	Reworked Large Shells
V90C	3.1	贝壳（*Spisda solidissima*）	上部沙脊沙层	8340	50	2009	Reworked Large Shells
V91A	2.0	贝壳（*Crepidula plana*）	上部沙脊沙层	8990	50	2009	Reworked Large Shells
V91A	4.8 ~ 5.2	贝壳（*Nassarius* sp.）	上部沙脊沙层	7370	50	2009	Reworked Large Shells
V91A	5.2	贝壳（*Crepidula fornicata* 或 *plana*）	上部沙脊沙层	8480	50	2009	Reworked Large Shells

1996 年，美国国家水下研究中心在新泽西岸外水深 15 m 处的沙脊上安装了永久无人自动观测装置，并利用 CHS Creed 调查船上 Simrad EM1000 声呐系统（频率为 95 kHz）和多波数测深仪对本区陆架做了详细的测量，1997 年，美国海军研究所又作了包括测深，测流、浪以及浅地层 2500 km 的调查。

2009 年，为了解决新泽西陆架深水区沙脊的动态和沙脊内部地层构造，又利用高分辨率 CHIRP（1 ~ 15 kHz）地震调查，进一步解释了与沙脊陡侧边缘相平行的倾斜内反射层，以下将该分析连同年代学一起解释沙脊的演化过程。

9.2 陆架沙脊分布和形态特征

新泽西岸外陆架海底底形上，以古岸线变化作标志，自然分成“内陆架”（水深 20 ~ 60 m），“中陆架”（60 ~ 100 m 附近）和“外陆架”（200 m 左右陆架坡折处）3 区。由于各区浪流潮动力和泥供给的差异，沙脊为主的各种底形也显示一定特点和动态迁移的规律性。

9.2.1 内陆架沙脊

近滨—内陆架，约 60 m 水深以内，沙脊底形的研究较早，20 世纪 80—90 年代，大都通过水深图和海底照相加以分析，据 Goff 等（1999，2004）研究，马里兰岸外及内陆架上沙脊，长度 2.7 ~ 10.5 km，宽度 0.9 ~ 3 km，长宽比界于 9 : 1 和 3 : 1 之间。脊顶与凹槽间高差 3 ~ 8 m，沙脊两坡坡度不对称，向海坡较陡，在 2.5° ~ 7° 之间（图 9.2），脊顶平缓。脊间凹槽宽约 1.5 ~ 11 km，槽底发育水下沙丘和沙带等次一级底形。

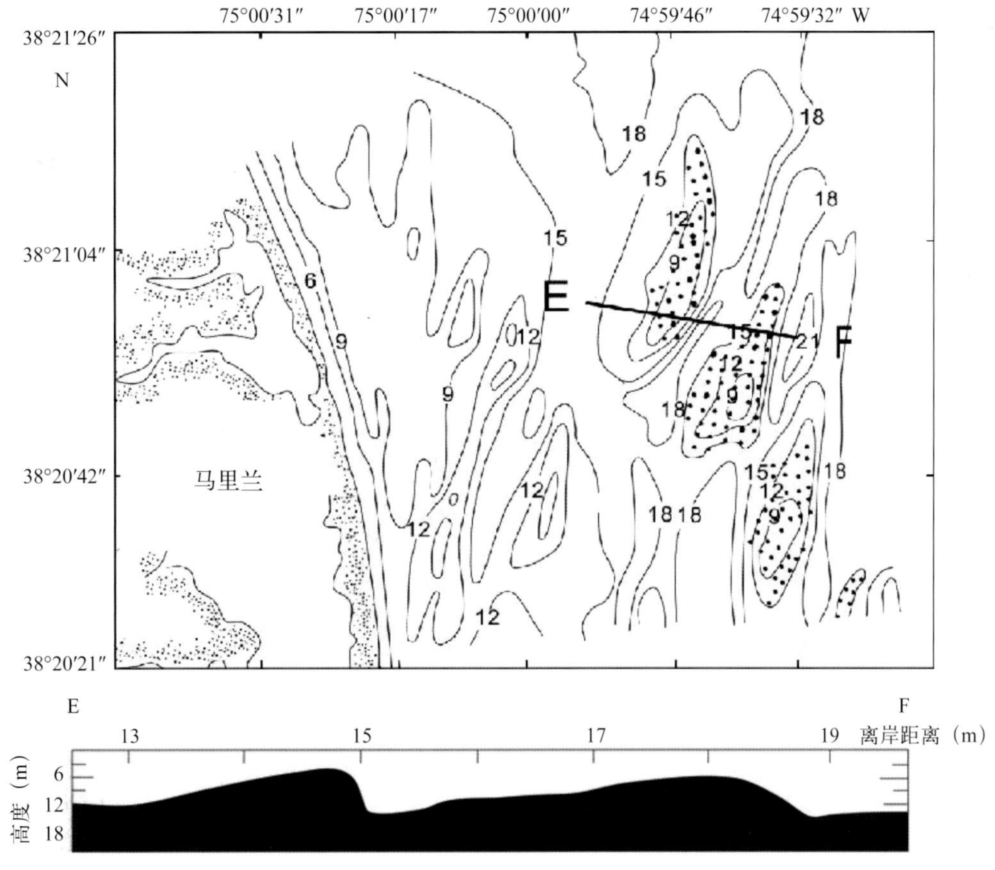

图9.2 马里兰岸外沙脊分布和沙脊剖面图（Donald et al，1981）

Fig. 9.2 Distribution and section of sand ridge off the Maryland coast (Donald et al, 1981)

近滨沙脊破浪带以内有陡坡向岸，平行岸线和呈分支状的特点。内陆架沙脊少见分支，NE 向为 20° 左右独立伸展，陡坡向 SE 运移。新泽西内陆架上发育两沙脊群：一为大沙脊群，沙脊长数千米，相对高差 10 ~ 15 m（图 9.2）向 SE 坡陡。在水深 15 m 处沙脊向海坡坡度与向陆之比为 5 : 1（Donald et al，1981）。沙脊迁移速度约 2 m/a（Snedden et al，2011），则发育向 SE 的前置层斜层理，也有的沙脊双向迁移。发育两坡倾斜的斜层理，美国纽约岸外内陆架短轴沙脊，SE 伸展，潜镜定位观测向 SW 迁移，速率约 13.4 m/a（Fenster，1990）。另一系列极细长（100 ~ 300 m），且长短不一的底形，高 0.2 ~ 0.5 m 走向 NE 10° 左右，称为沙带一般覆于大沙脊群顶或凹槽。Duane 等（1972）认为是平均流与波浪轨道流共同形成螺旋流塑造短轴沙脊，暴风浪期间，内陆架上波浪轨道流强烈作用海底形成连滨短轴沙脊。

9.2.2 中陆架砂质底形

中陆架位于中陆架古岸线和富兰克林古海岸线（图 9.3）之间（水深 60 ~ 120 m）。总的看来，中陆架侧扫声呐图谱的灰度值高于内陆架。中陆架沙脊的走向相对于内陆架沙脊更偏东，为 ENE 向，更接近富兰克林古岸线方向，大量沙脊出露于离古岸线 20 km 的地方。中陆架沙脊在其顶部有更强的声呐反射值，说明顶部一般不发育次一级水下沙丘。与内陆架相比中陆架沙脊往往十分明显，尺度增大长约数 10 km，宽约 1 km 以上，相对高差 10 ~ 20 m，两坡常不对称，陡坡向 SE，有横向迁移趋势，但迁移速率很小。沙脊两坡和凹槽区发育次一级小尺度线状底形。

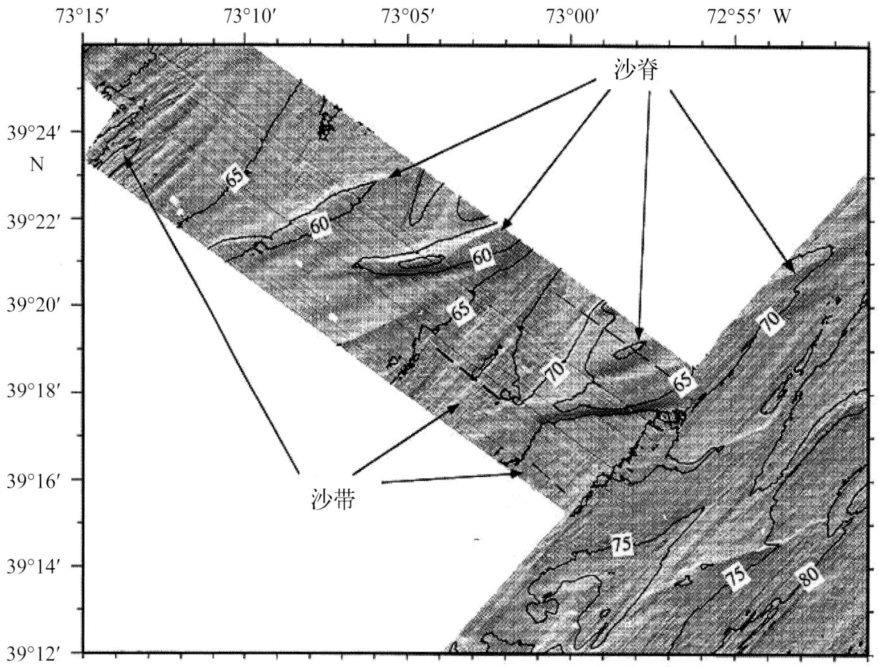

图9.3　新泽西中陆架侧扫声呐和水深图（据Goff et al，1999修改）

Fig.9.3　Lateral scanning sonar and bathymetric maps of the middle shelf of New Jersey (modified from Goff et al, 1999)

小尺度的线状底形走向为 NE—SW。由于中陆架区的主水流方向为 SW 向，可以把这些底形归为沙带一类。这些沙带的波高有 1 m 或更高，波长可达 1 km。出露比较集中，以致于这些底形呈现出不规则的波形。中陆架沙带只分布在未出露沙脊区域和沙脊聚集区之间的地势较低的区域。有些沙带走向也呈 NE—SW 向，并有与一些沙脊截切的现象，在这些沙脊底部往往出现陡坡，强反射率的斜坡。本区高分辨率 Huntec 地震数据的分析表明：沙带发育的海底低地可下切到前后海侵层中，往往以脊状体而不是槽状体的形式出露。

在中陆架，还有一种引人注目的地形形态。在水深 80 ~ 85 m 处，发育了大量的深达 10 m 的侵蚀沟，走向为 NE—SW，一般宽 0.5 ~ 1.5 km，长 1 ~ 3 km。这些形体的特征是极端不对称的，其 SW 端是相对陡峭的一端。推断这些朝 SW 向运动的侵蚀性的沟是由不断前进的上部沉积地层下切造成的。

9.2.3 外陆架底形

外陆架位于 120 ~ 200 m 水深富兰克林古海岸线向海至陆架外缘（图 9.4），海底表面形态有相当大的变化。沿富兰克林古海岸线发育海底斜坡和基岩露头，在此线向海为冰期低海面时的哈德孙河口三角洲细粒沉积。许多侧扫声呐图像、浅层剖面、直接观测资料以及沉积物样品证明哈德孙外围陆架表面粗糙不平的海底为坚硬的黏土，很少有沙覆盖，具有刻蚀而成的侵蚀痕，平行或垂直等深线分布，也有曲折蜿蜒边陡而宽大的或向上游渐深的痕。侵蚀痕的宽度约 100 ~ 400 m，深度 0.5 ~ 4 m，偶尔大于 4 m。Syvitsk 等（1996）认为这些侵蚀痕是由末次冰期的冰川刻蚀造成的，说明目前外陆架哈德孙古三角洲外围部分的沉积物已不具刻蚀作用。

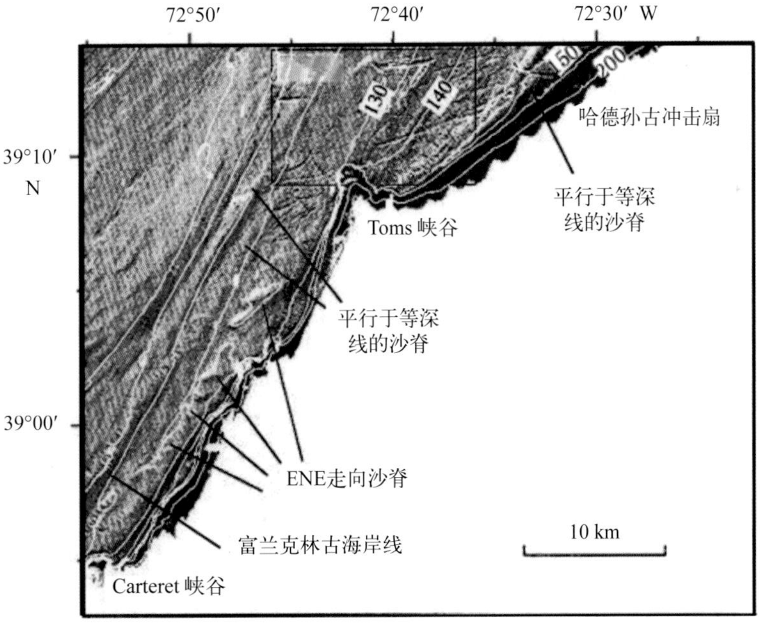

图9.4 新泽西中、外陆架声呐图（Goff et al，1999补充）

Fig.9.4 Sonar map of the middle and outer shelf of New Jersey (supplemented by Goff et al, 1999)

在侵蚀痕之间的平坦地带，发育零星 ENE 走向的沙脊，有的上覆于侵蚀沟痕之上或一些沙脊的外围被侵蚀地貌所环绕，沙脊多靠近富兰克林古海岸线，ENE 走向与此古岸线呈 30° 的夹角，相互近平行分布，明显地受到擦痕的切割。大量小尺度、走向 NW—SE 的次一级地貌形态出露在沙脊之上，其走向与 NE—SE 向的沙脊垂直，并与本区的 SW 向流近垂直，这些底形为水下沙丘。沙丘的波高一般在 0.5 ~ 1 m 范围内，个别单个沙丘的高度可达 2 m，波长通常在 0.1 ~ 0.4 km 的范围内。沙丘的 NE 坡即迎流面易于出现最强反射。

9.2.4 形态参数综合分析

Goff 等（1999）根据声呐图像详细地统计了马里兰、新泽西以及附近海岸外陆架沙脊、沙带和沙丘地形的基本参数，认为美国东部陆架沙脊分布均普遍而外陆架沙脊仅限于零星。通过对 20 ~ 80 m 水深统计 35 个样方、均方根数据得到，沙脊高度（脊顶与相邻凹槽水深差）为 1 ~ 3 m 或更高，长度为 2 ~ 11 km，宽度为 1 ~ 4 km，长宽比约 2 : 1。说明均为短轴沙脊，沙脊尺度大小与水深变化无密切关系，沙脊伸展方向（方位角）通常随区域等深线变化而变，大部分沙脊走向相对于等深线顺时针 30° 左右。沙脊陡坡 SE 较多，与风暴浪潮向有一定关系。

沙带发育于中陆架沙脊间的凹槽中，新泽西一带沙带高度 0.4 ~ 1.4 m，宽度 0.2 ~ 0.6 km，长度为 1 ~ 5 km，走向多呈 NE40°，主要顺 SW 向螺旋状水流发育。水下沙丘为横向的内陆架沙丘，多发育于沙脊的向海侧或凹槽中，高度为 0.4 m 左右，宽度 0.2 ~ 0.4 km，特征长度约 1 km。声呐图像上的冲刷坑（或沟），乃侵蚀下切坚硬海底，长轴常呈 SW 趋势。

Snedden 等（2011）认为，新泽西一带沙脊的走向在内陆架和中陆架之间有 15° 的变化，但相对于中陆架等深线的走向仍保持顺时针 30° 的夹角。这与全新世海侵时古岸线的走向有关，也与 Swift 等（1972b）假说相近，即沙脊一旦进入近滨环境，将趋于灭亡，并重组平行于海岸的沙坝。

9.3 沙脊地层

为了研究沙脊地层和动态演化选取新泽西岸外陆架距大西洋城约 70 km 的所谓黄金沙脊区（Reesink and Bridge，2009），在其上打过许多钻孔（图 9.5a），黄金沙脊水深 34 ~ 48 m，乃 40 m 等深线围绕的一条短轴沙脊，顶部水深 34 m 向 NE76.5° 伸展，沙脊长 11 km，南坡陡（约 10°），北坡缓（1.0°），脊宽 1.3 ~ 1.8 km，从北侧凹槽至脊顶高差约 10 ~ 13 m，可代表沙脊的厚度。在黄金沙脊上打了 2 排钻孔，岩芯揭示地层由 3 部分组成，自下而上为①沿海平原上更新统陆相砂、砾石以及黏土层；②下部沙脊砂层；③上部沙脊砂层。

9.3.1 更晚新统陆相平原沉积层

振动活塞岩芯显示，沙脊最下层由细、中砂、小砾石和黏土组成，具槽状交错层理、中粒度交错层理（图 9.5 V94 和 V96 孔）和黏土质粉砂薄互层（V93 孔和 V95 孔），含植物碎屑和根系，放射性碳年龄在（10 580 ± 150）~（13 850 ± 590）ka BP 范围（表 9.1），按槽状交错层理个体向上渐变小，粒度渐变细，小砾磨圆以及植物碎屑与根系等特征，证明为当时平原河流沉积底砾层。该层表面为侵蚀不整合界面（图 9.6 红线），Nordfjord 等（2009）称该层为 T 层，乃晚更新世至早全新世低海平面时的沉积（图 9.6），其微红色的富有机质和根系的砂黏土层证明当时曾为裸露侵蚀的环境。低洼处为沙坝潟湖相粉砂黏土和砂质层，含贝壳碎屑和完整的贝壳。^{14}C 年龄为（8890 ± 330）ka BP（V95 孔）。

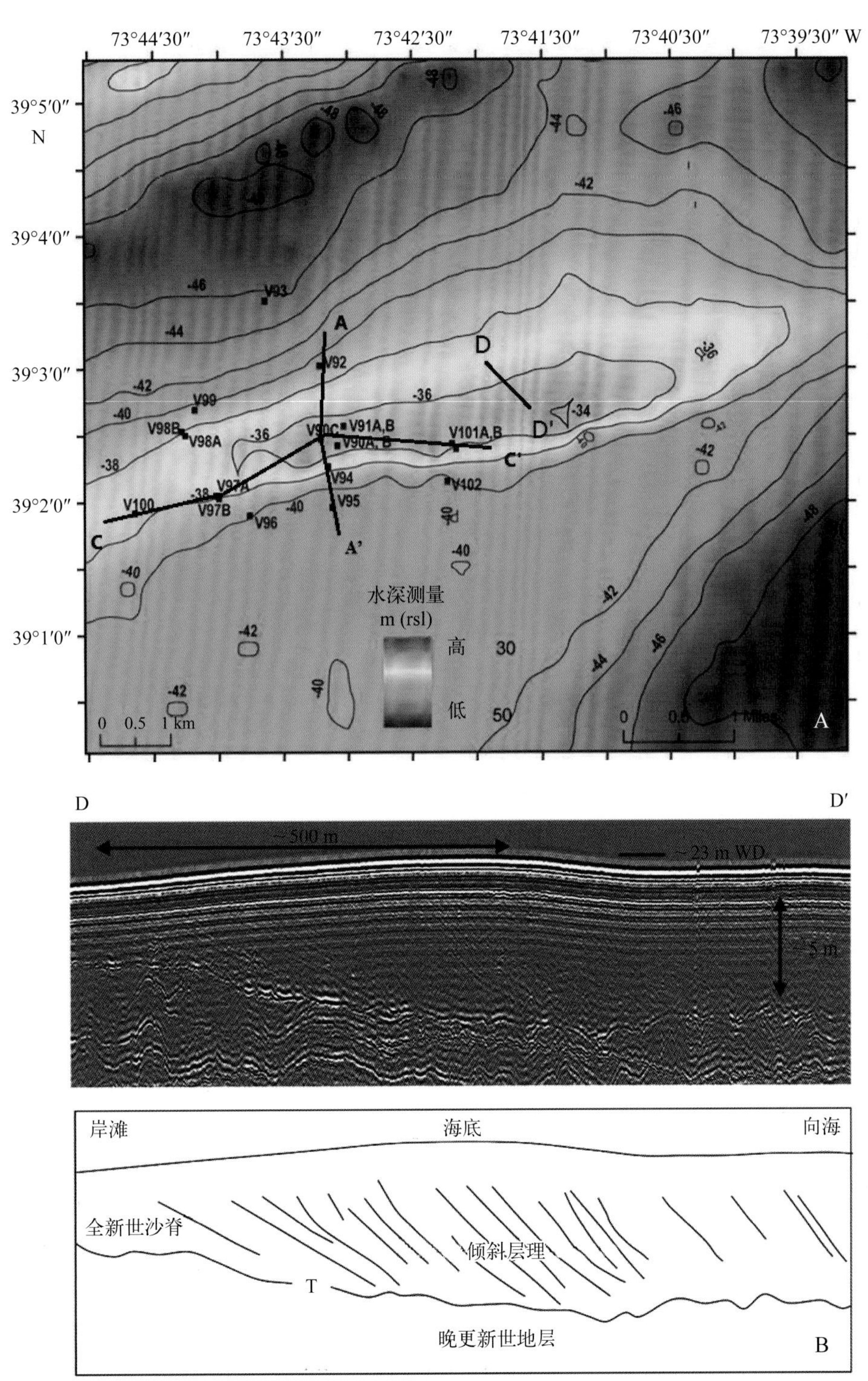

图9.5　A. 新泽西陆架黄金沙脊水深及钻孔位置图（Snedden et al，2011）；B. 新泽西陆架沙脊高分辨率（CHIRP）地震资料显示内部倾斜反射层。“T”表示海侵不整合界面。图9.5B显示沙脊的内部构造为高角度的斜层理，通常倾角达10°~20°，就是浪控沙脊砂横向翻越的记录。而流控沙脊的纹层倾角极低，不到1°

Fig. 9.5　A. Depth of water and location of core in Kingston ridge, New Jersey continental shelf (Snedden et al, 2011); B. New Jersey shelf sand ridge high resolution (CHIRP) seismic data show an internal inclined reflector. “T” indicates the interface of transgressive unconformity. Fig. 9.5B shows that the internal structure of the sand ridge is inclined stratification with a high Angle, usually with a dip Angle of 10° ~ 20°, which is the record of the transverse roll of the sand of the wave-controlled sand ridge. However, the lamination Angle of the fluid-controlled sand ridge is extremely low, less than 1°

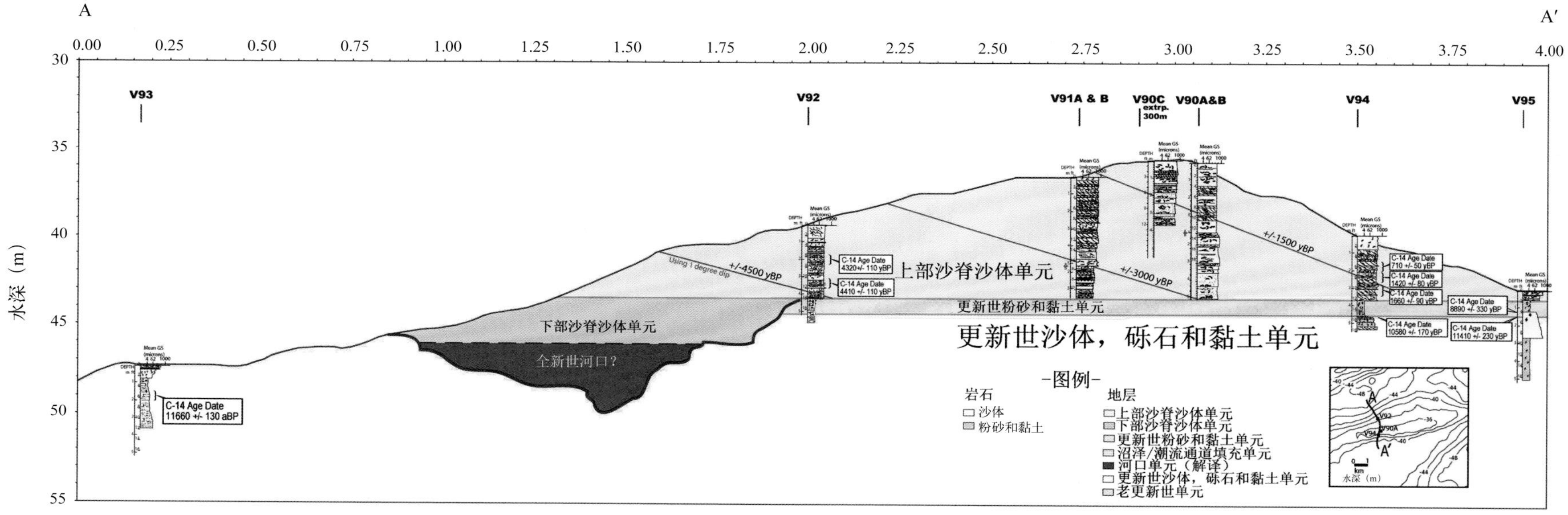

图9.6 陆架沙脊地层剖面图（据图9.5A钻孔岩心和表9.1编制而成）

Fig. 9.6 Stratigraphic section of shelf sand ridge (compiled from drill cores in Fig. 9.5A and table 9.1)

9.3.2 下部沙脊砂层

下部沙脊砂体单元是区域关键性地层单元（Snedden et al，2011），按 V98B（图 9.5）岩芯记录表明沙脊下部为夹薄泥层的中细砂层，厚 2 m 左右，平均粒径 0.15 ~ 0.25 mm，自下而上由细渐变粗的趋势，具生物扰动构造和斜层理含磨损的贝壳碎块（如残余的牡蛎壳）和近岸浅水区软体动物双壳类化石，如 Like Mercenaria，Mercenaria，Spisula Solidissima 和 Nassarius Vibex 等（Rehder，2000），它们的 ^{14}C 年龄有 7700 ~ 8890（±50）aBP。说明该层系全新世海侵初期的滨岸相地层（Mchugh et al，2010）。

9.3.3 上部沙脊砂层

上部沙脊沙层为浅黄色和灰黄色纯净度较高分选较好的中粗砂砂层，平均粒径 0.25 ~ 0.30 mm，颇具自下而上由细变粗的趋势，厚 2 ~ 3 m，含贝壳碎屑，近岸软体动物海胆等滨浅海贝壳和深浅海贝等混合的磨损贝壳碎块，夹薄层粗砂层，具斜层理，高角度交错层理和大量粒级层（Reesink and Bridge，2009），微体生物化石含量较低，特别是浅水型底栖有孔虫 Ammonia parkinsonian 等却很少见，但浮游成分的比例（5% 以上）较高，反映砂的翻越活动性较强。^{14}C 年龄通常小于 5 ka BP。

按箱式样品的观察，特别是通过 X 射线照射岩芯薄片从贝壳碎屑和夹黏土薄层（厚度 < 10 cm）的组构上发现呈现中等角度（10° ~ 20°）的斜层理，交错层理、平行层理和其他低角度（< 10°）的纹层，层厚一般在 1 mm 内，记录了暴风浪作用下的砂粒的越顶迁移（Snedden et al，1994）。

9.4 沙脊的形成和动态演化

9.4.1 沙脊形成的基本条件

塑造陆架沙脊的基本条件是较高的底流速和丰富的沙源（Snedden et al，1994；Allen，1982）。有关北美陆架沙脊的形成时期曾有晚更新世和全新世两说，从上述大量钻孔所揭示的 9 ~ 11 ka BP 之前的陆相层和其上广泛分布的不整合界面来看，晚更新世本区还是河口三角洲平原，不可能形成沙脊。全新世海侵之后，海水动力作用下才有可能将海底碎屑塑造成沙脊。陆架海水动力主要有潮流、波浪流和洋流，欧洲北海和中国黄渤海的陆架沙脊均源于潮流的动力，那里潮差 2 ~ 4 m，甚至更大到 6 ~ 7 m，流速较大。实验得知底流 60 ~ 90 cm/s 可形成沙脊（Snedden et al，1994；Allen，1982）。而美国东岸属于弱潮海岸，潮差只有 0.5 ~ 1 m，当然潮流也十分有限，通常小于砂质碎屑的起动流速（26 cm/s）；而洋流通常在较深的海域，在浅水区洋流极弱，流速也极小，更谈不上大于砂的起动流速了。那么塑造沙脊的动力自然就落到了波浪流上，美国东岸大西洋飓风通过时浪高 7 ～ 10 m，高于中国台风的波高，按中国扬子浅滩 40 m 水深，浪高 6.1 m 和 6.9 m 计算，波流速为 104.44 cm/s 和 148 cm/s（庄振业等，2008），都远大于砂质碎屑的起动流速。

按波浪在浅水区变形和破碎的规律，近滨破浪带是砂质粗碎屑的堆积带、沉积海滩、沙坝和三角洲等砂体。古海面稳定或稍微下降时期更利于近岸海滩沙坝的淤长和砂层的增厚。全新世初期的冰消期世界海平面曾有多次稳定或微稳，则美国东岸陆架上的 2 条古岸线（中陆架古岸线和富兰克林古岸线）附近聚集的大量砂质碎屑成了塑造沙脊的物质基础，即现陆架沙脊的下部沙质砂层，其中的大量近滨贝壳和有孔虫化石记录了当时的近岸环境。此后海平面再次快速上升至 5 ka BP，古岸线一带已有 20 ～ 40 m 水深，古岸线附近的沙坝和沙脊受飓风时波浪力的改造，将沙脊上游侧的沙不断向下淤侧迁移，形成了上部沙脊砂层。

9.4.2 浪控沙脊特征

从美国新泽西岸外各陆架沙脊的沉积特征可以发现浪控沙脊与流（潮流和洋流）控沙脊之间最重要的区别在于形体上的短轴状和内部构造的高角度斜层理。沙脊是顺流生长的长条形海底砂体，长宽比大多是 40 : 1（Amos 和 King，1984）或更大，而美国东岸从纽约长岛至佛罗里达半岛数百条陆架浪控沙脊均为短轴状，新泽西岸外的 35 条沙脊长宽比 2 : 1 ～ 3 : 1，其中黄金沙脊（图 9.5A）为 11 : 1.8。按黄金沙脊的横剖面（图 9.6）和纵剖面（图 9.7）可以发现沙脊沙在浪流作用下既横向迁移也纵向运移，符合目前一般认同的螺旋流假说（Snedden et al，1994；刘振夏，夏东兴，2004；庄振业等，2008）。但在一次暴风浪作用下，浪控沙脊的砂横向翻越的成分远大于纵向运移的成分，则沙脊横向翻越的快于纵向。由于暴风浪存在阵发性和位置的多变性，则所塑造的沙脊只能是宽而短的。浪控沙脊延伸方向与波浪方向的夹角就应该大于流控沙脊延伸方向（庄振业等，2004）与水流的夹角。

9.4.3 沙脊演化历史

根据图 9.6 所解释的地层序列和陆架内部沉积构造（图 9.5B），阐明了本区陆架沙脊的起源和演化模式（图 9.8）：距今 10 ～ 11 ka BP 之前本区为陆地河谷和沉积平原，塑造了陆、海相不整合界面；8 ～ 9 ka BP 海水淹没了河谷，在近岸地带沉积了海滩沙坝、潟湖和三角洲等粗粒地层，沙坝向岸迁移，覆盖砂质地层，加积了近岸沙层；6 ～ 7 ka BP 水深大于 10 ～ 20 m，在暴风浪的作用下，古河谷两岸沙脊进积发育，近岸沙坝沙脊被淹没迁移，浅水软体动物壳、有孔虫等化石加入到陆架沙脊中，沉积了下部沙脊沙层；5 ka BP 以来，水深基本稳定，上部沙脊沙层在暴风浪作用下不断翻越迁移，下部沙脊层局部被裸露于海底。

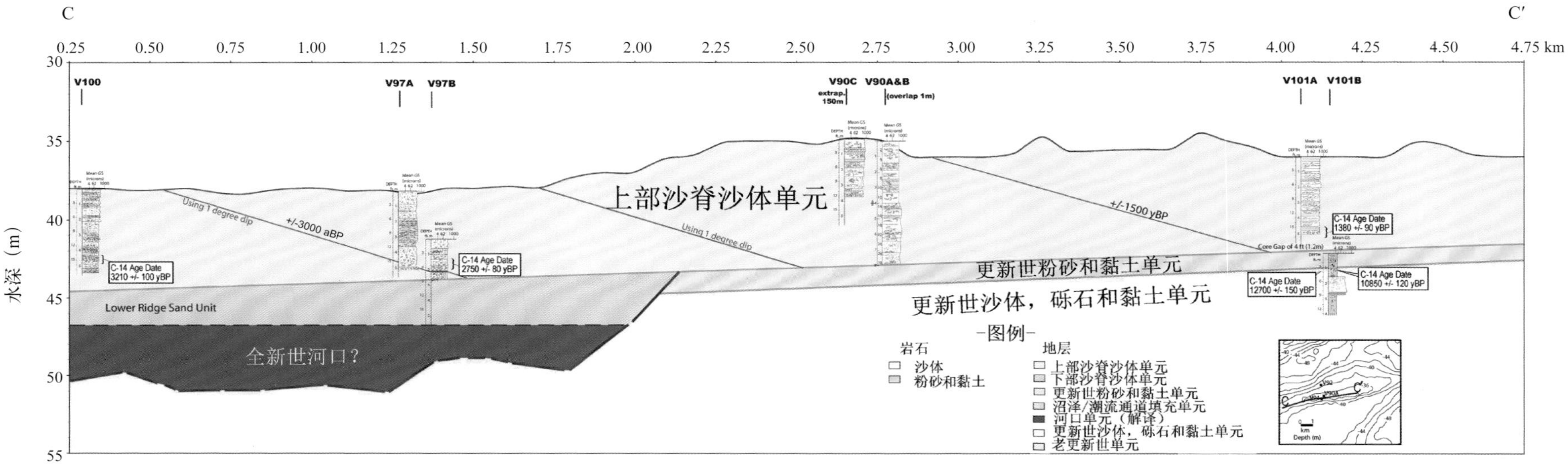

图9.7 黄金沙脊纵剖面C–C′图（据图9.5A钻孔岩心编制而成）

Fig. 9.7 C–C′diagram of longitudinal section of Huangjin sand ridge (compiled from drill core in Fig. 9.5A)

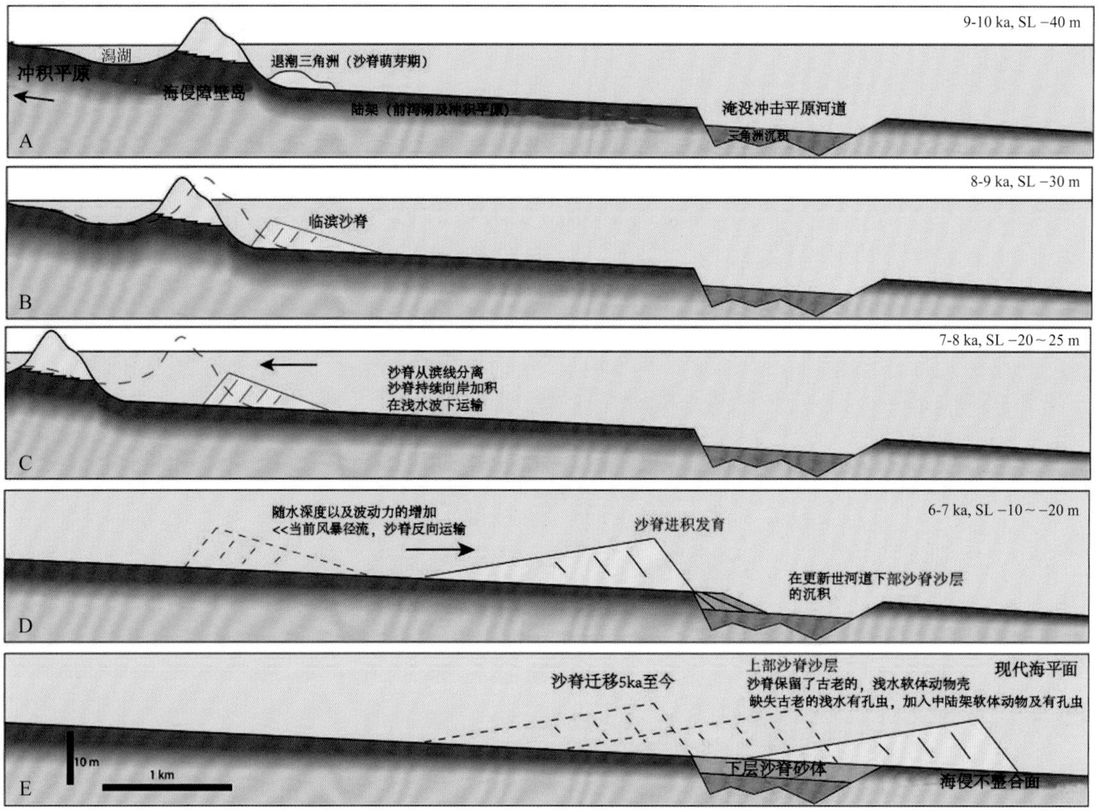

图9.8 陆架沙脊形成及演化历史（Snedden et al，2011）

Fig. 9.8 Formation and evolution history of shelf sand ridge (Snedden et al, 2011)

9.5 结论

（1）美国东部岸外陆架宽约 120 km，分布 3 条古岸线：水深 40 ～ 60 m 的中陆架古岸线，90 ～ 110 m 的富兰克林古岸线和 200 m 水深附近的尼克尔斯古岸线。记录了冰后期海平面上升过程中的 3 阶段的停顿（或微升）。依 3 条古岸线划分陆架内、中、外 3 部分陆架，内、中陆架上分布一系列陆架沙脊和次一级沙带沙丘等底形。外陆架以侵蚀沟槽和古黏土海底为主，其上偶见零星的沙脊沙带底形。

（2）新泽西岸外的内中陆架上 20 ～ 80 m 水深处 35 条沙脊的侧扫声呐、测深和钻孔资料表明沙脊长约 3.7 ～ 18.5 km，宽约 0.9 ～ 2.8 km，长宽比界于 9 : 1 ～ 3 : 1 之间，与世界典型陆架沙脊长宽比 40 : 1 比较，本区沙脊是短轴浪控型。脊高（脊槽高差）约 3 ～ 12 m，向 10° ～ 30°NE 伸展，两坡不对称，上游坡十分平缓，下游坡较陡，大致 2.5° ～ 7.0°。

（3）钻孔岩心和大量测试资料显示陆架沙脊自下而上分成 3 层：① 9 ～ 11 ka BP 前的陆相平原沉积层及上覆不整合面；② 9 ～ 5 ka BP 间形成的下部沙脊砂层；③ 5 ka BP 至今发育的上部沙脊砂层。在间断性的飓风波浪的作用下，上部沙脊层不断向下游侧（SE）超越迁移。局部有定位观测测得现代沙脊迁移率 1 ～ 2 m/a 左右（曹立华等，2013）。

第十章　南海北部及越南东南岸外陆架砂质底形

南海是我国邻近最大的太平洋半封闭边缘海，面积约 $350\times10^4\,km^2$，水深变化剧烈，星罗棋布的岛礁与数千米（最深 5377 m）深水海底相伴，其北部陆架宽广平坦，在南海环流和黑潮分支等的作用下，海底底形以大、中、小型水下沙丘为主，西部陆架十分狭窄，但西南部受湄公河三角洲输沙的影响，陆架依然宽阔，在潮流作用下，仍发育大片特大型水下沙丘。南海北部台湾和海南等岛屿附近，岸线曲折较大，海湾的潮流多偏向一侧，海峡束窄流和海湾优势潮流甚强，加之频发的台风、热带气旋等风暴浪作用下，水下沙脊等纵向底形也十分发育。因此南海陆架砂质底形主要集中于琼州海峡两端，海南岛西侧、南海北部陆架和越南南岸外等 4 片海区。

10.1　南海北部陆架的水下沙丘底形

南海北部，海南岛—台湾海峡段，陆架宽广而平坦，总坡度 0°03′—0°04′（冯文科，1994），其上分布水下三角洲、水下河道和 3 条第四纪古海岸线（-20 m、-50 m 和 -130 m）（冯文科，1982）。水深 50 ~ 60 m 以内为内陆架，海底以黏土质粉砂和粉砂质黏土为主，局部（陆丰和湛江一带）分布细砂质沉积物和小型水下沙丘。60 m 至 230 m 为外陆架，海底以砂质沉积物为主，称为残留沉积区（冯文科，1994），而且愈近陆架外缘坡折带，砂质物愈粗。南海北部海域长期在南海暖流（向 NE），黑潮南海分支（向 SW）和 NE 来向的风暴浪的控制下，台风和热带气旋频繁而强烈（浪高常达 8 ~ 9 m），是塑造陆架底形的主要动力。海底广泛分布大、中、小型水下沙丘和甚小的沙波沙纹底形，面积约 $7200\,km^2$。

10.1.1　底形形态特征

按 20 世纪 80 年代广州海洋地质调查局和地矿部第二地质调查大队的调查（冯文科等，1994，1988；王尚毅，李大鸣，1994）和后期的栾锡武（2010）、周其坤（2013）等的研究，本区的砂质底形主要分布于Ⅰ、Ⅱ、Ⅲ、Ⅳ、Ⅴ区，其中Ⅰ、Ⅱ、Ⅲ区位于 100 ~ 230 m 水深间的外陆架上，Ⅳ、Ⅴ区处于 230 m 以外区域，栾锡武（2010）、周其坤（2013）根据实际资料对Ⅰ、Ⅱ、Ⅲ区作了分析研究：Ⅲ区的 132 ~ 140 m 的水深处，海底十分平坦，坡度约 0.2%，沙丘丘高 0.5 ~ 1.5 m，从 NW 向 SE 逐渐增高，丘长 65 ~ 73 m，为直线型沙丘，脊线 NEE—SWW，延伸甚远，两坡不对称，N 侧（迎流坡）坡度小（2% ~ 4%），宽度大，S 侧（背流坡）坡度大（6% ~ 8%），宽度小，至 140 ~ 150 m，海底坡度增至 0.3%，沙丘增大且方向有变，沙波脊线呈 E 和 NE 两方向，丘高 1.3 m，丘长为 80 ~ 120 m，两坡强烈不对称，迎水坡缓坡度 3%，背水坡短而陡，8% 左右。Ⅱ区在Ⅲ区 SW 侧，水深 100 ~ 120 m，主要分布中、小型水下沙丘（Ashley，1990）分类。丘高 0.15 ~ 1.5 m，平均 0.75 m，丘长 21.5 ~ 77.8 m，平均 40 m，丘脊线 NNE—SSW 延伸，陡坡坡度 0.84° ~ 3.66°，平均 2.13°，缓坡 0.70° ~ 2.23°，平均 1.31°。沙波指数 30.7 ~ 121.2，平均约 61.1，对称指数 1.02 ~ 2.33，平均 1.4，则沙丘对称性较好，缓陡坡差异不大。Ⅰ区水深 200 ~ 230 m，其北部主要发育大型水下沙丘，丘高 1.69 ~ 5.67 m，平均 3 m 左右，丘长 40.8 ~ 106.4 m，平均 83 m，脊线 NEE 和 NNE 两方面延伸，沙丘两坡不对称，陡坡约 2.55° ~ 12.3°，平均 5.26°，缓坡 1.58° ~ 5.33°，平均 2.73°，沙波指数 2.18 ~ 5.20，平均 3.12，不对称指数 1.06 ~ 6.55，平均 2.14。南部为小型沙丘，形态特征与Ⅱ区相近。

10.1.2 动态分析

本区陆架的底形，不论大小，均为直线型沙丘，标志着底形总体活动性较弱，潮流流动较为温和，缺少局部过于强烈的变化，但存在总体上流速自北向南逐渐加强的趋势，因而水下沙丘的尺度也向南随水深的增大而变大。但不管沙丘大小，它们的两翼均不对称，陡坡均在南侧，缓坡在北侧，证明沙丘均处于南移状态。从不对称指数看，Ⅱ区（水深 100 ~ 110 m 左右）沙丘不对称指数 1 ~ 2 左右，标志两坡接近对称。而Ⅰ和Ⅲ区接近（200 m 水深）陆架外缘，底形的不对称指数有时平和，有时甚高，可达 6 左右，说明有时水下沙丘的迁移也很强烈。总体趋势应是平日稳定，有时运动或大沙丘稳定，次一级的中小沙丘运动。按水动力状态分析，只有冬季 NE 季风的 NE 暴风浪和夏季台风和热带气旋频发的 NE 暴风浪容易驱动海底泥沙运动，并塑造向 SE 迁移的沙丘，且具有偶发性，非常态迁移。而本区的南海暖流和黑潮分支的动力相对比较温和，对底形运动作用不大。相反，潮流特别是落潮流的向 S 流动（胡日军，2006）起一定的作用。许多学者倾向用定位观测和水文计算来取得水下沙丘的定量迁移数据，胡日军（2006）采用窦国仁的泥沙起动公式计算泥沙起动流速，本区 2010 年 8 月至 2011 年 5 月细砂、中细砂和中砂组成的水下沙丘最大迁移距离为 36.0 ~ 71.5 cm，16.5 ~ 33.4 cm 和 10.7 ~ 21.6 cm，导致水下沙丘缓慢迁移。冯文科等（1994）用筱原—椿东一郎公式（见第五章）计算，迁移率为 0.166 ~ 0.534 m/a，周其坤等（2013）用 Rubin 公式（见第五章）计算 2010 年 8 月至 2011 年 5 月沙丘迁移距离，各类分别为 21.8 m，0 m 与 1.9 m，迁移方向 145°，与实际观测的方向相似。同时，他认为区内巨型水下沙丘这段时间内稳定性较好，只有次一级沙丘向 SE 迁移距离为 3.2 m 和 21.9 m，相当于 4.4 m/a 和 29.2 m/a。

10.2 琼州海峡两端的砂质底形

海南岛与广东省雷州半岛之间的东西向海域称为琼州海峡，海峡东西长约 80 km，南北宽约 20 km，最宽处约 35 km，最窄处 18 km，深槽面积约 $0.24 \times 10^4 km^2$，平均水深约 60 m，最大水深 120 m。原始成因为构造断裂，第四纪初期琼雷台地发生地堑式断陷，使海南岛与大陆分离，形成海峡，全新世海侵至今的水动力是潮流（鲍才旺，1987）。太平洋潮波传入海峡，在海峡效应（地形束窄，流速增强）的控制下，涨潮流向西，后期东流，落潮流向东，后期西流（王文介，2000），海峡中部表层流速可达 300 cm/s，底层流速接近 200 cm/s，强烈侵蚀

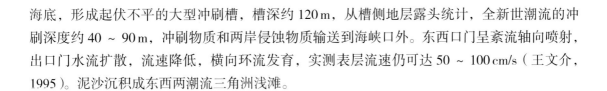

海底，形成起伏不平的大型冲刷槽，槽深约 120 m，从槽侧地层露头统计，全新世潮流的冲刷深度约 40 ~ 90 m，冲刷物质和两岸侵蚀物质输送到海峡口外。东西口门呈紊流轴向喷射，出口门水流扩散，流速降低，横向环流发育，实测表层流速仍可达 50 ~ 100 cm/s（王文介，1995）。泥沙沉积成东西两潮流三角洲浅滩。

10.2.1 东西浅滩底形形态特征

西潮流浅滩呈三角形，自口门到边缘宽约 88 km，面积约 7 000 km^2，水深 20 m 左右，口门处海底沉积中粗砂，离口门向西以细砂和黏土质砂为主。浅滩上发育数条沙脊，长而完整沙脊分别是北沙脊、中沙脊和南沙脊，脊长 35 ~ 68 km，宽数千米，高数米至十余米，NW 向延伸，脊顶水深 7 ~ 11 m（表 10.1），至西北逐渐倾伏。由于西浅滩水深较大和北部湾浪力较弱，潮流沙脊未受浪力干扰而延伸较长，沙脊横断面的不对称性较差。北沙脊南翼陡北翼缓，而其他沙脊横断面对称性较强。浅滩上沙脊向西缘的沙席区由粉砂质细砂组成，表面平坦，未见沙波和沙纹。

东浅滩潮流三角洲东西长约 50 km，面积约 2600 km^2，均由砂质物组成，口门附近无论沟槽或脊顶均由中粗砂，甚至砾砂组成，概率累积曲线表现为跃移和推移质组分占优势，平均粒径 0.2 ~ 0.3 mm，东滩沙脊多而短小，著名的有 8 条（表 10.1），部分沙脊低潮时露出水面，形成内外高低两组，近峡口一组由 4 个短沙脊辐射组成，虽个体小而脊槽高差大，脊顶往往不足 1 m，甚至裸露水面；其外侧一组由四沙脊和凹槽组成，特点是尺度大，脊槽高差小，呈 NE 或 WE 展布，脊顶均低于前组。两组脊顶高度差异显示东口潮流三角洲向东伸展的过程。总体看东潮流三角洲上的沙脊，普遍短而宽，形状不规整，呈直线状和椭圆状，甚至向沟槽弯曲的新月形水下沙丘（鲍才旺，1987），这是因为东口外波浪和沿岸流较强，冬季由北向南的沿岸流最大流速可达 40 ~ 50 cm/s，夏季 SE 波浪高达 5 m，台风期更强。强沿岸流和波浪严重干扰了东口喷射出流的横向环流作用，导致沙脊演变成沙丘状。

表10.1 琼州海峡潮流沙脊特征（金波等，1982）

Table 10.1 Characteristics of tidal sand ridges in Qiongzhou strait (Jin et al, 1982)

位置	名称	延伸方向	长度（km）	宽度（km）	水深（m）	特征
琼州海峡东口	白沙浅滩	EW	15	1.5	0.4	
	西南浅滩	EW	8	2	1.7	物质为砂，下伏基岩，地形起伏大
	西方浅滩	NE70°	11	2.5	1.8	组成为砂，下伏基岩，地形起伏大
	罗斗沙	NE45°	32	6		出露水面
	海南头浅滩	EW	20	4	0.2	由 4 个小浅滩组成
	南方浅滩	NE85°—90°	16	1	1.9	物质为砂，下伏基岩
	北方浅滩	NE80°—50°	18	2 ~ 3	0.5	上部为砂，下部为硬黏土
	西北浅滩	NE	12	3 ~ 6.5	2	物质为中细砂

续表

位置	名称	延伸方向	长度（km）	宽度（km）	水深（m）	特征
琼州海峡西口	南脊	EW	68		7.4	长条状
	中脊	NW305°	35		6.5	长条状
	北脊	NW318°	67		11	长条状

10.2.2 底形动态

砂质底形的动态变化在工程上具有重要的实际意义，曾引起许多学者的关注（金波，1982；程和琴，2003；夏东兴，1983；刘振夏，夏东兴，2004；王文介，2000）。在海峡束狭作用下，琼州海峡潮流底速达 2 m/a，而且无论涨落潮均持续侵蚀海峡槽底和南北两岸。按刘孟兰等（2007）测量，海峡北岸重点侵蚀速率为 20 m/a，近岸平均浪高 2.2 m，平均波速 50 cm/s（李团结，2011），沿岸持续侵蚀后退，海峡持续向东西口输沙。又据 1962 年和 1992 年海图对比琼州海峡南侧岸线，–10 m 和 –20 m 等深线均向东南方向迁移了 200 ~ 500 m，向东迁移近 100 ~ 1000 m，平均迁移率 22 m/a，说明海峡泥沙总体向东口流。从峡底局部水下沙丘西翼侧缓，东侧陡（程和琴，2003），说明水下沙丘长期向东南迁移，并与现代东口外沙脊向东南迁移相一致。海峡东口向东迁移的大尺度水下沙丘是现代沉积物向东输运的结果（程和琴，2003）。当然，海峡作为东、西三角洲的物源区，琼州海峡的另一部分也会向西运移，涨潮流向西流，则使沙脊不断淤高，根据 1972 年实测水深与 1955—1962 年测量的海图对比，西口外沙脊顶部增高约 1 m。证明西口外沙脊也在不断淤长、伸展和迁移（金波等，1982）。

10.3 北部湾东侧的水下沙丘和沙脊

南海北部的北部湾位于我国的海南、广西省和越南北部海岸之间，面积约 $1.28\times10^4\,km^2$，海底平坦，自西北向东南倾斜，平均坡度约 2° 左右，平均水深 38 m，湾口局部水深达 100 m 以上。北部湾东南侧 50 m 深以浅均为砂质海底，并发育数条沙脊和大片的水下沙丘，沙脊间的凹槽区常分布粉砂质砂，偶见粉砂黏土质海底，50 ~ 70 m 水深的海底起伏平缓。

海南岛东方和莺歌海等岸外为不正规和正规全日潮，潮差 1.5 m 左右，最大 3.5 m（王文介，2000），是北部湾的高流速优势潮流区域，潮流为往复型，涨潮流向 N，落潮流向 S，实测涨潮底层流速 68 cm/s，同期落潮为 64 cm/s（夏东兴等，2001b），构成涨潮大量海水向湾内流入，落潮通过近岸流出的环流。这一流势利于泥沙向湾内运移，沙脊的发育和水下沙丘的迁移。

波浪也较强烈，东方岸外常浪向 SE，频率 15.8%，平均波高 0.8 m，平均周期 3.7 s，台风期浪高达 9.3 m，连同热带气旋平均 15 次 / 年左右，利于浪、潮双向流作用，导致平行海岸的连滨沙脊的发育。

按照本区海底和动力分布特征，可由海向岸分成深水平缓海底带（＞ 45 m）、沙丘沙脊带（45 ~ 20 m）和近岸砂带（＜ 20 m）等 3 个区带（图 10.1B）。

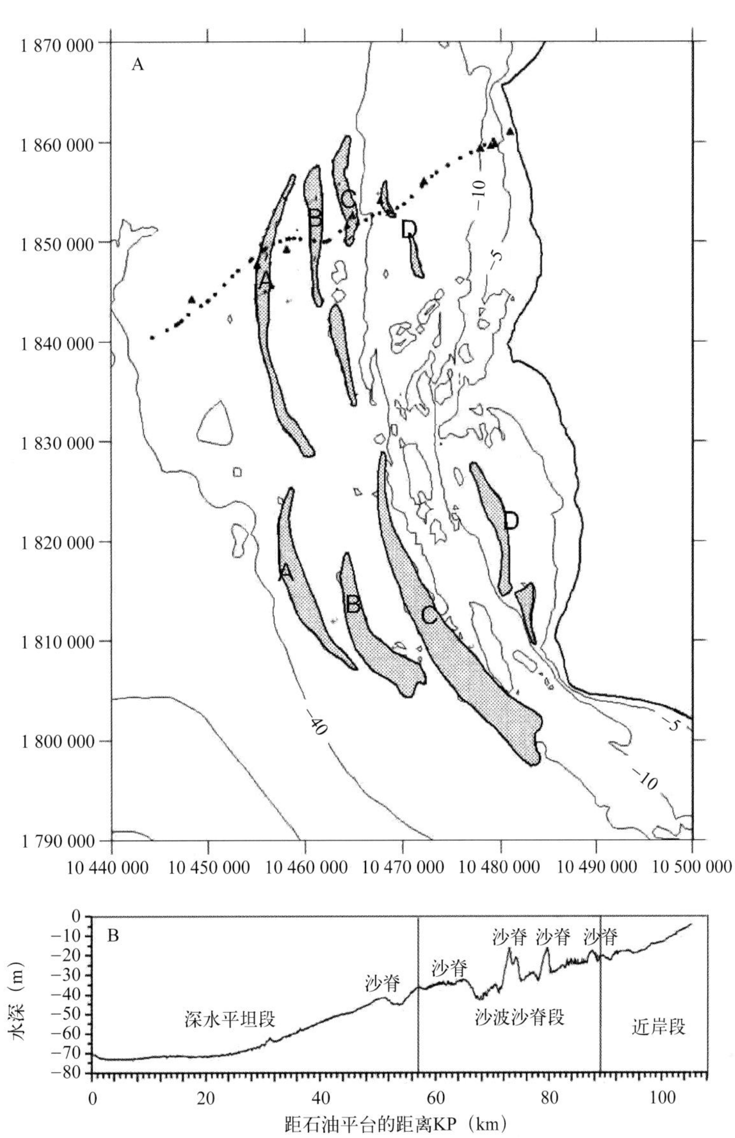

图10.1 A.莺歌海沙脊分布示意图；B.莺歌海沙脊分布剖面图（陈昌翔等，2018）

Fig. 10.1 A. Distribution diagram of Yingge sand ridge; B. Distribution profile of Yingge sand ridge (Chen et al, 2018)

10.3.1 沙脊形态特征和分布

沙脊是海底大型纵向底形，是顺主水流延伸的条形砂质高地。本区沙脊分布于莺歌嘴—东方岸外 10 ~ 40 m 水深一带，走向近于 S—N，与潮流方向平行，也垂直于强浪入射方向，脊间为凹槽，槽脊高差约 8 ~ 20 m，脊长 20 ~ 40 km，脊顶宽度 8 ~ 50 m，两坡不对称，陡坡多向岸，缓坡向海。依据 20 m 等深线和局部 5 m 等深线绘于图 10.1A 中，据图显示，本区南部的沙脊宽而短，北部的窄而长，总体可分成自海向岸 A、B、C、D 4 条沙脊和相应 4 条脊间凹槽。

A 沙脊长约 30 km，宽约 1.2 km 脊槽高差约 20 ~ 30 m，脊顶水深 5 ~ 6 m，凹槽水深 30 ~ 32 m，槽底分布中、小水下沙丘，脊线呈向 W 微凸的弓形，局部被流道冲断，沙脊两翼明显不对称，W 翼坡约 1.3%，东翼 3.0%（图 10.2A）；B 沙脊长约 30 km，宽约 1.4 ~ 2.0 km，北窄南宽，南北向伸展，脊顶水深约 8 m，凹槽水深 25 ~ 30 m，脊槽高差约 20 m，沙脊两翼不对称，东翼（向岸）平均坡度 5% ~ 8%，西翼（向海）不及 2%，两翼均发育直线型大、中型水下沙丘（图 10.2B）；C 沙脊长约 45 km，中间被冲切成两段，宽约 3.4 km。当地称为雷公沙。脊顶最小水深 3 ~ 5 m，凹槽水深 18 ~ 20 m，脊槽高差 8 ~ 10 m，沙脊两翼不对称，北段东翼缓于西翼，南段相反，表面亦发育大片水下沙丘；D 沙脊自南向北断续伸展呈"S"形，长约 35 km，宽约 0.5 km，当地称为感恩沙，脊顶水深 3 ~ 5 m，凹槽宽平，水深 16 ~ 18 m，脊槽高差约 15 m，沙脊向岸坡大于 8%，向海坡小于 2%。颇显向岸迁移形式。

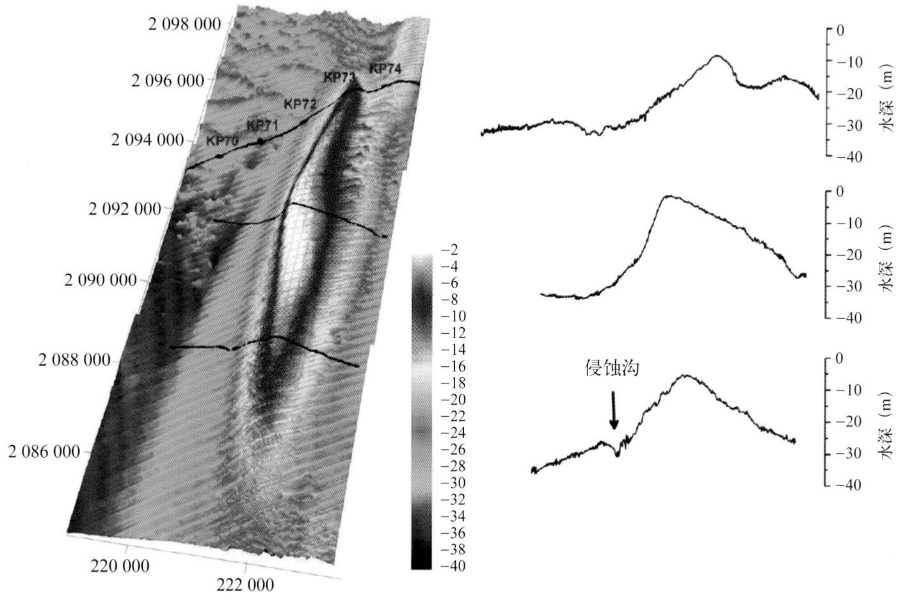

图10.2A　沙脊 I 三维地形和剖面图（马小川，2013）

Fig. 10.2A　Three-dimensional topography and section of sand ridge I (Ma, 2013)

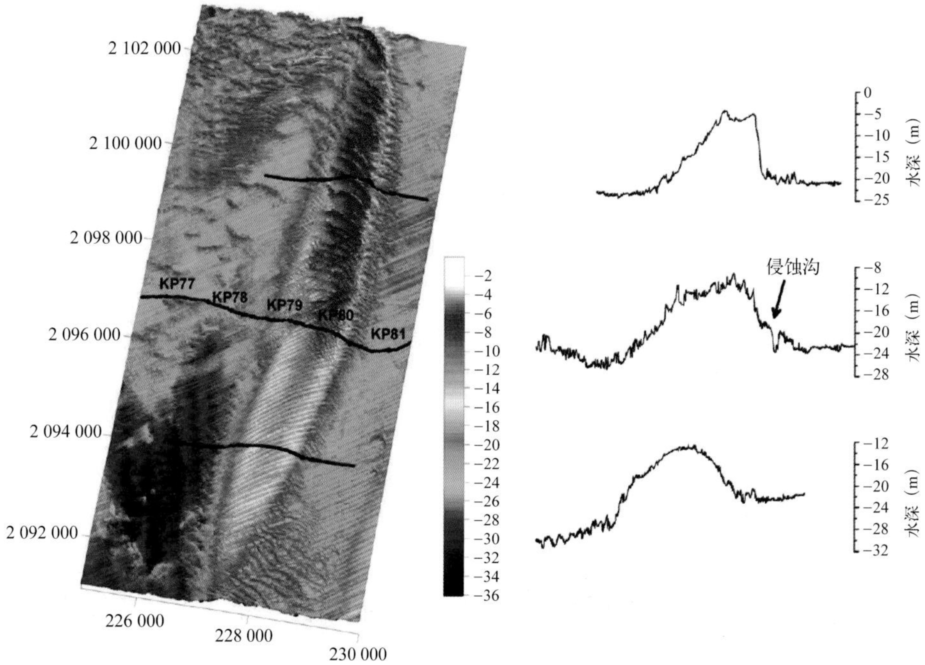

图10.2B　沙脊 Ⅱ 三维地形和剖面图（马小川，2013）

Fig. 10.2B　Sand ridge Ⅱ three-dimensional terrain and profile (Ma, 2013)

10.3.2 沙脊成因分析

沙脊的成因应从物质和动力特征来分析，钻孔岩心分析知，本区沙脊所在的砂层厚者（沙脊处）20 余米，薄者（凹槽处）仅 1 ~ 2 m。PL8 孔位于 A 沙脊顶部，水深 12.6 m，岩心长（钻进）22.5 m，由中粗砂组成，并含有大量近岸生态的螺蛤等贝壳和碎片，则沙脊所在的砂层是全新世海侵前的滨岸相沉积。同时发现该砂层以下为陆相层（岩性和化石可证）。按南海和东海全新世海平面变化的历史，10 ka BP 冰消期的海面约在现 50 m 等深线附近（金翔龙，1992）。则沙脊所在的砂层是全新世早期的近岸带（包括离岸或沿岸沙坝）沉积，晚全新世海侵高海面时，受水动力修饰或改造成现代的沙脊，通常称其为连滨沙坝（Berne，2002）。

由于北部湾南口西侧是无潮点，吞吐北部湾的潮水主要由东侧（本区）进出，成为优势潮流，潮差甚高，而且自南（莺歌海平均潮差 0.69 m）向北（东方平均潮差 1.49 m）增大，更由于海南岛西南角十分突出，犹如突堤丁坝，起挑流作用，潮流椭圆甚长，NNE—SSW 或 N—S 方向，大潮底流速达 0.75 m/s（王文介，2000），特别是涨潮流速（向 N，0.68 m/s）长期大于落潮流速（向 S，0.64 m/s）（夏东兴，2001），造成凹槽区泥沙向 N 净运移。虽然以 SW 入射的强浪会使沙脊顶面泥沙向岸运移，仍不及凹槽区潮流的侵蚀，而使泥沙向 N 运移。最终沙脊虽有一定上部修饰而基部却很少变化。董志华等（2004）曾根据 2003—2007 年 3 次多波束测量，用沙波波高 3 m 泥沙容量 2.65 g/cm^3，粒径 0.2 mm 计算，得到沙脊向岸的迁移率只有 0.01 ~ 0.1 m/a，进一步说明本区 4 条沙脊基本上是稳定的。只在暴风浪或特别强的潮流的情况下沙脊表面活动泥沙才作少量运移。

10.3.3 水下沙丘的环境分析

本区海底除几条水下沙脊之外，还分布大面积的水下沙丘底形。由于海底地形高低起伏，和底流流速复杂多变，水下沙丘的尺度大小也不等，沉积类型也复杂多样。中国海洋大学 2003—2007 年 5 年共观测了水深 19.5 ~ 43.5 m，Ⅰ、Ⅱ、Ⅲ、Ⅳ、Ⅴ和Ⅵ 6 片（图 10.3）160 个水下沙丘的多波束数据，以其三围解释得各水下沙丘的形态参数（长、宽、高、坡度角、方向、沙波指数和对称指数等）。总体来看，依照 Ashley（1990）波高标准对照，本区水下沙丘大、中、小型均有分布，其中大型水下沙丘（丘高 0.75 ~ 5.0 m）104 个，占 65%，中型沙丘（丘高 0.4 ~ 0.75 m）42 个，占 26%，小型（丘高 0.075 ~ 0.4 m）和巨型（波高＞5 m）分别只有 10 个和 4 个，占 0.06% 和 0.025%。证明底流速普遍较强，然而几个巨型水下沙丘却分布于较浅水区，与环境极不协调，可能是残留的沙丘或蚀余丘块。

本区 6 片水下沙丘的形态有很大差别，按其脊线大致可分成直线型、弯曲型和新月型 3 种类型。直线型水下沙丘，大多分布于Ⅰ、Ⅱ两区片（图 10.3A），这里处于沙脊带和深水平缓海底带的交接地带，水深约接近 40 m，底流速变缓，且横向变化较小，海底坡度相对平缓。直线型水下沙丘丘高 0.2 ~ 3.7 m，丘长 17 ~ 76 m，脊线延伸较长（NE60°—110°），沙波指数（L/H）19 ~ 90，不对称指数（缓坡投影与陡坡投影之比）在 1.1 ~ 2.9 之间，说明沙丘两翼不对称性较差，反映沙丘迁移率甚缓。区片Ⅲ位于 A、B 沙脊间的凹槽中，水深 42 ~ 43 m，比两侧沙脊深约 20 m，水下沙丘为短直线形，丘长平均 37.4 m，丘高平均 1.3 m，沙波指数较低（平均为 29），不对称指数较小（平均为 1.7）。两侧翼坡度比较接近，说明虽有潮流通过但因水深过大沙丘运动较小。区片Ⅳ和Ⅴ（图 10.3B）分别位于沙脊的向海坡和向陆坡坡面上，水深 18 ~ 25 m，水下沙丘个体多而尺度杂乱，丘脊线呈弯曲状且逐级分叉成树枝状，小、中、大型沙丘均有发育，丘长 28 ~ 157 m，丘高 0.6 ~ 2.7 m，缓坡坡角 1.8° ~ 5.1°，陡坡坡角 6.4° ~ 14.4°，沙波指数较高（22 ~ 52），不对称指数较大（1.4 ~ 4.1），显示缓坡长，陡坡短的不对称形态，说明许多不同次水下沙丘均处于水浅、动力强底流速横向多变，沙丘前进活动状态。区片Ⅵ位于沙丘沙脊带向近岸砂带过渡地带，水深 20 m 左右，沙丘平面形态像弯月，呈单个沙丘孤立分布（图 10.3C），个体较大（一般为巨型水下沙丘），呈缓坡较缓而长，陡坡较短而陡（或相反）的不对称状态，丘长 41 ~ 148 m，丘高 1.7 ~ 5.9 m，缓坡坡角 2.7° ~ 5.1°，陡坡坡角 10.4° ~ 16.4°，沙波指数 16 ~ 29，不对称指数 3.1 ~ 4.6，特大的坡度角、较小的沙波指数和不对称指数，以及孤立分布的位置均与当地水深流速环境不匹配，证明此区片巨型水下沙丘为残留沙丘或蚀余丘块。

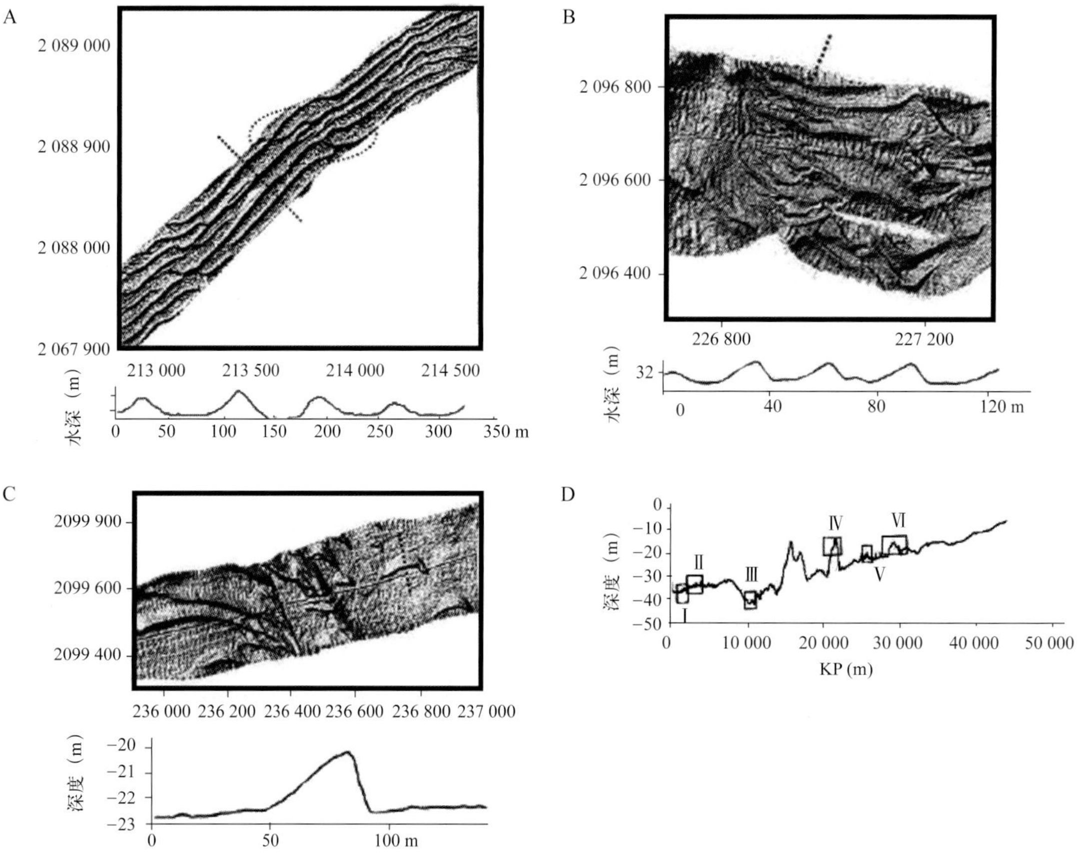

图10.3　东方市岸外水下沙丘形态类型图。A. Ⅰ、Ⅱ区片直线形水下沙丘；B.Ⅳ、Ⅴ区片弯曲形水下沙丘；C.Ⅵ区片的残留沙丘；D.海南岛西部岸外高分辨率沙波探测和沙波统计区域

Fig. 10.3　Shape and type map of underwater dune outside the bank of Dongfang city. A. Ⅰ, Ⅱ rectilinear subaqueous sand dunes; B. Ⅳ, Ⅴ area curve subaqueous sand dunes; C. Ⅵ extents of residual sand dunes. D. High-resolution detected and counted sand wave area in the west Hainan Island

10.4　越南东南岸外巨型水下沙丘

10.4.1　区域自然

越南陆架分北、中、南 3 部分（Schimanski，2005）。北部较宽；中部非常窄，只有 20 km

宽，南部，金兰湾向南，陆架渐增宽，纳入巽他陆架范围，受湄公河的影响，越南南部陆架宽约 110 km，自北至东南逐渐降低，全新世陆架受湄公河约 1.4×10^8 t/a（Ta，2002）输沙的影响。沉积速率较快，达 25 ~ 40 cm/ka（Schimanski，2005；Shonfeld，1993）。目前，海底总体以砂质物为主，局部低洼地底质变细。现海岸以外约 20 ~ 50 m，发育 5 大片水下沙丘（图 10.4）（Kubicki，2008）。

湄公河水下三角洲海区受半日潮控制，潮差只有 1 ~ 2 m，仅仅在湄公河口外附近，潮差增大到 4 ~ 4.9 m，向东进入全日潮区，潮差逐渐降至 0.6 ~ 1.6 m。潮差不大，潮流速度自然很小，但海（洋）流依然较强。形成南海气旋型冬季环流（朱伟军，1997；Chern，2003），汇同从巴士海峡流入的黑潮（分支）逆流，在越南陆架中、南部（10°—16°N）构成持续而强烈的环流西翼（袁耀初，2004）。尤以 12 月和 1 月最强（刘秦玉，1997）。据金兰湾岸外实测，平均流速 0.55 ~ 1.1 m/s，在 12°N 以南进入本区，海岸向 W 转向，又受上升流的影响，海流向东偏转，最大流速降至 1.0 ~ 1.2 m/s，是驱使沙丘沙运动的主要动力。

10.4.2 材料与方法

资料取自德国基尔（Kiel）大学地球物理与海洋地球物理研究所同越南河内科学技术研究院合作 2004 年 5 月和 2005 年 4 月的两次调查（Kubicki，2008）。侧扫声呐测线剖面和海洋地质取样分析资料，浅地震调查、重力和振动活塞钻孔和底质样品。

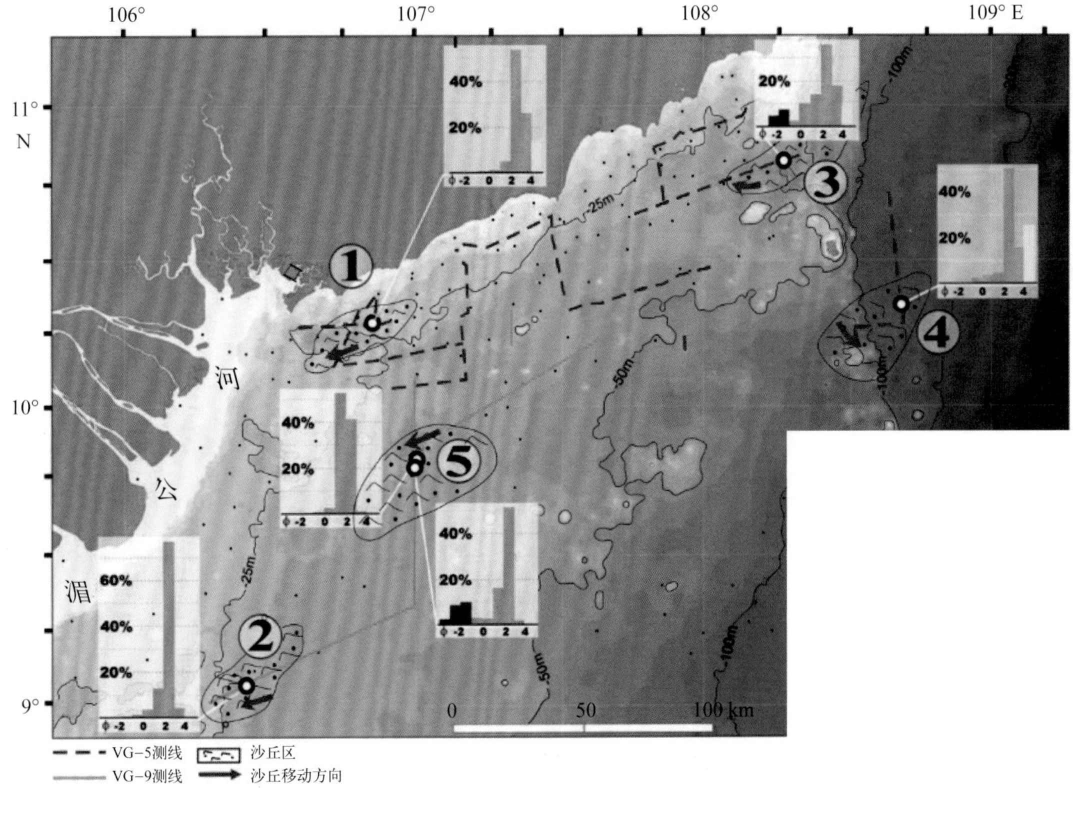

图10.4 越南南部陆架VG-5，VG-9测线和水下沙丘分布图（底图据Kubicki，2008修改）

Fig. 10.4 VG-5, VG-9 survey line and subaqueous dune distribution map of the southern shelf of Vietnam (base map modified from Kubicki, 2008)

10.4.3 水下沙丘的分布和特征

湄公河水下三角洲上水浅而宽阔，海底由砂质碎屑组成，其上分布若干大小不等的水下沙丘。Kubicki（2008）划分了5个分布区（图10.4），各区沙丘的动力状况，沉积特征，分布规律以及沙丘的基本形态参数列于表10.2和图10.5。

表10.2 越南东南岸外水下沙丘形态参数统计

Table 10.2 Statistical table of shape parameters of subaqueous dune off the southeast coast of Vietnam

区域	测量沙丘数	采样沙丘数	中值粒径	实测水深	实测丘长	不对称指数	实测丘高	计算 *H* 值
	N_d	Ns	D_{50}（mm）	d(m)	L(m)	L_b/L_a	H(m)	H(m)
1	17	5	0.195	18.7	118.5（72 ~ 189）	0.82	2.1（1.4 ~ 2.6）	3.1
2	23	3	0.120	27	275.0（103 ~ 475）	0.85	3.4（1.8 ~ 6.4）	4.5
3	10	4	0.240	43	256.0（89 ~ 672）	0.75	5.4（2.7 ~ 13.2）	7.1
4	11	1	0.105	119	151.8（82 ~ 246）	0.69	2.8（1.5 ~ 4.5）	19.8
5	24	5	0.195	29	340.2（146 ~ 532）	0.91	3.3（2.8 ~ 5.3）	4.8

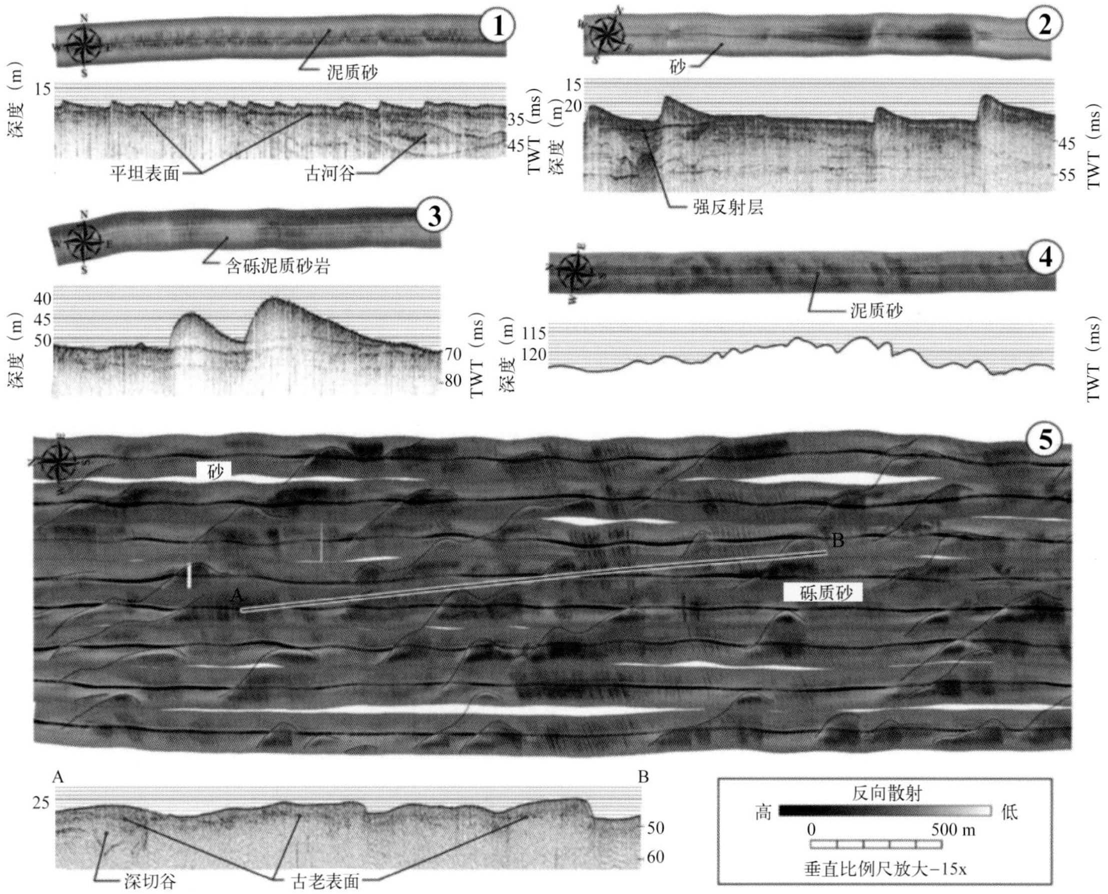

图10.5 各区侧扫声呐剖面上的沙丘（Kubicki，2008）

Fig. 10.5 Dune on side scan sonar profile in each sector (Reference to Kubicki, 2008)

1 区

位于湄公河河口外（10°16′N，106°53′E 附近），水深 12 ~ 25 m，由砂质物质组成，发育了约 17 个新月形沙丘，丘高不足 3 m，丘长度接近 200 m，几乎所有沙丘均不对称，平均不对称指数（L_b/L_a）约为 0.82。背流面基本向 W，沙丘由含泥细沙组成，D_{50} 为 0.15 mm 左右，从分布位置分析，拟可能在海侵前滨河岸沙坝和天然堤上的风成沙丘。

2 区

位于湄公河水下三角洲的 SW 侧（09°03′N，106°28′E 附近）发现约 23 个沙丘，丘高 1.8 ~ 6.4 m，平均 3.4 m，丘长 10 ~ 457 m，平均 275 m，平均沙丘指数 L/H 为 80.9。两坡不对称，迎流面倾斜较缓，背流面指向 WSW。沙丘由较为均一的细砂组成，D_{50} 为 0.12 mm。

3 区

位于湄公河水下三角洲东边缘（10°48′N，108°19′E）水深 43 m 一带，原本高流速的环流开始降低，海底沉积物较粗，以中沙为主，D_{50} 约为 0.24 mm。声呐图显示 10 个沙丘，丘高约 2.7 ~ 13 m，平均 5.4 m，丘长约 89 ~ 672 m，平均 256 m，两坡明显不对称，不对称指数 0.78 左右，背流面指向 W–WSW，最大的两个沙丘，高约 9 m 和 13 m，新月形，丘顶水深约 30 m。目前仍显迁移的迹象。

4 区

N 区位于湄公河水下三角洲的东南侧（10°18′N，108°44′E），水深 100 ~ 150 m，D_{50} 为 0.105 mm，沙丘稀疏，共见 11 个，丘高 1.5 ~ 4.5 m，平均 2.8 m，丘长 83 ~ 246 m，平均 152 m，两坡显不对称，陡坡指向 S—SE，不对称指数为 0.69。说明南海冬季季风环流在此仍有较强能力，沙丘仍显向 S 迁移的趋势。

5 区

位于 1 区向南湄公河水下三角洲的中外侧（09°48′N，101°02′E 附近），水深 30 m 左右，海底平坦，缓起伏条带向南伸展，由中细沙组成，D_{50} 约 0.195 mm，声呐剖面发现 24 个沙丘，丘高 2.8 ~ 5.3 m 平均 3.3 m，丘长 146 ~ 532 m，平均 340 m，最大 550 m，沙丘（波）指数（L/H）103.03。说明沙丘两坡较缓，沙丘间距变远，海流流速变弱。

10.4.4 沙丘活动性的定性分析

上述水下沙丘的 5 个区，按 1987 年世界沉积地质大会统一意见，应为水下沙丘（subaqueous dunes），可以说都是水下巨型或特大型底形。从侧扫声呐剖面上可以量出水下沙丘两坡的长度，即坡度较陡的背流坡和较缓或十分缓的迎流坡，各区沙丘的背流面分别朝向 W、WSW、W、S 和 W，冬季季风（> 9 m/s）引发的南海环流西南翼在本区的主要流向正是 SW。说明该向海流对沙丘迁移方向的控制起主导作用。相反，夏季风不到 6 m/s，自 SW 吹向 NE，所诱发的海流流向 NE，但海流的流速较低，尚不能改变冬季环流所造成的沙丘的不对称方向，即便偶尔大风引起海底泥沙 NE 运移，也不可能引起沙丘峰向的逆转（Ninh，2003）。至于潮流的变向的作用也很微小，因为近岸潮差甚小，则一个潮周期内各方向的潮流流速也不大，几乎不影响沙丘两坡变化。

沙丘丘长和丘高之间存在一定的关系式。Flemming（1978a）对 1491 个大陆架沙丘的长、高数据加以统计，得到 $H=0.0677\ L^{0.8098}$ 的回归曲线，常被许多学者用作对比的标准，该线

（在双对数纸上）坡度大小与沙丘（波）指数（L/H）呈负相关，可依此推断沙丘动态，沙源多寡，颗粒粗细和水动力强弱。对于较大沙丘，L/H 变大，反映流速增大，向上平床（100 ~ 150 m/s）（Simons，1965）靠近。本区 5 个沙丘区共被测量了 85 个沙丘，其长 / 高比回归统计为，$H_1 = 0.6493\ L^{0.2419}$，$H_2 = 0.0621\ L^{0.7127}$，$H_3 = 0.0567\ L^{0.8211}$，$H_4 = 0.2807\ L^{0.4518}$，$H_5 = 0.6893\ L^{0.2638}$（图 10.6），对比 F 氏曲线（Flemming，1978a），得知，3 区和 2 区的曲线与 F 氏的基本平行，说明其沙丘活动性接近 F 氏曲线所代表的一般动态，沙丘较大，环境动力较强，供沙丰富，沙丘迁移速度适中。Ⅰ、Ⅳ、Ⅴ区的曲线的斜率都小于 F 氏曲线，说明沙丘尺度较小，粒度较细。

按表 10.8 可知 5 区的不对称指数最大为 0.91 接近于 1，活动性最小，4 区的不对称指数最小为 0.69，最不对称，颗粒最小，沙丘尺度最小，运动较快，其余 3 个区域沙丘的不对称指数都在 0.8 左右，颗粒较粗，尺度较大，运动缓慢，同当地水动力环境相适应。

目前，水下沙丘迁移速率的研究无非定位观测和水文计算二法，前者较好，但投资大；后者方便快捷，但有一定误差。本文使用后者计算。

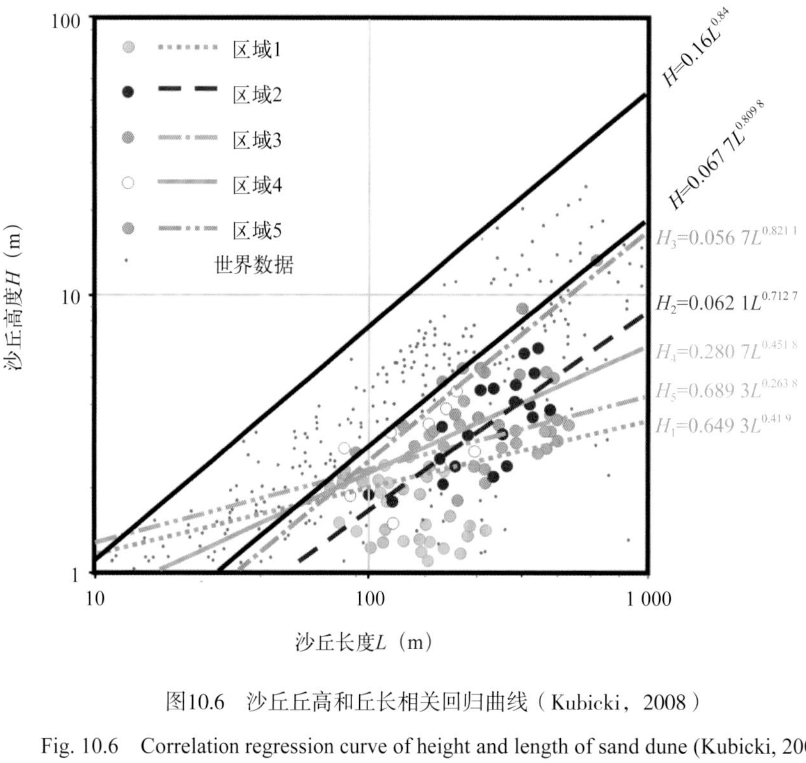

图10.6　沙丘丘高和丘长相关回归曲线（Kubicki，2008）

Fig. 10.6　Correlation regression curve of height and length of sand dune (Kubicki, 2008)

Rubin 等（1982）假设沙丘两翼坡面近似斜面，纵断面为三角形（庄振业等，2008），沙丘因底流输沙而不断迁移，简化公式为：

$$U_g = \frac{2q_s}{H\gamma} \tag{10.1}$$

公式中 U_g 为沙丘单宽迁移率；q_s 为底沙单宽输运率；H 为沙丘高度，γ 为沙丘沉积物容重。显然单宽输沙率 q_s 很重要。

Gadd（1978）根据 Bagnold（1956）的基本输沙率公式，修改为

$$q_s = \beta\,(V_{100} - V_{cr})^3 \tag{10.2}$$

公式中 q_s 为单宽输沙量；V_{100} 为水流引起的近底 100 cm 之内的流速；V_{cr} 为底沙的起动流速；β 为校正系数，粒径 0.18 mm 时取 7.22×10^{-5} g/(cm$^4 \cdot$ s^2)（Wolanski，1996）。

如前所述，本区沙丘迁移活动主要受冬季季风引起的季风环流所控制。依次计算Ⅱ区和Ⅴ区的沙丘迁移率分别为 1.57×10^{-6} m/s 和 1.30×10^{-5} m/s，3 个区平均为 2.78×10^{-5} m/s 量级。

第十一章 东海陆架砂质底形

东海位于 21°54′—33°17′N，117°0′—131°03′E，是太平洋较大的开敞型边缘海，北以长江口佘山至韩国济州岛一线与黄海相接，南以广东南澳岛至台湾南端的鹅銮鼻连线与南海相通，西为中国大陆，面积约 $77\times10^4\,km^2$，陆架宽约 560 km，是亚洲最宽的陆架之一。细砂是陆架区主要的底质，分布面积约占陆架的 1/3，在潮流、波浪流和黑潮分支的作用下，在海底发育大面积的砂质底形包括水下沙脊，水下沙丘和沙席等，由于各地水动力、物源以及第四纪海平面变化的影响，砂质底形各具特色，大致可以分东海陆架潮流沙脊群、台湾海峡浅滩水下沙丘区和扬子浅滩大小沙丘带 3 个海区，以下将结合各区水动力环境介绍和分析各个砂质底形的形态特征、分布规律和形成演变过程。

11.1 东海陆架潮流沙脊群

东海陆架宽阔而平缓，总坡度约在 0.001% ~ 0.1% 之间，以 50 m 等深线分为内陆架和外陆架。内陆架是现代沿海河流主要沉积区，坡度相对较大些，外陆架比较平缓，外缘在 120 ~ 150 m 等深线附近。东海陆架底质较粗，中砂、细砂分布较广，它们都是不同时期长江水下三角洲横向摆动和因海平面升降而纵向迁移的沉积。

长江是亚洲第一大河，年径流量约 $9323\times10^8\,m^3$，年输沙量达 $4.8\times10^8\,t$（刘锡清，2006），河口固有属性是水流扩散，产生许多横向环流，引起泥沙的辐聚和辐散，并在潮流和风暴浪流的作用下形成水下沙脊和凹槽底形。在不同时期海面变化，岸线迁移的影响下，河口沙脊在陆架上迁移和伸延，形成世界上最大的潮流沙脊群。初步统计面积约 $7\times10^4\,km^2$ 以上（刘振夏，2004）。不仅底形面积宏大，而且类型多样，从沙脊发育程度来看，有侵蚀型沙脊，侵蚀—堆积型沙脊和堆积型沙脊；从沙脊活动性和保存状况来看，有活动沙脊，准活动沙脊和埋藏沙脊之分（刘振夏，2004）。

沙脊区是一种不稳定的海底，活动沙脊在海底工程、军事设施和油气勘探上具有重要的实际意义。近年来，古潮流沙脊的成因和埋藏线状沙脊成为油气勘探的砂体延伸目标。20 世纪 80 年代以来，深受研究者的关注（Snedden et al，1999；Tillman et al，1984；Posamentier et al，2002）。80 年代的中美合作东海陆架调查，1996 年的中法合作东海单道地震浅地层调查，以及 2000 年的针对海底工程的一系列多波束浅层地震和钻探，基本摸清了东海的陆架潮流沙脊的分布形态，内部沉积构造和与盛冰期以来的环境演变的沉积关系（Off，1963；Yang，1989；Berne，1988，2002；秦蕴珊，1985；朱永其等，1981；杨文达，2002；夏东兴，刘振夏，1983；李广雪，杨子赓，2005；金翔龙，1992；印萍，2003；叶银灿，2004；吴自银等，2006）。以下拟综合介绍东海沙脊群的形态特征、沉积构造、动态时空演化及其与晚第四纪东海环境变化的关系。

11.1.1 沙脊的形态特征和分布

早于20世纪的60—70年代，近岸带和陆架的大面积资源调查发现浙江岸外的65 ~ 85 m水深处分布大片梳状地形，脊槽相间向SE延伸较远（眭良仁，金庆明，1984）。朱永其等（1984）、杨长恕（1985）测深资料指出沙脊高1.2 m，长55 ~ 75 km，两侧不对称。90年代，多波束调查覆盖了大部分的东海海底，发现60 ~ 120 m范围内特别是27°—31°N的外陆架上普遍分布水下沙脊（刘忠臣，陈义兰，2003；李广雪，杨子赓等，2005）。中法合作地震调查进一步从沙脊成因和内部构造方面丰富了东海沙脊群的研究（刘振夏，夏东兴等，1998；Berne，2002；印萍，2003；杨文达，2002；吴自银等，2005; Oyen，2013）。东海沙脊群纵跨东海10个纬度（21°—31°N），自50 ~ 130 m海底均可见到大量脊槽起伏底形，是世界最大的沙脊群。沙脊密集区集中于中、外陆架NE和SW两区（吴自银，2006；杜文博，2007b）。NE区（28.4°—29°N，125°—126.3°E）水深95 ~ 125 m，是长江古河道主要分布区，沙脊密集分布。沙脊长短不一，一般长80 ~ 100 km，最长可达180 km，宽6 km左右，高约5 ~ 20 m不等，两沙脊间距8 ~ 15 km，脊槽整体走向为NW—SE，主要方位角N116°，沙脊呈直线形，两翼不对称，SW侧坡度约为0.25°，NE侧约为0.15°，个别沙脊末端（SE端）见分叉。在外陆架少数沙脊有一定分支，但仍保持沙脊的平行延伸。图11.1A，B取自NE和SW两区之间的多波束三维立体图和等深线图，显示沙脊的下游段分叉，上游端收敛和陡缓两坡的不对称情况。

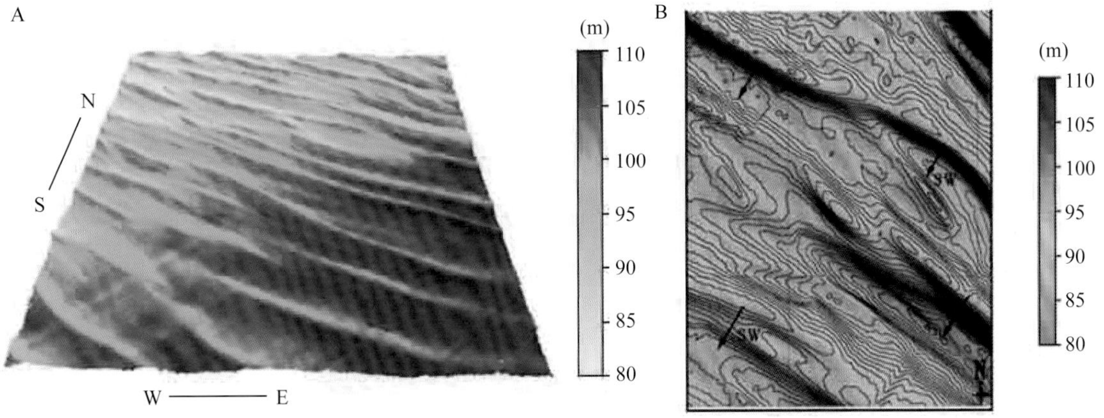

图11.1 东海海底沙脊分叉（A）和不对称（B）图（杜文博，2007b）

Fig. 11.1 Bifurcation (A) and asymmetry (B) of seabed sand ridge in east China sea (Du, 2007b)

SW区（26.3°—27°N，123°—124.3°E）水深110 ~ 160 m，沙脊分布相对差些，但一般长80 ~ 160 km，间距8 ~ 13 km，两侧不对称，SW侧坡度约为0.2°，NE侧0.1°，宽约3 ~ 12 km，高约5 ~ 10 m，主沙脊末端常见若干分支，分支沙脊宽约4 km，高约5 m，沙脊走向NW—SE，主要方位角约N120°和N146°，一些沙脊呈弧形向SE延伸，有些沙脊由NW向SE向分叉2 ~ 4次，近似根系或分叉河流（也可能是长江以南各河口输沙形成的沙脊群）。

东海沙脊高度不及欧洲北海的，而密度和范围远大于北海的。最重要的特点是沙脊上游端收敛，向下游端分叉和再分叉。扇形发散状的分布特点充分说明受长江河口来沙变化或水下三角洲的横向摆动相关。沙脊一律朝向 SW 不对称的现象，也证明长江水下三角洲上泥沙走向和河口不断向 SW 迁移特征。

11.1.2 沙脊的沉积构造

海底沉积物的砂和泥的粗细间层在浅层地震相中得到不同反映，从而显示出地层的层理构造。沙脊的内部构造能够反映沉积物的立体动态形成过程。沙脊的纵剖面大部分沉积层面近似水平，向 SE 伸延数千米（Berne，2002）。沙脊的横剖面多呈不对称，陡坡多倾向于 SW，倾角 0.1° ~ 1.1°，缓坡指向 NE，倾角 0.03° ~ 0.2°。高分辨率地震资料反映的沙脊内部构造面以角度斜层理为特征（图 11.1B），斜层理倾角 0.3° ~ 1.4°，倾斜方向几乎一律指向 SW，层理的层面为上凹形，顶部陡些，向下逐渐变缓，与底部的侵蚀界面相切，呈水平层理，称底积层。层面倾斜方向反映海底泥沙在横向环流之下的流动方向。东海陆架以长江带来的丰富沉积为沉积背景，第四纪全球海平面变化在陆架上留下很好的记录（Berne et al，2002；Milliman et al，1985；Liu，2000）。潮流沙脊作为海侵的主要标志，海面变化不仅反映在埋藏古沙脊也反映在冰后期形成的潮流沙脊上。当物质供应丰富时形成的沙脊高角度斜层相互平行，向一个方向倾斜，称沉积型沙脊（图 11.2A），若多次受侵蚀，则所形成的沙脊沉积构造层理显得紊乱组合（图 11.2B）。东海陆架冰后期晚期的沙脊多半为沉积型也反映它是活动的沙脊，而被埋藏古沙脊往往为侵蚀型，说明曾受后期的搅动。

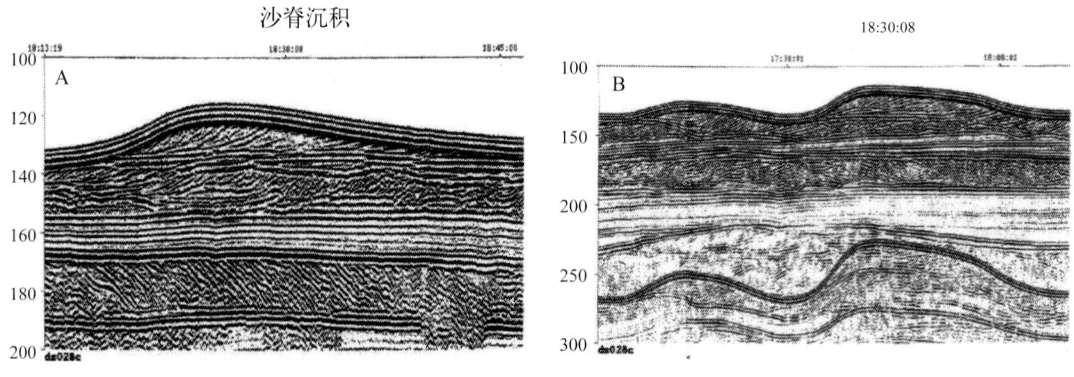

图11.2 沙脊沉积构造，A. 沉积型，B. 侵蚀型（刘振夏，夏东兴，2004）

Fig. 11.2 Sand ridge sedimentary structure, A. Sedimentary type, B. Erosion type (Liu and Xia, 2004)

11.1.3 水下沙脊的形成和环境演化

有关陆架潮流沙脊的成因存在两种理论的解说：强流、高浪和多风暴情况下陆架潮流场形成的现代沙脊，如东海 50 m 水深及以浅的海区（朱永其，1981）；另一种认为现代潮流场远弱于冰后期海侵时的潮流场，因此陆架沙脊为冰后期海平面上升时形成的残留沙脊沉积。东海潮流沙脊群的成因目前普遍被接受的观点是形成于海侵时期、较大潮流场的条件下（印萍，2003；杨文达，2002；刘振夏，2001）。随着后期海平面进一步上升，沙脊被淹没，伏于新地层之下（金翔龙，1992；刘振夏，2001）。Berne（2002）认为，现有的来自东海沙脊区的钻孔资料尚难以提供足够的沙脊形成的年代学信息。幸好，2000 年，因海底工程的需要，在东海陆架 NE 部水深 80 ~ 110 m 密集沙脊区打了一系列钻孔，其中

ZK22，ZK23，ZK24，ZK25（孔口水深分别为 72.2 m，82.2 m，80.0 m 和 100.0 m）四孔岩心均穿过沙脊所在的砂层（图 11.3），且获出 6 个 ^{14}C 数据（表 11.1）。四钻孔岩心自上而下共分Ⅰ、Ⅱ、Ⅲ、Ⅳ和Ⅴ 5 层（图 11.3）。

表11.1 钻孔概况及测年数据（贾培蒙等，2012）

Table 11.1 Core survey and dating data (Jia et al, 2012)

钻孔编号	地理坐标	水深（m）	孔深（m）	取芯率	测年深度（m）	测试材料	^{14}C 年龄 / a BP
R22 孔	28°46′N, 123°30′E	72.2	10.0	＞90%	6.6	暗灰色黏土	10 000 ± 630
R23 孔	28°42′N, 123°53′E	82.3	9.3	＞90%	2.9 8.5	暗灰色黏土	12 950 ± 1220 15 480 ± 650
R24 孔	28°39′N, 124°11′E	81	10.1	＞90%	10.1	暗灰色黏土	16 530 ± 440
R25 孔	28°36′N, 124°29′E	100	10.0	＞90%	4.0 8.8	暗灰色黏土	23 830 ± 1600 38 000 ± 1750

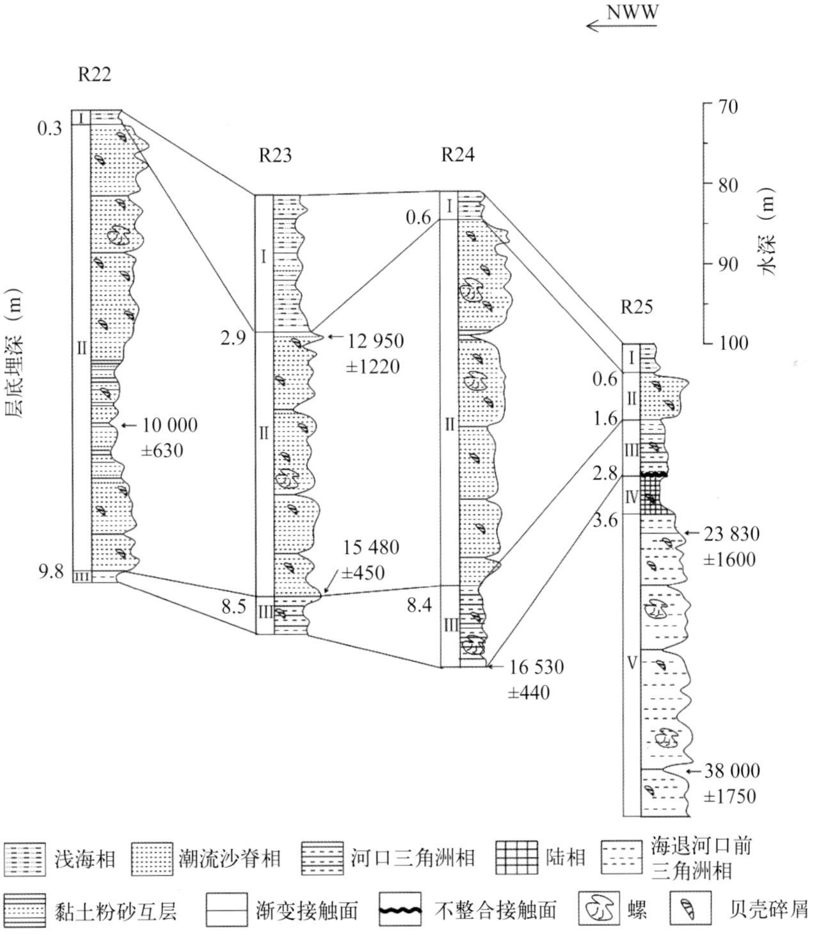

图11.3 东海ZK22—ZK23—ZK24—ZK25孔联合地质剖面（贾培蒙等，2012）

Fig. 11.3 ZK22 - ZK23 - ZK24 - ZK25 joint geological section in East China sea (Jia et al, 2012) *conglobatus*）为优势种，亦见浅海暖水种多变假轮虫（*Pseudorotalia gaimardii*）和施罗德假轮虫（*P. schroeteriana*）等底栖种。ZK23 孔该层下界面 ^{14}C 为（12 930 ± 1 220）ka BP。

Ⅱ层，厚 8.5 ~ 9.0 m，灰色细砂，偶夹黏土薄层，含少量贝壳碎屑、碎块和完整螺、蛤等壳体，M_{50} 为 2.2 ~ 4.1 ϕ，砂含量占 62.4%，分选较差，微体化石丰富，浮游种以各种抱球虫为主，底栖种以多变假轮虫、施罗德假轮虫和肋纹透镜虫（*Lenticulina costata*）占优势，还有大量出现台湾砂杆虫（*Ammobaculilites formosensis*）和褐色砂栗虫（*Miliammina fusca*）等河口半咸水虫，海相介形类浅（含潮间带）、深海种混杂。ZK22 该Ⅱ层中部 ^{14}C 年龄为（10 000 ± 630）ka BP，ZK23 Ⅱ层底部 ^{14}C 为（15 480 ± 450）ka BP。

Ⅲ层，厚 1.1 ~ 1.7 m，黄灰色粉砂质黏土，D_{50} 为 5.4 ~ 6.2 ϕ，分选差，有孔虫丰富，以毕克卷转虫变种（*Ammonia beccarii vars*）亚易变筛九字虫（*Cribrononion subincerium*）、优美花朵虫（*Florilus decarus*）为主，海相介形类以美山小凯伊介、大海花介（*Pontocythere spatiosus*）、网纹中华花介（*Sinocythere reticulata*）为主，属于典型的浅海和滨岸带广盐性组合。^{14}C 年龄为（16 530 ± 4400）a BP。

Ⅳ层，灰色粉砂质细砂，具水平层理，含棕灰色砂质斑块、微体化石甚少，见粗糙土星介（*Ilcypris salebrosa*）完整壳体和小玻璃介（*Candoniella* sp.）等陆相化石。

Ⅴ层，粉砂质细砂且黏土夹层微化石甚少，咸、淡水介形类化石均见。

11.1.3.2 地层环境分析

Ⅳ层和Ⅴ层均含淡水化石的粉砂质砂，属于陆相和三角洲相地层，按 ^{14}C 年龄应为晚更新世盛冰期，即深海氧同位素曲线 2 期（杨子赓，2004）的沉积。海平面十分低下（朱永其，1979），海岸线约在现陆架的外缘。

Ⅲ层，黏土粉砂互层，见少量粉砂团块，以近岸和浅水种广盐性化石为主，含大量深水介形类化石，应属于河口三角洲相地层，说明冰后期转暖海平面开始上升，盛冰期的河口三角洲和古河道被充填（Berne，2002），海岸线约在现东海 90 ~ 100 m 等深线附近，较深些海底开始形成水下沙脊。

Ⅱ层，水下沙脊所在的沉积砂层，普遍由细砂组成，含大量暖水浮游有孔虫和浅海底栖有孔虫壳体，偶见浅水种介形类化石和完整蛤螺等河口近岸壳体。应为浅海水下沙脊地层，按 ZK22 孔和 ZK23 孔 ^{14}C 年龄数据应属于冰后期的冰消期沉积，前人研究 17 ~ 15 ka BP 海平面开始上升，13 ~ 10 ka BP 海平面波动式稳定，是沙脊的发育期（杨子赓，2004）。长江河口泥沙在发育沙脊的同时得以横向扩展，水下三角洲砂层广泛发育约在现 70 ~ 100 m 水深处，形成扇状连体（沙脊间也为砂质沉积）沙脊群。按 ZK22–ZK23 孔和 ZK24 孔岩心，该砂层不过 10 m 或 10 余米厚。该砂层上下均有夹粉砂黏土薄层而渐变过渡到上覆和下伏层（杜文博等，2007a）。

Ⅰ层，黏土质粉砂，水平层理和夹薄黏土层所含浅海暖水种多变假轮虫是现代东海优势种之一（秦蕴珊，1985），反映海平面较高，气温甚暖，水深较大的环境。按下伏Ⅱ层的 ^{14}C

11.1.3.1 地质分层

Ⅰ层，厚 0.3 ~ 2.9 m，青灰色黏土质粉砂和粉砂质黏土，D_{50} 为 0.59 ~ 7.2 ϕ，分选差，具水平层理，夹薄细砂层，含贝壳碎屑，微体化石丰富，浮游、底栖有孔虫和海相介形类均甚多，浮游类以泡抱球虫（*Globigerina bulloides*）、共球抱球虫（*Globigerinoides*

年龄，应是全新世中、晚期 7 ka BP 至今的沉积，该时水深 70 ~ 80 m，潮流速较小，浪力甚弱，沉积以粉砂黏土为主的地层覆盖了水下沙脊所在的砂层。

11.2 扬子浅滩的水下沙丘和沙席

扬子浅滩位于现长江口以东 30.7°—32.6°N，122.5°—125°E 处的一片水下沙滩地，其东和南缘大致以 50 m 等深线为界，西接长江古河谷边缘线，西北以 30 m 等深线与东黄海界线（长江口外佘山至韩国济州岛）相邻（图 11.4）。宽约 270 km，南北长约 200 km，面积约 30 000 km^2（刘振夏，2004；金翔龙，1992）。

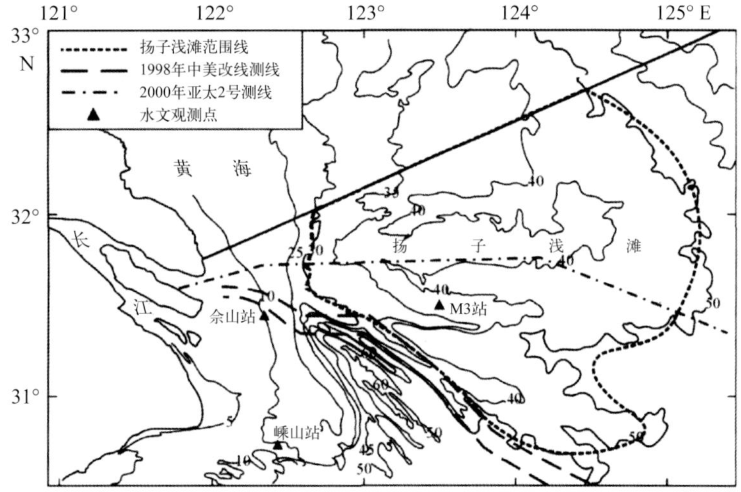

图11.4 扬子浅滩位置及其水文观测点（龙海燕，2007）

Fig. 11.4 Location of Yangtze shoal and its hydrological observation point (Long, 2007)

早期研究认为，是更新世的残留沉积区和古长江三角洲地貌（秦蕴珊等，1987；金翔龙，1992；黄慧珍等，1985；高明德等，1982）。刘振夏等（1996）称该浅滩为现代潮流沙席沉积。2000 年的调查进一步实测了浅滩上的中小水下沙丘底形，探讨了底形的形态特征、动态方向和迁移速率分析了形成机理。

11.2.1 浅滩动力环境

扬子浅滩属于正规半日潮，多年平均潮差 2.4 m，大潮潮差可达 4.35 m，涨落潮流速长轴方向 NW—SE 向，滩上动力球实测涨潮流速 40 cm/s，落潮流速 37 cm/s 而小潮只有 27 cm/s 和 23 cm/s。本区潮流旋转性很强，在 22°N，124°E 附近海域是 M_2 分潮的大椭圆率区，潮流椭圆接近于圆形。椭率绝对值近于 0.8（冯敏祥，1989），该值是形成沙席的最佳条件（Liu，1997）。东海的风浪和涌浪浪向基本一致，全年主浪向 N，频率 22.2%，次浪向 NE 和 S，频率各 15%，平均有效波高 1.1 m，周期 4.95 s，年均台风浪高 5.1 m，周期 10 s，年均风暴浪历时 240 h（叶银灿等，2004；龙海燕等，2007），强烈作用海底泥沙。台风和冬季风暴的 N 向大浪可产生近 100 cm/s 的底流（叶银灿等，2004）。

总体来看，海底泥沙以细砂为主，D_{50} 约 0.125 ~ 0.25 mm，又以 0.23 mm 为多，分选系数 0.35 ~ 0.40，属于好到极好等级，说明长期处于潮流和波浪作用之下。浅滩西北部和西部粒度较粗，分布呈多片东西长南北短的中细砂和细中砂斑块（图 11.5），而浅滩南部边缘向南渐变成粉砂区。

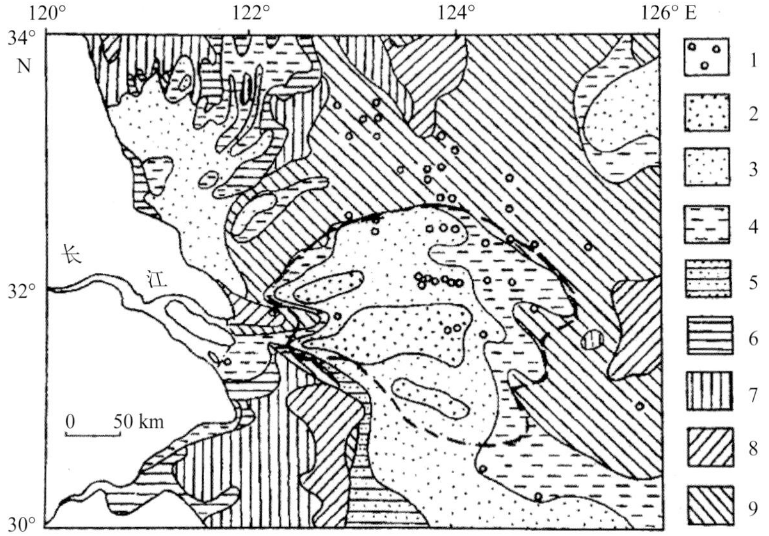

图11.5 扬子浅滩沉积物底质类型分布（刘振夏等，2004）

1.砾石；2.中细砂；3.细砂；4.粉砂质细砂；5.黏土质细砂；6.细砂质粉砂；7.黏土质粉砂；8.粉砂；9.砂–粉砂–黏土

Fig. 11.5 Sediment type distribution in Yangtze shoal (Liu et al, 2004)

1. Gravel; 2. Medium fine sand; 3. Fine; 4.Silty fine sand; 5. Clay fine sand; 6.Fine silty sand; 7.Clayey silt; 8. The silt; 9. Sand-silty -clay

11.2.2 水下沙丘的形态和分布

扬子浅滩上水下沙丘分布十分广泛。水下沙丘是脊线垂直流向的底形，按 1987 年上海国际沉积会议分类（Ashley，1990）可分为小型、中型、大型和巨型 4 类（表 11.2），扬子浅滩水深 30 ~ 60 m 的砂质海底小型、中型、大型和巨型 4 类分布俱全。

表11.2 水下沙丘分类（Ashley，1990）

Table 11.2 Classification of subaqueous dunes (Ashley, 1990)

等级	小型	中型	大型	巨型
波长（m）	0.6 ~ 5	5 ~ 10	10 ~ 100	＞100
波高（m）	0.075 ~ 0.4	0.4 ~ 0.75	0.75 ~ 5	＞5

小型沙丘丘高小于 0.4 m，多分布于粉砂细砂区，浅层地震等方法难以进行识别。中型沙丘丘高约 0.6 m，丘长约 5 ~ 15 m，沙丘指数 6 ~ 25，脊线非常清晰，多为直线型，延伸数 10 m，两翼明显不对称，陡坡多指向 S，多分布于水流流速较稳定和分选较好的细砂区，个别流速不稳定区沙丘脊线呈弯曲和微弯形。

大型沙丘丘高一般接近 1 m，丘长 2.3 ~ 13.6 m，以 6 ~ 7 m 为多，沙丘指数 10 ~ 25，脊线清晰，呈直线型、弯曲型和舌状三类。直线型沙丘多分布于海底流速较稳定的分选较好的中细砂区。水流不稳定会引起沙丘脊线弯曲或呈舌状。扬子浅滩的北部和西北部，偶见孤立的巨型水下沙丘，丘长 30 ~ 200 m，丘高 0.5 ~ 2.6 m，沙丘指数大于 30，两翼坡上叠置较多的中小型水下沙丘，二者的脊线延伸方向呈 10° ~ 15° 的夹角。可能是风暴浪流与大潮潮流流向的差异所致。

总体来看，扬子浅滩的水下沙丘有自北向南不断变小和变少的分布规律，说明底流在此辐散降低，同时受现代长江口外细粒物消长的干扰。

11.2.3 水下沙丘的动态和迁移

扬子浅滩上的水下沙丘的脊线清晰，两翼坡明显不对称，陡坡绝大部分指向 S，说明沙丘现代具有运动性，运动迁移的方向主要是由北向南。龙海燕等对本区 32 个水下沙丘的统计中亚区沙丘陡坡方向约 135° 左右，南亚区沙丘陡坡方向为 160° 左右，沙丘迁移方向的向 S 转向可能与江苏岸外沿岸流在此处转向有关，风暴浪（特别是冬季）期间，该沿岸流底流速可接近 1 m/s，当转向 E 和 SE 时，还有一部分强流直接通过扬子浅滩向 S 流去，导致沙丘沙也向 SSE—S 方向运移。

有关水下沙丘的迁移率在 20 世纪 40 年代我国已有研究，大多通过长江水流而得出。陆架水流是多向的，受潮流和浪流的共同作用，若单从潮流考虑，例如用筱原和椿东一郎公式计算，得到的沙丘迁移率极低，龙海燕等（2007）用 Rubin（1982）公式

$$U_g = \frac{zq_s}{H\gamma} \tag{11.1}$$

式中，U_g 为沙丘迁移速率，q_s 为底沙输运率，H 为沙丘高度，γ 为沙丘沉积物容重，底沙输沙率可通过改进 Hardisty（1983）公式求出，即

$$q_s = k\left(U_{100} + U_w^{\ 2} - U_{cr}^{\ 2}\right)\left(U_{100}^{\ 2} + U_w^{\ 2}\right)^{\frac{1}{2}}, \left(U_{100}^{\ 2} + U_w^{\ 2}\right)^{\frac{1}{2}} > U_{cr} \tag{11.2}$$

式中，U_{100} 为距海底 1 m 处的潮流流速，U_w 为波浪引起的近底流速，U_{cr} 为底沙起动流速，k 为水槽实验值（详见本书第五章）。得常态天气下水下沙丘净迁移率为 19.70 m/a，风暴浪期间为 12.70 m/a，总体是 32.40 m/a。

11.3 台湾海峡的砂质底形

台湾海峡是台湾岛与中国大陆之间的海域，属于东海陆架的南部。南以广东南澳岛—台湾鹅銮鼻一线与南海相接。海峡宽约 140 km（Bowin，1978），主体水深不超过 60 m（Boggs，1979）。海峡海底并不平坦，总体有三片低地，即观音坳陷、吴楚坳陷和澎湖水道，前两个坳陷水深 60 ~ 70 m，向东海缓倾；澎湖水道南北长约 65 km，自北部的水深 50 ~ 60 m 向南至 165 m 处流入陆坡峡谷。也有三片浅水高地，即澎湖列岛、台中浅滩和台湾浅滩。两浅滩水深均不超过 20 ~ 40 m，最浅处不足 10 m，其上广泛分布细中砂和局部粗砂小砾石组成的水下沙脊，水下沙丘和沙波等砂质底形。海峡的海水主要受中国大陆闽浙沿岸流（冬强夏弱，表流向 S），南海环流和黑潮分支（冬弱夏强，底流终年向 N）所控制。尽管东北季风比西南

季风强劲，持续时间更长，但仍然存在每年约 260 Mt 的沉积物通量通过台湾海峡输入东海(HL，1999)。

台湾海峡是强潮（潮差 3 ~ 4 m）高流速区，平均流速约 0.46 m/s（Wang，2003），最大可达 0.8 m/s（Wang et al，1999）。太平洋潮波自 S 向 N 传入海峡，M_2 分潮主导，往复流偏向东侧，旋转流偏向 N 部。故东部流速较强。同时这里又是强风暴浪区，台风浪高可达 16 m，周期 14 s（刘振夏，夏东兴，2004），严重影响海底底形发育。

11.3.1 台湾浅滩砂质底形

台湾浅滩是台湾海峡南部的一片浅水滩地，位于 22°33′—23°46′N，117°10′—119°21′E，其东北距澎湖列岛约 20 km，西连广东省南澳县，南缘以 50 ~ 60 m 等深线邻接南海大陆坡。台湾浅滩东西长约 250 km，南北宽约 130 km，面积约 13 000 km^2（Zhou，2018），西部水深 30 ~ 40 m，东部水深约 20 m（方建勇等，2010），较浅水处为数十个水下滩丘组成的水下滩地，东西椭圆形，最浅处 8.6 m。浅滩上沙多流急，沙脊沙丘复杂多样，一些水下沙丘仍处于运动状态，对航道、管线风电场和油气勘测等建筑工程的稳定构成潜在威胁。20 世纪 70 年代以来一直引起许多研究者的关注（McCave，1971；Boggs，1974；夏东兴等，1983；Berne et al，1988；杨顺良等，1996；杜晓琴等，2008；Dorst et al，2011；Zhou et al，2018）由于水浅，地形复杂，一些学者用遥感技术研究沙丘动态（Zhang，1988；Lan et al，1991；Liu et al，1998; Cai et al，2003; Hu et al，2013）。最近通过多波束测量数据揭示浅滩上两种沙丘在时间空间上共存（Du et al，2010；Lian and Li，2011；Bao et al，2014；Yu et al，2015）。目前有关台湾浅滩水下沙丘的动态研究基本趋向两方面即沙丘的实际观测和水动模型计算（Hulscher，1996；Nemeth et al，2002；Besio et al，2003，2008；Nemeth et al，2007；Campnans et al，2018）等两方面。本节倾向于介绍水下沙丘等的多波束测量和模型研究情况，讨论本区水下砂质底形沉积形态、分布和分类动态和速率以及动态演化机理等问题，以致于实际应用。

11.3.1.1 区域环境

台湾浅滩是台湾海峡南部三面被陡坎环绕的构造台地（马修道，刘锡清，1994），向北渐倾斜至吴楚坳陷海底平原，浅滩顶部由分选较好的中粗砂贝壳碎屑和小砾石所覆盖（Cai et al，1992），砾石磨圆甚好，反映长期处于较强的水动力作用的滨海沉积环境，浅滩南北外缘变为细中砂和细砂（图 11.6），浅滩局部见花岗岩和海滩岩露头（Chou，1972）（图 11.6）。

台湾浅滩主要受闽浙沿岸流，南海环流和黑潮所控制，表层海流随季节变化，夏季来自 NE 的沿岸流，是表流，冬季南海暖流与盛行风向相反，底层水却基本不变终年向 N 流动（刘振夏，1996），呈浅滩东北的上升流。浅滩潮汐为不正规半日潮，潮差 0.8 ~ 1.0 m，潮流流速达 49 ~ 100 cm/s。本区为强风暴浪区，热带气旋频发，浪高 4.7 m（冬季）和 6.5 m（夏季）（Zhou，2018），每年 5—11 月约有数次台风通过浅滩，据报道台风最大浪高可达 16 m，波长 100 ~ 110 m，周期 14 s，强烈作用浅滩泥沙，导致水下沙丘的普通发育和迁移。

11.3.1.2 底形形态特征和分布

陆架砂质底形十分复杂，名词混乱，有侵蚀的沟槽也有堆积的凸起底形。Swift（1972b）按砂质底形界线与主水流方向的交角关系划分底形成纵向的（沙脊）和横向的（各种沙丘），台湾浅滩底流方向较集中，又随季节变化，既发育纵向沙脊又分布两种不同方向和尺度的横向水下沙丘底形。

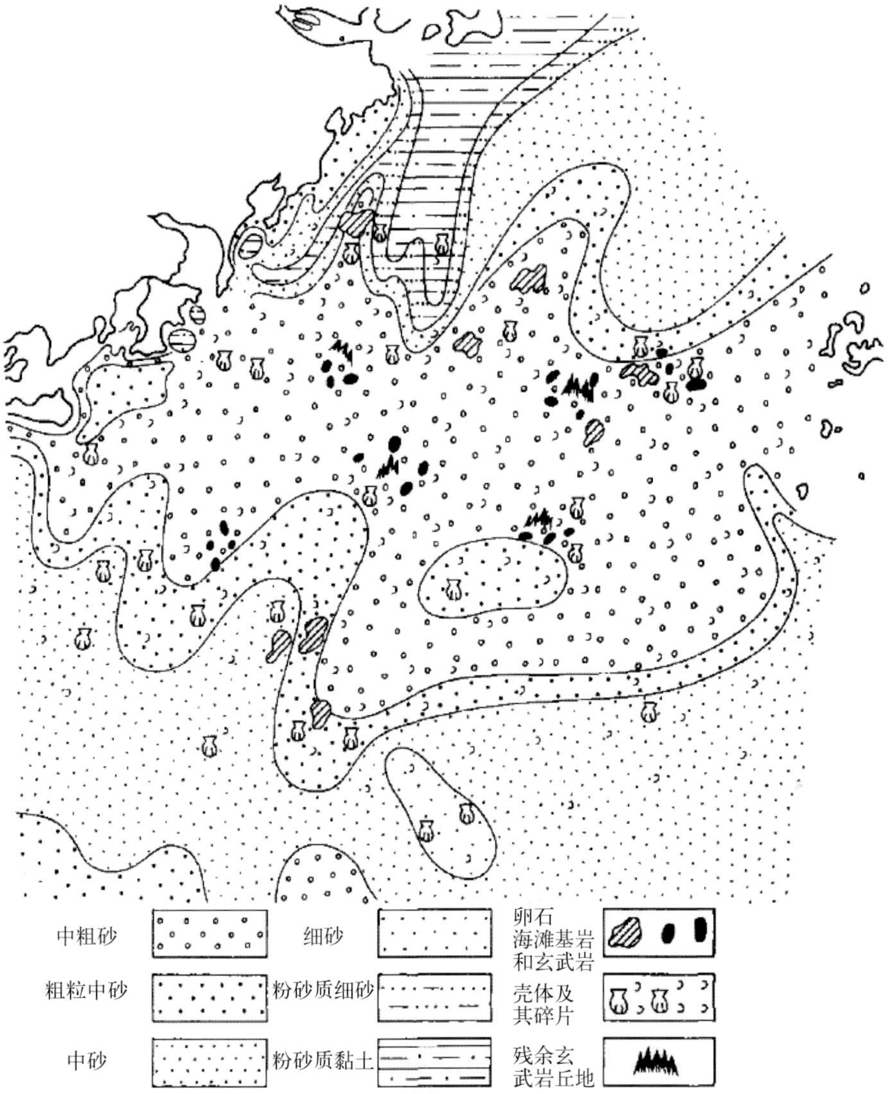

图11.6 台湾浅滩主要沉积物分布（Cai et al，1992）

Fig. 11.6 Distribution of major sediments in Taiwan shoals (Cai et al, 1992)

20世纪90年代，南海海洋研究所在台湾浅滩的实际调查时发现台湾浅滩即以西的海底分布大面积的潮流沙脊，其中台湾浅滩南部的沙脊群由数条沙脊组成，面积约8 800 km^2，最长者约5 km，沙脊与凹槽的高差约6 ~ 20 m，由分选好的中粗砂和小砾石组成，脊线主要走向为NE—SW，相对高度数米至十余米，往往呈秤钩或“U”形延伸（夏东兴，刘振夏，1983）（图11.7），故被称为不标准的沙脊（王文介，2000）。Li等（2001）从LANSATS的TMi波段辐射亮度图像上判断出沙脊底形的不对称性和底流的方向，沙脊大部分向N个别向S延伸，刘振夏等（2004）

认为台湾浅滩沙脊具有典型的线状延伸特点，有的延伸约 30 ~ 50km。延伸方向同落潮流方向一致。同时看出，沙脊的发育往往以一个基岩小丘为核心生长，所以本区沙脊群中常有基岩突出于海底之上。沙脊上分布大批沙丘，其陡坡大都向 N 显示沙脊上泥沙的运移方向，沙脊横向不对称性不太明显，个别略显陡坡向东缓坡向西的组合。

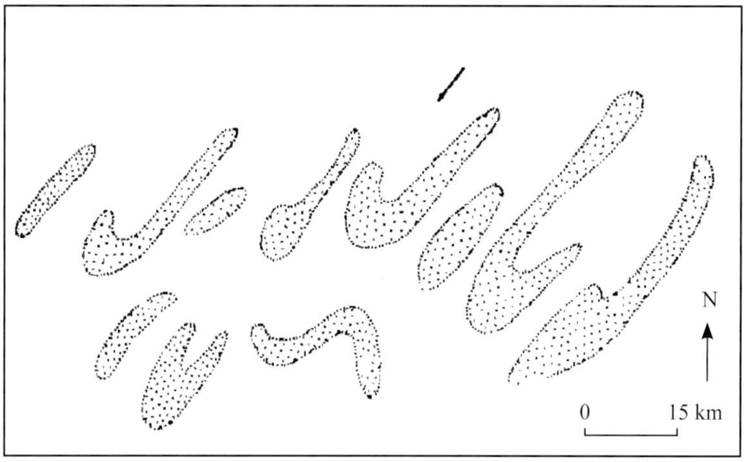

图11.7 沙脊延伸方向图（夏东兴，刘振夏，1983）

Fig. 11.7 Sand ridge extension direction diagram (Xia and Liu, 1983)

台湾浅滩上的横向底形是不同尺度的水下沙丘，按 A 氏（Ashey，1990）的分类（波高＞ 5 m，波长＞ 100 m 的称巨沙丘）可分成巨型水下沙丘和中小型（波高＜ 0.75 m）水下沙丘（图 11.8）它们的形态，尺度和迁移方向均不相同，显然与水动力的不同有关。

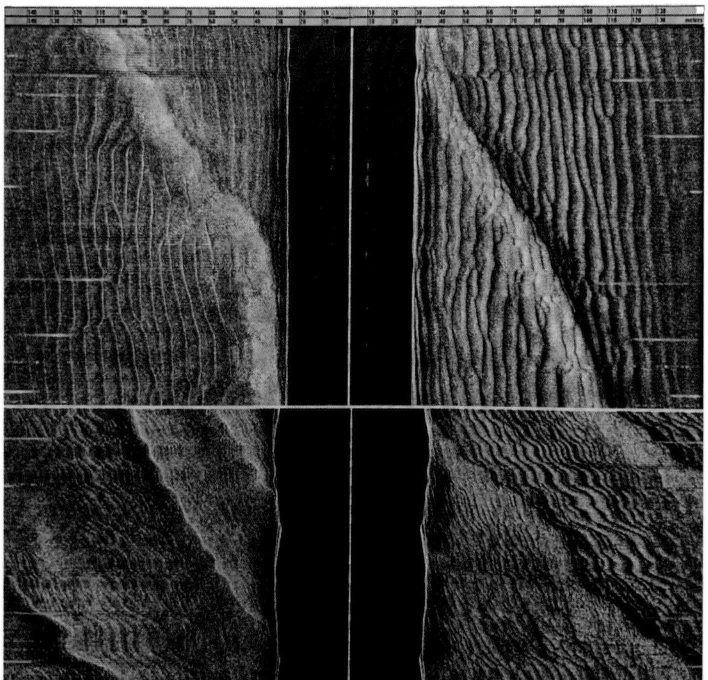

图11.8 台湾浅滩两种沙丘的典型声呐图像（杨顺良，赵东波，2016）

Fig. 11.8 Sonar images of two types of sand dunes in Taiwan shoal (Yang and Zhao, 2016)

巨型水下沙丘分布甚广，20 世纪 70—90 年代围绕航行、工程和上升流对水下滩丘多有调查。前人报道的沙丘尺度差别较大，郑铁民等观测的水下沙丘高约 6 ~ 20 m，长约 100 ~ 2 000 m（郑铁民，张君元，1982）；蔡爱智等的观测，发现巨大水下沙丘，高度达 23 ~ 30 m（Cai，1992），按金翔龙等的概括浅滩上的巨型水下沙丘丘长约 360 ~ 1 190 m，多在 750 ~ 850 m 范围，丘高约 6 ~ 22.5 m，平均 15.7 m，大多为直线型，丘脊线 SWW—NEE 和 NWW—SEE 延伸。局部显弯曲和 S 形变化，大致与当地主水流方向垂直。杨顺良（1996）作了实测和统计：浅滩西部的巨型水下沙丘丘高 3 ~ 23 m，以 4 ~ 12 m 为多，丘长约 225 ~ 822 m，平均 377 m，间距 319 ~ 1126 m，平均 917 m，有自近岸向 20 m 水深有丘高逐渐增大，间距（丘长）不断缩小的趋势。说明在浅滩中部的水下沙丘的尺度将更大，分布将更加密集。Zhou 等（2018）使用相关分析法对 2011 年、2012 年、2013 年的多波束资料加以模型研讨，认为台湾浅滩海底分布两级尺度的水下沙丘。巨沙丘，波高约 15 m，波长约 750 m，基本为直线型，丘脊线 NW—SE（平均 132°）向延伸，南部变为 W—E 向（平均 183°）。多分布于沙脊上，沙丘两坡基本对称，只有浅滩南、北边缘见局部 S 和向 N 的不对称沙丘。

11.3.1.3 成因和演化

台湾浅滩大面积沙丘底形所处的沙层由粗砂、中粗砂组成，如此粗而大面积的砂是什么时期，什么动力运来的？这个问题早为许多学者所关注（蓝东兆，1991；马修道，刘锡清，1994；申顺喜等，1982；刘振夏，1998；夏东兴，刘振夏，1983；郑铁民，张君元，1982；王利波等，2014）。从 20 世纪 80 年代至今许多学者对沙层中的贝壳碎屑，微体古生物化石和夹薄泥层做过 ^{14}C 年龄测定。初步统计于表 11.2 中，其中包含晚更新世盛冰期，早、中晚全新世和二者之间的冰消期。这段时间，台湾浅滩曾经历三角洲环境，滨海和浅海环境的变迁。围绕沙层的大面积水下沙丘和沙脊群的成因机制目前大致有两种看法：一种为残留沉积说，认为大量沙和沙丘底形是晚更新世盛冰期低海平面时的沉积，在风作用下，地面形成许多风成沙丘，全新世海侵淹没和夷平了沙丘的峰脊，形成 NE—SW 走向的水下沙丘（郑铁民，张君元，1982）；另一种是潮流沉积说，认为这些水下沙丘和沙层是潮流控制的砂体，是全新世海侵初期十分强烈的潮流的沉积，至今海底泥沙在潮流控制之下运动（刘振夏，夏东兴，1983）。Cai 等（1992）归纳总结为台湾浅滩的发育大致经历 3 个阶段，①早全新世低海面时期的三角洲环境；②海面低于现在 20 ~ 30 m 时，台湾浅滩成一岛屿，在波浪、沿岸流和海岸风的作用下，早期的三角洲沙被改造、搬运和再沉积形成各种沿岸地貌和沉积；③现代浅滩处于强潮流和风暴浪作用下，泥沙强烈运动，经常性的潮流形成水下沙脊和沙丘（刘振夏，2004）。以上两说均有一定的不足处，如台湾浅滩在盛冰期或冰消期是否被裸露于水上（台湾海峡是否成陆桥）仅为推论，尚无岩心证实；Cai 的三阶段潮流环境说也无 ^{14}C 所验证。

盛冰期台湾浅滩是陆还是近海环境还应从该砂层的实际年龄讨论起。1996 年，杨顺良对浅滩中、西部 25 m 水深处的沙丘下的海滩岩的电镜分析（近岸高能环境下的沉积砂相）和 ^{14}C 测试 [（8420 ± 270）a BP 和（8525 ± 270）a BP] 资料说明这些巨型沙丘均形成于 8000 年前的低海面时期古岸线附近（邱传珠，陈俊仁，1986）。就表 11.3 所列各家 ^{14}C 年龄测定似乎可以确定该砂层的底界应为冰消期，按杨子赓（2001）的统计冰消期为（1.3 ~ 1.0）$\times 10^4$ a BP。

当时海面波动式稳定。

表11.3　台湾浅滩西部^{14}C年龄统计

Table 11.3　^{14}C age statistics of western Taiwan shoals

站号	水深	层位（m）	^{14}C 年龄（a BP）	测试材料	样品位置和资料出处
789 孔	0 ～ 0.3	0.8 ～ 1.25	8440 ± 165		沙层下伏，①
809 孔	1.08	0.95 ～ 1.20	3349 ± 130		沙层下伏，①
	2.63	2.50 ～ 2.75	13 927 ± 219		
	4.05	3.90 ～ 4.20	27 746 ± 559		
825 孔	0.90	0.75 ～ 1.05	14 107 ± 349		沙层下伏，①
东山岛东岸外	25 m	沙层下界	8420 ± 270	海滩岩	沙层下伏，②
			8525 ± 270	海滩岩	
TWS1208	32.5 m（孔口）	7.06	3210 ± 30（校正后 2871）	贝壳	沙层中，③
		9.51	5400 ± 40（校正后 5649）	贝壳	沙层中，③
ZK2 孔		3.50	3780 ± 30	有孔虫	沙层中，④
		7.60	4540 ± 30	有孔虫	沙层中，④
		17.50	35 790 ± 280	有孔虫	沙层以下，④

注：①蓝兆东等，1991；②邱传珠等，1996；③王利波等，2014；④杨顺良等，2019。

全新世海侵 6000 a BP 海平面已达现高度，按^{14}C 年龄（表 11.3）该沙层仍在增厚，说明砂质底形仍在发育，直至现代，动力变弱，只有在现代底流（潮流和暴风浪流）只能修饰沙丘和外貌沙，不能动其基础。Zhou 等（2018）根据 2010—2013 年沙丘周围泥沙运移向量是平行沙丘脊线运动也证明巨型水下沙丘基本是不运动的。浅滩上的中小沙丘，丘长约 50 m，丘高约 1.5 m，也属于直线型，丘脊线倾斜于巨型沙丘的斜坡上，交角较大（图 11.8），常垂直于泥沙运移向量方向，证明目前的底流更容易塑造或迁移该中小沙丘。按模型计算中小沙丘迁移率是约 1 ～ 5 m/a，垂直于丘脊线，在北部区向 N 迁移在 S 部区向 S 迁移。由于迁移速率也比较弱，则对巨型沙丘影响并不大。

11.3.2　台中浅滩和彰云沙脊

台湾海峡中部的一片水下高地称为台中浅滩，台湾学者又称为云昌隆起（Yunchang Rise），台中浅滩位于台中县浊水溪的西岸外，由极细砂至粗砂组成，面积约 3000 km^2，呈歪斜的正方形。该浅滩南侧为澎湖列岛和澎湖水道，西侧和北侧分别为深达 60 m 以上的吴楚坳陷（Wuchu Depression）和观音凹陷（Kuayin Depression）。台中浅滩水深 20 ～ 50 m，最浅处在西南侧竟不到 10 m，浅滩的西南边缘较陡，北侧渐变过渡到凹陷区而与台中海岸相望。东侧的水深达 30 m 的凹槽。

浅滩具有高潮差（3 ~ 4 m），强潮流（0.6 ~ 1.0 m/s，平均 0.73 m/s），发育沙脊，大型水下沙丘和沙波等砂质底形。Wang 和 Chern（1989）将 40 m 等深线圈闭的海底高滩脊取名为彰云沙脊（Zhangyun ridge）（图 11.9），后期经历多次调查，Liao 和 Yu（2005）研究了岩心和测深数据，认为彰云沙脊是潮控砂体。

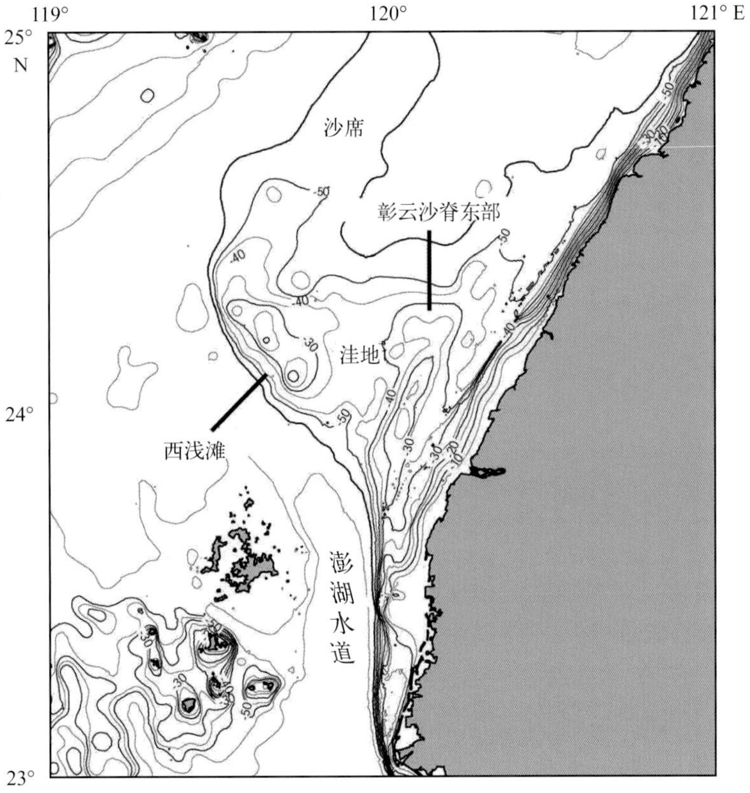

图11.9 彰云沙脊位置图（据Liao，2008修改）

Fig. 11.9 Location map of Zhangyun sand ridge (Modified from Liao, 2008)

11.3.2.1 沙脊形态特征

彰云沙脊包括沙脊、凹槽、大沙丘和席状砂等底形，自南向北倾斜潮流三角洲，在 24°N，120°E 附近分成东、西两大不同形态的沙脊（Liao，2005）。两沙脊之间长约 65 km，宽约 8 ~ 10 km 的彰云凹槽。

东沙脊长约 65 km，宽约 15 km，高约 10 ~ 30 m，NNE 向延伸，峰脊水深不足 20 m，表面较为光滑少见沙波，沙脊两侧不对称，西坡较陡（约 0.11°），沙脊北部宽南部窄，平行海岸线延伸，东沙脊以东又以 30 ~ 40 m 水深的凹槽与台中海岸隔开。彰云沙脊由中细砂和中粗砂组成，峰顶附近粒度粗于两侧，南端粗于北缘（观音凹陷），横向不对称，西侧翼陡东侧翼缓都反映泥沙有向 N 和向 W 的运移规律。

西沙脊又分为南北两个部分，南部按 40 m 等深线圈闭，沙体走向 NW—SE，垂直于台湾西部岸线，沙脊长约 50 km，宽约 13 ~ 50 km，高出周围海底约 20 ~ 30 m，峰脊线两坡不对称，南坡较陡（约 0.23°）北坡较缓（约 0.006° ~ 0.11°）表面分布大片的大型水下沙丘。沙丘高约 3 ~ 5 m，丘长约 75 ~ 150 m，主要分布于西沙脊峰顶和近顶两翼，分别较大沙丘高达 10 m，丘长达 300 m，陡坡坡度 2° ~ 4°，缓坡（迎流坡）0.6° ~ 2°，平均 1.2°。西沙脊南部区大沙丘缓坡向 SW，陡坡向 NE，脊线与洋流（黑潮）方向有一固定夹角（Dalrvmple，1984；Lanckneus et al，1994）。西沙脊北部区小沙丘陡缓坡有与南区相反，说明受涨（NE）落（SW）潮流不同的作用（Liao and Yu，2005）。由于西沙脊表面广布沙丘，起伏较大，Liao（2008）称其为浅滩（sand shoal）式沙脊，西沙脊的北部以 60 m 等深线圈闭成长 85 km，宽约 40 km 的长方向极细砂——细砂分布区，长轴平行岸线，南端水深约 43 m，北端渐变成 60 m 并过渡到观音坳陷区，西侧过渡到吴楚坳陷区，沙体表面基本平坦，沙层厚约 22 m，中心轴部较高，两侧对称，坡度均在 0.04° ~ 0.09° 之间，Liao（2008）称其为纵向沙席或沙席式沙脊。

11.3.2.2 成因与演化

沙脊成因应从沙源和水动力两要素讨论。彰云沙脊所在沙层厚约 22 ~ 24 m（Liao，2008），这样厚而大面积的沙从何而来，引起许多学者的关注（Yang，1989; Liu et al，1998; Dyer and Huntley，1999；Park et al，2003；Huang and Yu，2003；Wang et al，2004；Liao and Yu，2005）。Yu and Song（2000）称台中浅滩为云昌隆起（构造突起），但穿过沙脊的几条地震反射剖面证明沙脊所在沙层以下没有凸出来的基岩和地形特征，而是一平坦的不整合界面，界面以下为陆相（河流相）沉积层，则彰云沙脊所在的巨厚沙层起源于全新世海侵。按沙层中含大量近岸贝壳软体动物碎片，近岸相微体生物化石以及磨圆小砾石和泥砾等物质，可以证明是海侵初期近岸带沉积。按冰消期 10 ka BP 海面在今东海 50 ~ 60 m 等深线附近（金翔龙等，1992）分析，台湾海峡在冰消期，海平面也会较长时期稳定在 60 m 等深线的高度，则当时的近岸带沙层就是现彰云沙脊的基础沙（可以是当时的沿岸沙坝或离岸沙坝），或为古沙脊沙，有人又称残留沙（Liu，1998）。

全新世海侵，海面很快上升，直至距今 5000—7000 年前，海面上升到现在的高度（Boggs et al，1979）淹没了古彰云沙脊基础沙层。当时潮流仍十分强烈，涨潮流受科氏力的影响，优势的往复流偏向东沙脊区域。汇同强烈的黑潮分支，流速可达 1 m/s（Huang and Yu，2003），修饰和改造了古沙脊沙层，造成台湾海峡物质北移，总量每年约 1.8 sv（$1 sv = 10^6 m^3/s$）（Wang et al，2003），修饰和改造了古彰云沙脊。更由于沙脊西部和北部潮流椭圆绝对值增大，逐渐从东部的往复流向西和北的旋转流变化（图 11.10）引起潮流速逐渐降低，导致西沙脊由粗粒水下沙丘区向细粒沙席区过渡。所以严格来讲，彰云西沙脊是沙席式沙脊。在彰云沙脊区域，潮流是影响砂质沉积物运移和地貌形态的主要因素，主要潮流通道有澎湖水道，即东沙脊与台湾西岸之间的凹槽，西沙脊南和西缘的流道。西沙脊表面普遍发育大到特大沙丘，说明沙脊活动性强烈，而东沙脊表面光滑，表明东沙脊现代正处于消亡或不活动状态（Liao，2005）。

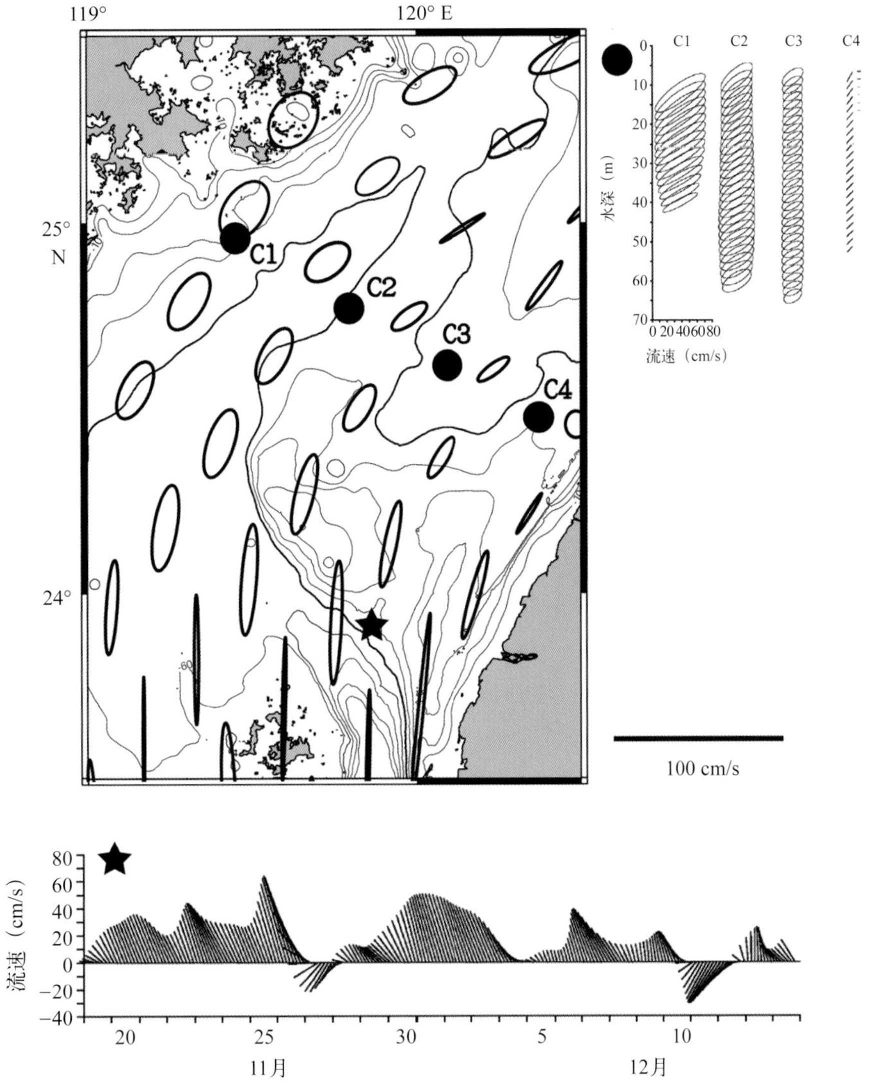

图11.10　彰云沙脊潮流变化图（Liao et al，2008）

Fig. 11.10　Variation chart of Zhangyun sand ridge tidal current (Liao et al, 2008)

第十二章　黄海东西两侧的水下沙脊群

黄海位于 31°30′—39°50′N，119°10′—126°50′E 之间，西北面以山东半岛蓬莱岬至辽东半岛的老铁山岬连线与渤海相接，南面由长江北口启东嘴与济州岛西南角连线与东海相连，黄海是中国、朝鲜和韩国陆地包围的半封闭浅海，南北长约 570 km，东西宽约 556 km，面积约 38×10^4 km^2。平均水深约 44 m，最大水深 140 m。山东半岛的成山角和朝鲜半岛的长山串之间的连线分黄海为北黄海和南黄海。南黄海中部偏东水深 70 ~ 80 m，海底平坦，称“黄海海槽”，其东部近朝鲜半岛潮差甚大，达 8.5 ~ 10 m，流也大，沿岸分布一连串的浅水海湾，如西朝鲜湾、江华湾、群山湾等水深只有 20 ~ 30 m，发育大面积的平行直线型沙脊，黄海西部，除山东半岛的成山角和连云港附近有无潮点（大潮潮差不足 0.5 m）以外，大部分均达 2 ~ 4 m 的潮差，潮流次之，波浪较强。由黄河、淮河和长江等输海物质构成苏北平原海岸，目前分布微凸的侵蚀型废黄河三角洲和西南岸受两向潮波作用而发育奇特的辐射沙脊群。

黄海东部的平行直线型沙脊群和西部近岸的辐射状沙脊群都是世界著名而典型的沙脊群。本章重点加以介绍和研讨。

12.1　朝鲜半岛西岸外的沙脊群

黄海东部朝鲜半岛西岸外是世界著名的强潮区，潮差高达 10 m。太平洋潮波从日本的九州岛和中国的台湾岛之间传入东海，随后大部分向 NW 进入黄海，另一部分受山东半岛南岸和辽东半岛的反射，入射波与反射波干涉形成以驻波性质为主的黄海潮波（丁文兰，1985）。受半封闭浅海地形的影响，黄海东部朝鲜半岛近岸海湾潮差甚大，黄海无潮点偏于西部，又受地球偏转力的影响，潮波前进方向的右侧潮差增大，如仁川港潮差达 10 m 以上。黄海潮流流速分布也东部强，西部次之，中部弱，最大值出现在朝鲜半岛西岸海湾顶端，如仁川港口外，潮流流速为 2 ~ 3 kn，最大可达 5 kn（Choi et al，1996）。

黄海东部沉积物主要来源于朝鲜半岛，朝鲜半岛丘陵山地地形，地势较高，西岸和南岸较低平，河流从山地以高流速直泻平原，每年向海输入大量粗粒碎屑。鸭绿江、大同江、汉江、锦江、蟾津江、洛东江等河流年输沙（表 12.1）总量达 14.73×10^6 t/a 以上，成为各海湾沙脊底形的物质基础。

高流速和丰富的砂源导致朝鲜半岛以西陆架及各海湾覆盖了大片砂质沉积物，初步估算约 8×10^4 km^2，发育了世界规模的典型的沙脊群，西朝鲜湾、江华湾、锦江河口的群山湾以及济州岛西北和东北直至对马等海湾湾口一带均发育大面积的沙脊群。

表12.1 朝鲜半岛西岸主要入海河流参数（修改自刘振夏，夏东兴，2004）
Table 12.1 Parameters of main rivers flowing into the sea in the west bank of Korean Peninsula (Modified from Liu and Xia, 2004)

河流名称	长度（km）	流域面积（km^2）	年平均径流（$10^9 m^3/a$）	年平均输沙（$10^6 t/a$）
鸭绿江	800	61 000	35	5
清川江	199	5831		0.48*
大同江	439	1672	3.1	0.26*
临津江	254	8118	5.5	1.24*
汉　江	488	26 219	20	4
锦　江	401	9886	5	1.3
英山江	115	2798	2.6	1.24
蟾津江	226	4897	3.8	0.21*
洛东江	525	23 852	14	1

注：加*的数据为计算值。

12.1.1 西朝鲜湾的潮流沙脊群

黄海东北部分布大片相互平行排列的水下沙脊群，习惯上称为西朝鲜湾潮流沙脊浅滩，该区为辽东半岛东岸和朝鲜半岛西北岸所环抱的海区，湾口向SW开敞，水深在50 m以内，陆侧山峦起伏，大同江和清川江为山溪性河流，年输湾泥沙约0.74×10^6 t/a。为湾内沙脊区提供丰富的沙源，海湾NW侧的鸭绿江输沙量达5×10^6 m^3/a。入湾后一部分沉积于西朝鲜湾沙脊区，大部分顺沿岸流而入北黄海。西朝鲜湾地处黄海东侧高潮差区的NE部，终年半日潮，潮差8 ~ 9 m，潮流垂直海岸，流速达100 ~ 150 cm/s以上，落潮流大于涨潮流，利于大量陆沙的向海扩展。在20世纪50年代朝鲜战争期间，Off（1963）发现在鸭绿江口和大同江口之间水深10 ~ 30 m附近等深线迂回曲折，呈大面积的脊槽起伏地形，由数十条（海图上量出50条以上）沙脊组成，称规模宏大的水下沙脊场，面积约1.4×10^4 km^2（刘振夏，夏东兴，2004）。Off（1963）称该沙脊为“sandbank”，但许多海图上称为“bank”或“shoal”，海岸和大地测量研究会使用“sand ridges”或“Finger shoals”（Josan，1961）。西朝鲜湾的潮流沙脊垂直海岸NNE—SSW向延伸，正与主潮流方向近似平行，沙脊由中细砂和细砂组成，分选好，砂含量大于70%，中值粒径达2.5ϕ左右（刘敏厚，1987），合乎潮流沉积物特征。沙脊之间为涨落潮流通过的凹槽，槽底由细砂－极细砂质沉积直至湾口与沙脊一起演变成粉砂黏土质海底。单个沙脊长约数十千米，海图上等深线圈出的沙脊长度达80 km以上，而且愈近海湾的南侧（接近大同江口外）沙脊愈长，最长者，达200 km（刘振夏，夏东兴，2004）。沙脊的高度约在7 ~ 30 m之间，平均约20 m，脊间凹槽距离变化很大。在湾顶，槽距较窄，湾口展宽达1.4 ~ 8 km（刘振夏，夏东兴，1983；刘敏厚等，1987；秦蕴珊等，1989）。

Off（1963）称脊高与槽距的比值为沙脊频率，通常频率为3.29 m/km，反映泥沙与流速对沙脊处的平衡状态，这时两参数于双对数坐标纸上的斜线与水平面呈45°（图12.1）以及沙脊进入消亡阶段。西朝鲜湾的槽距在湾顶一带较窄，即频率较大，反映水沙平衡，沙脊处于正常发育阶段，而湾口一带频率甚小，沙脊也变稀疏、降低和消亡。正是第五章中所提到的环流（螺旋流）的逐渐消失过程。

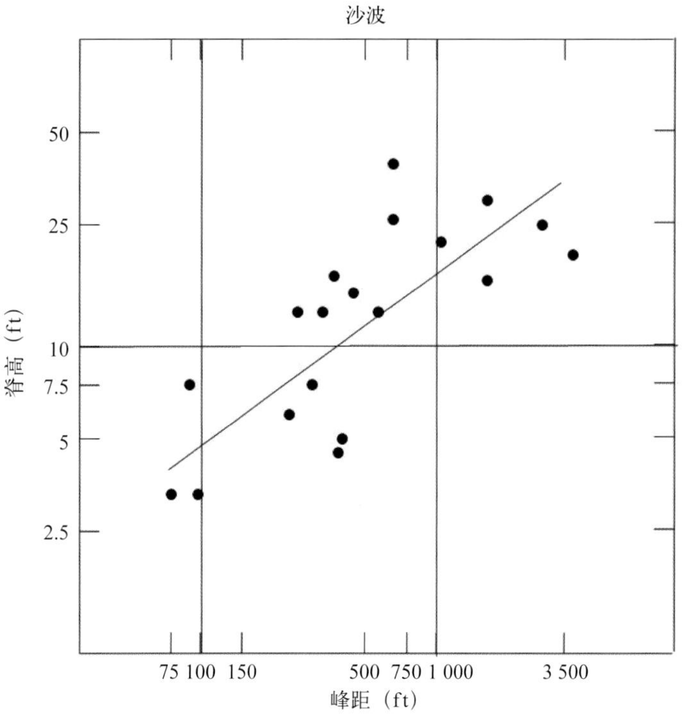

图12.1　脊高和峰距的相关关系（Off，1963）

1 ft = 0.3048 m

Fig. 12.1　Correlation between ridge height and peak distance (off, 1963)

12.1.2　半岛西南岸外水下沙脊群

12.1.2.1　济州岛 NW 沙脊群

朝鲜半岛西南角金钢南道西南岸外济州岛西北海区分布许多岛屿，岛间和群岛西南为大片浅滩，英山江输入 1.24×10^6 t/a 的陆源碎屑，三角岸外约在 80 ~ 120 m 水深处（35°30′N 以南）分布大片水下沙脊群，按 1 : 25 万海图可圈出 16 条沙脊（图 12.2），1993 年，中国和韩国科学家合作对该区作了浅层地震调查和钻探（YSDP-10Z 孔），揭示了该区古沙脊的形成演变过程。黄海东部朝鲜半岛西岸外 35°45′N 以北各海湾沙脊一般 NE—SW 向延伸，而本区沙脊群却为 NW—SE 或 NWW—SEE 向。沙脊长约 19 ~ 125 km，脊高 10 ~ 20 m，脊间距 10 ~ 30 km，最窄的 6 km，沙脊两侧翼基本对称，或 SW 侧翼陡于 NE 翼（Chough et al，2002；杨子赓等，2001）。最北部的一条沙脊已被泥质沉积覆盖（图 12.2），称 YSDP 沙脊。从地震剖面上来看，被埋藏的沙脊表面仍显起伏地形（杨子赓等，2001）。

YSDP-102 钻孔（33°49.496′N，125°45.009′E）孔口水深 62 m，位于沙脊群北侧，沙脊厚约 6 m，由中粗砂 - 细砂（0 ~ 4.27 ϕ）组成，夹粉砂黏土薄层，下伏为不整合界面，界面以下为砂砾石滞留沉积层和风化层火山岩（图 12.3）。纵观该孔 60 余米岩心层，可分成 3 部分：下部：C 层（埋深 58 m 以下）为侵蚀谷及洼地充填滞留沉积层，顶面有侵蚀面，杨子赓（2001）认为该侵蚀面为 YD- 新仙女木事件；中部：B 层（52 ~ 58 m）为潮流沙脊沉积砂层，该层上半部分（55 ~ 52 m）为砂层，中夹较多的粉砂黏土薄层；上部：A 层为高海面形成的泥质沉积层（李绍全，1997）。

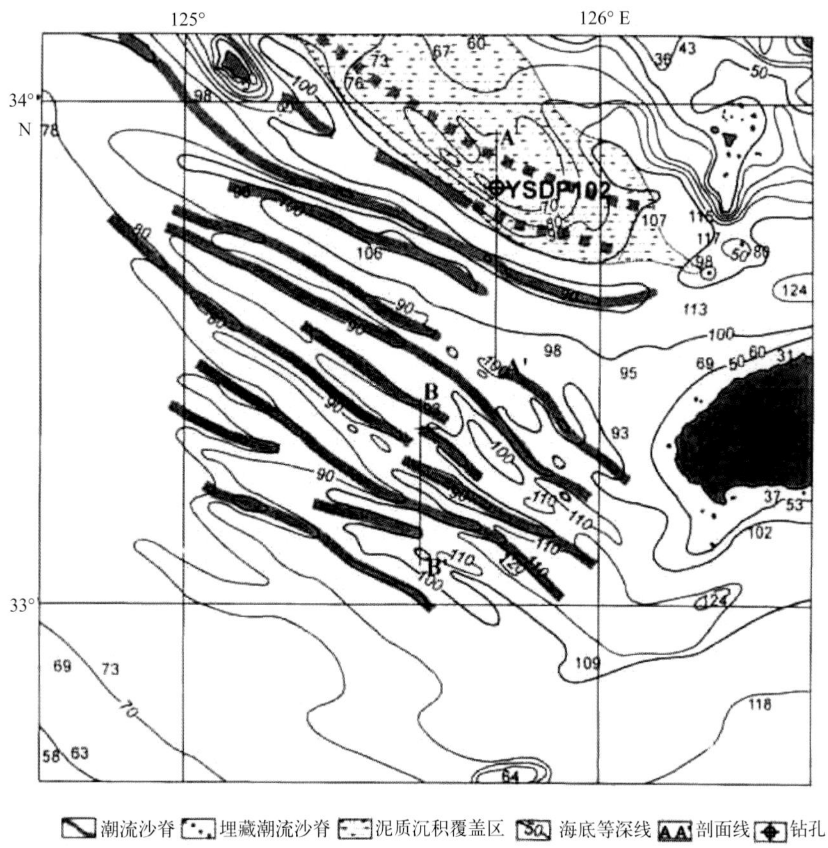

图12.2　南黄海东部潮流沙脊底形（杨子赓等，2001）

Fig. 12.2　Ridge bedform of tidal current sand in the east of south Yellow sea (Yang et al, 2001)

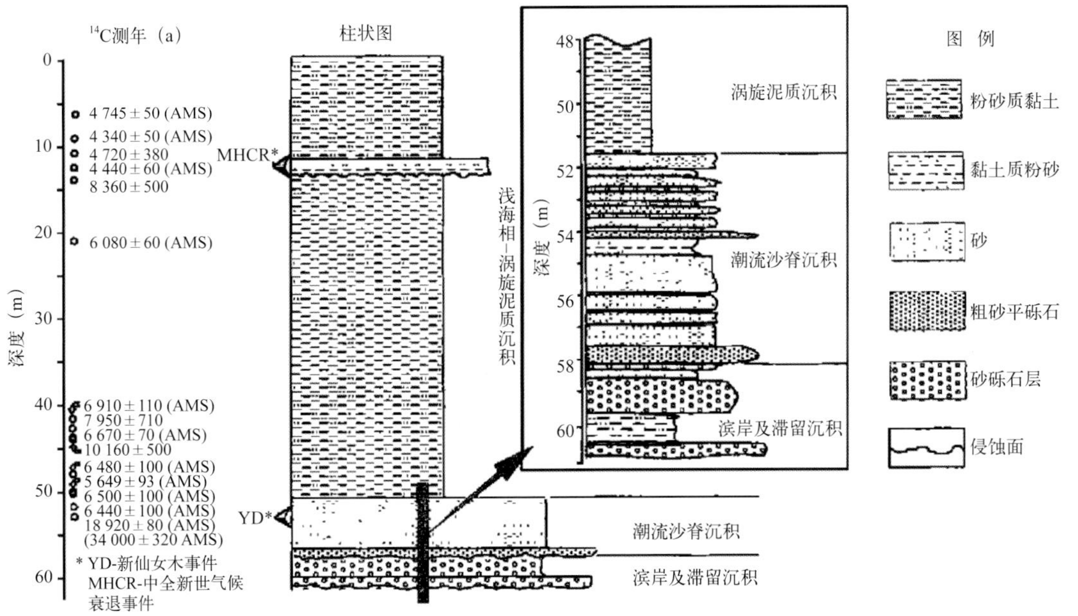

图12.3　YSDP-102孔沉积柱状图（^{14}C测年中粗体是可靠年代值；正体是参考年代值；斜体是不可靠年代值）（杨子庚等，2001）

Fig. 12.3　YSDP-102 core sedimentary histogram (^{14}C dating in bold is reliable age value; The main body is the reference age value; Italics are unreliable age values) (Yang et al, 2001)

YSDP-102 孔岩心围绕沙脊层及其上下作 ^{14}C 数据 16 个，测试方法（AMS 法，常规法、稀释法）和测试样品（贝壳，有机黏土），不同得到数据有差异，大致可分成三组，最早一组年龄为 1.8 ka BP 或 1.4 ka BP，中间较多一组为 1.0 ~ 0.8 ka BP 和较年轻的一组 0.4 ~ 0.5 ka BP（杨子赓，2001）。杨子赓参考 QC2 孔（杨子赓，林和茂，1996）并与东海陆架最外侧的潮流沙脊形成时代相同，均属于冰后期海侵过程中发育的，大约对应于 12 ~ 9 ka BP，包括新仙女木期的海面波动，全新世中期海面上升初期即 4 ~ 5 ka BP，沙脊也较快发育，随后水深过大潮流底流速降低，沙脊消亡于泥质层之下。

12.1.2.2 群山湾沙脊群

下述介绍本区北邻的沙脊，它是晚更新世盛冰期以前的老沙脊（Jin et al，2002）。朝鲜半岛西岸外中部的群山湾位于锦江河口外，水深 20 ~ 80 m，浅滩以细砂和中细砂为主，近岸地区平坦单调，离岸数千米海底起伏，脊槽相间，这里潮流强烈，大潮极值达 1.03 m/s 以上，M_2 分潮潮流椭圆主走向 NE—SW，分布约 24 条沙脊组成的沙脊群。沙脊由纯净的橄榄灰色细砂 - 中细砂组成，走向 NE—SW，沙脊长 9 ~ 64 km，平均 31.7 km，脊高 3 ~ 21 m，平均 9.6 m（Bahng et al，1994），脊间凹槽由粉砂 - 细砂组成，脊间距离 3.1 ~ 6.8 km，平均 4.3 km。脊顶表面坡度约 0.5°，沙脊群从水深 20 m 延伸到 80 m。经过密集的高分辨率地震剖面结合一个 45 m 水深处沙脊上的钻孔（YSDP-104，35°45.633′N，125°89.813′E，岩心长 44 m）分析结果，自上而下确认了 3 个沉积序列 5 个地震地层（图 12.4），最下部层序Ⅲ的底部由粗粒非海相沉积物 U_5 组成，乱反射，横向不连续，其上为潮流沉积的泥质 U_4 层，岩心中有粉砂和黏土的交互纹层，含丰富有孔虫化石。层序Ⅱ是沙脊沉积层，下部 U_3 层呈杂乱相，基底不规则；其上 U_2 为具沙泥交互的韵律结构，中等至强的生物扰动，含丰富的有孔虫化石，该层上部

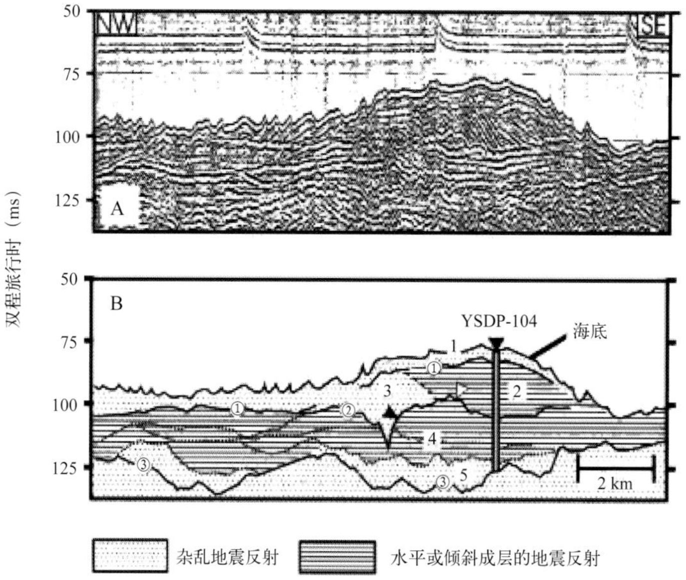

图12.4 黄海中东部通过YSDP-104孔的地震剖面（A）和解译图（B）（Jin and Chough，2002）
数字1 ~ 5代表5个地震单元

Fig. 12.4 Seismic profile (A) and interpretation map (B) of the middle and eastern part of the Yellow sea through core YSDP-104 (Jin and Chough, 2002) 1 ~ 5 Numbers represent 5 seismic units

90 cm 处为均匀而硬的不含化石的泥层，最上部 5 cm 为带红黄条带，^{14}C 测年为 27.82 ka BP，表明该层为受潮流影响的浅海环境，最上部的色带反映潮上带环境，暴露于空气中氧化而成，根据 ^{14}C 测年，该系列年龄为 47 ~ 28 ka BP（Jin and Chough，2002），代表深海氧同位素曲线 3 期两个短时间海面波动旋回。层序 I 由沿沙脊轴部分布的细砂盖层组成，细砂平均粒径 2 ~ 3ϕ，大部分由晚全新世海侵砂薄层盖在沙脊表面上，也包括少量早全新世的泥质沉积物，厚度大约 3 m（Jin and Chough，2002），大多数沙脊正经历潮流的侵蚀，在沙脊表面两侧发育不对称沙波，沙波的陡坡指向沙脊的顶部，沙脊顶部也发育对称的沙波（Bahng et al，1994），证明沙脊正处于生长发育阶段（李绍全等，1997），沙脊脊线与潮流椭球体的长轴方向基本一致，表明潮流对其起控制作用。

地震剖面和钻孔岩心证明富含泥和有孔虫的老沙脊沉积层大部分于晚更新世末次盛冰期的沉积，现在沙脊的两侧多处被侵蚀，并被晚全新世海侵沙席所覆盖，沙席表面的沙波说明潮流仍在影响。

12.1.3 对马埋藏沙脊群

朝鲜半岛南岸外，韩国南海对马岛西南的中陆架上分布大片的水下沙脊群，1973 年以来作过电火花地震调查、钻探（SSDP01）和 ^{14}C 年龄测定，认为是冰后期海侵中期形成的沙脊，如今已不活动或被埋藏。

现代陆架上的许多沙脊形成于海侵背景下（Yang，1989；Davis and Balson，1992；Wagle et al，1996；Trentesaux et al，1999），如中国东海陆架的潮流沙脊和欧洲北海的潮流沙脊群（Yang and Sun，1988；Jansen，1976），陆架沙脊是活动的还是不活动的取决于其对现代水动力的响应。朝鲜半岛西北岸外的沙脊是现代潮流控制的活动沙脊（Park and Lee，1994），围绕韩国南岸外沙脊的成因，Min（1994）认为这些沙脊是连接滨面的沙脊，被后期动力改造，Park 等（1996）认为它们是与埋藏后水系相关的被埋藏沙脊。

12.1.3.1 区域环境

韩国南海中陆架（60 ~ 100 m 水深），是古蟾津江的三角洲沉积区域，古蟾津江每年输入海约有 0.8×10^6 t/a 的细粒物质和相应的粗粒物质（Park et al，1996），主要堆积在内陆架，而中陆架分布的是残留的粗粒物质，是低海面时靠近海岸的沉积。

现代陆架主要水动力是黑潮分支 - 对马暖流，常年流向 E，表层流速 30 ~ 90 cm/s，夏强冬弱且随水深的增大而降低。波浪对 30 m 水深以内的海底也有影响，夏季 SW 风有助于浪流增强。潮差 2 ~ 4 m，潮流涨潮时流向 SW，落潮时向 NE，表流约 100 cm/s，但水深 80 m 时，近底流速只有 30 cm/s（Shim et al，1984）。

12.1.3.2 沙脊沉积和声学特征

水下沙脊分布于 60 ~ 100 m 水深处，一般走向 NE—SW，NEE—SWW 或 E—W，几乎与现今的等深线平行（图 12.5A、B），形态上十分复杂，显示线形、拉长形、弯曲形和分叉形等。在地震剖面上沙脊表面光滑，没有任何诸如大小沙丘等次级底形。根据分布形式和厚度变化可识别出与淹没的古蟾津江水系相关的 7 条独立的沙脊，它们的形态参数和沉积特征组合于表 12.2，7 条沙脊平均长 41.3 km，顶宽 3.7 ~ 5.5 km，平均厚度约 10 ~ 16.4 m，

NE—NEE 向伸展，沙脊横向剖面稍微不对称，陡坡向海（南），有的沙脊陡坡向岸（北），也可参照横剖面上的进积层，决定不对称方向，沙脊的平坦顶面均被一定厚度的粉砂黏土层覆盖。

表12.2 韩国南海朝鲜水道一带潮流沙脊统计（Park et al，2003）

Table 12.2 Statistical table of tidal sand ridge along the Korean waterway in the south Korea sea (Park et al, 2003)

脊号	水深 (m)	长度 (km)	峰顶宽度 (m)	峰顶厚度 (m)	延伸方向	特征
SR1	90 ~ 95	15	4	10	E—W	弯曲状，峰顶宽达 4 km
SR2	85 ~ 95	28	3 ~ 5	5 ~ 15	E—W	分叉弯曲状
SR3	85 ~ 90	45	2 ~ 4	10 ~ 15	NEE	线性，分叉
SR4	70 ~ 80	27	3 ~ 6	15 ~ 20	NE	向 W 增厚和宽
SR5	70 ~ 80	25	2 ~ 4	10 ~ 15	NE	较窄
SR6	60 ~ 70	63	9	10 ~ 20	NE	分叉，顶平坦
SR7	60 ~ 70	58	3 ~ 7	10 ~ 20	NE	线性，西分叉，西端厚 22 m
平均		41.3	3.7 ~ 5.5	10 ~ 16.4	NE	

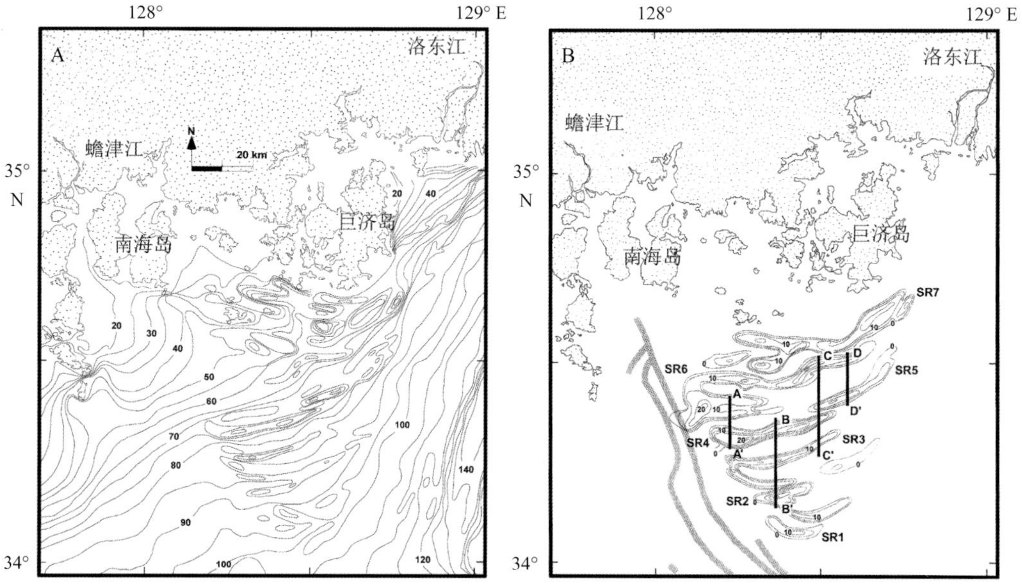

图12.5 A. 研究区详细水深图（等深线间隔5 m）；B. 中陆架沙脊（SR1–SR7，从远岸至近岸）分布（厚度单位：m）。粗线（A–A′、B–B′、C–C′和D–D′）表示穿过沙脊的地震剖面。沙脊区西部的阴影线代表淹没的古蟾津江古水系（Park and Yoo，2000）

Fig. 12.5 A. Detailed bathymetric map of the study area (5 m isobath interval); B. Distribution of sand ridges on the middle shelf (SR1–SR7, from the far shore to the near shore) (thickness: m).The bold lines (A–A′, B–B′, C–C′ and D–D′) represent the seismic profile across the sand ridge. The shaded lines in the western part of the sand ridge area represent the submerged ancient water system of the old Somjing river (Yoo and Park, 2000)

12.1.3.3 沉积相和 ^{14}C 年龄

韩国南岸外中陆架沉积层序受冰期和冰后期海面变化所控制包含一套与末次海平面循环响应的低海面，海侵和高海面沉积层（Yoo and Park，2000）。分为 A、B、C 3 层（图 12.6）。C 层为低海面河口三角洲沉积层，盛冰期最低海平面在韩国陆架为 130 m（Min，1994），现 60 ~ 100 m 的中陆架属于陆相或侵蚀砂砾石相。B 层为近岸沙脊残留沉积层，由中细砂和粗砂组成，平均粒径 1 ~ 3ϕ，分选中等到好，含大量近岸相贝壳和碎片或夹贝壳碎屑薄层，是高浪流的近岸相，与下伏砾石层之间有不整合侵蚀界面。A 层，又称泥层，往往是均一的粉砂或黏土质粉砂层，属于深水低能环境下的沉积。

利用加速器质谱仪砂层中的贝壳碎屑测试得 6 个放射性碳年龄，样品来自 SR4，SR5，SR6 沙脊相关层位，^{14}C 年龄在早至中全新世范围。两个大年龄（9180 ± 68）a BP 和（8358 ± 65）a BP 别在 SR5 和 SR6 沙脊，B 层底界或接近底界，（5760 ± 57）a BP 和（6886 ± 61）a BP 分表在 SR6 和 SR5 沙脊的顶层或上中层，说明该沙脊群形成和发育于 9500 ~ 5500 a BP。

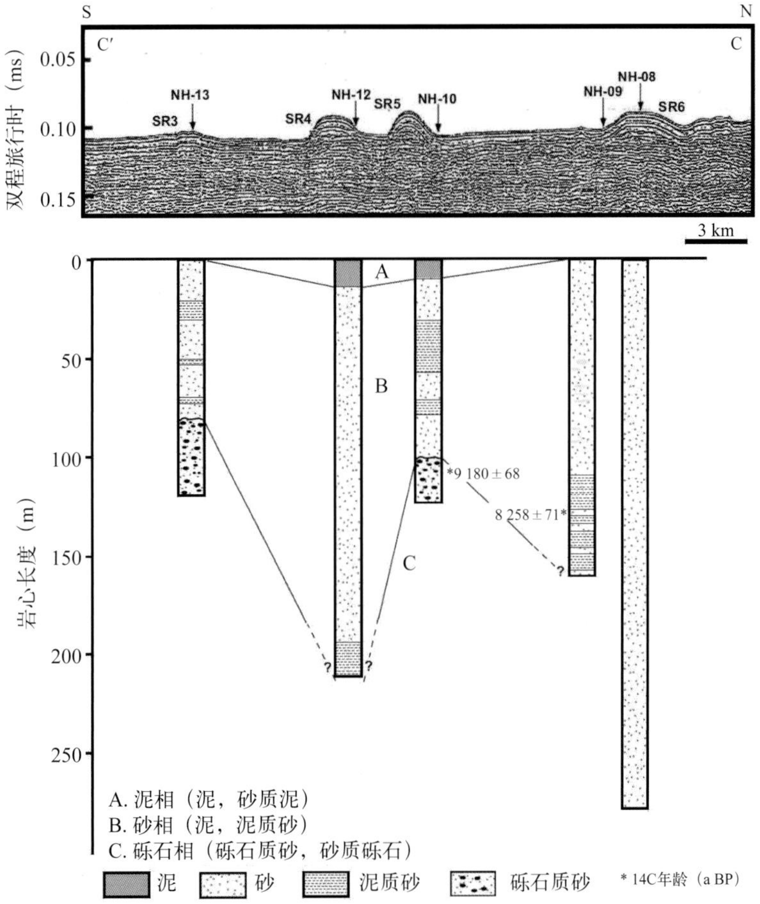

图12.6 C–C′测线（位置见图3）和线上的钻孔

A、B和C分别代表柱样上泥相、砂相和底部的砾石相（Park et al，2003）

Fig. 12.6 C-C′ survey line (position shown in figure 3) and core on the line. A, B and C respectively represent the mud phase, sand phase and gravel phase at the bottom of the core sample (according to Park et al, 2003)

12.1.3.4 沙脊的发育和被埋藏

按全球海平面变化曲线约 17 ~ 7 ka BP，海面上升，在 11 ~ 7 ka BP，海侵变缓慢，称海侵中期也称冰消期，仙女木期（杨子赓，2004）。这一时期正是本区沙脊形成和发育直至消亡时期。构成沙脊的物质就是古蟾津江，每年 0.8×10^6 t 的速率向海输沙，在向 E 的洋流、东西向的潮流和 SW 向的入射波浪作用下，在近海和近岸发育了多条沙坝（Cao，Collins，1997），组成不对称的东瓣大于西瓣的水下和近岸三角洲（图 12.7）砂体。5.5 ka BP 以来海面迅速上升，已形成的三角洲被深水沉积层（粉砂黏土）所覆盖。成为被埋藏的沙脊群。

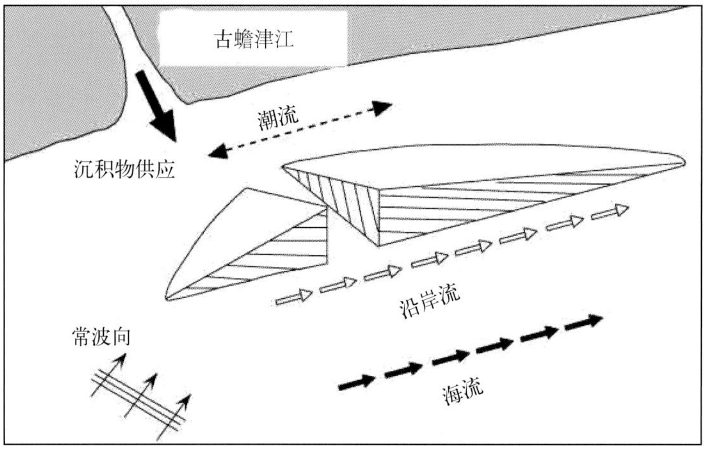

图12.7 古蟾津江河口线形沙脊形成示意图。沙脊最初来源于河口沙坝，然后在沿岸流（潮流和浪流）和岸外洋流的联合作用下，发育成不对称的河口沙坝群（Park et al，2003）

Fig. 12.7 Schematic diagram of the formation of linear sand ridges at the mouth of the ancient Somjing river. Sand ridges originally originated from estuary sandbars, and then developed into asymmetric estuary sandbar groups under the combined action of coastal current (tidal current and wave current) and offshore ocean current (Park et al, 2003)

12.2 弶港辐射沙脊群

南黄海西部废黄河三角洲与长江现河口间有一片向海微凸的沙脊群，由于沙脊辐聚点是江苏的弶港，则称为弶港辐射沙脊群，或苏北浅滩辐射沙脊群。沙脊群南北（36°32′—34°20′N）跨 260 余千米，东西（120°40′—122°20′E）超过 150 km，面积约 30 000 km^2。北部边缘约以 20 ~ 40 m 等深线圈出，南以 50 ~ 60 m 等深线勾出一舌状半圆形浅滩，表面坡度较缓，约 0.016% ~ 0.0175%，边缘坡度较陡，可达 0.05% ~ 0.125%。

该沙脊群中各沙脊组呈辐射状，以弶港为汇聚的顶点，有数十条辐射状潮流沙脊和脊间凹槽组成。这种大面积奇特的沙脊群，早为世界研究者所关注。最早于 20 世纪 60 年代，Off 等（1963）研究了世界大陆架（包括弶港辐射沙脊）沙脊时认为潮流流速 0.5 ~ 2.5 m/s，供沙充足的近海可发育沙脊。70 年代至 90 年代，进行了多次大规模的沙脊区的调查，对潮流作用（Smith，1969；McCave，1979；Howarth and Huthnance，1984），波浪作用、泥沙运移、水下沙脊尺度大小均作了许多研讨，如欧洲北海和中国东海的沙脊群（Dyer and Huntley，1999；Liu et al，2000），似乎放射状的沙脊群多发现于海峡的入口和出口处（Patticaratech and Collins，1987）。弶港辐射状沙脊群分布在开阔的平直海岸岸外，十分奇特，我国于 20 世纪 60—80 年代以及 21 世纪初，曾对弶港沙脊及其附近海域作过详细的调查，围绕沙脊成因和演化曾有多种不同见解（刘振夏，1983；李成浩，李本川，1981；夏东兴，刘振夏，1983；申宪忠等，1983；季子修等，1985；杨长恕，1985；张光威，1991；赵松龄，1991；王颖等，2002；张家强，李从先等，1999），21世纪以来，许多学者通过卫片监测和数值模拟，进一步作了深入研究（Xing et al，2012；Xu et al，2016；Wang et al，2012；Song et al，2013）。

12.2.1 辐射沙脊的形态、分布和组成

辐射沙脊在平面上以弶港为汇聚顶点，呈扇形向海辐射，由线状沙脊和脊间凹槽组成，粗略统计约有沙脊和沙洲70余条（季子修等，1985），其中主干沙脊约19条（傅命佐，朱大奎,1983）。当地对它们均有一定名字（图12.8）,刘振夏（2004）按沙脊走向和尺度分成四组。

北部组：主要发育在32°55′N以北，121°30′E以西，包括小阴沙、孤儿沙、三丫子、亮月沙、太平沙、大北曹东沙、泥螺珩、扇子地和团子沙等。这些沙脊间的凹槽为西洋、小夹槽、小北槽和大北槽等。除小阴沙和西洋西分汊成NNW外，均呈N—S走向，且东沙是它们共同的辐聚点。这一组沙脊几乎完全受控于南黄海西部旋转潮波系统。

东北部组：发育在32°46′N以北，辐射沙脊群东北部。主要包括毛竹沙、外毛竹沙和苦水洋沙等沙脊，是整个沙脊群形态整体发育最规整，也是最长的沙脊。其中苦水洋沙总长超过100 km。该组沙脊以条子泥为顶点，在33°30′N以北走向近S—N向，随着向中心辐聚开始向西偏转，先是SSW向，最后转向SW，辐聚于条子泥。脊间有陈家坞槽、草米树洋和苦水洋等潮流水道。沙脊的平面分布很好的反映了该区域潮流动力场的变化。本区涨潮流在33°30′N以北，几乎全为旋转潮波控制，沙脊呈S—N走向，33°30′N以南旋转潮波系统受到东海前进波系统的顶托，潮流向西偏转，因此同一条沙脊在外端呈S—N向，至根部呈SW的走向。

中部组：位于32°30′—32°46′N之间，发育有蒋家沙、河豚沙和太阳沙等沙脊。规模较小，方向E—W。两股潮波在本区相聚，其合力使潮流呈E—W向进退，故而形成近E—W向沙脊。

南部组：位于32°30′N以南，发育了火星沙、冷家沙和乌龙沙等沙脊，方向SE。南部沙脊完全在前进潮波控制下形成，发育规模远小于北部，尤其在宽度上更为明显（图12.8）。

沙脊高约10 ~ 20 m，其中沙脊汇聚中心区比较平缓，从中心向外约30 km的范围起伏均较小，高差不过数米，距中心30 ~ 70 km之间的地带是沙脊发育最好的地区，脊槽高差可达10 ~ 20 m，沙脊的密度较大，而沙脊宽一般数千米，亦见分叉现象，距中心70 km以外沙脊高度一般降到10 m以下，密度也减少但宽度加大，最大宽度可达30 km，主要出现在沙脊群的东北部。沙脊的横剖面有对称和不对称两种，如小阴沙、外毛竹沙、火星沙和乌龙沙等属于对称沙脊，而苦水洋沙、蒋家沙和冷家沙等皆为一坡缓，另一坡陡的不对称沙脊。

沙脊群表面沉积物主要由分选良好的细砂组成，细砂含量可达90%以上（刘振夏，1983），另外分布有粉砂质砂、砂质粉砂和中细砂等。细砂主要分布于辐聚中心100km范围内，而南部组地区仅岸外沙脊为细砂，另外，外毛竹沙、苦水洋沙、乌龙沙等一些宽大规整的沙脊为细砂，呈带状分布，除细砂外，极细砂可占60%以上，分选很好，粉砂质砂和砂质粉砂等细粒物质分布于细砂区的外围，或沙脊间的较宽阔的凹槽中，黏土质粉砂分布于整个沙脊群的外围，水深18 ~ 20 m一带，但仍有在脊粗凹槽细的规律。

浅层地震资料显示辐射沙脊区（水下）晚第四纪地层大致分成三层，自上而下分为沙脊沉积层（Ⅰ），水下三角洲沉积层（Ⅱ）和陆相沉积层（Ⅲ）。

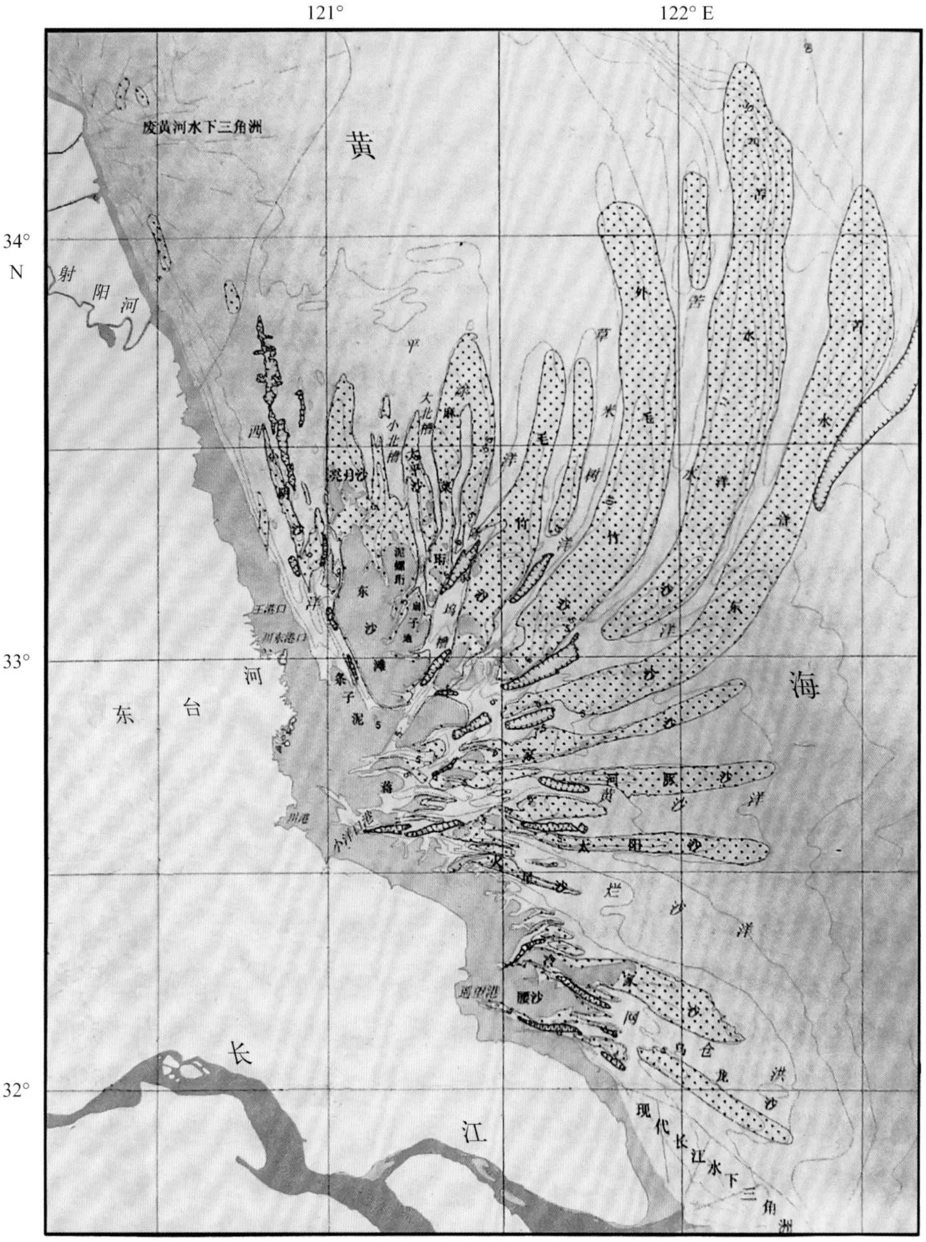

图12.8　黄海西部弶港辐射沙脊分布图（傅命佐，朱大奎，1983）

Fig. 12.8　The yellow sea in the west port Jianggang radiation sand ridges map (Fu and Zhu, 1983)

沙脊沉积层（Ⅰ）由细砂组成，具斜层理和平行层理，厚 10 m 左右，顶面水深一般 –5 ～ –15 m，近岸处可出露水面，与下伏层不整合接触。

水下三角洲沉积层（Ⅱ）由粉砂质黏土、粉砂和细砂组成，具水平或微斜层理，该顶面位于 –10 ～ –15 m 之间，有西高东低特点，该层为古淮河、古黄河和古长江入海泥沙堆积层，厚 5 ～ 15 m，分布于沙脊层之下，或在脊间凹槽中直接出露于海底，按东海全新世海平面变化历史，该三角洲地层形成于晚更新世末，冰消期以来，部分地段被侵蚀而缺失，直接出露冰消期时的陆相层。

陆相沉积层（Ⅲ）伏于三角洲层之下，二者间为不整合面，地震剖面上显示复杂的乱反射构造（夏东兴，2001）。赵松龄（1991）称其为古沙漠环境。

从地层结构上可知，该辐射沙脊形成于冰消期之后的中全新世海侵时期（约 7 ~ 5 ka BP），不过数千年的历史。

12.2.2 成因研讨

在总体平直的江苏海岸上出现一片约 30 000 km^2、厚 10 ~ 20 m 辐射状硕大的沙脊群。让任何人都会发问：①沙从何而来？②什么动力造成？近 30 年来，围绕这两个问题许多学者作过多种调查和研究。

12.2.2.1 沙源

弶港辐射沙脊群的沙源研究至今仍有分歧，杨长恕（1985）通过碎屑矿物组合研究认为沙脊区重矿物特征明显不同于旧黄河三角洲，而与古长江三角洲及现代长江沉积物相近，都带有变质岩物源区特点。耿秀山（1983）、王颖（2002）等认为沙脊群的物源主要来自古长江。杨子赓（1985）把研究区 122°E 以西划为废黄河 – 淮河三角洲沉积区。张光威（1991）认为沙脊区主要源于古黄河和淮河。张家强、李从先等（1999）通过对长江和黄河输海的碎屑矿物与沙脊不同区相关分析判定沙脊区的北部沙主要源于黄河，南部沙源于长江，中部为混合区。林珲、闫国年、宋志尧等（2000）认为沙脊群的物质是不同时代不同成因的沉积物。赵松龄（1991）认为低海面时期的沙漠体为基础物质。当然从地层结构看，沙脊覆于冰消期以来的三角洲地层之上，且与其不整合接触，受到侵蚀，则早期三角洲地层甚至低海面时的陆相层物质也被侵蚀参与了沙脊群的建造。2006 年以来，江苏省又组织了大规模的调查和钻探，确认沙脊形成于全新世海侵的一定水深时期，则南北两潮波系统所导致的沉积物运移，自然与南（长江）北（黄河）两大物源有一定联系（Xu，2016），黄河相关物源影响北部沙脊，长江相关物源影响南部沙脊。

12.2.2.2 潮流动力

弶港附近海区属于非正规半日潮，平均潮差 2.5 ~ 4 m，弶港为中心平均潮差可达 6.5 m，外水道处最高达 9.25 m（叶和松等，1988）。向南北逐渐降低。潮流也甚强，弶港北部区潮流垂直平均大潮流速在 1.5 m/s 以上，主流向与岸线平行，弶港以南大潮流速也达 1.5 m/s 以上，但主潮流方向为 NWW—SEE，与潮流通道方向一致（王颖，2002）。波浪受地形影响，高潮时覆盖沙脊浅水区，起消浪作用，低潮时波浪只能顺凹槽传入，风暴浪时，波浪大而频率低，所以波浪作用有限，潮流是长期强烈作用的动力。

沙脊群附近受两个潮波系统控制，即由东海传入的前进波系统和由南黄海传入的旋转潮波系统。太平洋前进潮波系统从东南方向传入，经东海入南黄海，一部分前进潮波迂回到山东半岛，发生反射，加之地球自转力的影响，形成逆时针旋转流自 N 向 S 传入本区（Xu，2016），经过 12.1 小时在弶港条子泥附近（34°35′N，121°50′E）与直接从东海来的前进潮波相叠加（图 12.9），导致弶港附近潮差明显增大，形成本区辐射状潮流流场。

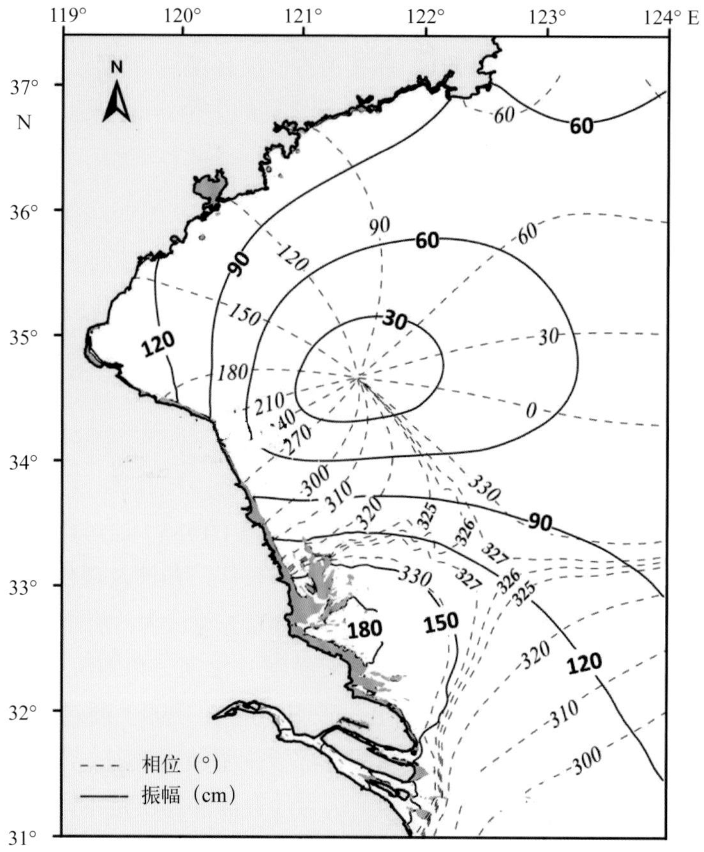

图12.9 显示了黄海南部的M_2分潮的同时和等振幅图。幅度以cm为单位，相位以（°）为单位（张家强等，1999）

Fig. 12.9 Shows the simultaneous and isotropic amplitude of M_2 tide in the southern part of the Yellow sea. The amplitude is measured in cm and the phase in (°) (Zhang et al, 1999)

两潮波相叠加的辐射潮流流场以弶港条子泥附近为界分成南北两类，两潮流矢量椭圆差异甚大。北部为逆时针旋转潮波主导的“8”字形椭圆，南部为前进波主导的“卵”形椭圆，Xu（2016）称为“NCS”和“SCS”，并进行数值模拟。据图 12.10 可知“8”字形椭圆一般沿江苏海岸线分布，向海延伸方向逐渐被“液滴”形椭圆所取代（图 12.10A）。在北部 NCS，潮流是单向的，退潮期间略微向东旋转，在中部凹槽较窄，潮流几乎沿着直线路径行进。在南部 SCS，潮流矢量椭圆大多是“卵”形（图 12.10D），具有较大的偏心率，为双向流。与 NCS 不相同。

在北部 NCS 中沙脊偏向于延长而伸直的形态，泥沙穿过沙脊顶部运移，而在南部 SCS 中，沙脊短而不连续，泥沙偏向沙脊周围运移。因此，总体而言，沙脊群南北两瓣动力、泥沙运动和沙脊形态等方面均显差异，与两潮波系统有密切关系。

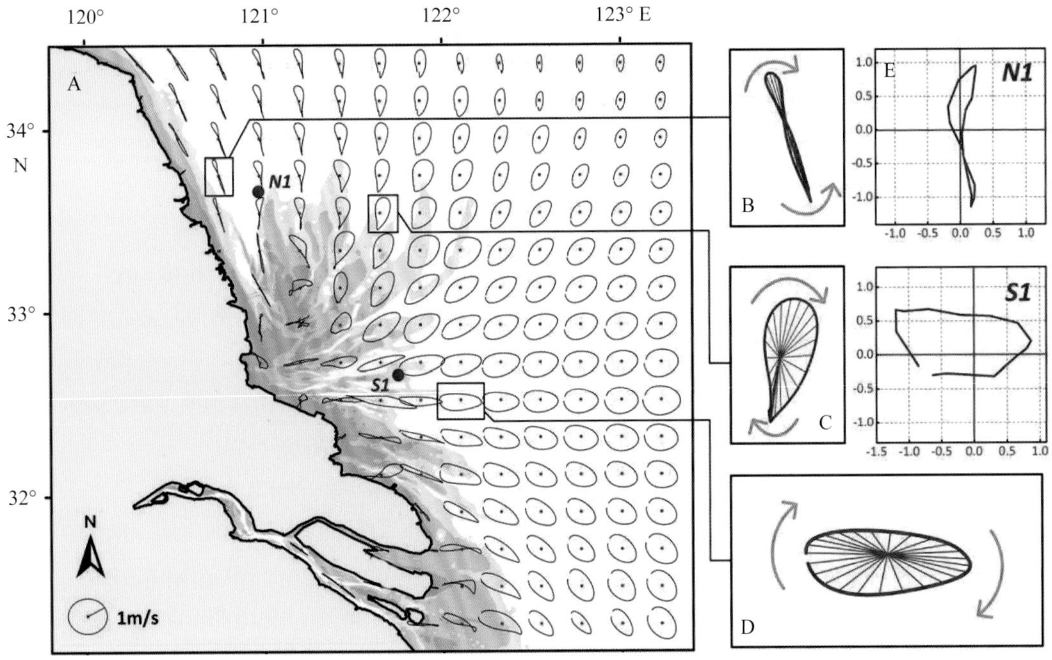

图12.10 （A）黄海南部的潮流矢量椭圆（案例1中的模拟）的分布。3个典型的模型椭圆：（B）“8”字形，（C）“液滴”形和（D）“卵”形。在采样站位N1（E）和S2（F）处测量的潮流矢量椭圆（Xu et al，2016）

Fig. 12.10 (A) Distribution of the tidal current vector ellipse in the southern Yellow sea (simulated in case 1). Three typical model ellipses: (B) “figure eight”, (C) “droplet shape” and (D) “oval shape”. The tidal flow vector ellipse measured at the sampling stations N1 (E) and S2 (F) (Xu et al, 2016)

参考文献

鲍才旺 . 1987. 南海地形图（1 : 2000000）. 南海地质地球物理图集之二 . 广州：广东地质出版社 .

蔡锋 , 等 . 2015. 中国海滩养护技术手册 [M]. 北京：海洋出版社 .

陈宗镛 , 等 . 1980. 海洋科学概论 [M]. 青岛海洋大学出版社 .

程和琴 , 胡红兵 , 蒋智勇 , 等 . 2003. 琼州海峡东口底形平衡域谱分析 . 海洋工程 , 21(4): 98–100.

曹立华 , 徐继尚 , 李广雪 , 等 . 2006. 海南岛西部岸外沙波的高分辨率形态特征 . 海洋地质与第四纪地质 , 26(4): 15–22.,

曹立华 , 杜逢超 , 庄振业 . 2012. 南海湄公河水下三角洲上大沙丘的分布特征 . 海洋地质前沿 , 28(9): 1–7.

曹立华 , 毕崇昊 , 庄振业 . 2014. 西地中海陆架砂质底形 . 海洋地质前沿 , 30(6): 7–14.

曹立华 , 蒋楠 , 庄振业等 . 2013. 美国东岸陆架沙脊沉积 [J]. 海洋地质前沿 , 29(12): 6–15.

陈昌翔 , 曹立华 , 庄振业 , 等 . 2018. 北部湾东侧莺东沙脊及其在管线工程中的负面作用 . 海洋地质前沿 , 34(4), 49–55.

丁文兰 . 1985. 渤海和黄海潮汐和潮流分布的基本特征 . 海洋科学集刊 , 第 25 集 . 北京：科学出版社 . 27–40.

董志华 , 曹立华 , 薛荣俊 . 2004. 台风对北部湾南部海底地形地貌及海底管线的影响 [J]. 海洋技术学报 , 23(2): 24–28.

杜晓琴 , 李炎 , 高抒 . 2008. 台湾浅滩大型沙波、潮流结构和推移质输运特征 . 海洋学报 , 30(5): 124–136.

杜文博 . 2007a. 东海陆架沙脊特征及其成因研究 [D]. 国家海洋局第二海洋研究所硕士学位论文 .

杜文博 , 叶银灿 , 庄振业 . 2007b. 东海 ZK23 孔的古沙脊沉积环境 [J]. 海洋地质与第四纪地质 27(2): 11–16.

方建勇 , 陈坚 , 胡毅 , 等 . 2010. 台湾浅滩及其邻近海域沉降颗粒物及絮凝体类型研究 [A]. 热带海洋学报 , 29(4): 48–51.

冯文科 , 黎维峰 . 1994. 南海北部海底沙波地貌 [J]. 热带海洋 , 13(3), p: 39–46.

冯文科 , 薛万俊 , 杨达源 .1988. 南海北部晚第四季地质环境 [M]. 广州：广东科技出版社 .

傅命佐 , 朱大奎 . 1987. 江苏岸外海底沙脊群的物质来源 . 南京大学学报（自然科学版）, 22(3): 536–544.

高抒等 . 2001. 沉积物输运对砂质海底稳定性影响的评估方法及应用实例 [J]. 海洋科学集刊 , 43: 25–37.

高明德 , 穆广志 .1982 长江水下三角洲基本特征 . 黄海东海地质 , 北京：科学出版社 , 208–219.

耿秀山 . 1983. 苏北海岸带的演变过程及苏北浅滩动态模式的初步探讨 . 海洋学报 , 5(1): 62–70.

眭良仁 . 1984. 东海沉积环境综合分区 . 东海研究文集 , 北京：海洋出版社 , 56–68.

胡日军 . 2006. 南海北部外陆架区海底沙波动态分析 [D]. 青岛：中国海洋大学 .

黄慧珍 , 沈邦培 , 胡强生 .1985. 全新世长江水下三角洲浅层物探资料的地质意义 . 海洋地质与第四纪地质 , 5(4): 81–94.

黄进 . 1989. 沙波推移率公式的改进和验证及其应用 [J]. 地理学报 , 44(2): 195–204.

季子修 , 蒋自巽 , 梁海棠 . 1985. 黄海西南部辐射沙洲及其东沙的自然特征 . 中国科学院南京地理研究所集刊 , 3: 68–87.

贾培蒙 , 庄振业 , 叶银灿 , 等 . 2012. 东海陆架中南部末次盛冰期以来的沉积地层及环境演变 [J]. 海洋地质前沿 , 28(8): 20–26.

金波 , 鲍才旺 , 林吉胜 . 1982. 琼州海峡东西口地貌特征及其成因初探 . 海洋地质研究 , 2(4): 94–101.

金翔龙 . 1992. 东海海洋地质 . 北京：海洋出版社 .

蓝兆东 , 张维林 , 陈承慧 , 等 . 1991. 台湾浅滩中粗砂的时代与成因 . 台湾海峡 , 10(2): 156–161.

李成浩，李本川．1981. 苏北沿海暗沙成因的研究，海洋与湖沼，12(4): 321–331.
李广雪，杨子庚，刘勇，等．2005. 中国东部海域海底沉积物成因环境图 [M]. 北京：科学出版社．
李广雪，刘贞飞，史经昊，等．2007. 海底管道掏空与波浪力变化关系试验．海洋地质与第四纪地质，27(6): 31–38.
李绍全，刘健，王圣洁，等．1997. 南黄海东侧陆架冰消期以来的海侵沉积特征．海洋地质与第四纪地质，17(4): 1–12.
李团结，刘春杉，李涛，等．2011. 雷州半岛海岸侵蚀及其原因研究．热带地理，31(3): 243–250.
李学伦．1996. 海洋地质学 [M]. 青岛海洋大学出版社．
林珲，闾国年，宋志尧．2000. 东中国海潮波系统与海岸演变模拟研究．北京：科学出版社，182–188.
刘秦玉，李薇，徐启春．1997. 东北季风与南海海洋环流的相互作用 [J]. 海洋与湖沼．28(5): 495–502.
刘孟兰，郑西来，韩联民，等．2007. 南海区重点岸段海岸侵蚀现状成因分析与防治对策．海洋通报，26(4): 80–84.
刘敏厚，吴世迎，王永吉．1987. 黄海晚第四纪沉积．北京：海洋出版社．
刘升发，庄振业，龙海燕．2007, 渤海东部晚第四纪环境演变及潮流沙席沉积 [J]. 海洋地质与第四纪地质，28(1): 25–31.
刘升发，庄振业，尤海燕．2008. 渤海东部晚第四纪环境演变及潮流沙席沉积 [J]. 海洋地质与第四纪地质，28(1): 25–31.
刘锡清，等．2006. 中国海洋环境地质学 [M]. 海洋出版社．
刘振夏，夏东兴．1983. 潮流脊的初步研究．海洋与湖沼，14(3): 286–296.
刘振夏．1983. 江苏潮流砂的粒度特征及其沉积环境的研究．海洋地质与第四纪地质，3(4): 25–33.
刘振夏，夏东兴，汤毓祥，等 .1994. 渤海东部全新世潮流沉积体系 [J]. 中国科学（B 辑），24(12): 1331–1338.
刘振夏，夏东兴．1995. 潮流沙脊水力学问题探讨．黄渤海海洋，13(4): 23–29.
刘振夏．1996. 中国陆架潮流沉积研究新进展 [J]. 地球科学进展，11(4): 414–416.
刘振夏，夏东兴，王揆洋．1998. 中国陆架潮流沉积体系和模式 [J]. 海洋与湖沼，29(2)135–141.
刘振夏，Berne S. 2000. 东海陆架的古河道和古三角洲．海洋地质与第四纪地质，20(1): 9–14.
刘振夏，印萍，Berne S, 等．2001. 第四纪东海的海进层序和海退层序．科学通报，增刊，74–79.
刘振夏，夏东兴．2004. 中国近海潮流沉积砂体 [M]. 北京：海洋出版社．
刘忠臣，陈义兰，丁继胜，等．2003. 东海海底地形分区特征和成因研究 [J]. 海洋科学进展，21(2): 160–173.
龙海燕，庄振业，刘升发，等，2007. 扬子浅滩沙波底形活动性评估 [J]. 海洋地质与第四纪地质，27(6): 17–24.
栾锡武，彭学超，王英民，等．2010. 南海北部陆架海底沙波基本特征及属性 [J]. 地质学报，84(2): 233–245.
马小川．2013. 海南岛西南海域海底沙波沙脊形成演化及其工程意义 [D]. 中国科学院研究生院（海洋研究所）.
马道修，刘锡清．1994. 台湾浅滩构造台地的形成与发展 [J]. 海洋地质动态，7: 4–6.
钱宁，万兆惠．1983. 泥沙运动力学 [M]. 北京：科学出版社．
秦蕴珊，等．1985. 渤海地质 [M]. 北京：科学出版社．
秦蕴珊，等．1987. 东海地质 [M]. 北京：科学出版社 .1–20.
秦蕴珊，赵一阳，陈丽蓉，等．1989. 黄海地质．北京：海洋出版社．
邱传珠，陈俊仁．1986. 台湾浅滩沉积物和沉溺海滩岩的研究．热带海洋，5 (1): 46–53.
申顺喜，徐文强，陈丽蓉．1982. 闽南台湾浅滩大陆架重矿物组合及其分布特征．黄东海海洋．北京：地质出版社，98–123.
王利波，李军，陈正新，等．2014. 晚更新世以来台湾浅滩西部地层结构与古环境演化 [J], 沉积学报，32(6): 1089–1099.

王琳，吴建政，等. 2007. 海南乐东陆架海底沙波形态特征及活动性研究[J]. 海洋湖沼通报，2007增刊.
王琦，朱而勤. 1989. 海洋沉积学[M]. 科学出版社.
王尚毅，李大鸣. 1994. 南海珠江口盆地陆架斜坡及大陆坡海底沙波动态分析[J]. 海洋学报，16(6): 122–132.
王文介. 1995. 琼州海峡潮流通道地貌体系发育的动力响应[J]. 海平面变化和海岸侵蚀专辑. 南京大学出版社，234–242.
王文介. 2000. 南海北部的潮波传播与海底沙脊和沙波发育[J]. 热带海洋学报，19(1): 1–7.
王伟伟，范奉鑫，李成刚，等. 2007. 海南岛西南海底沙波活动及底床冲淤变化[J]. 海洋地质与第四纪地质 27(4): 23–28.
王颖. 2002. 黄海陆架辐射沙脊群. 北京：中国环境科学出版社.
吴自银，金翔龙，李家彪. 2006. 东海外陆架线状沙脊群[J]. 科学通报，51(1): 93–103.
夏东兴，等. 2001. 南海东方岸外海底沙波活动性研究[J]. 黄渤海海洋，19(1): 17–24.
夏东兴，刘振夏. 1983. 我国领近海域的水下沙脊，黄渤海海洋，1(1): 45–56.
夏东兴，吴桑云，刘振夏，等. 2001. 海南东方岸外海底沙波活动性研究[J]. 海洋科学进展，19(1): 17–24.
谢钦春，叶银灿，陆炳文. 1984. 东海陆架坡折地形和沉积作用过程[J]. 海洋学报，6(1): 61–71.
许东禹，刘锡清，张训华，等. 1997. 中国近海地质[M]. 北京：地质出版社.
叶和松，房献英，王文清. 1988. 潮流. 见：江苏海岸带自然资源地图集. 北京：科学出版社，21–28.
叶银灿，宋连清，陈锡土. 1984. 东海海底不良工程地质现象分析[J]. 东海海洋，3: 34–39.
叶银灿，庄振业，来向华，等. 2004. 东海扬子浅滩砂质底形研究[J]. 中国海洋大学学报，34 (6): 1057–1062.
叶银灿等. 2012. 中国海洋灾害地质学[M]. 北京：海洋出版社.
印萍. 2003. 东海陆架冰后期潮流沙脊地貌与内部结构特征. 海洋科学进展，21(2): 181–187.
喻国良，陈琴琴，李艳红. 2007. 海底管道防冲刷保护技术的发展现状与趋势. 水利水电技术，2007, 38(11): 30–33.
袁耀初，卜献卫，楼如云，等. 2004. 1998年冬季南海上层环流诊断计算[J]. 海洋学报. 26(2): 1–10.
杨长恕. 1985. 弶港辐射沙脊成因探讨[J]. 海洋地质与第四纪地质，5(3): 35–44.
杨顺良，骆惠仲，梁红星. 1996. 东山岛以东近岸海域水下沙丘及其环境. 台湾海峡，15(4): 324–331.
杨文达. 2002. 东海海底沙脊的结构及沉积环境[J]. 海洋地质与第四纪地质，22(1): 9–16.
杨子赓，林和茂，张光威. 1996. 黄海陆架第四纪地层[M] // 杨子赓，林和茂. 中国第四纪地层与国际对比. 北京：地质出版社：31–55.
杨子赓，王圣洁，张光威，等. 2001. 冰消期海侵进程中南黄海潮流沙脊的演化模式. 海洋地质与第四纪地质，21(3): 1–10.
杨子赓. 2004. 海洋地质学[M]. 山东教育出版社.
杨作升，郭志刚，王兆祥，等. 1992. 黄东海陆架悬浮体向其东部深海区输送的宏观格局[J]. 海洋学报(中文版), 14(2): 81–90.
赵松龄. 1991. 苏北浅滩成因的最新研究. 海洋地质与第四纪地质，11(3): 105–112.
张家强，李从先，丛友滋. 1999. 苏北南黄海潮成沙脊的发育条件及演变过程. 海洋学报，21(2): 65–74.
张光威. 1991. 南黄海陆架沙脊的形成与演化[J]. 海洋地质与第四纪地质，11(2): 25–35.
郑铁民，张君元. 1982. 台湾浅滩及其附近大陆架的地形和沉积特征的初步研究[M]. 中国科学院海洋研究所：黄东海地质. 北京：科学出版社，52–66.
朱伟军，孙照渤，齐卫宁. 1997. 南海季风爆发及其环流特征[J]. 南京气象学院学报. 20(4): 440–446.
朱永其，李承伊，曾成开，等. 1979. 关于东海大陆架晚更新世最低海平面[J]. 科学通报，24(7): 317–320.
朱永其，曾成开，金长茂. 1981. 东海大陆架晚更新世以来海平面变化[J]. 科学通报，26(19): 1195–1198.

朱永其，曾成开，冯韵．1984. 东海陆架地貌特征 [J]. 东海海洋，2(2): 1–13.

庄振业等．2004. 陆架沙丘（波）形成发育的环境条件 [J]. 海洋地质动态，20(4): 5–10.

庄振业，曹立华，刘升发，等．2008. 陆架沙丘（波）活动量级和稳定性标志研究 [J]. 中国海洋大学学报 38(6): 1001–1007.

Allen J R L. 1968.The nature and origin of bedform hierarchies[J]. Sedimentology, 10: 161–182.

Allen J R L. 1980. Sand waves: a model of origin and internal structure[J]. Sedimentary Geology, 26: 281–328.

Allen J R L. 1982a. Sedimentary Structures, The Character and Physical Basis. Elsevier Scientific Publishing Company.

Allen J R L. 1982b. Simple models for the shape and symmetry of tidal and waves: (1) Statically stable euilibrium forms[J]. Marine Geology, 48: 31–49.

Amiri-Simkooei A R, P J G, 2008.Least-squaresvariancecomponent estimation [J]. Geodesy82, 65–82.doi: 10.1007/s00190-007-0157-x.

Amos C L and King E L. 1984.Sand waves and sand ridges of the Canadian eastern seabed: a comparison to global occurrences[J]. Marine Geology, 57: 167–208.

Anthony D J O Leth. 2002. Large-scale bedforms, sediment distribution and Sand mobility in the eastern North Sea off the Danish West coast[J]. Marine Geology, 182: 247–263.

Anthony E J, Vanhée S, Ruz M H. 2006. Short-term beach-dune sand budgets on the North Sea coast of France: sand supply from shoreface to dunes and the role of wind and fetch. Geomorphology 81, 316–329.

Anthony E J, Mrani-Alaoui M, Héquette A. 2010. Shoreface sand supply and mid- to late Holocene aeolian dune formation on the storm-dominated macrotidal coast of the southern North Sea. Marine Geology 276, 100–104.

Ashley G M. 1990.Classification of Large-scale subaqueous bedforms: A New Look at an old problem[J]. Journal of Sedimentary Petrology, 60(1): 160–172.

Baeteman C, Mauz B. 2012. Comment on "Shoreface sand supply and mid- to late Holocene aeolian dune formation on the storm-dominated macrotidal coast of the southern North Sea" by E.J. Anthony, M. Mrani-Alaoui and A. Héquette [Marine Geology276 (2010) 100–104.

Bagnold R A. 1956. The flow of cohesionless grains in fluids: Royal Soc. London, Phil. Trans., Ser. A., v 249: 235–297.

Bahng H K, Lee C W, Oh J K. 1994a. Origin and characteristics of sand ridges in the continental shelf of Korean Peninsula. J Korean Soc Oceanogr, 29(3): 217–227.

Balson P S and Harrison D J. 1988. Marine Aggregate Survey Phase 1: Southern North Sea. Br. Geol. Surv., Mar. Rep., 86/38, 20 pp. (and maps).

Bao J, Cai F, Ren J, Zheng Y, Wu C, Lu H, Xu Y. 2014. Morphological characteristics of sand waves in the Middle Taiwan Shoal based on multi-beam data analysis. Acta Geol. Sin. 88 (5), 1499–1512.

Bassetti M A, Jouet G, Dufois F, BernéS, Rabineau M, Taviani M. 2006.Sand bodies at the shelf edge in the Gulf of Lions(Western Mediterranean): deglacial history and modern processes[J]. Marine Geology, 234: 93–109.

Belderson R H, Johnson M A, Kenyon N H. 1982. Bedforms. In: stride A H, ed. Offshore Tidal Sands: Processes and Deposits. London: Chapman & Hall, 27–57.

Berne S, Auffret J P, Walker P. 1988. Internal structure of subtidal sand-waves revealed by high-resolution seismic reflection. Sedimentology 35, 5–20.

Berne S, Lericolais G, Marsset T, Bourillet J F and Batist M D.1998. Erosional Offshore Sand Ridges and Low stand Shore faces: Examples From Tide-and Wave-Dominated Environments of France [J]. Journal of Sedimentary

Research, 68: 540–555.

Berne S. 2002, Evolution of sand banks, Comptes rendue geoseiences, V334(2002) N10: 731–732.

Berne S. Vagner P et al. 2002. Pleistocene forced regressions and sand ridge in the East China Sea. Marine Geoglogy, 188: 293–315.

Besio G, Blondeaux P, Brocchini M, Vittori G. 2003. Migrating sand waves. Ocean Dyn. 53 (3), 232–238. https: //doi.org/10.1007/s10236-003-0043-x.

Besio G, Blondeaux P, Brocchini M, Hulscher S J M H, Idier D, Knaapen M A F, Nemeth A A, Roos P C, Vittori G. 2008. The morphodynamics of tidal sand waves: a model overview. Coast.Eng. 55(7–8), 657–670. doi: 10.1016/ j. coastaleng.2007.11.004.

Birch G F. 1981. The bathymetry and geomorphology of the continental shelf and upper slope between Durban and Port St. Johns. Annals of the Geological Survey of South Africa 15, 55–62.

Boggs S. 1974: Sand-wave fields in Taiwan Strait. Geology, 2, 251–253.

Boggs S, Wang, W C, Lewis F S and Chen J C. 1979. Sediment properties and water characteristics of the Taiwan shelf and slope: Acta Oceanogr, Taiwanica, 10: 10–49.

Bouysse P, Le Lann F, Scolari G. 1979. Les sediments superficiels des approaches occidentals de la Manche. Mar. Geol. 29: 107–135.

Bowin C R S, Lu C S, Lee C S and Schouten H. 1978. Plate convergence in the Taiwan-Luzon region: Am. Assoc. Pet. Geol. Bull., 62, 1645–1672.

Boyd R, D L Forbest D E Hefflert. 1988.Time-Sequence observations of wave-formed sand ripples on an ocean shoreface[J].Sedimentology, 35: 449–464.

Cai Aizhi et al. 1992. Sedimentary environment in Taiwan shoal. Chin J OCEANOL LIMNOL Vol.10(1992)No.4 pp 331–339.

Cai A, Zhu X, Li Y, Cai Y. 2003. Sedimentary Environment in the Taiwan Shoal. Mar. Georesour. Geotechnol. 21 (3–4), 201–211. https: //doi.org/10.1080/ 02640410310000071029.

Campmans G H P, Roos P C, de Vriend H J, Hulscher S J M H. 2018. The influence of storms on sand wave evolution: a nonlinear idealized modeling approach. J. Geophys. Res. Earth Surf. https: //doi.org/10.1029/2018JF004616.

Cao S, M B Collins. 1997. changes in sediment stransport directions caused by wave action and tidal flow time-asymmetry[J]. Journal of coastal Research, 13: 198–201.

Cawthra H C, Neumann F H, Uken R, Smith A M, Guastella L A, Yates A. 2012. Sedimentation on the narrow (8 km wide), oceanic current-influenced continental shelf off Durban, Kwazulu-Natal, South Africa. Marine Geology 323-325 , 107–122.

Chern C S, Wang Joe. 2003. Numerical Study of the Upper-Layer Circulation in the South China Sea[J]. Journal of Oceanography. 59: 11–24.

Chiew Y M. Mechanics of local scour around submarine pipelines. Journal of Hydraulic Engineering, 1990, 116(4): 515–529.

Choi Jin-Yong, Kim Seok-Yun, Choi- Hyuk. 1996. Distribution and transport of suspended sediments on the West Sea of Korea, Easter Yellow Sea. In: Proceedings of the Korea- China international Seminar on Holocene and late Pleistocene Environments in the Yellow Sea Basin, 67–81.

Chou J T. 1972. Sediments of Taiwan Strait and the southern part of the Taiwan basin. United Nations ECAFE, CCOP Technical Bulletin, 6: 75–97.

Chough S K, Kim J W, Lee S H, et al. 2002. High-resolution acoustic characteristics of epicontinental sea deposits, central- eastern Yellow Sea. Marine Geology, 123: 125–142.

Collins M B, Shimwell S J, Gao S, Powell H, Hewitson C, Taylor J A. 1995. Water and sediment movement in the vicinity of linear sandbanks: the Norfolk Banks, southern North Sea. Marine Geology 123: 125–142.

Dalla Vallea G, Gamberia F, Trincardia F, Baglionib L, Frrerab A, Rocchinib P. 2013. Contrasting slope channel styles on a prograding mud-prone margin[J]. Marine and Petroleum Geology, 41: 72–82.

Dalrymple R W. 1984. Morphology and internal structure of sand-waves in the Bay of Fundy. Sedimentology 31, 365–382.

Davies J L. 1964. A morphogenic approach to world shoreline. Zeit. fur Geomorph., 8: 127–142.

Davis R A, Balson P S. 1992. Stratigraphy of a North Sea tidal sand ridge. J. Sediment. Petrol. 62, 116–121.

Davis R A et al. 1993, Sedimentology and Stratigraphy of tidal sand ridges southwest flotida inner shelf. Joutnal of sedimentary petrotogy, V63 No 1: 91–104.

Diaz J I and Maldonado A. 1990. Transgressive sand bodies on the Maresme continental shelf, western Mediterranean Sea. Marine Geology, 91 53–72.

Donald J P, Swift D J P, Field M E. 1981. Evolution of a classic sand ridge field: Maryland Sector, North American inner shelf[J]. Sedimentology, 28: 461–482.

Dong C, Yuan Y & Zhang Q. (1997). Study on the fluid dynamical mechanism for the formation of tidal current sand ridges in the shelf seas (in Chinese with English abstract), Oceanology and Limnolia Sinica, 28, Supplement: 58–65.

Dorst a L L, Roos b P C, Hulscher S J M H, Spatial differences in sand wave dynamics between the Amsterdam and the Rotterdam region in the Southern North Sea, Continental Shelf Research 31 (2011).

Dorst L L, Roos P C, Hulscher S J M H, Lindenbergh R C. 2009.The estimation of sea floor dynamics from bathymetric surveys of a sand wave Ne.

Dorst L L, Roos P C, Hulscher S J M H. 2011. Spatial differences in sand wave dynamics between the Amsterdam and the Rotterdam region in the Southern North Sea. Cont. Shelf Res. 31, 1096–1105. https: //doi.org/10.1016/j.csr.2011.03.015.

Du X Q, Gao S, Li Y. 2010. Hydrodynamic processes and bedload transport associated with large-scale sand-waves in the Taiwan Strait. J. Coast. Res. 264, 688–698. https: // doi.org/10.2112/08-1113.1.

Duane D B, Field M E, Meisburger E P, Swift D J P & WiLLL-MS S J. (1972) Linear shoais on the Atlantic continental shelf, Florida to Long Island. In: Shelf Sediment Transport: Process and Pattern (Ed. By D.J.P. Swift, D.B. Duane and O.H. Filkey), pp.447–498. Dowden, Hutchinson & Ross, Stroudsburg, Pennsylvaoia.

Duncan C S, Goff J A, Austin J A, Fulthorpe C S. 2000. Tracking the last sea-level cycle: seafloor morphology and shallow stratigraphy of the latest Quaternary New Jersey middle continental shelf[J]. Marine Geology, 170: 395–421.

Dyer K R, D A Huntley. 1999. The origin classification and modeling of sand banks and ridges[J]. Continental Shelf Research, 19: 1285–1330.

Emery K O. 1968. Relict sediments on continental shelves of world. Bulletin of the American Association of Petroleum Geologists, 52(3): 445–464.

Fenster M S et al. 1990. Stability of giant sand waves in Eastern Long island sound, U. S. A. [J]. Marine Geology, 91: 207–225.

Flemming B W. 1978a. Underwater Sand dunes along the Southeast African continental margin observations and implications[J]. Marine Gel., 26 (3/4): 177–198.

Flemming B W. 1978b. Some additional graphical aids for the evaluation of side-scan sonar records. Joint Geol. Surv.

/ Univ. Cape Town Mar. Geol. Programme, Tech. Rep 10: 51–56.

Flemming B W, a 1980. S and transport and bedform patterns on the continental shelf between Durban and Port Elizabeth (southeast African continental margin). Sedimentary Geology 26, 179–205.

Flemming B W. 1981. Factors controlling shelf sediment dispersal along the southeast African continental margin. Marine Geology 42, 259–277.

Flemming B W. 1988, Zur klassifikation subaquatischer, stromungstransversaler Transport- korper: Bochumer Geologische und Geotechnische Arbeiten, v. 29, p. 44–47.

Flemming B W. 2000, The role of grain size, water depth and flow velocity as scaling factors controlling the size of subaqueous dunes. In: Trentesaux, A., Garlan, T. (Eds), Marine Sand wave Dynamics. International Workshop, March 23-24, 2000, University of Lille, France, pp. 55–60.

Flemming B W. 2013. Comment on "Large-scale bedforms along a tideless outer shelf in the western Mediterranean" by Lo Iacono et al. (2010) in Continental Shelf Research [J]. Continental Shelf Research, 30: 1802–1813.

Field M E et al. 1981, Sand Waves on an Epicontinental Shelf: Northern Beting Sea Marine Geology, V42(1981)238–258.

Fulthorpe C S, Austin J A, JR. 2004. Sallowly buried, enigmatic seisimic stratigraphy on the New Jersey outer shelf: Evidence for latest Pleistocene catastrophic erosion[J] Geology, 32: 1013–1016.

Gadd P E, Lavelle J W, D J P Swift. 1978. Estimates of sand transport on the New York shelf using near bottom current meter observations [J]. Journal of Sedimentary Petrology, 48: 239–252.

Gao F P, Yang B, Wu Y X, et al. Steady current induced seabed scour around a vibrating pipeline. Applied Ocean Research, 2006, 28(5): 291–298.

Goff J A, Swift D J P, Duncan C S, Mayer L A, Hughes-Clarke J. 1999. High-resolution swath sonar investigation of sand ridge, dune, and ribbon morphology in the offshore environment of the New Jersey margin[J]. Marine Geology, 161: 307–337.

Goff J A, Kraft B J, Mayer L A, Schock S G, Sommer field C K, Olson H C, Gulick S, Nordfjord S. 2004. Seabed characterization on the New Jersey middle and outer shelf: correlatability and spatial variability of seafloor sediment properties[J]. Marine Geology, 209: 147–172.

Green Andrew N, Nonkululeko Dladla, G Luke Garlick. 2013. Spatial and temporal variations in incised valley systems from the Durban continental shelf, KwaZulu, South Africa. Marine Geology, 335, 148–161.

Gulick S P S, Goff J A, Austin J A, JR, Alexander C R, Nordfjord S, Fulthorpe C S. 2005. Basal inflection-controlled shelf-edge wedges off New Jersey track sea-level fall[J]. Geology, 33: 429–432.

Hans Nelson C, Jesfis Baraza and Andrns Maldonado. 1993. Mediterranean undercurrent sandy contourites, Gulf of Cadiz, Spain. Sedimentary Geology, 82 (1993) 103–113.

Hardisty. 1983.An assessment and calibration of formulation of Bagnold's bedload eqation [J]. Journal of Sedimentary Petrology, 53: 1007–1010.

Harms J C et al. 1982.Structure and Sequence in clastic rocks: SEPM short course[M]. 9: 250.

Hernández-Molinaa F J, Llaveb E, Stowc D A V, Garcíad M, Somozab L, Vázqueze J T, Lobof F J, Maestrob A, Díaz V del Ríog, Leónb R, Medialdeab T, Gardnerh J. 2006. The contourite depositional system of the Gulf of Cádiz: A sedimentary model related to the bottom current activity of the Mediterranean outflow water and its interaction with the continental margin [J].53: 1420–1463.

HL H C A, SL C C. 1999. Sedimentation dynamic in the East China Sea elucidated from ^{210}Pb ^{137}Cs and ^{239,240}Pu[J]. Marine Geology, 160: 183–196.

Howarth M J, Huthnance J M. 1984. Tidal and residual currents around a Norfolk sandbank. Estuar. Coast. Shelf Sci.

19 (1), 105–117. http: //dx.doi.org/10.1016/0272-7714(84)90055-6.

Houbolt J H C. 1968. Recent rediments in the Southern Bight of the North-sea. Geologicen Mijnbouw, 47: 245-273.

Hu Y, Chen J, Xu J, Wang L, Li H, Liu H. 2013. Sand wave deposition in the Taiwan Shoal of China. Acta Oceanol. Sin. 32 (8), 26–34. https: //doi.org/10.1007/ s13131-013-0338-9.

Huang Z Y and H S Yu. 2003: Morphology and geologic implications of Penghu Channel off southwest Taiwan. Terr. Atmos. Ocean. Sci., 14, 469–485.

Hulscher S J M H. 1996. Tidal-induced giant regular bed form patterns in a three-dimensional shallow water model. J. Geophys. Res. Oceans 101 (C9), 20727–20744. https: //doi.org/10.1029/96JC01662.

Hunter I T. 1988. Climate and weather off Natal. In: Coastal Ocean Studies off Natal, South Africa (Ed. By E. H. Schumann), Lecture Notes on Coastal and Estuarine Studies, 26, 81–100.

Huthnance J M. 1973. Tidal current asymmetries over the Norfolk sandbanks. Estuarine and Coastal, Marine Science, 1: 89–99.

Iacono C L, Orejas C, Gori A, Gili J M, Requena S, Puig P, Ribó M. 2012. Habitats of the Cap de Creus Continental Shelf and Cap de Creus Canyon, Northwestern Mediterranean[J]. Seafloor Geomorphology as Benthic Habitat, 32: 458–469.

Jansen J H F. 1976. Late Pleistocene and Holocene history of the northern Sea, based on acoustic re£ection records, Netherland. J. Sea Res. 10, 1–43.

Jelgersma S. 1979. Sea-level changes in the North Sea basin, in Oele, E, Schuttenhelm, R.T.E.., and Wiggers, A.J., eds., The Quaternary History of the North-sea: Uppsala, Sweden, Acta Universitatis Upsaliensis, p. 233–248.

Jin J K, Chough S K. 2002. Erosion shelf ridges in the mid-eastern Yellow Sea. Geo-Mar Lett., 21: 219–225.

John W, Snedden, Roderick W, Tillman, Stephen J, Culver. 2011. Denesis and evolution of a mid-shelf, storm-built and ridge, New Jersey continental shelf, U.S.A[J]. Journal of Sedimentary Research, 81: 534–552.

Josan G F. 1961. Erosion and sedimentation of eastern Chesapeake Bay at the Choptank River. US Coast and Geodetic survey Tech. Bull. No. 16, 8.

Kennett J P. 1982. Marine Geology. Prentice-Hall, London.

Kenyon N H. 1970. Sand Ribbons of European tidal seas, Marine Geology, 9: 25–39.

Kenyon N H, Belderson R H, Stride A H, Johnson M A. 1981. Offshore tidal sand-banks as indicators of net sand transport and as potential deposits. In: Nio, S.D., Schattenhelm, R.T.E., van Weering, T.C.E. (Eds.), Holocene Marine Sedimentation in the North Sea Basin. Spec. Publ. Int. Assoc. Sedimentol. 5, 257–268.

Knaapen M A F, Bergen Henegouw C N van, Hu Y Y. 2005. Quantifying bedform migration using multi-beam sonar. Geo-Mar Lett 25: 306–314.

Komar P D, Gaughan M K. 1972a.Airy wave theory and breaker height prediction[J]. Coastal Engineering Proceedings, 1(13).

Komar P D, Neudeck P H, Kulm L D. 1972b, Observation and significance of deep — water oscillatory ripple marks on the Oregon continental shelf[A]. In shelf sediment transport , ed, by D.Swift, D.Duane and O.Pilkey, 601-19. Dowden, Hutchinson & Ross, stroudsburg, Pa.

Komar P D, Miller M C. 1973. Threshold of sediment movement under oscillatory water waves[J]. Journal of Sedimentary Research, 43(4): 1101–1110.

Kubicki A. 2008.Large and very large subaqueous dunes on the continental shelf off southern Vietnam, South China Sea [J]. Geo-Mar Letters, 28: 229–238.

Kuijpers A, Werner F, Rumohr J. 1993. Sand waves and other large-scale bedforms as indicators of non-tidal surge currents in the Skagerrak off Northern Denmark. Mar Geol. 111, 209–221.

Lambeck K, Bard E. 2000. Sea-level change along the French Mediterranean coast for the past 30 000 years[J]. Earth and Planetary Science Letters, 175: 203–222.

Lan D Z, Zhang W L, Chen C H, Xie Z T. 1991. Preliminary study on age and origin of medium-coarse sands in Taiwan Shoal. J. Oceanogr. Taiwan Strait 10 (2), 156-161 (in Chinese with English abstract).

Lanckneus J, De Moor G, Stolk A. 1994. Environmental setting, morphology and volumetric evolution of the Middelkerke Bank (southern North Sea). Mar. Geol. 121, 1–21.

Langhorne D N. 1981. An evaluation of Bagnold's dimensionless coefficient of proportionality using measurements of sand-wave movement[J]. Marine Geology, 43: 49–64.

Lastras G, Canals M, Hughes-Clarke J E, Moreno A, Batist M de, Masson D G, Cochonat P. 2002. Seafloor imagery from the BIG'95 debris flow, western Mediterranean[J]. Geology, 30: 871–874.

Leckie D. 1988, Wave-formed, coarse-grained ripples and their relationship to hummocky cross-stratification: Journal of Sedimentary Petrology, v. 58, 607–622.

Leth J O. 1996. Late Quaternary geological development of the Jutland Bank and the intiation of the Jutland Current, NE North Sea. Geol. Surv. Norway Bull. 430, 25–34.

Leth J O, Anthony D. 1999. Geologisk kortlangning af Vestkysten. Retolkning af detailomrade ud for bovling Klit. GEUS Report 2002/92, Geological Survey of Denmark and Greenland.

Li Yan, Ma Liming, Yang Jingsong, Shi Aiqin. 2001. Study on stability of sand waves by satellite sensing. In: Dahong Qiu, Yucheng Li, ed. The proceedings of the first Asian and Pacific coastal engineering conference, APACE2001. Dalian, China: Dalian University of Technology Press, Vol. 2, 850–856.

Lian Y K, Li Y. 2011. Grain size characteristics and transport trend in the Taiwan Banks. J. Oceanogr. Taiwan Strait 30 (1), 122-127 (in Chinese with English abstract).

Liao H R, Yu H S. 2005. Morphology, hydrodynamics and sediment characteristics of the Changyun Sand Ridge offshore western Taiwan. TAO 16, 621–640.

Liao H R, Yu H S, Su C C. 2008. Morphology and sedimentation of sand bodies in the tidal shelf sea of eastern Taiwan Strait [J]. Marine Geology, 248: 161–178.

Liu Zhenxia. 1997.Yangtze Shoal-a modern tidal sand sheet in the northwestern part of the East China Sea. Marine Geology, 137: 321–330.

Liu Z X, Xia D X, Berne S, Wang K Y, Marsset T, Tang Y X. 1998. Tidal deposition systems of china's continental shelf, with special reference to eastern Bohai sea. Mar. Geol. 148 (1–2), 115. https: //doi.org/10.1016/S0025-3227(97)00116-3.

Liu Z-X, Berne S, Saito Y, Lericolais G, Marsset T. 2000. Quaternary seismic stratigraphy and paleoenvironments on the continental shelf of the East China Sea. J. Asian Earth Sci. 18 (4), 441–452. http: //dx.doi.org/10.1016/S1367-9120(99)00077-2.

Lobo F J, Hernandez-Molina F J, Somsza L, Diag del Rio V. 2001.The sedimentary record of the Post-glacial trangression on the Gulf of Caoliz continental shelf (southwest spain) [J]. Marine Geology, 178: 171–195.

Lutjeharms J R E. 2006. The Agulhas Current. Springer-Verlag, Berlin, Heidelberg. 329.

Masson D G, Wynn R B, Bett B J. 2004. Sedimentary environment of the Faroe-Shetland and Faroe Bank Channel, north-east Atlantic, and the use of bedforms as indicators of bottom current velocity in the deep ocean [J]. Sedimentology, 51: 1207–1241.

Marsset T, Tessier B et al. 1999. The Celtic Sea banks: an example of sand body analysis from very high-resolution sesmic data. Marine Geology 158: 89–109.

McCave I N. 1971. Sand waves in the North Sea off the coast of Holland. Mar. Geol. 10, 199–225.

McCave I N. 1979. Tidal currents at the north hinder lightship, southern north-sea: flow directions and turbulence in relation to maintenance of sand banks. Mar. Geol. 31 (1), 101–114. http: //dx.doi.org/10.1016/0025-3227(79)90058-6.

Mchugh C M, Hartin C A, Mountain G S, Gould H M. 2010. The role of glacio-eustasy in sequence formation: Mid-Atlantic Continental Margin, USA[J]. Marine Geology, 277: 31–47.

Meth A A, Hulscher S J M H, Van Damme R M J. 2007.Modellingoffshoresand wave evolution. Cont. ShelfRes.27(5), 713–728. doi: 10.1016/j.csr.2006.11.010.

Middleton G V, Southard J B. 1984. Sepm short course Notes, No3: Mechanics of sediment movement [M]. 2nd edition. Science, 3: 523–546.

Middleton G V and Southard J B. 1986. Mechanics of sediment movement, 2nd ed; SEPM short couse [M]. 3: 246.

Milliman J D Shen H T, Yang Z S, et al. 1985. Transport and deposition of river sediment in the Changjiang estuary and adjacent continental shelf [J]. Continental Shelf Research, 37–45.

Min G H. 1994. Seismic stratigraphy and depositional history of Pliocene-Holocene deposits in the southeastern shelf, Korean Peninsula. Ph.D. Dissertation. Seoul Natl. Univ., Seoul, 196.

Muñoza A, Lastrasb G, Ballesterosa M, Canalsb M, Acostaa J, Uchupic E. 2005. Sea floor morphology of the Ebro Shelf in the region of the Columbretes Islands, Western Mediterranean[J]. Geomorphology, 72: 1–18.

Nelson C H, Baraza J and Maldonado A. 1993. Mediterranean undercurrent Sandy conlourites, Gulf of Cadiz[J]. Spain Sedimentary Geology, 82: 103–131.

Nelson J M D S Cacchione, et al. 1981. Sand waves on an epicontinental shelf: Northern Bering Sea[J]. Marine Geology, 42 (1/4): 233–258.

Németh A A, Hulscher S J M H, de Vriend H J. 2002. Modelling sand wave migration in shallow shelf seas. Cont. Shelf Res. 22, 2795–2806. https: //doi.org/10.1016/ S0278-4343(02)00127-9.

Németh A A, Hulscher S J M H, Damme R M J. 2007. Modelling offshore sand wave evolution. Cont. Shelf Res. 27 (5), 713–728. https: //doi.org/10.1016/j.csr.2006.11. 010.

Ninh PV. 2003. In: South China Sea monograph vol. II. Meteorology, Marine Hydrology and Hydrodynamics (in Vietnamese) [M]. Hanoi National University Publisher.

Nordfjord S, Goff J A, Austin J A, et al. 2005.Seismic geomorphology of buried channel systems on the New Jersey outer shelf: assessing past environmental conditions [J]. Marine Geology, 214: 339–364.

Nordfjord S, Goff J A, Austin J A, Duncan C S. 2009. Shallow stratigraphy and complex transgressive ravinement on the New Jersey middle and outer continental shelf[J]. Marine Geology, 266: 232–243.

Off T. 1963. Rhythmic linear sand bodies caused by tidal currents[J]. Bulletion of the American Association of Petroleum Geologists, 47: 324–341.

Oyen T V, P Blondeaux b D V Eynde, Sediment sorting along tidal sand waves: A comparison between field observations and theoretical predictions, Continental Shelf Research63 (2013) 23–33.

Palanquesa A, Puig1 P, Guilléna J, Jiménez J, Gracia V, Sánchez-Arcilla A, Madsen O. 2002. Near-bottom suspended sediment fluxes on the microtidal low- energy Ebro continental shelf (NW Mediterranean) [J]. Continental Shelf Research, 22: 285–303.

Park S C, Hong S K, Kim D C. 1996. Evolution of late Quaternary deposits on the inner shelf of the South Sea of Korea. Mar. Geol. 131, 219–232.

Park S C and S D Lee. 1994. Depositional patterns of sand ridges in tidal-dominated shallow water environments: Yellow sea coast and south sea of Korea[J]. Marine Geology, 120: 89–104.

Park S C, Han H S, Yoo D G. 2003. Transgressive sand ridges on the mid-shelf of the southern sea of Korea (Korea

Strait): formation and development in high-energy environments. Mar. Geol. 193, 1–18.

Parker G et al. 1982, Seafloor response to flow in a southern hemisphere sand-ridge field: Argentine inner shelf. Sedimentary Geology. 33(1982): 195–216

Pattiaratchi C, Collins M. 1987. Mechanisms for linear sandbank formation and maintenance in relation to dynamical oceanographic observations. Prog. Oceanogr. 19 (2), 117--176.

Petrenko A A. 2003. Variability of circulation features in the Gulf of Lion NW Mediterranean Sea. Importance of inertial currents[J]. Oceanologica Acta, 26: 323–328.

Pingree R D, Mardell G T, New A L. 1986. Propagation of internal tides from the upper slopes of the Bay of Biscay. Nature 321, 154–158.

Posamentier H W. 2002. Ancient shelf ridges- a potential significant component of the transgressive systems tract: case study from offshore northwest Java [J]. AAPG Bullerin, 86(1): 75–106.

Ramsay Alan M Smith and Thomas R Mason. 1996. Geostrophic sand ridge, dune fields and associated bedforms from the Northern KwaZulu-Natal shelf, south-east Africa. Sedimentology, 43, 407–419.

Reading H G. 1986.Sedimentary Environments and Facies[M], 2nd Ed. Blackwe le Scientific publication.

Reesink A J H, Bridge J S. Influence of superimposed bedforms and flow unsteadiness on formation of cross strata in dunes and unit bars-Part2, further experiments[J]. Sedimentary Geology, 2009, 222: 274–300.

Rehder H A. 2000. National Audubon Society, Field Guide to North American Seashells: New York, Alfred A. Knopf, 894 p.2000.

Reineck H E, Singh I B. 1980. Depositional sedimentary Environments[M], 2nd ed. Springer-verlin., Berlin.

Reynaud J Y. 1996, Architecture et evolution d'un banc sableux de Mer Celtique Meridionale [unpublished Ph.D. thesis]: University of Lille 1, 256.

Richard A Davis Jr, Jonathan Klay and Pliny Jewell IV. 1993. Sedimentalogy and stratigraphy of tidal sand ridges southeast florida inner shelf. Journal of sedimentary petrotogy v 63 no1, 191–104.

Robinson I S. 1981. Tidal vorticity and residual circulation. Deep-Sea Research, 28: 195–212.

Rubin D M, R E Hunter. 1982. Bedform climbing in theory and Nature[J]. Sedimentology, 29: 121–138.

Scourse J D, Austin W E N, Bateman R M, Catt J A, Evans C D R, Robinson J E and Young J R. 1990, Sedimentology and micropaleontology of glacimarine sediments from the central and southwestern Celtic Sea, in Dowdeswell, J.A., and Scourse, J.D., eds., Glacimarine Environments: Processes and Sedimentation: Geological Society of London, Special Publication 53. 329–347.

Schimanski A, Stattegger K. 2005. Deglacial and Holocene evolution of the Vietnam shelf: stratigraphy, sediments and sea-level change [J]. Marine Geology. 214: 315–387.

Shonfeld J, Kudrass H R. 1993. Hemipelagic sediment accumulation rates in the South China Sea related to late quaternary sea level changes [J]. Quaternary Research. 40: 368–379.

Shim T, Wiseman W J, Jr, Huh, O K and Chung W S. 1984. A test of the geostrophic approximation in the Western Channel of the Korea Strait. In: T. Ichiye (Editor), Ocean Hydrodynamics of the Japan and East China Sea. Elsevier, Amsterdam, 263–272.

Simons D B, Richardson E V, Nordin C F. 1960. Sedimentary structures generated by flow in alluvial channels [J]. Special Publications of SEPM, 12: 34–52.

Simons D B. 1965. Sedimentary structures generated by flow in alluvial channels, P. 34-52, in middleton, G. V. ed. Primary sedimentary structures sand their hydrodynamic interpretation a symposium: Tules, Okla., Soc. Econ[J]. Paleontologists and Mineralogists. Spec. Pub. 12: 265.

Smith J D. 1969. Geomorphology of a sand ridge. J. Geol. 39–55.

Snedden J W, Kreisa R D, Tillman R W, Schweller W J, Culver S J, Winn R D, JR. 1994. Stratigraphy and genesis of a modern shoreface-attached sand ridge, Peahala Ridge, New Jersey [J]. Journal of Sedimentary Research, 64: 560–581.

Snedden J W and Dalrymple R W. 1999. Modern shelf sand ridges: from historical perspective to a unified hydrodynamic and evolutionary model [A]. Tulsa: Society for Seddimentary Geology (SEPM), 13–28.

Snedden JOHN W, RODERICK W TILLMAN, AND STEPHEN J. CULVER. 2011. GENESIS and evolution of a mid-shelf, storm-built sand ridge, NEW JERSEY continental shelf, U.S.A. Journal of Sedimentary Research, v. 81, 534–552.

Song D, Wang X H, Zhu X, Bao X. 2013. Modeling studies of the far-field effects of tidal flat reclamation on tidal dynamics in the East China Seas. Estuar. Coast. Shelf Sci. 133, 147–160. http: //dx.doi.org/10.1016/j.ecss.2013.08.023.

Sterlini F, Hulscher S J M H, Hanes D M. 2009.Simulating and understanding sand wave variation: a case study of the Golden Gate sand waves. J. Geophys. Res. 114(F02007). doi: 10.1029/2008JF000999.

Sternberg R W, Larson L H and Miao Y T. 1985. Tidally drive sediment transport on the East China Sea continental shelf. Cont. shelf Res., 4: 105–120.

Stride A H, Belderson R H, Johnson M A. 1982. Offshore tidal deposits: Sand sheet and Sand Bank Facies[A]. in: A. H. Stride. Offshore tidal sand: Process and Deposits. London: Chapman and Hall.

Sumer B M, Truelsen C, Sichmann T, et al. Onset of scour below pipelines and self-burial. Coastal Engineering, 2001, 42(4): 313–335.

Sussko Rbger J and Richard A Davis, Jr. 1992. Siliciclastic-to-carbonate transition on the inner shelf embayment, southwest Florida, Marine Geology, 10751–10760.

Swift D J P, G I Freeland R A Young. 1970. Time and space distribution of megaripples bedforms[J]. Sedimentology, 26: 389–406.

Swift D J P, KOFOED J W, SAULSBURY F P, AND SEARS P. 1972a, Holocene evolution of shelf surface, central and southern Atlantic Shelf of North America, in Swift, D.J.P., Duane, D.B., and Pilkey, O.H., eds., Shelf Sediment Transport; Process and Pattern: Stroudsburg, Pennsylvania, Dowden, Hutchison and Ross, p. 447–498.

Swift D, Duane D, Pilkey O, Eds. 1972b.Shelf Sediment Transport[M]. Strondsburg Pa.: Dowden, Hutchinson & Ross.

Swift D J P. 1975, Tidal sand ridges and shoal-retreat massifs: Marine Geology, v. 18, p. 105–133.

Swift D J P, G I Freeland. 1978. Current lamination and sand waves on the inner shelf, middle Atlantic bight of North America[J]. Journal of Sedimentary Petrology, 48: 1257–1266.

Swift D J P, D E Field. 1981. Evolution a classic sand ridge field: Maryland sector North American inner shelf[J]. Sedimentology, 28: 461–482.

Syvitski J P M, Lewis C F M, Piper D J W. 1996. Palaeoceanographic information derived from eastern Canada. In: Andrews J T, Austin W E N, Bergsten H, Jennings AE (Eds.), Late Quaternary Palaeoceanography of the North Atlantic Margins[J]. Geol. Soc. Special Publications, 111: 51–76.

Ta T K O, Nguyen V L, Tateishi M, Kobayashi I, Tanabe S, Saito Y. 2002. Holocene delta evolution and sediment discharge of the Mekong River, southern Vietnam. Quat. Sci. Rev. 21, 1807–1819.

Takasuki Y, Fujiwara T, Suimoto T. 1994. Formation of sand banks due to tidal vorticies around straits. Journal of Oceanography (Japan), 50: 81–98.

Tessier B, Trentesaux A. 1997. Les bancstidauxetleur evolution au cours de la transgression Holoce`ne. Exemples en Manche orientale et en Mer du Nord. In: Seme congres francais de sedimentologie, livre des resumes. Publ. no. 27

ASF, Paris, 261–262.

Tesson1 M, Gensous1 B, Allen G P, Ravenne Ch. 1990. Late Quaternary lowstand wedges on the Rhone Continental Shelf, France [J]. Marine Geology, 91: 325–332.

Tillman R W and Martinsen R S. 1984. The Shannon shelf-ridge sandstone complex, Salt creek anticline area, Powder River Basin, Wyoming [A]. Tulsa: SEPM, 85–142.

Trentesaux A, Stolk A, Tessier B, Chamley H. 1994. Surficial sedimentology of the Middelkerke Bank, southern North Sea. Mar. Geol. 121, 43–55.

Trentesaux A, A Stolk, S Serne. 1999, Sedimentology and stratigraphy of a tidal sand bank in the southern Northsea, Marine Geology, 159(1999): 253–272.

Trowbridge J H. 1995. A mechanism for the formation and maintenance of shore-oblique sand ridges on storm-dominated shelves. Journal of Geophysical Research .100: 16071–16086.

Vanaverbeke J, Gheskiere T, Steyaert M, Vincx M. 2002, Nematode assemblages from subtidal sandbanks in the southern bight of the northsea: effect of small sedimentological differences, Journal of sea research 48(2002): 197–207.

Van de Meene J W H, Van Rijn L C. 2000a, The shoreface-connected ridges along the central Dutch coast -part 1, Field observations, Cont. Shelf Res. 20, 2295–2323.

Van de Meene J W H, Van Rijn L C. 2000b, The shoreface-connected ridges along the central Dutch coast -part 2, morphological modelling, Cont.Shelf Res. 20, 2325–2345.

Van de Meene J W H. 1994. The shoreface-connected ridges along the central Dutch coast. Nederlandse Geografische Studies, 174, Utrecht, 222.

Van Dijk T A G P, Kleinhans M G. 2005.Processescontrollingthedynamicsof compound sand-waves in the North Sea, Netherlands. J. Geophys. Res.110 (F04S12). doi: 10.1029/2004JF000173.

Vincent C E, Swift D J P and Hillard B. 1981. Sediment transport in the New York bight, North American Atlantic shelf. In: C.A. Nittrouer (Editor), Sedimentary Dynamics of Continental Shelves (Developments in Sedimentology, 32). Elsevier, Amsterdam, 369–398.

Wagle B G, Veerayya M. 1996. Submerged sand ridges on the western continental shelf o¡ Bombay, India: evidence for late Pleistocene-Holocene sea-level changes. Mar. Geol. 136, 79–95.

Wang J, Chern C S. 1989. On cold water intrusions in the eastern Taiwan Strait during cold season. Acta Oceanogr. Taiwanica 22, 43–67.

Wang Y F, Gao S. 2001 Modification to the Hardisty Equation, regarding the relationship between sediment transport rate and particle size[J]. Journal of Sedimentary Research, 78: 118–121.

Wang Y H, S Jan and D P Wang. 2003: Transports and tidal current estimates in the Taiwan Strait from shipboard ADCP observations (1999-2001). Estuarine, Coastal Shelf Sci., 57, 193–199.

Wang Y H, Chiao L Y, Lwiza K M M, Wang D P. 2004. Analysis of flow at the gate of Taiwan Strait. J. Geophys. Res. 109, C02025.

Wang Y, Zhang Y, Zou X, Zhu D, Piper D. 2012. The sand ridge field of the south yellow sea: origin by river–sea interaction. Mar. Geol. 291, 132–146. http: //dx.doi.org/ 10.1016/j. margeo.2011.01.001.

Werner F and Newton R. 1975. The pattern of large-scale bed forms in the langeland belt (Baltic sea). Marine Geology, 19: 29–59.

Whitmeyer S J, FitzGerald D M. 2008. Episodic dynamics of a sand wave field[J]. Marine Geology, 252: 24–37.

Williams J J, N J MacDonald B A OConnor, S Pan. 2000, Offshore sand bank dynamics, Journal of Marine Systems 24 (2000): 153–173.

Wolanski E, Nguyen NH, Le TD, Nguyen HN, Nguyen NT (1996) Fine-sediment dynamics in the Mekong River Estuary, Vietnam. Estuarine Coastal Shelf Sci 43: 565–582.

Wood M A M, C A Fleming. 1981. Coastal hydraulics[M], 2nd edition. London: Macmillan.

Wust J C. 2004. Data-driven probabilistic predictions of sand wave bathymetry. In: Hulscher, S.J.M.H., Garlan, T., Idier, D. (Eds.), Proceedings of the Second International Workshop on Marine Sand Wave and River Dune Dynamics, Enschede, The Netherlands. University of Twente, Enschede, The Netherlands rea. J. Appl. Geodesy 3(2), 97–120.doi: 10.1515/JAG.2009.011.

Xing F, Wang Y P, Wang H V. 2012. Tidal hydrodynamics and fine-grained sediment transport on the radial sand ridge system in the southern Yellow Sea. Mar. Geol. 291, 192–210. http: //dx.doi.org/10.1016/j.margeo.2011.06.006.

Xu Fan, Tao Jianfeng, Zhou Zeng, Coco Giovanni, Zhang Changkuan. 2016. Mechanisms underlying the regional morphological differences between the northern and southern radial sand ridges along the Jiangsu Coast, China. Marine Geology, 371: 1–17.

Yalin M S. 1964, Geometric properties of sand waves. Proc. Am. Soc. Civil Eng.90, 105–119.

Yang C S, Sun J S. 1988. Tidal sand ridges on the East China Sea shelf. In: de Boer, P.L., van Gelder, A., Nio, S.D. (Eds.), Tide-influenced Sedimentary Environments and Facies. Reidel, Dordrecht, pp. 23–38.

Yang Chang-shu. 1989. Active, moribund and buried tidal sand ridges in the East China Sea and the Southern Yellow Sea[J]. Marine Geology, 88: 97–116.

Ye Yin-can, Lei Zhi-yuan, Chen Xi-tu, et al.1983. Bedform morphologies of the continental shelf off Changjiang River mouth and their environment conditions[A]. in: Proceedings of international symposium on sedimentation on the continental shelf, with special reference to the East China Sea. Beijing: Ocean Press.762–774.

Yoo D G, Park S C. 2000. High-resolution seismic study as a tool for sequence stratigraphic evidence of high-frequency sea-level changes: latest Pleistocene-Holocene example from the Korea Strait. J. Sediment. Res. 70, 296–309.

Yu H S and G S Song. 2000: Submarine physiographic features in Taiwan region and their geological significance. J Geol. Soc. China, 43, 267–286.

Yu W, Wu Z Y, Zhou J Q, Zhao D N. 2015. Meticulous characteristics, classification and distribution of seabed sand wave on the Taiwan Bank. Haiyang Xuebao 37 (10), 11–25 (in Chinese with English abstract).

Zhang J Y. 1988. Some discoveries of submarine relief in the South of Taiwan Strait. Mar. Sci. 4, 22–26 (in Chinese).

Zhou jieqiong, Wu ziyin, Jin xianglong et al. 2018. Observations and analysis of giant sand wave fields on the Taiwan Banks, northern South China Sea. Marine Geology, 406: 132–141.

Zeile, M, Schulz-Ohlberg, J, Figge K. 2000, Mobile sand deposits and shoreface sediment dynamics in the inner German Bight (North Sea). Geol.170, 363–380.

第三篇

陆坡深水沉积物波

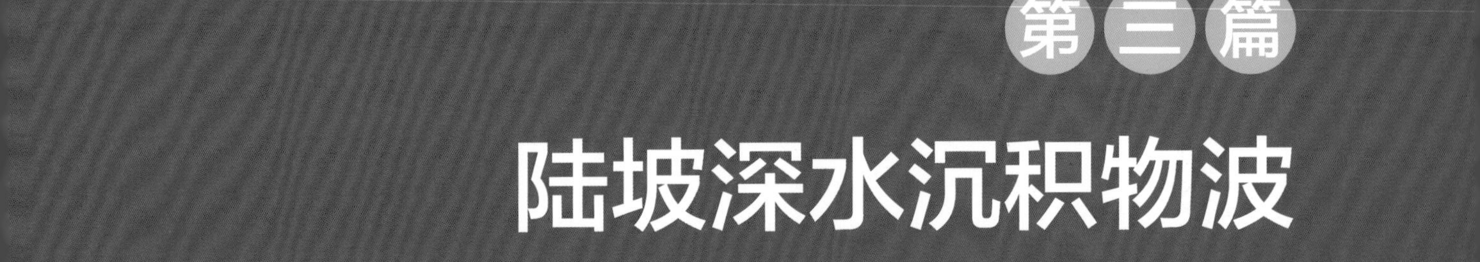

第十三章　陆坡沉积物波

13.1　陆坡沉积物波简介

大陆坡又称陆坡，是分隔大陆和大洋的全球性斜坡，从陆架外缘（水深 130 ~ 200 m）至 2500 m 左右的海区均属于大陆坡，陆坡最大的特点是坡度大，总体坡度 3° ~ 6°，平均 4°（王琦，朱而勤，1989），有些陆坡达 15° 以上。但陆坡并非全部坡度大，陆坡上部的海底坡度往往大于 6°，陆坡下部经常变得十分平缓，大约 0.3° ~ 0.5°，中部多为陡缓相间。因此，陆坡上部以侵蚀为主，形成许多海底峡谷，中部侵蚀和沉积相间，峡谷变缓和增宽，下部以沉积为主，常见许多水下沉积扇或水下三角洲，如恒河扇、亚马孙扇等。海底峡谷往往成为陆源碎屑物质进入大洋盆地的通道。陆坡（特别是中、下部）沉积物以粉砂黏土级细粒沉积为主，只有最上部和局部流速较大的海区才见到砂粒级为主的粗粒沉积碎屑。

陆坡海水并不平静，也像陆架海水一样不断流动着，但陆架上的潮流和波浪在陆坡上几乎见不到，较为普遍的动力是等深流（contour current）（不同密度水团间的密度差引起大规模的牵引流运动），浊流（turbidity current）（靠高悬浮物质运动形成的重力流），内波（internal wave）（不同密度水团间的界面上的振动而成的波状密度跃层）和滑坡断层（Landslid fault）等构造动力。在这些动力的作用下，海底泥沙悬浮和被携运着运动，沉积成各种海底底形，其中最广泛分布的最有意义的大型波状底形，通常称为沉积物波（sediment waves）。陆坡深水沉积物波与陆架沙波沙脊均为海底凸起的沉积底形（同济大学海洋地质系，1989），但是陆坡沉积物波的尺度是后者的数倍至数十倍，通常波长从数十米至数十千米，波高从数米至数百米。波体大多相互平行，绵延分布数十平方千米至数百平方千米。特别是陆坡中部和下部，沉积物波不仅尺度更大，而且往往两坡不对称，大部分底形向上游迁移，个别向下游迁移，而陆架砂质底形却上游侧翼侵蚀，下游侧翼加积，形体总是向下游侧迁移。

深水沉积物波的发育环境涉及深海油气储层和可燃冰资源，沉积物波往往粗于周围的黏土沉积。较大型沉积物波本身就自然形成独立的生储盖层圈闭，沉积物波系列又常构成沉积层间的标志层，在深海油气勘探上愈来愈受到关注，如新疆塔里木盆地中奥陶统富烃源岩中的油气就通过 1 号断层向上运移至上覆大型沉积物波粉砂层中，该沉积物波成为良好的油气储层（Gao et al，2000）。在中国南海北部现代陆坡中、下部较为平缓海底上的大片波状底形和偶发性浊流构成的叠瓦状沉积物波地层成为近几年油气勘探的关注点（Gong et al，2012；Kuang，2014）。另据近期报导，“南海可燃冰分布于水深大于 1000 m 的细粒海底表面”，沉积物波的凹槽带可能会满足这一要求。近几十年来，深水建筑和管线的发展日新月异，海底工程稳定性以及军事上的要求更得到了愈来愈多的国家和研究者的重视。自 20 世纪 50—60 年代初发现深海沉积物波状地形（Allen，1970；Jacobi et al，1975）以来，至今已在近百地点发现和研究过沉积物波的特征和成因（Symons，2016）（图 13.1），近 30 年来，深海沉积物波已成为海洋地质的研究热点和难点，其争议主要集中于沉积物波的形成条件和迁移方向。许多假说虽然曾在实验室内做过验证，但争论仍然比较活跃（Normark et al，1980；Howe，1996；Wynn et al，2000；Wynn and Stow，2002b；Wynn，Masson and Bett，2002；Stow，2002；Nosal et al，2008；Jiang et al，2013；Tinterri and Lipparini，2013；Oiwane et al，2014；Belde et al，2015；Ribó et al，2016a）。

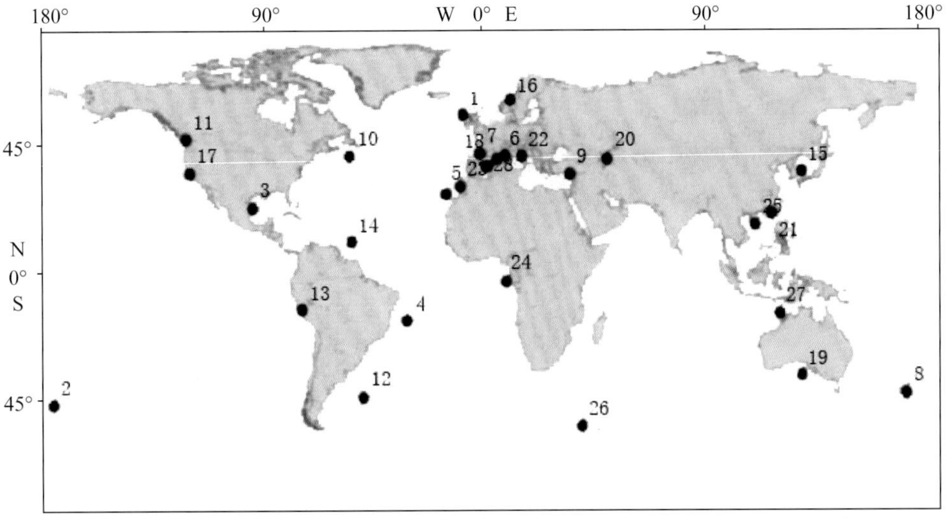

图13.1 世界沉积物波研究点（Symons et al,2016）

Figl. 3.1 Map showing global distribution of seafloor bedforms used in this study(Symons et al, 2016)

1.Jacobi Rabinowitz and Embley, 1975; 2.Carter, 1990; 3.Behrens,1994; 4.Boon, Green and Suh, 1996; 5.Wynn et al, 2000; 6. Migeon et al, 2001; 7.Ediger, Velegrakis and Evans, 2002; 8.Ercilla et al, 2002; 9.Ercilla and Wynn, 2002; 10.Faugeres et al, 2002; 11.Lewis and Pantin, 2002; 12.Mosher and Thomson, 2002; 13.Von Lom-keil, Spiess and Hopfauf, 2002; 14.Wynn, Masson and Bett, 2002; 15.Lee, Bahk and Chough, 2003; 16.Boe et al, 2004; 17.Jallet and Giresse, 2005; 18.Smith et al, 2005; 19.Anderskouv et al, 2010; 20.Polyakov et al, 2010; 21.Gong et al, 2012; 22.Dunlap, Wood and Moscardelli, 2013; 23.Jiang et al, 2013; 24.Lonergan et al, 2013; 25.Tinterri and Lipparini, 2013; 26.Oiwane et al, 2014; 27.Belde et al, 2015; 28. Ribó et al, 2016）

由于陆坡深水海底很少直接观察到挟沙水流影响状况，对其认识大部分是通过测深物探记录和现代海底沉积物的分析得来，海底大尺度的波状底形分布十分普遍。虽然有大量关于海底地形的文献，但对其如何形成和如何划分却没有统一的认识，目前国际上对沉积物波的研究主要聚焦在模拟、现场观察和成因研讨等方面。因此深水沉积物波的研究已成为海洋地质的热点。

本章拟结合水动力环境，分别探讨和介绍世界各类沉积物波的形态特征、形成演化和沉积机理。

13.2 陆坡深水水动力

如第一章论述的自然界能驱动泥沙运动的流体有两种，即牵引流和重力流，遵守牛顿流体力学定律，靠流体对碎屑物质的浮力差来机械搬运和沉积碎屑物质的流体称牵引流，又称水流。重力流是在重力作用下发生流动和弥散大量沉积物的高密度流体，靠流体物质的浓度差驱动泥沙运动。依据沉积物重力流中的搬运（悬浮）机理又分类成碎屑流、颗粒流、液化流和浊流等四类。陆架海水，一般小于 200 m 水深，运动的流体主要是牵引流，包括潮流、波流、河水流和洋流（洋流的边缘、分支和末梢），陆坡（一般大于 200 m 水深）和洋底的深水区，潮流和波浪流很少作用到海底，主要的动力是洋流（属于牵引流）和浊流，它们都能驱动泥沙，进而塑造底形。只有少部分海区有碎屑流、颗粒流和液化流的存在。

深水区洋流成因很复杂，综合归纳为两种，即风海流系统的洋流和水团间的密度梯度流。前者为表层洋流，是由地球自转，大气环流引起的信风流。如赤道以北，NE 信风形成的北赤道流，在大洋西侧补偿成向北的黑潮和墨西哥湾流。黑潮自赤道以北开始，顺太平洋西侧向北流，在台湾岛东岸外断面附近的黑潮水体宽约 1 000 ~ 2 000 km，垂直深度约 1 000 ~ 2 000 m，表流流速约 51 ~ 77 cm/s，常年定向流量约 $43.2 \times 10^6 m^3$，至日本九州岛东岸外，流速增至 3 ~ 4 kn，在 400 ~ 700 m 水深处仍有 1 ~ 2 kn（Rebesco，2014）。赤道以南的 SE 信风形成南赤道流，也补偿性向南流，在大洋西侧形成自北向南的洋流，如经过南非德班市东岸外直到 540 m 水深的厄古拉斯（Agulhas）洋流，常年流速 20 cm/s 以上，盛时达 90 cm/s（Cawthra，2012）。深层洋流大多是密度梯度型洋流，又称等深流。

13.2.1 等深流

陆坡大洋不同温度（或盐度）的两水团的交换形成密度梯度，靠水团密度差（包括温度差，盐度差和悬浮物浓度差等）引起大规模的水的持续流动称为密度驱动的洋流。大洋各处的海水受其周围环境的影响而具有一定的特性，人们把具有较均匀的理化特性和较一致的活动状态的海水称为水团。理化特性包括温度、盐度、含沙量、透明度和运动方式等，其中主要的参数是水的温度和盐度。根据它们就可以分成高温（或低温）水团，高盐（或低盐）水团。如挪威海 300 ~ 1000 m 水深处，分布有上、下两个水团，下部水团由于受北极来水的影响，平均温度只有 -0.5℃，而其上层海水受北大西洋来水的影响，平均水温为 8℃。这一海区就构成下部低温水团和上部高温水团，两水团间就形成海水自下而上的密度梯度。同理，地中海海水受地中海型气候的控制，平均盐度高达 38，而直布罗陀海峡以西的大西洋水盐度只有 36，两水团间就形成水平上的盐度差和垂向的自下而上高密度水团与低密度水团的密度差。

水团间存在密度梯度就要产生海水的混合，混合方式包括分子混合、涡动混合和对流混合等，会导致海水的不规则运动。由此会引起海水分子热传导系数、分子扩散系数和分子黏滞系数的变化，导致高密度水向低密度水的运动。若两水团间的密度梯度很大，就产生涡动混合或对流混合，引起海水更强烈的运动，流速必然很高，若水团间的密度梯度很小，则主要是分子混合，所导致的海水运动流速也较低。

世界上主要的深水高密度流（低温水团）多源于南、北极及附近海区，那里的环境导致海水温度极低。高密度冷水团的主发源地是南极的罗斯海和威德尔海，以及与北极相关联的挪威海（图 13.2）。挪威海冷水团的水量极大，当通过冰岛 – 法罗海脊向大西洋倾注时，受地形影响，底部冷水层厚达 100 ~ 200 m，流速高达 0.3 ~ 1.0 m/s（HanSen，2000）。罗斯海的冷水向北溢出，并存在向西的分支，在澳大利亚塔斯马尼亚岛向西 600 m 水深以下（称为林德斯流），流速达 5 ~ 20 cm/s（Anderskouv，2010）。它们都是深水区底流输运泥沙的主要动力。

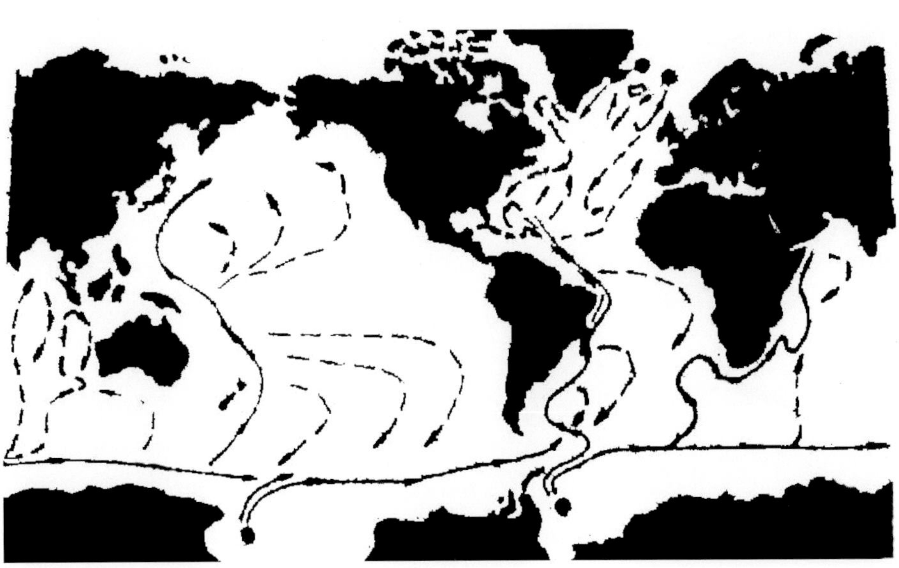

图13.2 现代海洋的深层环流图（Stow，1980；转引自任美锷，1984），黑线表示主要深层流，虚线代表次要（较弱）深层回流。黑圆点表示冷的密度较大水团的主要发源地

Fig. 13.2 Map showing deep circulation in modern ocean (Stow et al,1979; Quoted in Ren et al,1984), The black line represents the main deep flow and the dotted line the secondary (weaker) deep flow. Black dots indicate the main sources of cold, dense water masses

深水密度驱动型洋流携运泥沙的动力（流速）在于海底地形和上下水团间的密度差，并与后者基本成比例，Cenedes et al（2004）和 Akiniva et al（2011）写成如下公式：

$$U_m=g'\alpha/f \tag{13.1}$$

式中 $g'=g\Delta\rho/\Delta\rho_0$，就是减小的重力（$g$ 为重力加速度）；$\Delta\rho=\rho-\rho_0$，是高密度流 ρ 和低密度水 ρ_0 之间的密度差，α 为底部的起伏，f 为科里奥利参数。

深水水团表面比较平缓，受海底和水层间的摩擦的影响，于该水团前部和边缘浅层带产生减速、改向和冷涡流（图 13.3），称为埃克曼输送（Ekman transport）（Pedlosky，1996；Wahlin，2001）。埃克曼输送引起水团水平扩宽（若无地形束缚）在海盆边缘或向陆侧密度界面几乎成为水平线，两水团间的边缘线（锋面线）在相同深度处流速相同，则倾向于顺等深线流动，故常称密度驱动流为等深流（contour current）。最早研究等深流是德国物理学家 Wust. G（1958）和 Heezen 等（1966）认为等深流是由于地球旋转引起的温盐水的循环，平行海底等深线稳定低速流动，一般情况下等深流的流速约 5 ~ 20 cm/s（Heezen，1966）。然而，受地转偏向力、海底地形、深海斜亚潮、风暴、内波以及陆架来水和新增物源等的环境影响，平缓而宽阔的等深流变得不平缓，由于流向、流速以及流量上的变化，以致形成各种类型等深流。最常见的是地转偏向力对等深流的影响，地转偏向力引起北半球水向流向的右侧偏转，南半球向左偏转，则往往称其为地转流（geostrophic current）。海底地形影响往往是致命的，如地形的束狭形成海峡流和峡谷流，往往通过束狭变开敞，和开敞变束狭引起底流速度剧烈变化成为塑造大型水下沙丘和沙脊的重要动力因素。陆坡较大的坡度使等深流流速加快，束狭和凸起的海底使等深流变向，减（加）速和分流成顺海底谷的顺谷流或环流。由此可见等深流不仅分布甚广，而且流速变化很大，一般流速 5 ~ 20 cm/s，进一步可升到 50 cm/s。局部地形影响可达 180 ~ 250 cm/s（直布罗陀海峡区）（Baringer，1997）。这些变化的等深流是陆坡塑造沉积物波的动力。

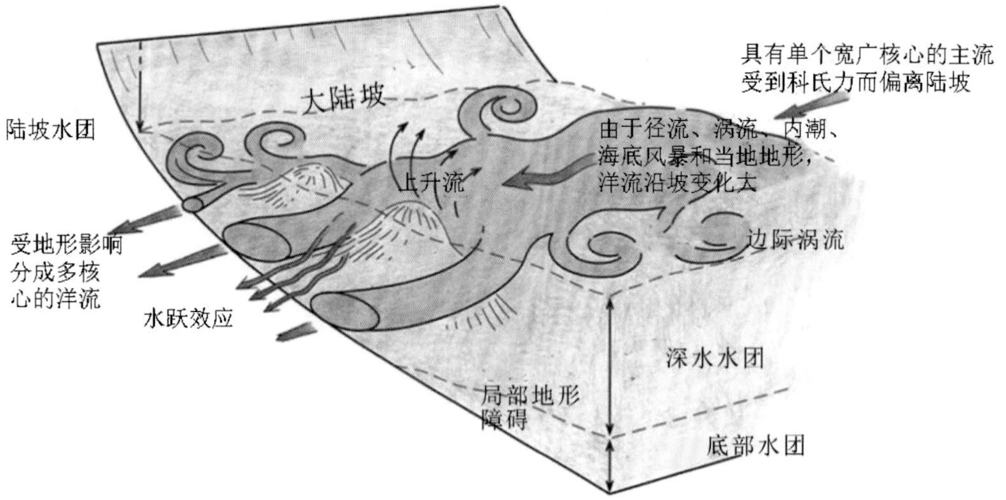

图13.3　概括主要等深流特征的示意图（修改自Stow et al，2009）

Fig.13.3　Schematic diagram summarizing main isobaric flow characteristics (modified from Stow et al, 2009)

13.2.2　内波

内波是存在于两个不同密度的水团界面上或具有密度梯度的水体内的水下波（LaFond，1966）。内波分布十分普遍，大量存在于海湾、浅海和湖泊中，两水团界面上存在密度梯度产生内波并随水团的迁移而传播。与海表面波相比，内波具有低频率、高振幅和高能量的特点，相当于潮周期的内波称为内潮（internal tides），斜压潮（baroclinic tide），通常产生在具有陡坡水深变化的海区。具强振幅非线性的内孤立波（internal solitary waves）或孤波（solitons）（Rebesco，2014）。陆架外缘和陆坡上部，大致 120 ~ 250 m 水深容易形成内波。这是因为陆架浅水水团的水温高于陆坡深水水团，陆架浅水水团接受大量陆地淡水，其盐度低于陆坡水团，在水团叠加的界面上，密度梯度较陡，导致水的振动，形成内波。产生内波的能源可以是深水潮汐、巨大波浪、大气压变化、地震和船舶运动等。内波具有很强的随机性，表现为波高、波长和波动范围上（图 13.4）。内波一般表现为驻波和前进波两种形式，前者多在较强封闭的水体环境中容易形成，如比斯开湾卡普雷顿峡谷中的内波（见第十八章），后者易发育于开阔水体环境中，如地质记录古地层中的内波沉积。内波的波高大者可超过百米，小者只几厘米，波长小者不足 1 m，大者达数千米，波周期小者 1 min，长者达数日或更长（高振中，1996）。

内波的波能量甚高，可达水平速度 200 cm/s，垂直速度 20 cm/s（Shanmugam，2000，2013），内波传播速度可达 1.5 m/s。Rayson 等（2011）通过模型计算了澳大利亚西北 250 ~ 350 m 水深的内波流速，高达 0.5 ~ 1.0 m/s，足以引起砂质物质运动和沉积物波的沉积。在直布罗陀海峡区（水深约 350 m）两水团间的密度跃层中产生波高 50 ~ 100 m，波长 2 ~ 4 km（Farmer and Armi，1988）的内波。

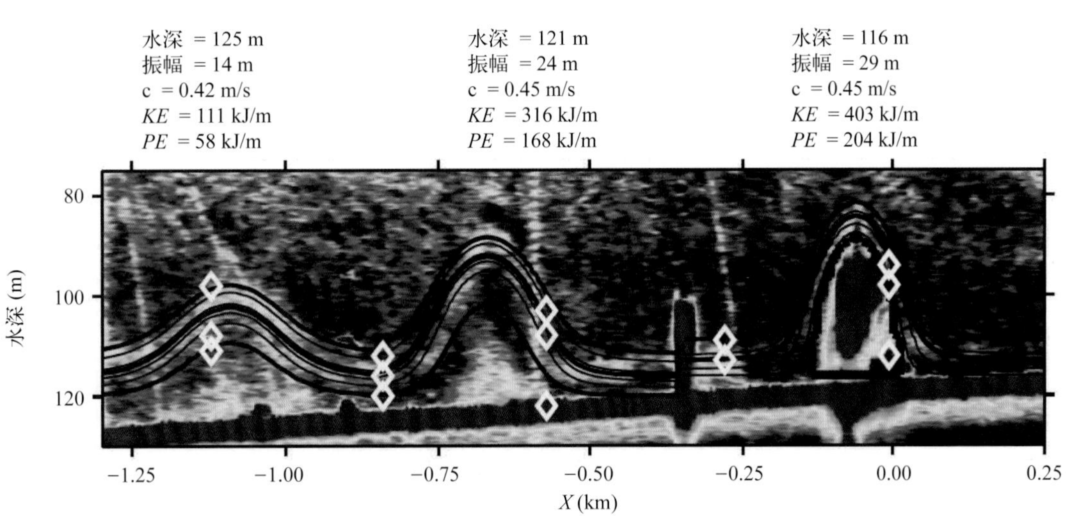

图13.4　3个内孤立波的等密度线；粗线为$\sigma_\theta = 24.8, 25.25, 25.7\ \mathrm{kg/m^3}$，图片之上为参数。白色菱形表示粗线的深度。粗线划出的闭合区域是第一个内孤立波的再循环核心（Jody，2003）

Fig.13.4　Isobaric of three inner isolated waves; The bold lines are the σ_θ=24.8, 25.25, 25.7 kg/m^3, Above the picture are parameters. The white diamond indicates the depth of the thick line. The closed region marked by the thick line is the recirculating core of the first inner solitary wave (Jody, 2003)

受内波上覆和下伏水层的阻滞，在内波传播过程中产生上、下两反向水流。按高振中（1996）解释：海洋中的内波为前进波，在波峰和波谷通过时，水的运动方向是相反的，在密度界面之上，波谷通过时，水的运动方向与内波的传播方向相同；波峰通过时，水的运动方向与内波传播方向相反。在密度界面之下，情况则相反，波峰通过时，水的运动方向与内波传播方向相同，波谷通过时则相反。当密度界面接近海底时，由于波谷下方较波峰下方窄，故波谷下方的流速较波峰下方大。内波引起的沉积物搬运的总趋势与波的传播方向相反，而在浅水区的前进方向是向岸的。发生内波水跃的条件，除与两水团密度差所引起的剪切力的大小有关以外，还与地形关系密切：①陆坡坡度角（r）接近内波传播方向相对于水平面的岬角（c）时，为临界状态，容易引起内波水跃，当r大于c时，内波反射，r小于c时内波逐渐消能（Thorpe，1999；Zikanov and Slinn，2001），称为次临界和超临界状态，都不会引起水跃（Ribó et al，2015）。按 Belde 等（2015）对澳大利亚西北陆架外内波控的沉积物波区的三维地震的调查，断层崖间 0.3° ~ 0.68° 坡度的平坦海底发育大片沉积物波，而小于 0.3° 和大于 0.68° 坡度的平坦海底都未见沉积物波。②水下高脊（或陡崖）或陡坡岛屿对内波可起类似河口的涌潮波作用，导致内波单位能量的增强，携运泥沙常在外陆架坡折带或陆坡上部消能沉积，形成巨型沙丘和沙脊。如南海北部由于受到东沙群岛及岛架高地的阻碍，波能迅速提高，内波振幅高达 100 m（Liu et al，1998；Jody and Moum，2003）。Lien 等（2005）讨论了内波速度谱和非线性内波的总能量E，计算公式为

$$E = \rho \int (0.5U^2 + 0.5V^2 + 0.5W^2 + \rho)\mathrm{d}z \qquad (13.2)$$

式中，ρ为水的密度，U^2、V^2和W^2分别是通过相应的频带积分光谱计算出的纬向、经向和垂向速度的方差。当然不同海区（水深和地形）还有一定差异性。Chang 等（2006）通

过公式

$$F=\int CgE\mathrm{d}z \tag{13.3}$$

计算出南海北部东沙群岛附近的内波垂向综合能通量为 8.5 kw/m，至大陆架外缘的坡折带波能降至 0.22 kw/m（Jody，M.K.，2003），内波消能率为 0.023 kw/m^2，导致泥沙快速沉积。

内波利于鱼类生长和潜艇的隐蔽。由于其产生的随机性，难以预报，容易引发海上工程失稳，如 1990 年夏天，在东海某岛附近当内波经过时，石油钻机难以操作、锚定的油罐箱 5 min 内摆动 110°。1969 年，美国长尾鲨鱼号潜艇的失事，因内波快速下沉到不可承受的深度。当然也可依内波相关规律也容易找到陆架、陆坡交界处一定的砂积体（Reeder，2011），称为内波控沉积物波。

13.2.3 浊流

浊流（turbidity current）是沉积物重力流的一种，主要由砂、泥和水充分混合的高密度（1.5 ~ 2.0 g/L 以上）流体，靠液体的湍流来支撑碎屑颗粒，并使之呈悬浮状态，靠高悬浮物质的运动裹挟碎屑物质前进，所以又称浊流为物质流。按照沉积物扩散的密度不同，称 50 ~ 250 g/L 为高密度浊流，小于 25 g/L 为低密度浊流。浊流的物源大多位于陆架前缘或大河河口水下前锋。由于悬浮大量沙泥物质，浊流比重是水的两倍左右，在重力作用下顺坡向下流速较大。可在大陆边缘或洋盆区形成浊积扇和侵蚀谷。据 Allen（1984）的模型推导浊流厚度可达 60 ~ 400 m，波高 20 ~ 30 m，最高达 200 m，最低小于 5 m。深海浊流流动具有明显的阵发性，流动过程显示物质积累和发泄两个阶段的交替，物质积累阶段，浊流微弱甚至终止流动，而上游仍不断补给物质；发泄阶段流速可达 50 ~ 70 cm/s。如美国加州岸外的鳗丽（Eel）河水下浊流在陆架上流速 35 ~ 50 cm/s 在陆坡峡谷谷口外（水深 500 m）流速可达 70 cm/s，流量随物源多寡，海底坡度大小而变化。所以浊流形成的基本条件是丰沛的物源、较大的海底坡度和一定的促发地质事件（洪水，地震、火山、内波和巨浪风暴等）。据计算比斯开湾长周期内波 12 时 25 分，波长约 1 km，后者与兰德斯高地沉积物波波长相似；促发浊流暴发地质事件的发生时间难以确定，则浊流阵发的周期难以统计，据 Brocherey 等（2014）的统计比斯开湾卡普雷顿峡谷接近头部现代浊流阵发频率平均为 1.0 ~ 1.5 次 /a。促发性地质事件可诱发深水浊流的阵发和漫溢堤滩，并发育沉积物波（Durrieu de Madron et al，1999；Correard，2000）。阵发性浊流能量很大，可造成重要的海底灾害，如 1929 年的大班克斯地震和 1954 年阿尔及利亚的奥尔良维尔地震均导致浊流的爆发，进而发生电缆的蚀断和掩埋。

世界深水浊流十分普遍，主要分布于 1000 ~ 2000 m 以深海区。这是因为陆坡上部（一般 1000 ~ 2000 m 水深）坡度大，沟谷多、流速强，为侵蚀区，许多陆源的物质和被侵蚀的上部陆坡碎屑沉积于陆坡下部（2000 m 以深）、坡麓和深海平原边缘。在那里形成众多的大小浊积扇，如亚马孙扇、恒河扇和刚果扇等，扇上主要的地貌是多级浊流流道（主流道，分流道，支流道），大片漫堤和堤外平原，后两者是深水沉积物波的主要沉积区。

13.3 陆坡深水沉积物波

深水沉积物波形成于陆坡和深水海底，粗细沉积物碎屑依靠近底流体的运动而运移，进而塑造和迁移沉积物波。由前可知，接近海底处有两种性质的流体，即底流和物质流（浊流）。底流是近底水流（属于牵引流），遵守牛顿内摩擦定律，靠压力差产生的浮力悬浮泥沙，靠水流速度产生的剪切力来起动泥沙，并塑造底形；物质流相当于陆上的泥石流，靠近底流体的悬浮物质的浓度差来悬浮泥沙碎屑，并塑造和迁移底形。陆坡深水海底既有底流，也有物质流体，通常含沙小于 0.025 g/L 的流体可认为是牵引流，极大于者，接近浊流等物质流。底流和浊流都能塑造沉积物波，但粗、细粒级碎屑形成沉积物波的特征和机理却不相同。Embky（1977）按介质将深水沉积物波分成底流型和浊流型两类，又发现粒度粗、细的沉积物波在形态、动态、演化过程等方面各具特点，Wynn（2000）按粒度又分成粗粒沉积物波和细粒沉积物波。Wynn 和 Stow（2002a, b）又按粒度组成和波形成因综合划分沉积物波为六类，即粗、细粒底流型沉积物波，粗、细粒浊流型沉积物波和粗、细粒滑坡构造型沉积物波。但 Faugeres 等（1999）按沉积物波的形成过程分沉积物波为浊流型、等深流型和重力过程变形型（指滑坡断层等）3 种类型。但除洪堡德滑坡断层型沉积物波外，很少见该构造类型沉积物波的相关文献。至于内波作用，由于其是水中的波浪，波流和水流塑造的底形有所不同，但因所塑造的沉积物波的介质多属于牵引流，也有因内波水跃破碎促使浊流悬浮浓度剧增而沉积浊流型沉积物波，如卡普雷顿峡谷的浊流型沉积物波。故仍应属于底流型沉积物波或浊流型沉积物波类型，本书将其称为内波控底流型沉积物波，或内波控浊流型沉积物波。则最终可以归纳为粗、细粒底流型和粗、细粒浊流型沉积物波 4 种基本类型。总体看深水沉积物波以细粒沉积物波居多，包括底流型和浊流型沉积物波，而粗粒底流型沉积物波和浊流型仅在局部海底可见。

13.3.1 粗粒底流型沉积物波

粗粒底流型沉积物波形成于深海强流（如顺陡斜的沟谷流）区，或近源粗碎屑带。以砂质或砂砾质碎屑为主的底形类型甚多，Stow 等（2009）概括编绘成图 13.5，像陆架砂质底形一样随流速和物源的变化而变。纵向底形有沙脊、沙带、彗星痕和沟槽等，像陆架上的潮流沙脊槽一样顺底流方向延伸数十千米，Amos 和 King（1984）建议长宽比大于 40 者称沙脊（sand ridge），不足者称沙带，横向不对称，陆坡和缓坡垂直于底流。受基岩凸起或大石块掩护的砂砾石沙脊称为鼻尾丘（crag and tail）（图 13.6），中国称为彗星痕（comet marks）。纵向砂质底形表面受流速的侵蚀，发育许多顺水流流痕（古地层中称剥离线理）标志水流方向。

横向底形有水下沙丘、沙波、沙席等丘脊线垂直底流延伸，其中直线型水下沙丘脊线大都垂直底流方向延伸，两坡不对称，底形上游侧翼侵蚀，下游侧翼加积，多向下游方向迁移，只有局部高流速（> 130 cm/s）下才出现逆行沙波，才向上游迁移。一些强流海底发育砾质沙尾和新月形三维大沙丘（Kenyon，1986，2002）。例如大西洋北部法罗海脊东坡（60°35′N，5°10′W），水深 1000 ~ 1200 m 处，从北极来的冷水团常年顺海底向大西洋流动，底流流速达

80 ~ 100 cm/s（Kenyon，1986，2002），广泛分布长数十米，高 1 ~ 2 m 砂砾质沙尾和彗星痕（图 13.6），其下游法罗海脊南坡（59°20′N，15°00′W），见大量新月形三维大沙波，波高约 2 m，长约 140 m，其上发育次一级平行排列的直线形和短峰舌状沙波（Wynn，2002；Sayago-Gil，2010）。

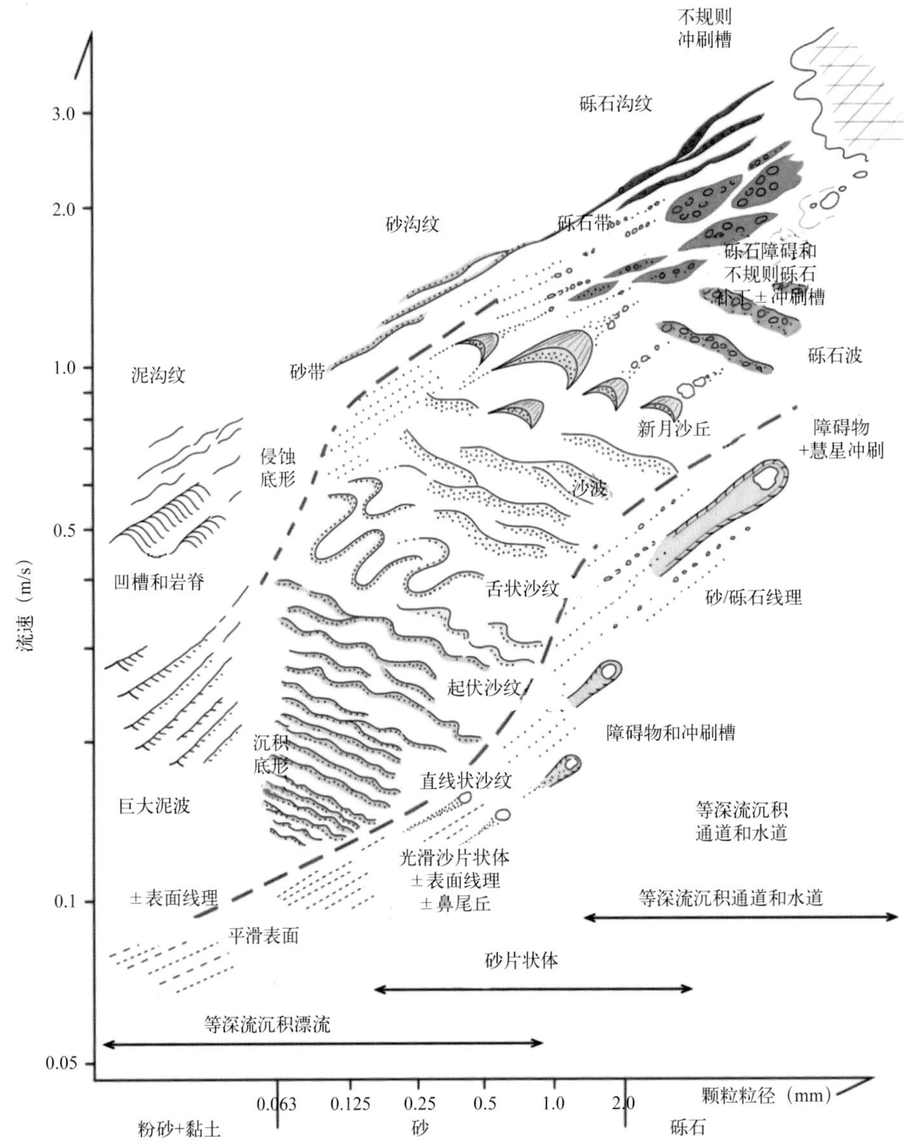

图13.5 深水粗粒底流系统的粗粒底形–流速模型，显示了一个沉积物平均粒径与近海底流速对底形的影响的示意图（修改自Stow et al，2009）

Fig.13.5 The coarse-grain bottom-velocity model of the deep-water coarse-grain bottom-velocity system shows a schematic diagram of the effect of sediment mean particle size and near-bottom velocity on the bottom velocity (Modified from Stow et al, 2009)

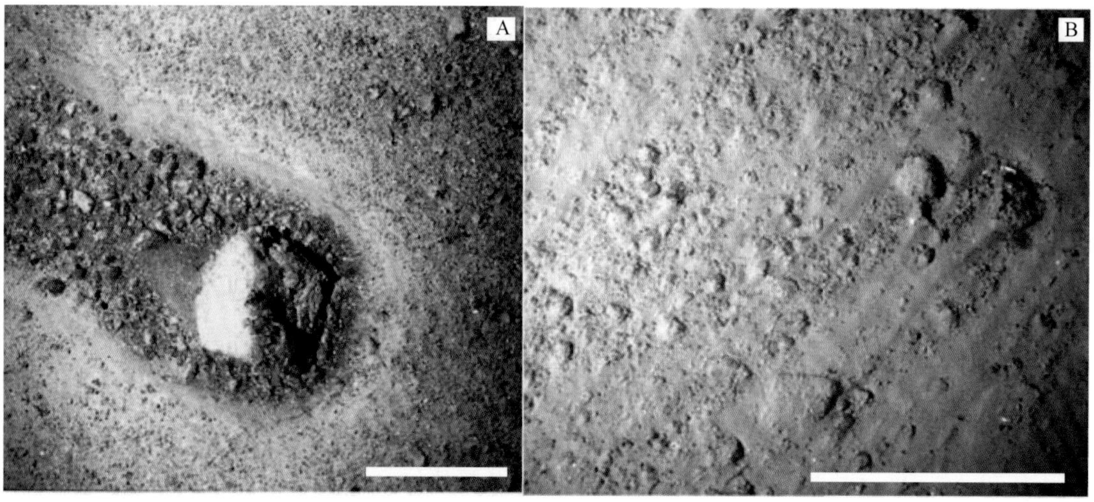

图13.6 水深1000 m 海底摄像图（Massonetal, 2004）白条近似为0.5 m，（A）砂和细砾组成的海底，巨砾尾侧发育的彗星痕（B）覆盖薄层粉细砂的砾石质彗星痕

Fig.13.6 Underwater photo of 1000 m depth (Masson et al, 2004) white paper is approximately 0.5 m, Sand and fine gravel composed of the sea bed, the giant gravel tail developed coma trace. (n). Gravel coma scar covered with a thin layer of fine sand

世界上陆坡深水底流粗粒沉积物波分布比较广泛，但多限于水深 1 000 m 左右以浅海底，如西班牙南岸外加迪斯湾，比斯开湾等，以及南北极冷水向高纬度流动区域。加的斯湾在直布罗陀海峡以外，地中海高盐水（盐度 38）终年从这里流入大西洋，大西洋的低盐水（盐度 35）以表面流形式流入地中海，高低盐水两水团形成等深流，密度梯度较高，流速（中心流道）可达 60 ~ 100 cm/s，两侧流速也有 40 cm/s 以上，在加的斯湾西侧接近直布罗陀海峡西口水深 600 ~ 1000 m 形成大面积侵蚀海底和砂砾质沉积区，发育各种砂砾质沉积物波，纵向底形的沙带宽约 100 m 以上，长约 3 km，高约 5 ~ 10 m，与凹槽平行并顺 NW 主水流方向展布（Kenyon and Belderson，1978）。横向底形主要是垂直主水流的直线型沙丘，丘高 3 ~ 10 m，丘长为 50 ~ 150 m。受横向峡谷的影响，大量沙丘相互叠置，约在 1800 m 深水处形成新月形大沙丘（Heezen，1996）。向西随着流速的降低，渐变成沙席带和泥浪区。整个砂质底形区约 800 km^2（Lobo et al，2001）。按沙层下泥层 ^{14}C 测年 10 ka BP 和 5 ka BP 的数据分析为全新世海侵，地中海海面增高，外泄水流增强，发育了大片的底流型砂质底形。

13.3.2 内波控底流型沉积物波

一部分粗粒深水沉积物波是内波波流形成的，主要沉积于陆架外缘和陆坡上部的局部平缓地带。Karl 等（1986）介绍过白令海（Bering）纳瓦林斯克（Navarinsk）峡谷外（水深 175 ~ 490 m）分布大量细砂 – 极细砂组成的大型沉积物波底形，波脊走向平行于等深线，波长 600 ~ 650 m，波高 2 ~ 15 m，平均 5 m，沙波呈弱不对称状，在地层剖面中表现出向上游侧弱爬升的迁移特征。Karl（1986）认为这样大的细砂级沙波底形只有内波能造成，峡谷末端的喇叭口地形，导致内波波能加强，引起内波水跃破碎，沉积内波控底流型粗粒沉积物波。南中国海北部 310 ~ 650 m 水深的陆坡平台上分布 65 个细砂 – 中粗砂组成的特大型沙波，波高 3 ~ 10 m，波长 280 ~ 350 m，沙波系数和不对称指数均显示紊乱。Reeder D.B.（2011）

认为是从东沙岛岛坡以外传播而来的内波塑造而成的。目前为止，世界上较清晰的内波控沉积物波是澳大利亚西北外陆架和陆坡上部的底形。澳大利亚西北外陆架和陆坡上部的布劳斯（Browse）盆地北部（12.5°—14.5°S，122°—124°E），水深 100 ~ 1 200 m，分布 4 大片约 700 km^2 的沉积物波（Jones et al，2009；James et al，2004；Belde et al，2015）。该地区内波很活跃，印度尼西亚贯道流（Indonesian Through flow）将高温低盐低营养的太平洋水通过帝汶海峡输运到印度洋（Goraon et al，2010）与该地区高太阳辐射低降水的水团间显示明显的密度分层（James et al，2004），特别是冬季，水团间密度梯度甚高，利于内波形成（Hollway，2001）。

通过卫星观测在澳大利亚 NW 陆坡区，Van der Boon（2011）的系泊设备所获得的数据证实内孤立波一年中均可出现在水深 255 m 附近，最大底流流速约 0.7 m/s（Van der Boon，2011）。大型半日内潮的方向为 NW—SE（向岸）（Van Gastel et al，2009）。这里海底为北深南浅，约在 200 m 水深以下，坡度变陡。平均坡度 0.55° ~ 1.0°，分布多条水下断层陡崖（NNE 向，高约 10 ~ 20 m 和 40 ~ 60 m）和古岸线台阶（图 13.7）。内波受内潮诱发，通过陡崖发生水跃破碎，于崖下向岸侧发生沉积，形成多条沉积物波（图 13.7）。沉积物波受断层崖的控制，峰脊 NE 向延伸，相互平行又与等深线接近平行，局部见分叉和微弯。与断层平均夹角可达 45°。沉积物波间距（波长）160 ~ 250 m，波高 5 ~ 10 m，平均波长 120 ~ 200 m，沉积物波的形成和特征变化（尺度、延伸方向和形态）还与海底坡度有关。根据统计和大量观察资料显示海底平均坡度 0.3° ~ 0.68° 之间最易发育沉积物波，小于 0.3° 和大于 0.68° 一般不发育沉积物波（图 13.8）。

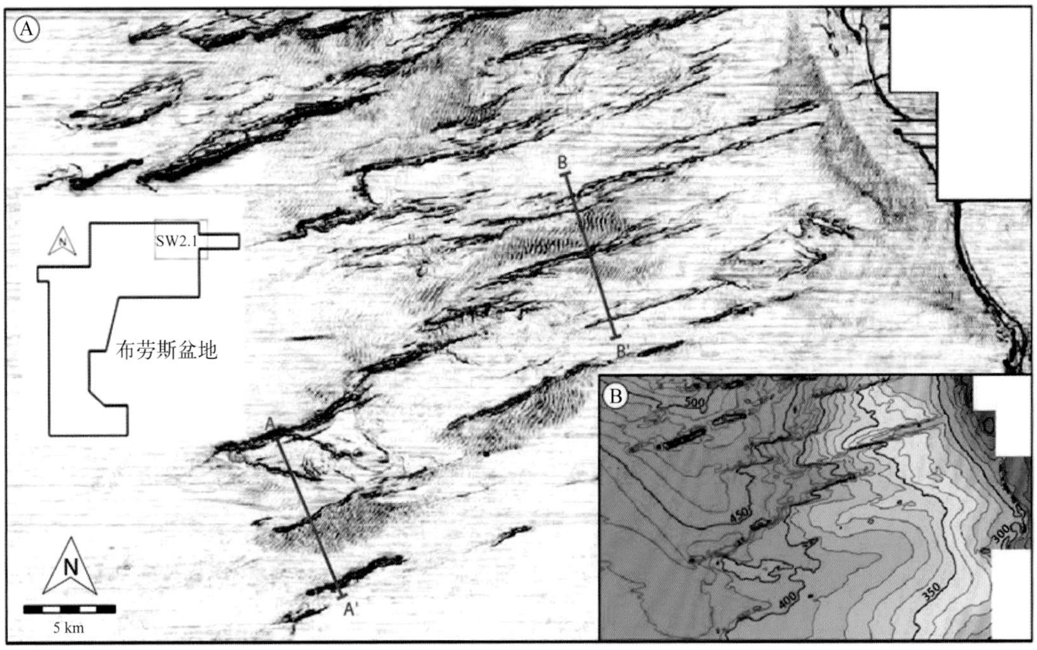

图13.7　澳大利亚西北陆坡水深340 ~ 510 m，SW2.1区海底断层崖和沉积物波分布图（Belde et al，2015）
（黑粗线为断层崖，灰色区为沉积物波）

Fig. 13.7　Distribution map of submarine fault scarfs and sediment waves in SW2.1 area in water depths of 340 ~ 510 m on the northwest continental slope of Australia (supplemented by Belde et al, 2015) (The black thick line is the fault cliff and the gray area is the sediment wave)

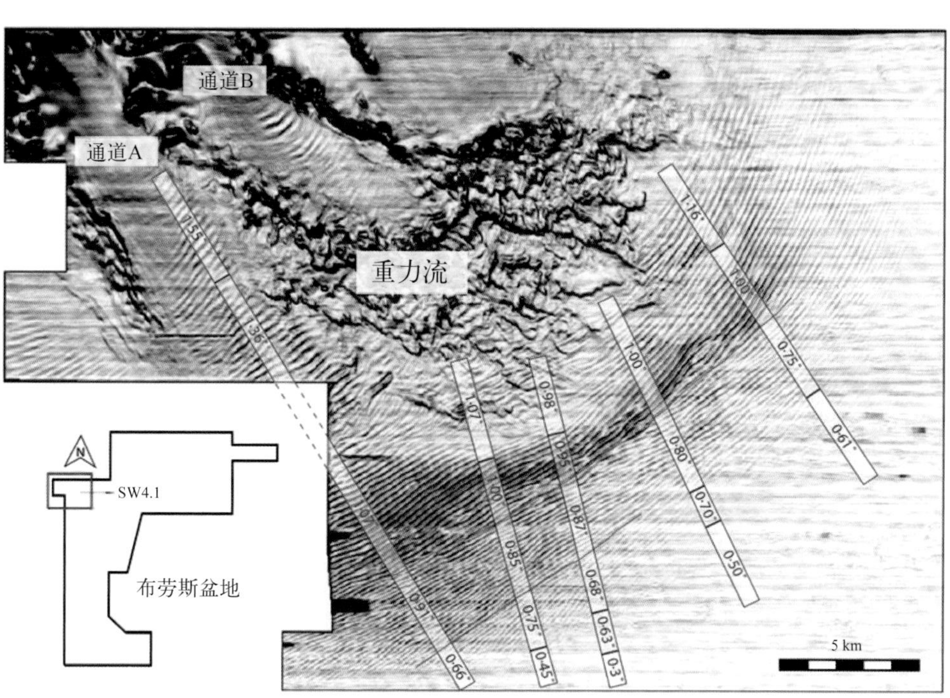

图13.8　澳大利亚西北陆架水深500 ~ 1000 m SW4.1区海底坡度观测和沉积物波分布关系（Belde et al，2015）（数字为海底坡度）

Fig. 13.8　Relation between seabed slope observation and sediment wave distribution in the area of SW4.1 of the northwest shelf of Australia, which depth is 500 ~ 1000 m (Belde et al, 2015) (the figure is seabed slope)

内波内潮及相关的沉积物波是近几十年沉积学中新领域，有关该波的总体特征只能依据已有资料参考表面波的一些特点，加以引申，初步看来内波控沉积物波具有 3 大沉积特征：

（1）沉积物波平行等深线延伸较远。内波是不同密度水团间剪切力诱导的水体振动而形成的水中波浪，当其向前传播时，遇到较合适坡度（坡度接近于内波传播角）的海底时发生水跃破碎，掀起底沙，再沉积成一条沙“高地”，那么内波总会在一定水深地带水跃，像近海破波带沉积水下沙坝一样，也会形成一条内波水跃带，自然多次水跃形成多条平行或叠加的沉积物波“高地”。如南海东北部的内波沉积带，平行等深线延伸约 4.4 km（Reeder et al，2011），在 350 ~ 600 m 水深的缓坡带上沉积沙脊和沙丘。地中海西部巴伦西亚湾中区陆坡上部的 16 条沉积物波基本平行 500 ~ 600 m 等深线，平均长度约 13 km，最长 20 km（Ribó et al，2016）。

（2）据高振中等（1996，2006）关于内波上下界面相反流的概念论述，内波驱动的沉积物与内波传播方向相反运动，故形成内波的反向沉积构造（图 13.9），在地震剖面中沉积物波横向具有波状叠覆特征，纵向上常现波状上攀现象（王青春，2005），构成沉积学上的后爬沉积层理。如澳大利亚西北洛克尔海槽东北部大区内波向 NW 传播，沉积物明显向 SE 攀升，构成向 SE 倾的反向层理构造。

（3）内波控沉积物波只分布于陆架外缘至陆坡上部，目前尚未见到水深大于 1 500 m 的内波控沉积物波。这是因为较多的内波发生于陆架水团与陆坡水团之间的界面上。即陆坡上部局部的平缓海底，而陆坡中、下部更深水团的密度梯度较小，很难形成具有高密度差的水团界面。

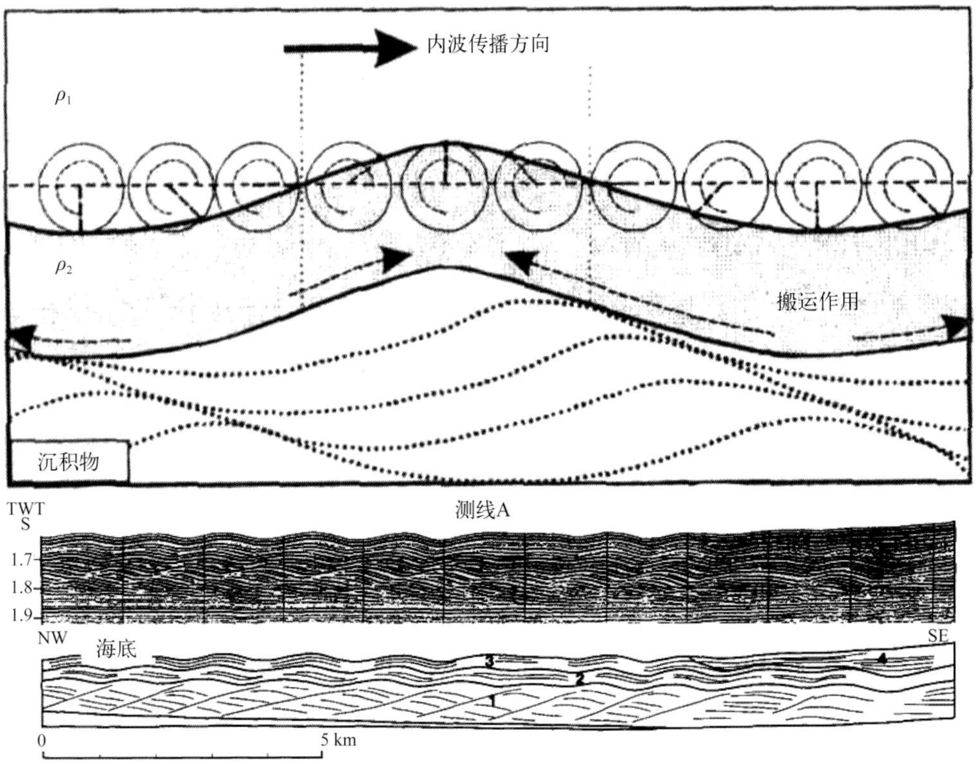

图13.9　A.密度界面上内波的运动及其层理构造的形成（修改自王青春等，2005）；B.苏格兰西北部洛克尔海槽东北大区沉积物波A地震剖面（Richards，1987修改）

Fig.13.9　A. Movement of internal waves and formation of stratified structures at the density interface (modified from Wang qingqing et al, 2005). B. Sediment wave A seismic profile in the northeast region of the Loker trough, NW Scotland (modified from Richards, 1987)

13.3.3　细粒底流控沉积物波

在沉积学上，粗（砂砾质）和细（粉砂黏土质）物质的携运方式并不相同，前者以跃移悬移和较多的推移形式运动，后者只有悬浮方式前进。深水沉积物以细粒沉积物为主，多发育细粒沉积物波，包括底流型和浊流型细粒沉积物波两种。这里主要讨论底流型细粒沉积物波（而粗粒浊流型沉积物波的研究甚少）分布不多的形态，分类和发育。

13.3.3.1　波的分类

细粒底流型沉积物波大多分布于陆坡下部深海平原边缘和深海盆地底部，那里流速较低，微体生物和有机质丰富。细粒沉积物波的波高一般 15 ～ 50 m，最大可达 150 m（Oiwane et al，2014），对称泥波。因为其成分主要是泥质（90% 为小于 0.063 mm 的微体壳），底流型泥波的波长约 1 ～ 2.5 km，但在阿根廷盆地的案例，波长约 5 km（Mecave，2017）为底流型细粒沉积物波。波脊线直到微弯，一般可延伸到 10 km 以上，很少分叉，波脊线相互平行且往往与等深线平行或相交 10° ～ 20°，波横剖面两坡轻微不对称，陆坡向上游或向下游为多，局部相反，由黏土和粉砂组成，少见细砂粒级，由于流速较低，波表面可以被生物扰动，地层中沉积构造难以显现。深海盆地和平原的细粒底流型沉积物波脊线具有垂直底流方向延伸。

大洋深水细粒沉积物主要源于大量微体生物壳体，在洋底沉积成以苔藓虫为主的钙质软泥和以硅藻和放射虫为主的硅质软泥底质。则按物质组成又可分为钙质细粒底流型沉积物波和硅质细粒底流型沉积物波两亚类。苔藓虫（Bryoyoa）是固着生活的底栖钙质微体生物，体外分泌胶质，形成群体的骨骼。间冰期生产力高苔藓虫丰富，陆架和陆坡沉积速率高，例大澳大利亚湾高密度底流作用下，发育细粒沉积物波。据多波束调查 150 ~ 400 m 水深剖面上有 13 个较大的沉积物波，平均波高 18.3 m，最大波高 40 m，波长 1000 m，向陆坡短于向海坡，剖面上是向陆迁移的上超披覆层理（图 13.10）。硅藻（Diatom）是单胞浮游微体植物，分布广泛，南大洋南部水深 2400 ~ 3400 m 的康拉德隆起区极地上升流十分活跃，微体浮游生物生产率很高，在绕南极环流作用下发育大面积的硅质细粒底流型沉积物波、深海钻探岩芯和多波束剖面上见大量波高 10 ~ 100 m，波长 1 ~ 2 km 平行等深线的直线形细粒沉积物波和垂向披覆沉积层，亦见向上游迁移的波层理。

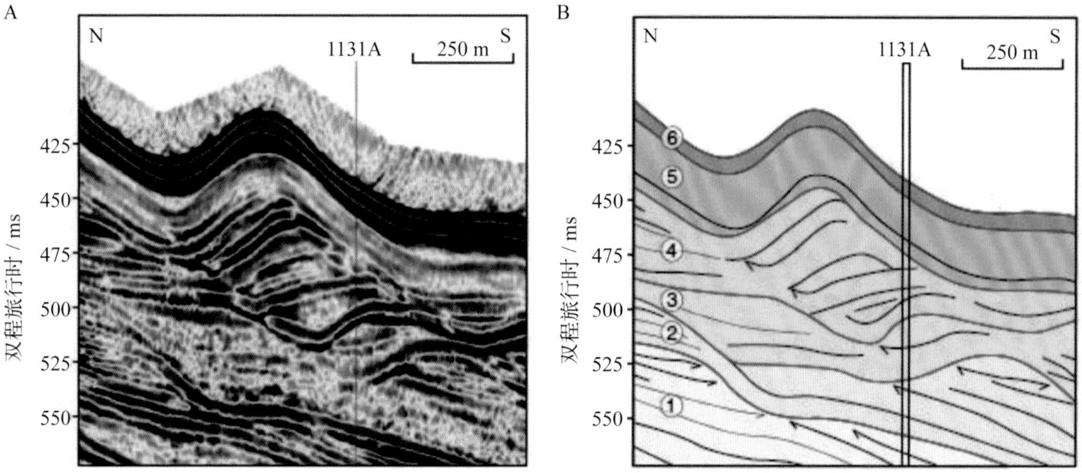

图13.10 Galathea 3号ODP站位1131a地震剖面L001的详细地震地层

A. 地震资料；B. 解释和基于反射模式划分出的6个地震单元（Anderskouv et al，2010）

Fig.13.10 Galathea 3 investigated the detailed seismic strata of seismic profile L001 at ODP station 1131a.
A. Seismic information. B. Interpretation and division of six seismic units based on reflection patterns (Anderskouv et al, 2010)

13.3.3.2 形成和发育

深水底流型细粒沉积物波的形成机理目前尚处于假说状态，其中之一是迎流坡披覆说，Flood R.D.（1988）提出深水细粒底流型沉积物波形成于弱层流和海底初始起伏地形的条件，含细粒物质的弱层流在初始较高地上发生披覆沉积，高地的迎流侧翼流速相对缓慢，物质沉积的机率高，而背流侧流速相对较快，沉积的机率低，甚至弱侵蚀。长此下去，沉积物波就整体向底流的上游方向迁移（图 13.10）。这一提法得到 Blumsack S.L.（1993）深海钻孔的证实。另一种假说是逆行沙波说（Fildani et al，2006），逆行沙波（antedune）是近岸浅水海底常见的底形，当 *Fr* 大于 1 时，沙波脊峰的砂粒会随高流速飞到前面沙波的迎流面上，使沙波向上游迁移。在海滩的裂流颈中常见正在运动的逆行沙波。作者认为深海细粒海底流速极慢难以形成类似逆行沙丘形成机理的情况。

近岸带和陆架浅水区由于底流流速的脉动，流速大于沙丘起动流速（细砂 V_0 为 26 cm/s）时，沙粒跳起，小于时，就落下，久之，在光滑海底上就形成许多小凸起，即沙波的起始丘（见第五章）。深水沉积物波底形不像陆架近岸浅水区沙波底形的形成和发育那样，深海数千米水深海底流速慢而迟钝，变化极小。深水细粒沉积物波的产生的因素很多，形成过程综合成 3 方面：①基底侵蚀面上留下的波状起伏，如 Anderskour（2010）在研究南大洋细粒底流型沉积物波时认为更新统与上新统之间的侵蚀面上的众多起伏是大澳大利亚湾细粒底流型沉积物波的波源；②偶发性地质事件，如断层滑坡形成的波状海底（Lee H J et al，2002）和内波、浊流等沉积的局部高地（William et al，2002）；③不同时期底流流速和物源（微体生物）的变化也会在海底形成波状起伏的地形（Faugeres et al，1999）。

初始波之上，发生细粒泥质披覆沉积，即不论波峰波谷均沉积一定厚度粗细相间的细粒地层，导致细粒沉积物波的发育和演化。披覆的纹层不及毫米厚（岩心 x 光测射）（Anderskouv et al；2010），反映黏结力甚小的细粒物在变化的低流速中的沉积。Holister 和 McCave（1984）在北大西洋西部用海底摄影和同步测流发现，当底流速小于 10 cm/s，平均为 6 cm/s 时，泥质洋底可以保持清晰的生物活动痕迹和粪粒；当底流速达 10 ~ 15 cm/s 时，变成光滑海底；层系组厚度不过几厘米（物探剖面上可见），可能与弱层流状态下不同冷暖和不同海平面环境下微体生物生产力变化有关（Oiwane，2014）。

海底各处披覆沉积层的沉积速率和厚度受海底地形的影响有差异，含细粒物质的弱层流在初始沉积物波的迎流侧翼流速相对缓慢，物质沉积的机率高，而背流侧流速相对较快，沉积的机率低，甚至弱侵蚀。长此下去，沉积物波的迎流侧翼沉积层越来越比背流侧翼厚，就形成沉积物波整体向底流的上游方向迁移（图 13.10），在沉积构造上称为后爬爬升层理。若有时波两翼底流速差异不大，沉积物波就在原地上升，组成上爬爬升层理。

13.3.4 细粒浊流型沉积物波

浊流型细粒沉积物波是深水沉积物波中的重要类型，多分布于陆坡下部，那里坡度变缓，利于浊流沉积，组成水下三角洲扇或峡谷口外扇，扇上的浊流流道的溢堤外侧常发育多条浊流沉积物波（Nakajima et al，1998），也见于局部水下陡坡地层滑塌海区。按照地形位置可分浊流型沉积物波为扇上溢堤（开敞）型和峡谷流道型两种，它们在波的尺度、形态和物源等方面均有重要区别。美国蒙特利湾和法国比斯开湾的浊流沉积物波均包含这两种类型（Mathieu et al，2011；Smith et al，2007；Lonergan et al，2013；Mazieres et al，2014）。

由于物探地层界面上的沉积物波群是确定古浊积岩层扇体的标志，同时大型波体本身也容易形成局部储层圈闭，在油气勘探的比较沉积学上，现代浊流沉积物波早已受到许多学者（Normark et al，1980，2002；Piper，1993；Wynn et al，2002；Howe，1996；Talling P J，2014）的关注。世界上浊流沉积物波分布区域达数千平方千米以上（钟广法等，2007），仅就台湾海峡以南峡谷口扇堤浊流沉积物波就达 4240 km^2（张晶晶等，2015），其他如欧洲的比斯开湾、加的斯湾，地中海的亚得里亚海，印度岸外的恒河水下扇，南美亚马孙扇，北美加利福尼亚州的蒙特利浊流扇和非洲尼日尔扇上均发育大面积的浊流沉积物波。

浊流沉积物波的发育条件有：①丰富的物源；②由上游的高坡度转向下游的平缓海底地

形；③诱发浊流下泄（高流速流量）的地质事件（Prior，1987）。Gardner（1996）综合浊流型沉积物波的特征认为与其他类型相比，浊流波的尺度较大，波高变化范围在 2 ~ 70 m 之间，波长为 0.2 ~ 8.0 km。堤坝和开阔斜坡上主要是内波，波长在 0.75 ~ 2.5 km 之间（Symons，2016），其指标性特征是波峰垂直或斜交流道延伸，波尺度自上游向下游变小，波两坡不对称的层理构造和地层中显示向上游迁移等。以下结合环境解释。

13.3.4.1 浊流溢堤和沉积物波的分布

深水浊流在陆坡下部较为平坦的海底，脱离了峡谷的束缚，迅速展开，一举沉积成一片浊积扇。扇上主要的地貌是浊流道（主流道、支流道和分流道），扇面平原和波状岗地（沉积物波）。浊流下泄时，流道中的浊流流面较高，多次浊流下泄往往在流道两侧边形成像平原河流的天然堤一样高出扇面平原的流道侧堤。

当浊流强烈下泄时，高流量的浊流从流道两侧的局部侧堤较低处漫溢出，在堤外快速沉积成一条垂直于流道的沉积岗地，就是一条初始浊流沉积物波，下次浊流下泄时，可以覆盖于其上，也可以在另一处较低地方再形成一条初始波岗地，地质时期，浊流多次下泄就形成多条垂直于流道凸起的波状地形，也多次披覆这些波状地形，沉积下粗上细的正递变地层。若浊流下泄漫溢量很大，沉积物波脊线与流道的交角就接近垂直，并延伸较远，若漫溢量小，就趋向锐角延伸。如尼日尔河水下扇上的一段顺直流道和两侧发育的沉积物波群与流道交角约 80° ~ 90° 平直延伸。尼日尔浊流扇在西非尼日利亚南岸外，流道堤厚度 110 ~ 120 m。属晚更新世沉积，流道西侧沉积物波分布相近，由于该区位于赤道，科氏力可忽略不计，沉积物波平面上显示弓形到直线型，近流道 1 km 内波脊走向与流道斜交，但接近与流道整体相垂直（图 13.11A，B），波脊线延长 3 ~ 7 km，间距 0.6 ~ 1.0 km，波高 30 m，并向下游逐渐变小。浊流在扇上直流流道中还受地球偏转力的控制，北半球浊流往往偏向右侧堤，导致右侧堤高于左侧堤。按 McHugh（2000）统计，蒙特利浊流扇上直流道右侧堤高出左侧堤 40 ~ 190 m。强烈浊流下泄时仍然在右侧堤溢出，在堤外形成大片沉积物波。另如南中国海北部台湾海峡以南陆坡下部平缓海底，四条峡谷汇合，峡谷口外大片沉积物波均分布于流道右侧，而左侧几乎不见沉积物波（图 13.12）。在曲流流道上，浊流既受地球偏转力的控制还要接受浊流离心力的影响，而且后者的力远大于前者。离心力导致曲流中的浊流向凹岸靠拢，使凹岸的侧堤高于凸岸，按 McHugh（2000）对蒙特利浊流扇上谢帕德曲流的统计，凹岸的侧堤高出凸岸约 80 ~ 100 m。则曲流凹岸常形成较高的像平原河流曲流上的滨河床沙坝一样的条状高地，但曲流经常过于弯曲而截弯取直，和左右摆动，一些原凹岸的侧堤被保存于曲流摆动带以外。导致沉积物波平行于曲流分布，如印尼加里曼丹的望家锡扇上的沉积物波多平行于曲流流道带延伸（图 13.13A，B）。加里曼丹扇位于印度尼西亚婆罗洲加里曼丹岛东部，近海有望家锡海峡，口外分布对称的中更新世浊流流道堤系统，堤高达 100 m，宽 4 ~ 5 km，其上广泛发育沉积物波，浊流通道自西向东，中到高度弯曲，流道两侧沉积物波脊线直线 – 微弯形，左侧堤的沉积物波的平面形态与流道近似平行，在流道弯曲段外侧沉积物波十分发育，并接近弓形（图 13.13A，B）。沉积物波延伸 0.3 ~ 2.0 km，波间距 0.2 ~ 0.5 km，波高 10 ~ 20 m，并有向下游逐渐降低的规律（图 13.13C）。

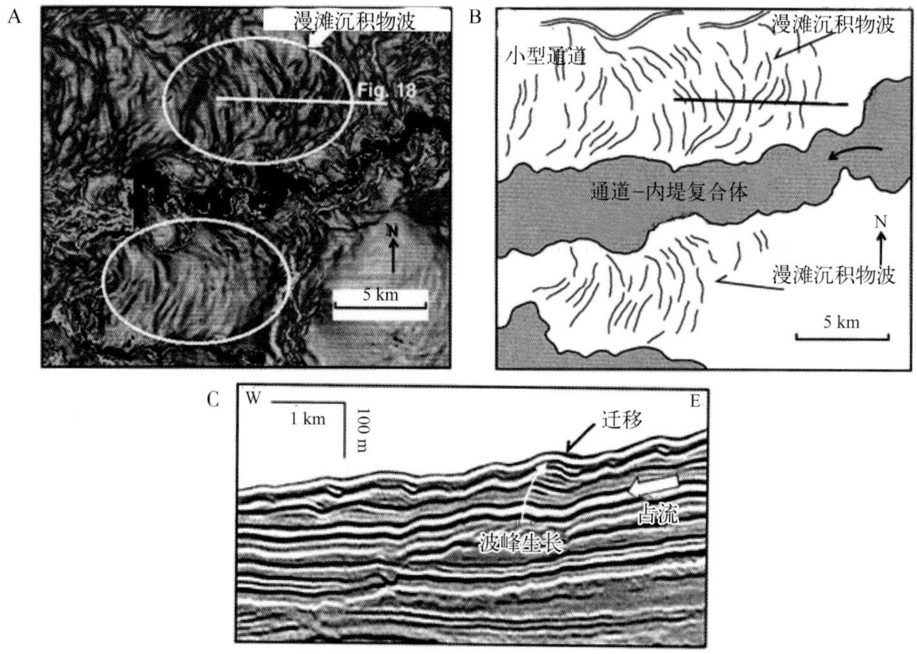

图13.11　A.通过地震反射数据获得的尼日利亚近海深水区流道两侧沉积物波图（Normark，2002）。B.展示通道两侧的沉积物波走向的示意图。C.平行于尼日利亚近海沉积物长轴走向的地震反射剖面（位于图13.11B）。沉积物上游侧翼厚度稍大，说明在上游侧加积导致沉积物波向上游迁移

Fig. 13.11　A. Seismic reflection data of sediment waves on both sides of the channel in deep water off the coast of Nigeria (Reference to Normark, 2002). B. A schematic diagram showing the sediment wave trend on both sides of the channel. C. Seismic reflection profile parallel to the long axis strike of sediments off the coast of Nigeria (Fig.13.11B). The thickness of the upper flanks of the sediments was slightly larger, indicating that accretion on the upper side resulted in the upstream migration of sediment waves

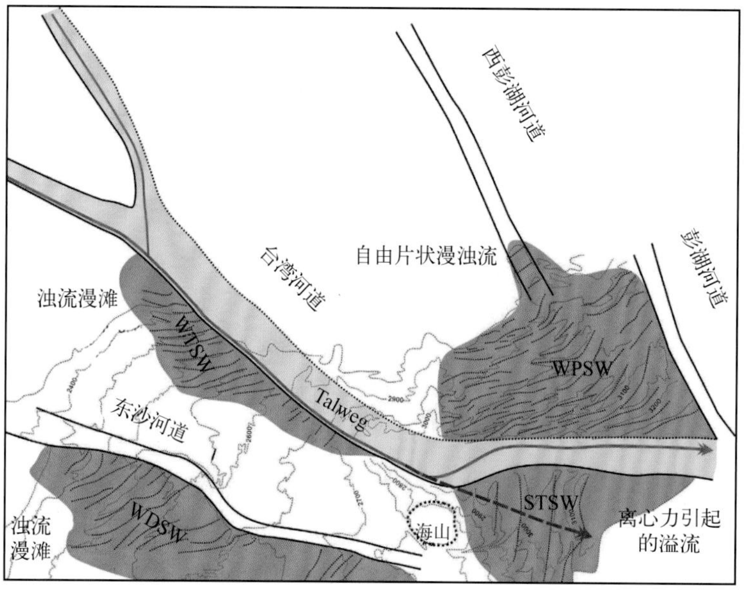

图13.12　略图显示出台湾海峡以南沉积物波场和相关海峡流道。黑线代表沉积物波峰，绿和蓝线是选出来的水深等深线。流道右侧的沉积物波峰基本与同位置测深等深线相同（Kuang，2014）

Fig.13.12　A schematic diagram shows the sediment-wave feild south of the Taiwan strait and associated channel channels. The black line represents the sediment crest, and the green and blue lines are selected bathymetric isobaths. The sediment wave peak on the right side of the flow channel is basically the same as the isobath measured at the same position (Kuang, 2014)

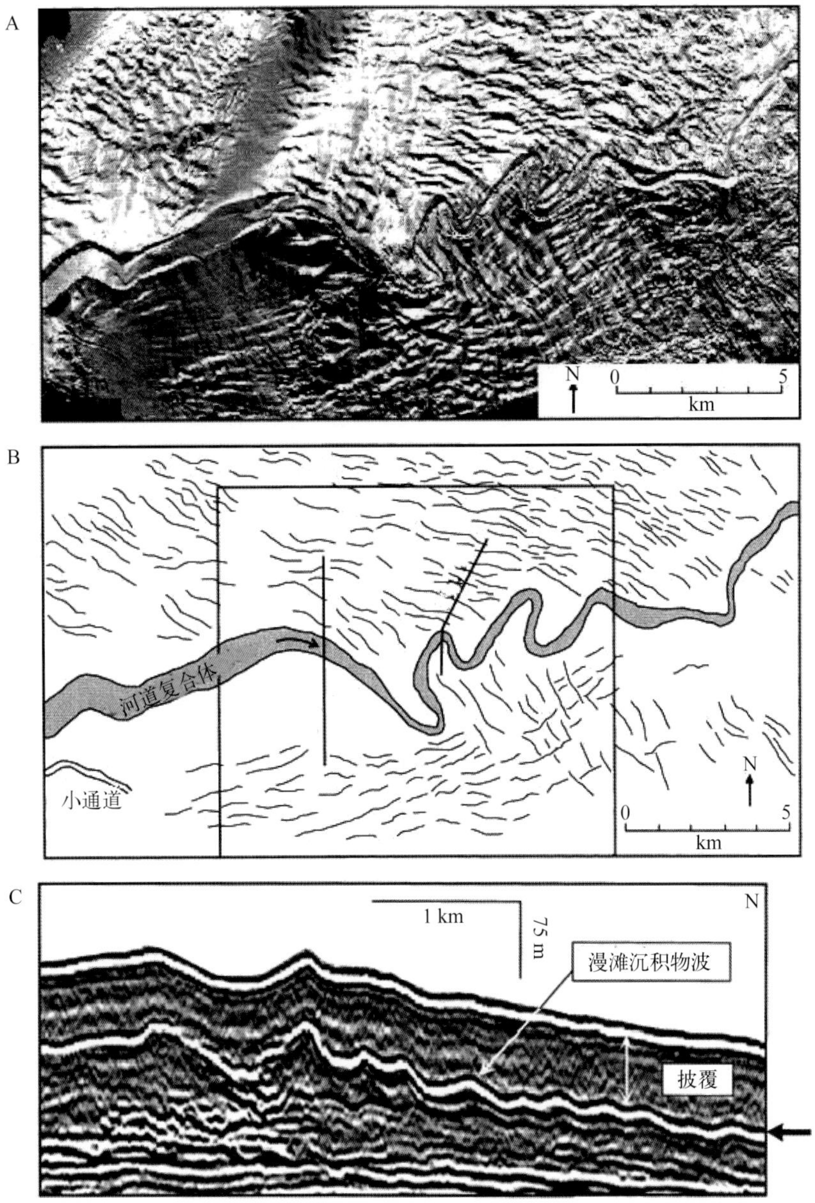

图13.13　A. 印度尼西亚加里曼丹望加锡扇的曲流流道及沉积物波分布（据Posamentier，2000）3D地形图（根据地震反射数据得到的翼倾角绘制）； B. 流道和沉积物波走向示意图； C.平行于印度尼西亚加里曼丹近海漫滩沉积物波的长轴走向的地震反射剖面。在堤的顶部也观测到沉积物波。自堤的波峰向外沉积物波的高度逐渐减小。剖面位置见图13.13B

Fig. 13.13　A. Curving flow path and sediment wave distribution of Kalimantan Makassar Fan in Indonesian, (Posamentier, 2000) 3D topographic map (wing-angle plot based on seismic reflection data). B. Schematic diagram of flow path and sediment wave trend. C. Long-axis seismic reflection profiles parallel to overland sediment waves off Kalimantan, Indonesia. Sediment waves were also observed at the top of the levee. The height of the sediment wave from the crest of the levee decreases gradually. The section position is shown in Fig. 13.13B

13.3.4.2　波尺度向下游变小

浊流沉积物波的尺度（波高，波长，波峰长度）的大小与海底坡度，浊流流量和上、下界面的摩擦力有关。浊流扇的上游和主流道中浊流下泄的流量大，浊流上界面就高，漫溢浊流形成的沉积物波的尺度就更大，更向浊流扇下游的支流道中，由于悬浮载荷的降低，浊流厚度的减小，底床坡度变小和流速不断降低。导致浊流下泄的峰值不断展平，则漫溢沉积物量不断变小，沉积物波的波高也逐渐降低，直至在扇缘处沉积物波消失。如比斯开湾兰德斯高地的浊流扇上游区段剖面上沉积物波的平均波高 90 m，波长 1 500 m，过 11 km 的下游区段剖面上平均波高只有 30 m，波长 600 m，更向下游 11 km 剖面上波高基本难以见到（图 13.13），意味着已到达扇边缘。休尼梅扇（Hueneme）是美国洛杉矶岸外较小的浊流扇，面积仅 400 km^2，水深 600 ~ 800 m，扇上主流道 S—N 向延伸 15 km，全新世开始不断向 SSE 偏转，并在流道西侧发育较厚的高堤和低内堤，而东侧几乎不见浊流沉积（图 13.14A），高堤和内堤两级堤上均分布大面积的沉积物波。波峰脊线 NEE—SWW，相互平行基本垂直主流道延伸，波高 10 ~ 15 m，波长 3 ~ 10 m，并向沉积扇的下游分别降低至 1 ~ 2 m 和 100 ~ 150 m。波横剖面不对称，上游侧翼缓而短，下游侧翼陡而长，层理组构显示沉积物波有向上游迁移的趋势（图 13.14A，B）。因此，根据物探剖面上沉积物波尺度大小变化规律可推断古浊积岩层上的浊流流动方向，圈定扇体的范围，甚至以此规律标定浊积岩类型。

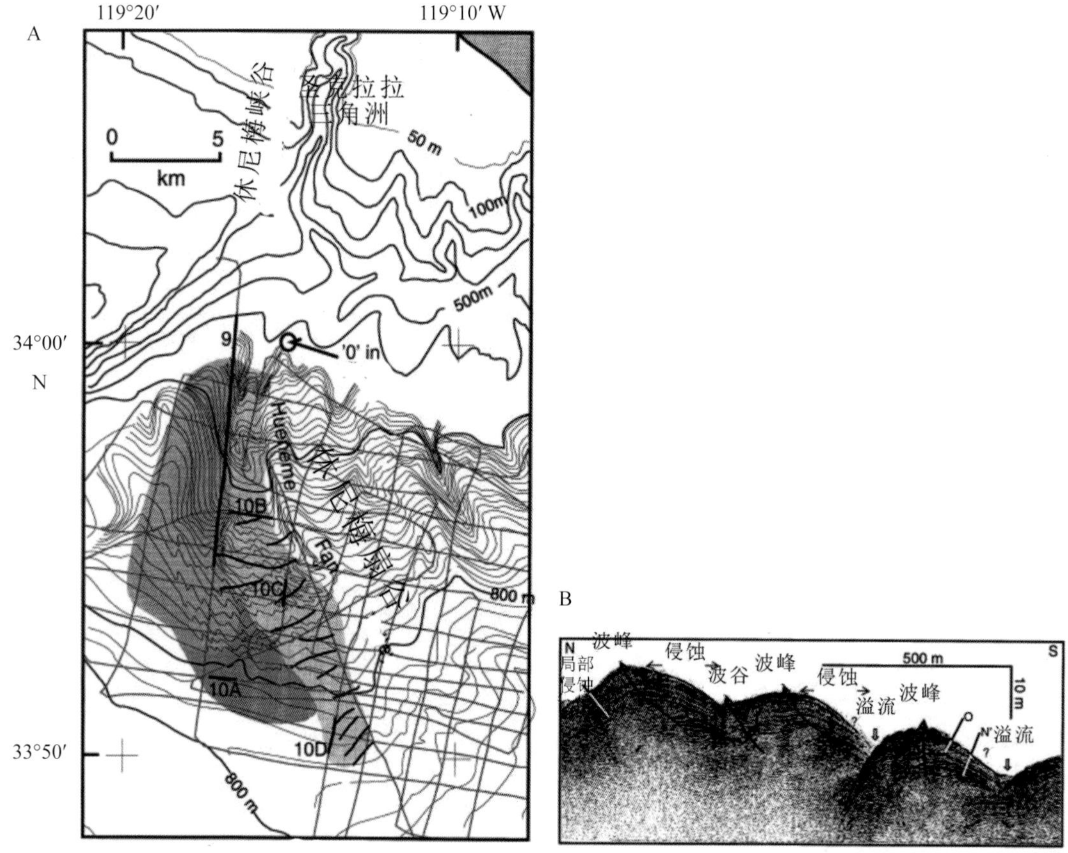

图13.14　A. 美国休尼梅沉积扇图（修改自Piper et al, 1999），深色显示了高堤和沉积物波的分布区，浅色为内堤区（测线来自Normark et al,1998）；B. 休尼梅沉积扇的沉积物波不对称并向上游迁移

Fig.13.14　A. Hunime sedimentary fan map (Modified from Piper et al, 1999) shows the distribution of high dike and sediment waves in dark colors, and the inner dike in light colors (line from Normark et al,1998). B. The sediment waves of the Hunime sedimentary fan are asymmetric and migrate upstream

13.3.4.3 向上游迁移的沉积构造

层理是沉积物波原生沉积构造之一，是沉积底形内部粒度排列的一种形式。层理组合反映沉积环境的垂向变化历史。浊流沉积虽多属于细粒的，也有具体粗细层的变化，不同时期不同浊流流速导致浊流悬浮浓度的变化，沉积不同厚度、不同粒度的薄层，组成不同纹层组构的层理构造。浊流沉积物波的层理总体显两翼不对称，其迎流侧翼沉积层厚，背流侧翼沉积层薄，导致沉积物波向上游迁移。Garcia 和 Parker（1989）认为硅质粉细粒高悬浮浊流沉积物波的两翼不对称组构十分普遍，成为浊流沉积物波的指标性模式。Garcia（1989）和 Kubo（2002）等多次在实验室中做过浊流波不对称沉积的实验。Kubo（2002）用水槽长 10 m，宽 0.2 m，深 0.5 m，上游设突发浊流闸门，设计浊流浓度为 0.5%，沉降速度 0.2 cm/s，D_{50} 为 3.5 ~ 5.0ϕ，槽底设一连串起伏脊，初始脊高 0.012 ~ 0.036 m，长 1 m，每次浊流发生后，计算脊两侧沉积物数量（厚度）。经数百次浊流测验，波脊迎流侧沉积厚度大于背流侧沉积（图 13.15A）。如图 13.15B 中反映的浊流波的向上游迁移。这种不对称波产生的原因与高浓度悬浮和低流速沉积有关。

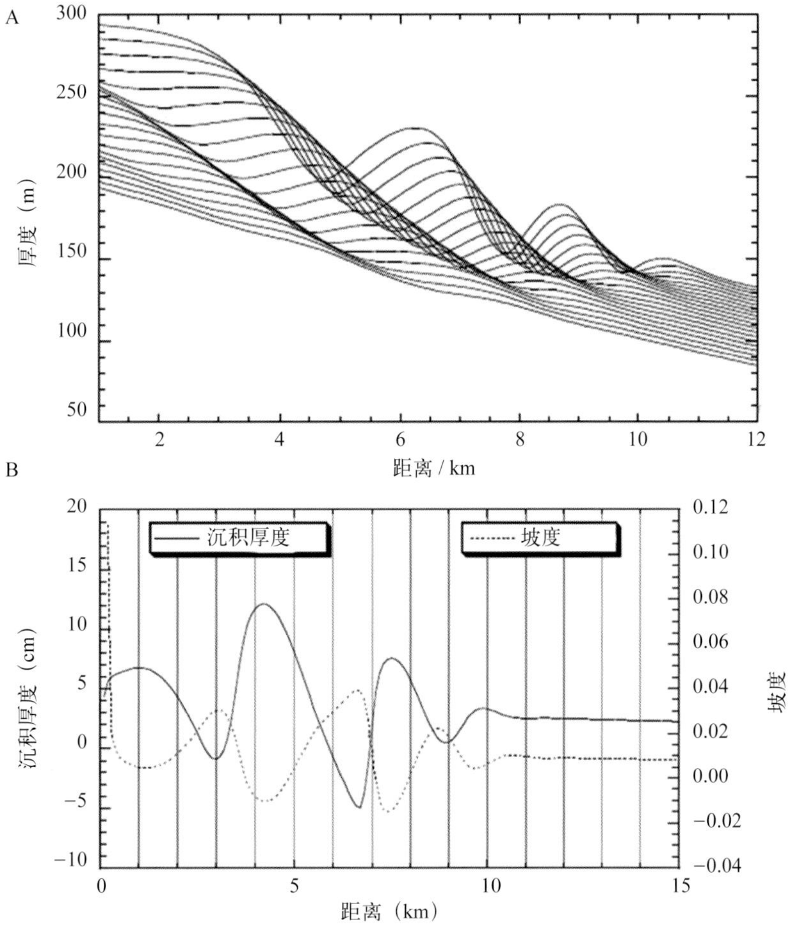

图13.15 A. 放大第3100到5000次浊流中的波状结构。每层代表100次浊流床；B. 第4000次浊流的地形（虚线）和厚度变化（实线）的关系。注意波状地形上游侧的优先沉积（Kubo and Nakajima，2002）

Fig. 13.15 A. Magnification of wavy structures in turbid flows 3100 to 5000 times. Each layer represents 100 turbid current beds. B. The relationship between topography (dotted line) and thickness variation (solid line) of the 4000 th turbidity current. Note the preferential deposition on the upstream side of the wavy terrain (Reference to Kubo and Nakajima, 2002)

从沉积学上微观解释，浊流初始沉积物波的两侧翼受制于两翼底坡坡度和悬浮浓度两要素的变化。迎流侧翼的底坡坡度总小于背流侧翼，则迎流侧翼上漫溢浊流的流速必小于背流侧翼，一次浊流通过时迎流侧翼接受的沉积物必大于背流侧翼；从悬浮浓度来看，细粒悬浮沉积按斯托克斯公式$\left[\text{关系式为} V=\dfrac{2}{9}\dfrac{(\rho_1-\rho_2)gR_2}{\mu}\right]$，$R$ 为颗粒（质点）半径（cm），μ 为液体的黏滞系数，V 为颗粒沉降速度（cm/s），g 为重力加速度（980 cm/s^2），ρ_1 为颗粒密度，ρ_1 为液体密度，随时间的增加沉降速度不断降低，一次浊流漫溢时，迎流侧翼早于背流侧翼，则沉降速率也快于背流侧翼，那么迎流侧翼所接受的沉积厚度必然大于背流侧翼。多次浊流漫溢就形成浊流沉积物波迎流侧增厚，背流侧变薄，地质时期浊流漫溢频率约 10 ~ 1 000 a 数量级（王琦和朱而勤，1989）在地层上，大部分浊流沉积物波会显得向上游迁移。据 Symons（2016）统计的全球 82 处深水沉积物波，有 36% 显向上游迁移，在另一部分剖面上也见不向上游迁移甚至向下游迁移的情况。作者认为若浊流的浓度和流速保持不变，则发生披覆沉积，沉积物波的两坡和波峰波谷均显示同厚度沉积，波峰和波谷同时垂直向上加积；若漫溢的浊流浓度很低或流速很大（底坡增大），沉积物波的迎流侧翼沉积很薄而背流侧翼增厚，显示向下游迁移，必然是背流侧翼加积，但在浊流中该类型并不多见。类似于沉积学上将后超爬升、顶超爬升和前超爬升（图 13.16）3 种层理序列的解释。

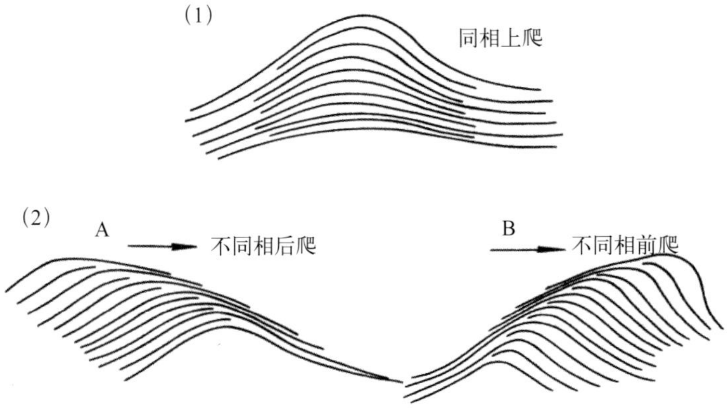

图13.16 （1）同相上超爬升层理：向流面和背流面厚度相同；（2）不同相爬升层理：A.后爬：向流面层厚于背流面层，流速相对小。B.前爬：向流面层薄于背流面层，流速相对大

Fig.13.16 (1) In-phase climbing bedding: both the flow surface and the back-flow surface are climbing. (2) A. Different phase climbing bedding. B. Forward climbing: the flow surface layer is thinner than the back-flow surface layer, and the flow velocity is relatively large

比斯开湾兰德斯水下高地浊流沉积物波第 76 号电火花地震剖面可总结出该区沉积物波沉积构造的 3 种垂向模式：SD1 波两侧翼对称或轻微不对称、SD2 波迎流侧翼厚于背流侧翼和 SD3 波背流侧翼厚于迎流侧翼（Faugeres et al，2002）。该剖面显示上新世 – 第四纪不整合界面以上顺次经历 SD1–SD2，SD1–SD2 和 SD1 3 个地质阶段（图 13.17A，B），第三阶段沉积物波两侧翼同时披覆加积反映冰后期海平面升高，陆架输送到陆坡的物质降低的环境。

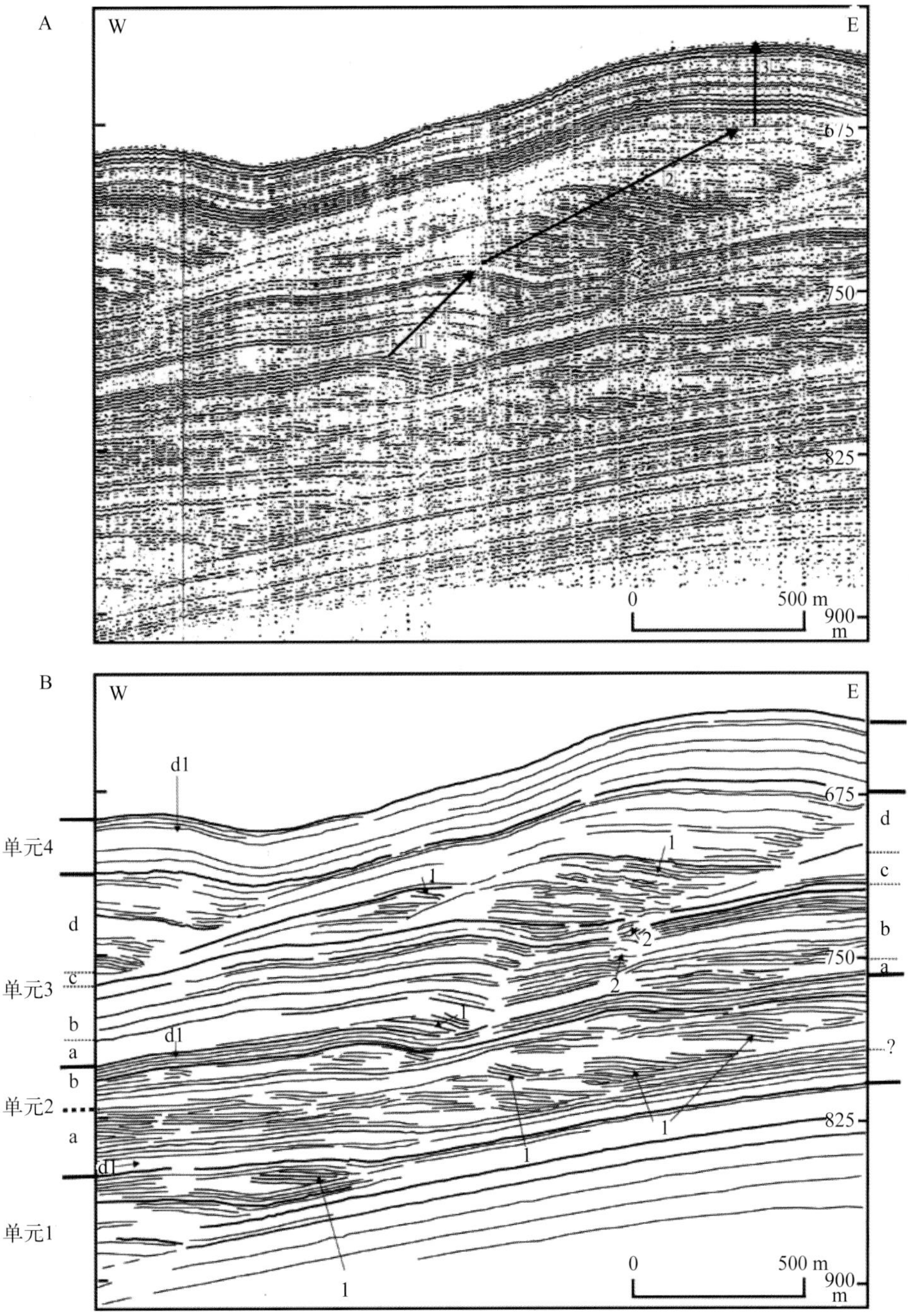

图13.17 ITSAS剖面76详解：A. 电火花剖面（单元1、单元2和单元3分别代表SD1、SD2、SD3 3种波状结构，详见第十八章）；B. 波状底形的反射结构。1：反射层顶超和下超，倾斜—S 状，说明单元1、单元2和单元3中沉积成因的沉积物波。2：单元3中轻微变形的沉积成因的沉积物波；dl:单元2顶部和底部以及单元4中的披覆层。注意单元3由4个次级单元组成（Faugeres et al，2002）

Fig.13.17 ITSAS profile 76:A. EDM profiles (1, 2 and 3 represent SD1, SD2 and SD3 wavy structures, as described in this paper)；B. bedform wavy reflective structures.1: reflected layer top and bottom overtones, inclined—s-shaped, sediment waves indicating sedimentary origin in unit 1, 2 and 3.2: sediment waves of sedimentary origin in unit 3 that are slightly deformed；dl: top and bottom of unit 2 and cladding in unit 4. Note that unit 3 consists of four subunits (Faugeres et al,2002)

13.4 讨论

深水沉积物波是海底重要的沉积底形，广泛分布于陆架以外直至 3 000 ～ 4 000 m 水深处。20 世纪 50 年代以来的多次调查发现沉积物波尺度远大于陆架的水下沙丘和沙脊，其波长数十千米，波高 1 ～ 220 m，地震剖面上呈现向上游侧翼的不对称，并显示向上游迁移的波状层理。砂质沉积物波形成于能量较强的环境，与砂层上覆与下伏的细粒层容易组成油气储存层和油气圈闭，细粒沉积物波作为标志层蕴含丰富的古海洋和古气候信息。近几十年，广受海洋地质工作者的关注，由于水太深，目前研究手段多偏于物探声学，缺乏直接的观测资料验证，有关沉积物波的分类、起源环境和成因等方面缺乏统一说法（Normark et al，1980；Wynn et al，2000；Wynn and Stow，2002b；Wynn，Masson and Bett，2002；Howe，1996；Jiang et al，2013；Tinterri and Lipparini，2013；Oiwane et al，2014；Belde et al，2015；Ribó，Puig，Munoz et al，2016b），许多成因上的解释尚处于假说和争议。为此，许多问题值得在本章的结尾作进一步综合叙述和研讨。

13.4.1 分类

20 世纪 50 年代以来，广泛的海底测深发现陆坡深水区分布许多大尺度底形，针对它们的来源，一段时间，海洋地质界一些专家感到困惑和好奇。其焦点在于这些沉积物波具有向上游侧翼不对称的两翼和向上游迁移的波形。Embley 等（1977）根据海底流体性质，提出底流（牵引流）和浊流（物质重力流）塑造的底形并不相同。前者靠流的剪切力作用，后者受物质悬浮浓度大小以及沉降速度变化控制。它们的形成机理有根本的区别。Allen（1982）在其巨著中论述过在底流作用下背内波（Lee inter wave）和沉积物波之间的关系，为此后学者的数值模拟计算提供了依据，Normark（1980）模拟美国蒙特利浊流流速 10 cm/s 的地层厚度为浊流层，而 Flood（1988）预测的底流型沉积物波的底流流速为 9 ～ 50 cm/s，Zeng 和 Lowe（1997）还模拟了深水悬移质多颗粒沉降速度和黏滞系数。20 世纪八九十年代均使用沉积物波的底流和浊流型分类。

Wynn（2000）使用声呐和海底影像研究大西洋西北部穿过冰岛 – 法罗海脊的法罗 – 设德兰水道中大量 1 000 m 以深海底的大小沙波。按颗粒大小和沉积物成因做了各地沉积物波的统计，提出（Wynn，2000）即便同一流体作用下粒度大小所组成的沉积物底形不同，粗粒（砂砾质）底形多为向下游加积形剖面，而细粒（粉砂黏土级）沉积物波多为向上游不对称的波形。则提出粗粒底流型，细粒底流型，粗粒浊流型和细粒浊流型等四类型分类。另有其他几种成因说法，如内波、崩塌和滑坡等成因，于是 Wynn（2000）又在四分类基础上增加其他成因粗细粒沉积物波的六类型分类。然而因为崩塌滑坡成因资料不多，常用的仍然是 Wynn 的沉积物波四类型分类。

近 10 年来，内波成因说备受重视（Karl et al，1986；Gao and Eriksson，1991；Belde et al，2015）。内波内潮汐引起的波流流速常见为 15 ～ 40 cm/s，波流是两水团间界面上的波浪传播过程中水跃破碎的流，处于波峰处和波谷处的水流相反方向（高振中，1966）波浪水质点是圆周运动，而底流则向一个方向流。内波形成的沉积物波呈弱不对称与底流型沉积物波也有区别，所以应增加内波型沉积物波这一类型。

Symons（2016）搜集了世界上82个深水沉积物波资料，按沉积物波的尺度（波高，波长）和环境（海底坡度、水深、受限性，波峰平面形态和横剖面状况）加以统计，认为深水沉积物波与波长和水深正相关，与粒度组成负相关，则做了新分类：①受限制环境（岬谷型）小尺度（波长20 ~ 300 m，波高0.5 ~ 8 m）沉积物波；②开敞环境大尺度（波长300 ~ 7200 m，波高5 ~ 220 m）沉积物波。

看来Symons（2016）的分类注重沉积物波的大小和沉积环境，并未强调流体类型和粒度大小的参数。

13.4.2 细粒深水沉积物波的起源

地震剖面和钻孔岩心上均可发现留在地层中的一条不整合界面，界面以上发育两侧翼不对称的波状层理，而界面以下见不到该波状斜层，或者呈杂乱反射层。许多人关注沉积物波的起源和形成初始波的沉积环境。

陆架浅水和河流沙波最初起源于底流流速的变化，水流流速的脉动导致海底出现一朵朵的小沙堆，在流速增大过程中沙堆背流侧形成小环流和迎流侧受侵蚀过程形成新月形或直线形沙波底形（见第二章）。陆坡深水沉积物波最早源于什么时期和何种环境？由于水太深，直观资料短缺，长期以来曾有不同解释。归纳起来约有二说：地形起伏说（Theory of relief）和流速变化说（Theory of velocity variation）。

13.4.2.1 地形起伏说

Cattanco等（2004）提出浊流沉积物波起源于不规则起伏的地形。起伏的海底地形可能源于滑坡、崩塌、侵蚀和沉积等过程。Anderskouv等（2010）根据大澳大利亚湾大陆架 – 陆坡的地震剖面和深海钻探岩心提出在细粒沉积物波地层披覆于冰期低海平面侵蚀面上的一些局部深水高地（bathymetric step）上。浊流下泄时对高地形迎流坡较厚沉积，背流面沉积率小，则形成并促使沉积物波的形成和发展。西班牙巴伦西亚湾底流类型内波控细粒沉积物波地层开始于含石膏的上新世侵蚀不整合界面上（Ribó，2016a）。界面以下就见不到向上游侧不对称的波状沉积。不整合界面上下应为不同的地质时期的沉积，（Paull et al，2005）可以以此推断出沉积物波的起源时期。例如巴伦西亚的沉积物波就可能产生于上新世以来冰期间冰期气候变化。该不整合界面是地中海墨西拿期（距今500万年）的侵蚀面，按此说可以推断上新世 – 更新世时期开始发育沉积物波。这一时期的环境应归于冰期间冰期引起海平面上百米的升降。海面低下，陆坡接受的物质增多，浊流下泄频率和物质量也增多。海面上升时期则相反。

13.4.2.2 流速变化说

Allen（1982）发现深海底有类似陆架逆行沙波的底形，浅水逆行沙波的流速很大，有 Fr 大于1（约1.3 m/s）的超临界流的沉积。Normarker（1980）将向上游迁移的深水沉积物波解释为超临界流形成的逆行沙丘。Taki和Parker（2005），Winterwerp等（1992）和Yokokawa等（2009）均做过浊流实验，均称为超临界流形成的循环阶步（深水逆行沙丘）。Migeon等（2000）从沉积物的层序结构上分深水细粒沉积层为无结构层，平行分层（较多）和交错结构（包括向上游倾斜层）层。Postma等（2009）提出平行分层结构是由亚临界流（$Fr < 1$）形成，向上游倾斜的结构层是超临界流（$Fr > 1$）形成的，并用水跃形成逆行沙丘解释。近几年，一部分学者均承认极高的流速可以形成深水细粒沉积物波。但如大澳大利亚湾深海底流不足 9 cm/s（Anderskouv，2010）仍形成细粒沉积物波又怎么解释？地震剖面上不整合界面以下不发育沉积物波，是不是没有高流速出现？尚难解释。

13.4.3 细粒沉积物波成因说

海底沉积物波的研究始于 20 世纪 50 年代，由于军事的需要，大规模海底测量，发现较深海底也有波状起伏地形。60 年代，海洋油气勘探的发展，比较沉积学兴起，许多人关注海底的各种波状地形并做了许多实验，目前研究手段多偏重于物探声学，缺乏实际观测，仅仅集中于沉积物波的形成条件，沉积形态，分布规律和迁移方向等方面，有关其成因机理尚处于假说和争论状态，特别是有关细粒深水沉积物波的成因尚有多种说法。如溢堤沉积说（Theory of overbank deposition），超临界流说（Supercritical flow theory），内波说（Theory of inner wave jump）和海底失稳说（Submarine instability theory）等。地质上许多重大问题最初都从假说开始的，经过较多的实验和实践，自然会合二为一。也有些问题，如冰期和气候预测，至今仍有争议，还需要深入研究。虽然前面的章节中作者已经结合成因解释过某海域沉积物波的成因机理，这仅仅是作者所见，有必要向读者综合介绍和评估各种成因假说的基本点，以期促进后续研究。

13.4.3.1 溢堤沉积说

细粒沉积物波的溢堤沉积说源于 20 世纪 60 年代沉积相古环境研究，如洪水漫溢三角洲平原上的天然堤沉积决口扇的理论，认为浊流流道在水下也会因浊流下泄，流面增高，形成水下天然堤。浊流下泄时，悬浮量增多，溢出天然堤，在堤外平原上沉积成一条“高地”，随后浊流多次下泄，不断对“高地”实施迎流侧翼厚于背流侧翼的沉积，则形成具有向上游侧倾斜的波状层理组的地层，显示浊流沉积物波的向上游迁移的状况。迎流侧翼沉积层厚于背流侧翼，原因在于高悬移流体的沉降速率随时间降低，迎流侧翼接受沉积的时间早于背流侧翼，所接受的沉积就厚于背流侧翼。因此，沉积物波的溢堤假说的理论基础是高悬浮物质的重力流沉降速率和随时间变化的理论，这与潮滩上的细粒物质的“滞后效应”理论如出一辙。目前所知的深水细粒沉积物波绝大一部分是浊流型，绝大部分浊流型沉积物波均形成于浊流溢堤过程。（Damuth，1979；Normark et al，1980，2002；Mchugh and Rvan，2000；Hiscott et al，1997；Gardner et al，1996；Skene et al，2002；Howe，1996；Piper et al，1999）。还有许多的学者强调了这一观点。Normark 等（2002）在综合了世界上 6 个浊流扇沉积物波后承认其成因存在多解性，但他仍认为溢堤说是最佳成因解。

13.4.3.2 超临界流说

超临界流说即逆行沙波说是一古老的学说，最早于 1914 年吉尔伯特（Gilbert）将波高接近波长的沙波称逆行沙波（antidune）（Allen，1982），Kennedy（1961）通过水槽实验建立方程：

$$L = \frac{2\pi V^2}{g} \tag{13.3}$$

式中，L 为波长，V 为平均流速。浅水高流速的牵引流，如海滩裂流细流中常见逆行沙丘。

Middleton（1970）和 Simons（1965）的实验提出弗劳德数 $\left(Fr=\frac{V}{\sqrt{gh}}, h\text{为水深}\right)$ 0.84 ~ 1.77 的水流发育逆行沙波（见第二章图 2.5），其内部构造有向上游倾斜的层理；根据这一特征 Allen（1982）在纽约州 Hatch 浊流岩中见该层理，Allen（1982）在魁伯克州厚浊流岩底层中也发现向上游倾斜的逆行沙波，解释过临界深度和临界流速的概念。在河流岩中，浅水超临界流体中形成逆行沙波。但 Wynn 等（2002）在研究沉积物波的流体所用的弗劳德数与 Allen（1982）列举的 $0.84 \leqslant Fr \leqslant 1.77$ 是一样的（Allen 指的为牵引流）。

近 10 余年，逆行沙波说受到一些学者的重视，提出超临界流的理论，也做了实验。Mecave（2017）提出坡度大于 3‰才能形成逆行沙丘，细粒泥波在小于此坡度时逐渐消失。在加那利群岛北部的 Selvage 波浪场中，当坡度下降到 2.8‰以下时，沉积物波消失。在圭亚那斜坡上，当坡度降到小于 2.96‰（0.17°）时，沉积物波消失（Gthier et al，2002）。

深水细粒沉积物波的最具代表性的特征是具有向上游侧不对称的剖面，内部有向上游不对称的交错层理和波的向上游迁移。Fildani 等（2006），Spinewine 等（2009）分别将逆行沙波称为循环阶步（cyclic steps），称其为超临界流状态下的产物（Parker，1986，1987；Taki and Parker，2005）。循环阶步是一系列底形波动，波动特点是其背流面为超临界流，迎流面为亚临界流，当惯性力超过重力时，流为超临界的，其弗劳德数 $\left(Fr=\frac{V}{RC\sqrt{gh}}\right)$ 大于 1，式中 V 代表流速，R 为悬浮沉积物的水下密度，C 为悬浮沉积物的分层平均体积，h 为流的深度，g 为重力加速度（Parker，1986），循环阶步迎流面厚而稳定沉积（亚临界流），背流面为超临界的，具有快速侵蚀性；从超临界流到亚临界流转化时产生波动水跃（图 13.18）。Spinewine 等（2009）并做了实验，观察到循环阶步发育在含盐的超临界密度流流过加积沉积楔的区域，属于高能环境的沉积，同时将 Fr 小于 1 为亚临界流状态下沉积的向下游加积的沙波，那么 Fr 等于 1 的临界流状态应形成两侧对称的波沉积（图 13.18）（Cartigny et al，2011）。

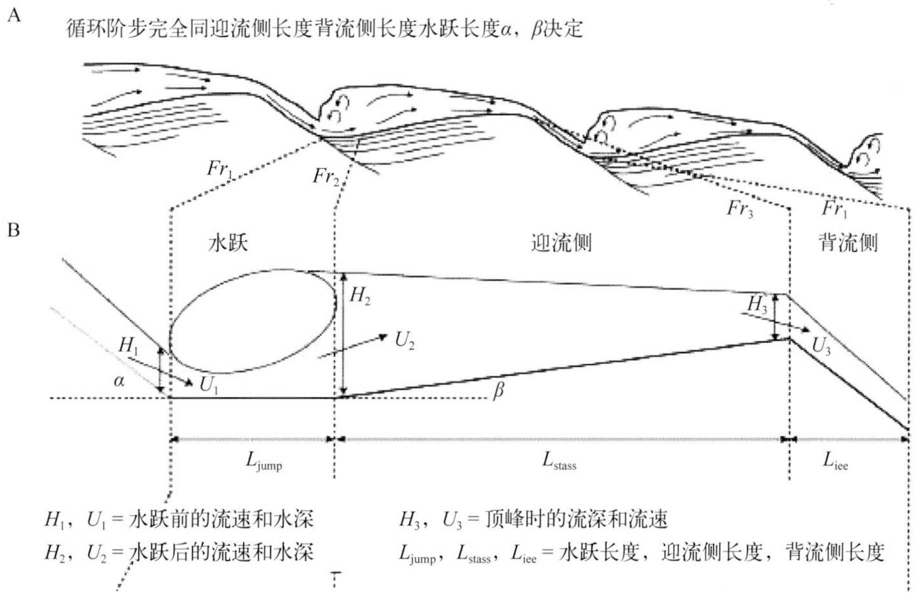

图13.18　循环阶步动力解释示意图（修改自Matthieu，2011）

Fig. 13.18　Schematic diagram of circular step dynamic interpretation (Modified from Matthieu, 2011)

13.4.3.3 内波水跃说

Karl（1982）在解释白令海沉积物波时提出内波成因说。内波作为海水里的波浪，是不同性质的水团间界面上的水体振动形成的波。该浪向前传播时，当水深变浅的一定程度，触及海底，内波传播面微微上倾与海底坡度相接近时发生水跃破波引起海底泥沙悬浮再沉积，形成内波型沉积物波。Karl 等（1986），Gao 和 Eriksson，（1991），Sakaiy 等（2002），Belde（2015）等支持这一解释。按澳大利亚西北陆坡区的实测（Belde，2015）0.3° ~ 0.68° 的海底容易使内波水跃破碎，沉积沉积物波。大于和小于该坡度处均无沉积物波可寻。内波内潮引起的波流流速一般在 5 ~ 70 cm/s 范围（高振中，1996）15 ~ 40 cm/s 的流速是常见的。高振中认为，用内波理论容易解释沉积物波向上游迁移的特征，处在不同密度水团之间的水界面上，在波峰处和波谷处的水流运动方向相反，在界面上部波谷处的水流运动方向与内波的传播同向，在波峰处，水流运动方向与内波传播方向相反；在界面下部，情况却相反，波峰下部的水流运动方向和内部传播方向相同，波谷下部相反（高振中，1996；Belde et al，2015）。高振中的内波成因解释在北大西洋洛克尔海槽沉积物波的成因上受到一定质疑。不管怎样内波型沉积物波主要分布于陆架外缘和陆坡上部。近几年，深水海底工程和勘探项目的增加国内外对内波观测和沉积物波的研究将促进该说的进一步发展。

13.4.3.4 海底失稳说

Field 等（1980）发现美国加州 Eureka 岸外洪堡（Humboldt）滑坡海底 500 ~ 700 m 深处分布约 200 km^2 圆丘状表面丘间有断层的微倾斜沉积海底，该丘丘长 400 ~ 1000 m，丘高 2 ~ 10 m。Gardner 等（1999）称其为迁移沉积物波，机理为低角度滑坡。Faugeres 等（2002）把比斯开湾兰德斯（Landes）“高地”上的沉积物波归为各种沉积过程与重力变形过程相结合的产物，沉积物波上游侧厚，下游侧薄，总体向上游迁移，与小断层块体相联系，出现于坡度较大物源丰富的海底上。Wynn（2002）在沉积物波被分类时将滑坡型沉积物波定为细粒沉积物波的一种其他类型，但除了洪堡的滑坡文章之外，报导并不多。

以上深水细粒沉积物波的成因说，均在解释其成因机制时提供一定道理，有些并做到多次水槽实验和实际验证，说明对深水沉积物波的研究在沉积物波的类型，特征以及形成机制等方面取得了很好的成果，但仍应承认深水沉积物波的研究，既是海洋地质的热点又是难关，尚需很好地深入探讨。如该波的形成、演化和消亡过程以及其与深水动力的依存关系尚难全面自圆其说，含沉积物波地层与正常沉积地层的沉积关系尚不明确，因而难以直接参入沉积资源研究的行列。如何通过流体基本规律讨论成因尚显不足。如溢堤说强调的是物质（浊流流量和悬浮浓度）多寡，超临界流说强调的是流速的变化。二者使用的 Fr 数本来来自于牵引流中导出的伯努利方程，该方程的超临界流体（$Fr > 1$）受向上力的控制所实验的 $0.84 \leqslant Fr \leqslant 1.77$ 数据也源于牵引流的实验，是否又实用于高悬浮物质的浊流，尚需认真研讨。图 13.18 的循环阶步所解释的内容与 Allen（1982）有关逆行沙波的机理解释不无两样，都是讲的牵引流，又怎样改用于高悬浮物质的浊流？

第十四章 大西洋东北缘的粗粒底流型深水底形

大西洋东北缘的冰岛 – 法罗海脊，宽约 200 km，长约 1000 km，NW—SE 延伸，更向 SE 至北欧的设德兰群岛，这一海底高地水深约 200 ~ 500 m，是北极水域和大西洋间的水下岩槛，其 SE 段，被深约 1000 m、宽约 30 km，N—S 向的法罗 – 设德兰水道切开。挪威海从北极来的冷水顺该水道终年流向大西洋，底流速 0.35 ~ 1.0 m/s。1990—1995 年 3 个航次的浅层地震、声呐和大量海底照相等方法确认水道 1000 m 水深的海底发育若干砂质底形，即粗粒海水沉积物波，包括大小沙波、新月形大沙丘，沙带、砾石质沙尾彗星痕等沉积底形和各种侵蚀沟槽等，大致集中于 5 个稍微宽阔的水道区段（图 14.1）。按底形的形态特征和分布范围解释出该水道分布特征（长约 850 km，宽 10 ~ 30 km），水深流速变化，底流水层厚度（约 100 ~ 200 m）和运动泥沙去向等深水底流的基本状况和粗粒沉积物波的沉积机理。

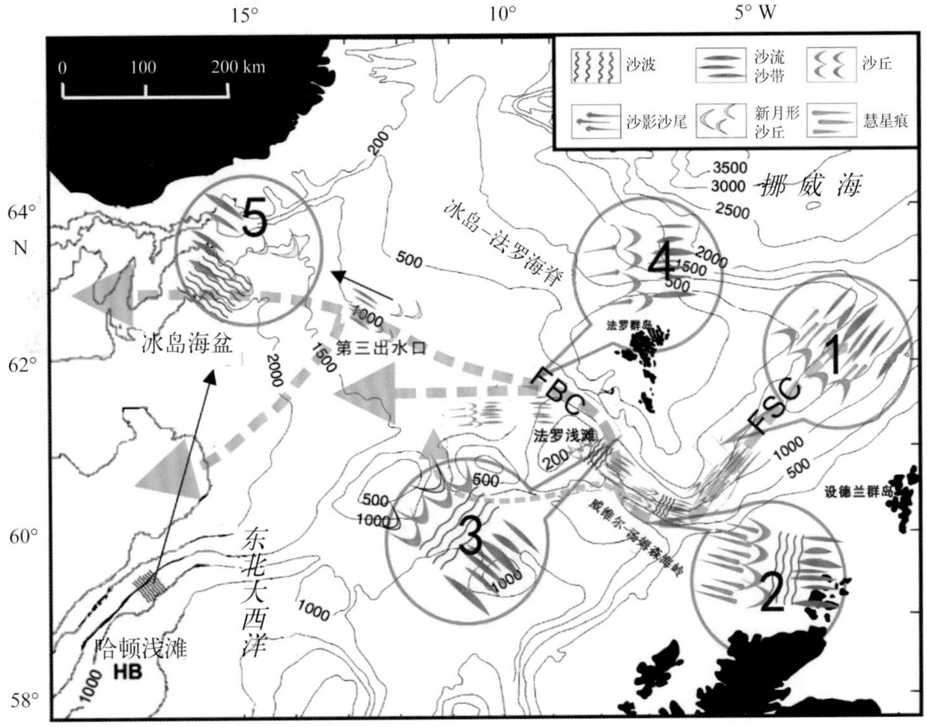

图14.1 冰岛–法罗海脊附近底形分布和NSDW（蓝粗虚线）位置图（底图据 Kuijpers，2002）

Fig.14.1 Bottom distribution and location map of NSDW (blue thick dotted line) near the Iceland-farrow ridge (reference to Kuijpers, 2002)

14.1 法罗海脊和深海水道

大西洋东北边缘以冰岛 – 法罗海脊与北冰洋来水的挪威海为邻。冰岛 – 法罗海脊是宽约 200 km 的水下高地，自冰岛向 SSE 延伸至设德兰群岛和挪威（Kuijpers A，2002），水深

200 ~ 500 m。海脊以北的挪威海，水深 2000 ~ 3000 m，海脊以南的北大西洋东北部，水深也均在 1000 ~ 2000 m 左右。法罗海脊和法罗浅滩均由早第三纪火山岩组成。法罗海脊东南部被一条深约 1000 m 左右的 N—S 向水道切开，地质上称法罗 – 设德兰水道（FSC），水道南段受维威尔 – 汤姆森海岭（Kuijpers，1998）的阻挡转向 NNW，经法罗浅滩水道（FBC）汇入东北大西洋。FSC 和 FBC 呈卧“S”形（图 14.1），总称挪威海深海水道（NSDW）（Wynn，2002），总长约 850 km（曹立华等，2012）。

东北大西洋与挪威海通过冰岛 – 法罗海脊的水体交换很有规律性。即相对高温的大西洋水（水温 5 ~ 8℃，盐度大于 35）从上层流入挪威海，挪威海的冷水（水温 3 ~ 5℃，盐度小于 35）顺底层流向大西洋，NSDW 水道具体体现了该水体交换的特点（Kuijpers，2002），这里底层水几乎常年为自 N 向 S 再向 W 的水流，底流速通常 30 ~ 100 cm/s。图 14.2 为过 FBC 断面上三实测点的水文资料（Kuijpers，2002），说明 FBC 水道约有三层水（Masson et al，2004），最上层为大西洋暖水，厚约 200 ~ 400 m，流向 NE，水温较高；中层水，水深 400 ~ 600 m，为上下层混合水，又称挪威海间歇流，流向 W 或 S；最下层为挪威海深层水，约在 600 ~ 800 m 水深处，水温甚低，约小于 0℃（Maclschlan，2008），流向 S 和 W（Allen et al，1984；Nielsen et al，2007；Hassold et al，2006），流速大于 1.0 m/s，远大于砂的起动流速，则水道海底多处发育了各种砂质底形，包括沙波，新月形沙丘，沙带和彗星痕等。许多底形具有明显的水流方向性。

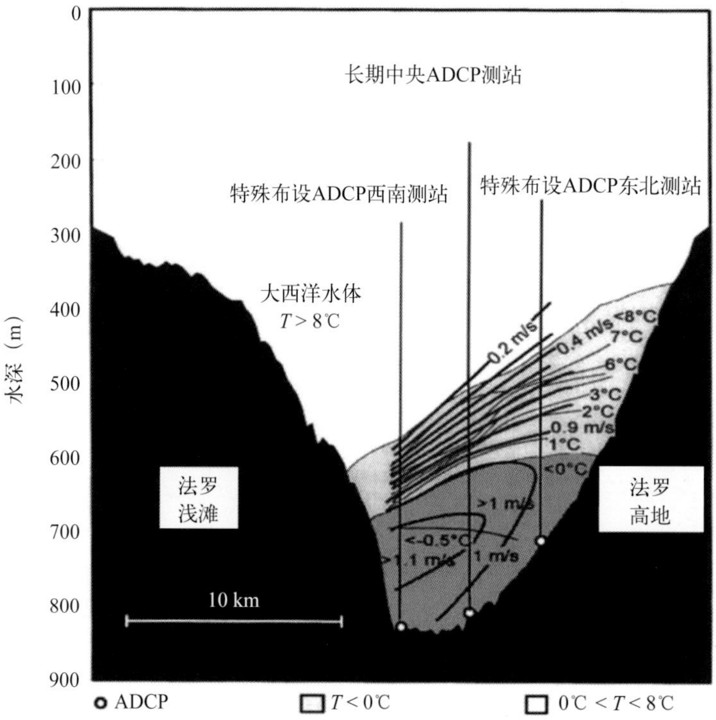

图14.2　过FBC断面上三测点的水文剖面图（Kuijpers，2002）

浅灰为挪威海间歇流，深灰色为挪威海冷水，圆圈为水文测点，剖面位于图14.1中

Fig.14.2　Hydrological profile of three measuring points across the FBC section (Kuijpers, 2002)

the shallow gray is intermittent flow of Norwegian sea, the deep gray is cold water of Norwegian sea, the circle is hydrologic measuring point, and the profile is located in Fig. 14.1

14.2 底形的分布和形态特征

资料数据均来自 1990—1995 年间“RV Pelagia”号的 3 个航次（1993 年，1994 年，1995 年），属于 ENAM（北大西洋边缘）项目的一部分，另一部分数据取自 1999 年秋的 RRS 卡洛斯达文的 119C 航次。深海底层水流速大于砂粒的起动流速，底砂就开始运动，可侵蚀海底，塑造成各种侵蚀沟槽和模痕等负向底形，也可以堆积成各种凸起的底形，分为横向底形和纵向底形两种。横向底形包括各种尺度的沙波和水下沙丘等（Allen，1982）。小沙波又称沙纹或波痕，其波长＜ 60 cm，波高＜ 5 cm，声呐图上很难显示，通过海底摄像可以观察到，常成排排列，并覆于其他底形或海底之上；波长≥ 100 cm，波高≥ 5 ～ 10 cm 的沙波，称为大沙丘（magripples），或水下沙丘，又把波长≥ 30 m，波高≥ 1.5 m 的称沙丘（dunes），较大的沙丘，大沙波，沙丘均属于 subqueous dunes（Ashley，1990）脊线呈抛物线形的称为新月形沙丘（barchan dunes），其两翼似海鸥翅膀。

纵向底形约有 3 种：①沙带（sand ribbons）或沙流（sand streamers）是与底层流相平行的条带状沙体。具有相对稳定的宽度和间隔，与陆架沙脊的成因类似，皆由螺旋流造成。Allen（1982）将长度大于 100 m 的顺水流分布的沙条带称为沙带（sand ribbons），而沙流可能更窄一些；②沙影（sand shadows）或沙尾（sand tails）乃是在海底障碍物（冰川砾石或凸起海底）下游侧的流星状沙尾巴，沙尾的尖端指示底水流方向；③彗星痕（comet marks）乃粗砂小砾石组成的条带状沉积，在水流强，供沙贫乏的海底常有数条砾石条带平行排列，延伸方向即水流方向。

综合各家研究和报导，法罗海脊东、南侧深海底形大致分布于五片海区（图 14.1），各区片底形类型类似，沉积特征有所差异，但都直接指示底层水的流速，流向以及流量的变化。

14.2.1 区片 1（图 14.1，61°N 以北）

沿法罗海脊东侧坡地，水深 500 ～ 600 m 一带，许多侵蚀沟槽刻于残留的冰碛扇上（Stoker，1997；Holmes et al，2003），沟槽之间，广泛分布着几乎平行等深线的沙流、沙影和慧星痕。海底摄像（图 13.6）说明沙影分布于巨砾的背流侧，慧星痕也始于一巨石，过一浅凹坑，延伸成宽 1 ～ 2 m，长数 10 m 的砾石条带，更向下游，砾石渐变小，演变成砂质沙斑。有些沙流和彗星痕覆于老沉积底形之上，局部彗星痕被厚 10 ～ 20 cm 较细粒粉细砂薄层覆盖（Mcinroy，2006），说明近期水流变得比较缓和。在 60°35′N，5°10′W 附近水深 1 000 m 左右，分布长度大于 100 m 的彗星痕和其下游一带较多的大沙波以及宽度超过 100 m 的沙带和沙流系列，自北向南，在底形特征上显示从小彗星痕过渡到大沙波和较小的沙丘，然后过渡到轮廓清晰的沙带，局部，沙带与一系列大沙丘和沙流并存。声呐图上显示 FSC 水流自北向南逐渐增强（Dorn，1993）。

14.2.2 区片 2 FSC 转向 FBC 一带

法罗设德兰水道（FSC）自北向南流动，遇到维威尔 – 汤姆森海岭转向西成为法罗浅滩水道（FBC）。在水道转弯处，海底变宽阔，在水深 1100 ～ 1200 m（60°00′N—6°00′W）一带，分布各种类型的底形，如宽约 80 m 的沙带（图 14.3A）。一排排的大沙波和波长约 30 ～ 40 m

的新月形大沙波（图 14.3B），散乱展布的具海鸥翅膀形状的大沙丘（图 14.3C），有的丘脊线长约 120 m，丘顶高约 1.5 m，表面发育成排沙波。沙带大沙丘可能都是残留底形，其上的沙波是现代活动的底形。在西南部侵蚀沟槽之间分布大量长 100 m 以上的彗星痕、沙斑、沙流和沙带纵向底形。Masson 等（2004）捕捉到顺水流方向的两条沙带（图 14.4），沙带始于两块巨石及短冲刷坑，长约 10 km，宽约 400 m，沙带头部为粗砂砾石，尾部渐变窄和粒度变细，在区片 2 海岭低处曾保存 NSDW 的第一出水口（图 14.1）。此处以基岩为主，仅见零星沙波和彗星痕。

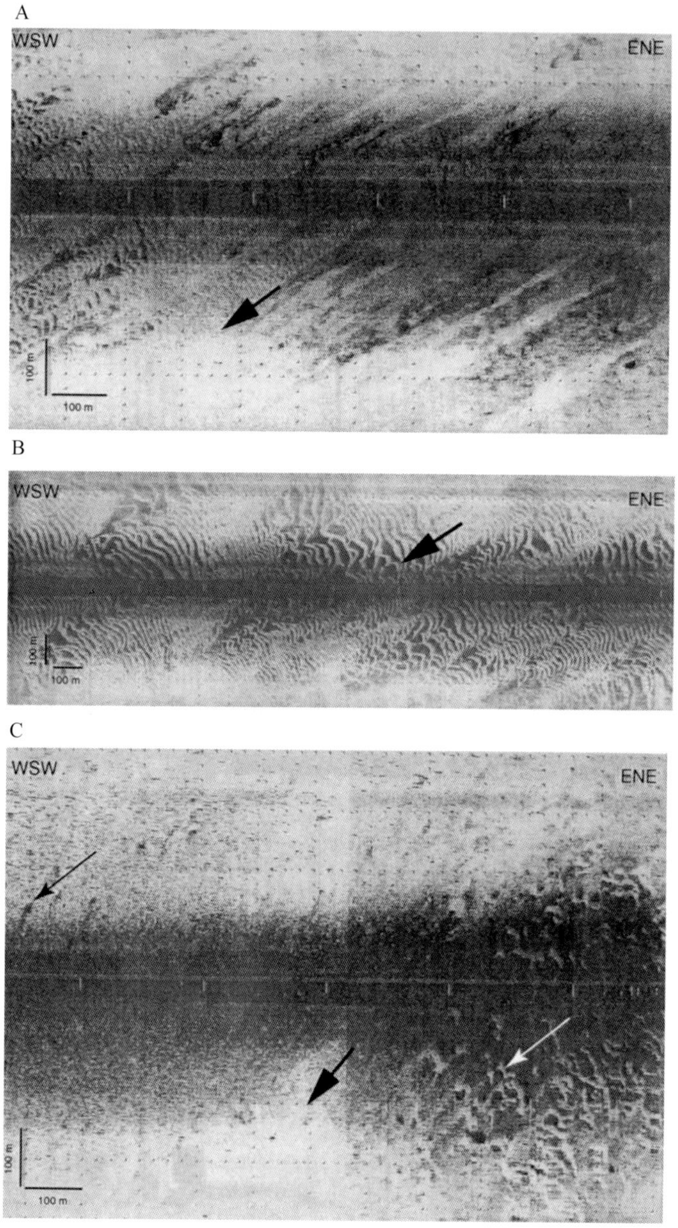

图14.3　底形序列图（Kuijpers，2002）A.沙带和巨沙波序列；B.巨沙波和沙丘；C.海鸥状大沙丘（白箭头）和彗星痕（小黑箭头），表明底流向西变强沙源变贫乏。底流方向由大箭头标出

Fig.14.3　Bedform sequence(Kuijpers,2002)A. Sand belt and giant sand wave sequence; B. Giant sand wave and dune; C. Large gull-shaped dune (white arrow) and coma trace (small black arrow), indicates that the strong sand source of bottom-flow direction becomes poor in the west. The direction of the bottom flow is indicated by the big arrow

图14.4 TOBI 30 kHz侧扫声呐图，冲切沟槽和砾质沙带（Masson，2004）

Fig.14.4 Lateral scanning sonar image of TOBI 30 kHz, punching groove and gravel sand belt (Masson, 2004)

14.2.3 区片 3 FBC 中段海底

FBC 入口处，水道开始变窄，基岩出露，发育一系列束狭水道的底形，包括较稀疏的沙斑和沙影，窄而长（大于 100 m）的慧星痕，沙带以及零散的新月形沙丘，沙丘的翼角大致指向西（图 14.5）。在可能是玄武岩海底上巨砾后侧发育缓起伏的沙影，指示底流向 NWW，反映沙量少而流速较大的海底环境。Kuijpers（2002）提供 FBC 中部 ADCP 测站实测底层流资料（图 14.2）：一个断面 3 测站底层水流速均达 1m/s 以上，水温 0° ~ 5℃，中层水流速 0.2 ~ 0.9 m/s，水温 1° ~ 8℃，称为混合水或间歇流，上层流速大于 0.2 m/s，水温高于 8℃。

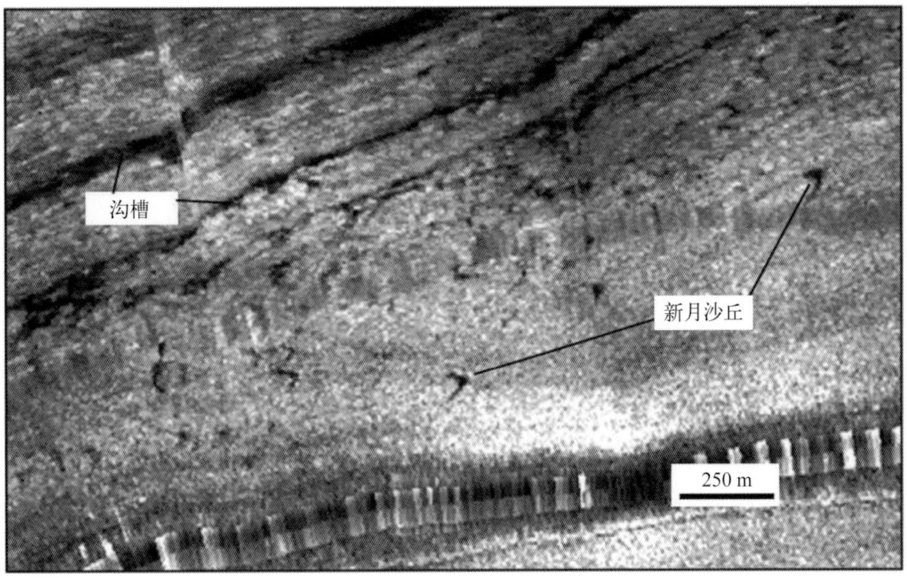

图14.5 TOBI 30 kHz侧扫声呐图，沟槽区南侧零散的新月形大沙丘，最大的新月形沙丘长度＞100 m (Masson，2004)

Fig. 14.5 Scanning sonar image of TOBI 30 kHz side, scattered crescent-shaped dunes on the south side of the groove area. The largest crescent-shaped dune is ＞100 m in length (Masson, 2004)

14.2.4 区片 4 FBC 第二分流处

FBC 第二出口更向 SW，在法罗浅滩的 SW 侧，接近冰岛盆地，底流速变缓，供沙变多，分布的沙带，长约 10 km，宽达 350 m，窄者数 10 m，沙带有规则的平行分布，间或被沟槽分割（Kuijpers，1998）。钻孔得知沙带以下多为玄武岩地层（Mcinloy，2006），一些沙带上分布成排沙波，沙波上往往覆有薄层（＜ 10 cm）粉细砂层，表面见生物洞痕。向 SW，水深近于 1 300 m，沙带增多，间或见削顶沙丘和长数 10 m 的沙尾，延伸方向均为 SW，说明流速较大的 FBC，在分流附近地形扩展，海底变平坦，水流流向和流速多变，形成较多的螺旋流，沉积大量大尺度的沙带，类似陆架沙脊，第二分流口向 NW 在法罗海脊的南坡地上，水深 1 000 ~ 1 100 m 的海底分布大量移动的新月形沙丘（图 14.6），和沙带，显示底流有向 NW 方向的分支（Dorn，1993）。

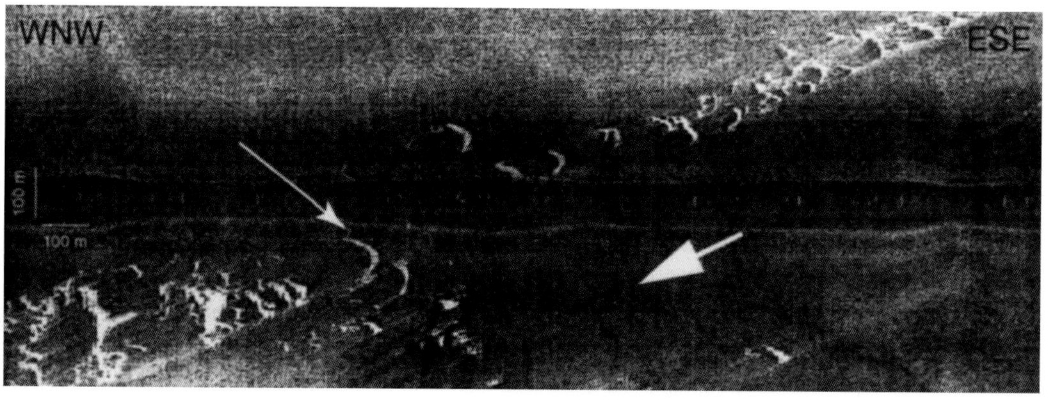

图14.6 带状的新月形沙丘序列（见白色小箭头），产生在强反射底质（深色区域）水深约1000 m，位于冰岛—法罗浅滩的南侧区域。底层流方向由大箭头标出）（Masson，2004）

Fig.14.6 Zonal crescent dune sequence (see white arrow), produced in a strongly reflecting substrate (dark area) with a water depth of approximately 1000 m, located on the south side of the Iceland-farrow shoal. The direction of the underlying flow is indicated by the big arrow (Masson, 2004)

14.2.5 区片 5 FBC 西端第三分流口

FBC 第三出流口及其以南海底属于冰岛盆地区域，海底变平坦。自法罗海脊南坡水深 1000 ~ 1100 m 一带，向南直至 59°20′N，15°—17°00′W 附近，断续分布多深海底形，一系列相互平行的细长沙脊，沙脊高 5 ~ 4.5 m，向两侧倾斜，间隔 4 ~ 5 km，每个沙脊被分割成 2 ~ 8 m 长的小段，向 53°W 延展，表面有起伏和凸出小丘，上覆薄层沉积物（Sayago-Gil，2010），说明这些沙脊系列可能是过去（全新世大西洋期）较强的底层流沉积，目前底流变弱，已不再发育。中部，分布一些大形新月形沙丘，其上普遍分布各种运动的沙波。

Wynn 等（2002）解释了 1999 年卡罗斯达文的 119C 航次的 WASP 海底电视和海底摄像中提供的深海海底新月形沙丘及其上沙波的信息，显示新月形大沙丘是海底相互隔离的弯月形脊的较大的底形，其向流面宽阔平缓，背流面较陡，垂直水流方向，沙丘两翼角宽约 10 ~ 190 m，沙丘最高点至翼角尖端的长度约 5 ~ 140 m，脊顶高约 1 ~ 2 m 左右，按实验，形成于 30 ~ 80 cm/s 的底流区（Kenyon,1986），新月形沙丘之间呈直带状（Linear Bands）排列，由一个沙丘的翼角向另一个沙丘的迎流面最高点供沙。沙丘表面广泛分布沙波系列，具有规律性：沙丘向流面上的沙波直峰横排（图 14.7A），沙丘近脊的沙波变成曲峰（图 14.7C），进而变成舌状（图 14.7B，D，过沙丘脊线，沙波基本消失（图 14.7E），或变成直线的小沙波，反映新月形沙丘对底流有一定阻抑作用。沙丘的向流面，底流流速，与沙丘周围的相同，而接近沙丘脊，流速受地形影响而增大，沙波也从直线形变成弯曲的或舌形的（Allen，1984）。在沙丘的背流面，流速立即变小，沙波消失不见或变为直线形的小沙波（Wynn，2002）。

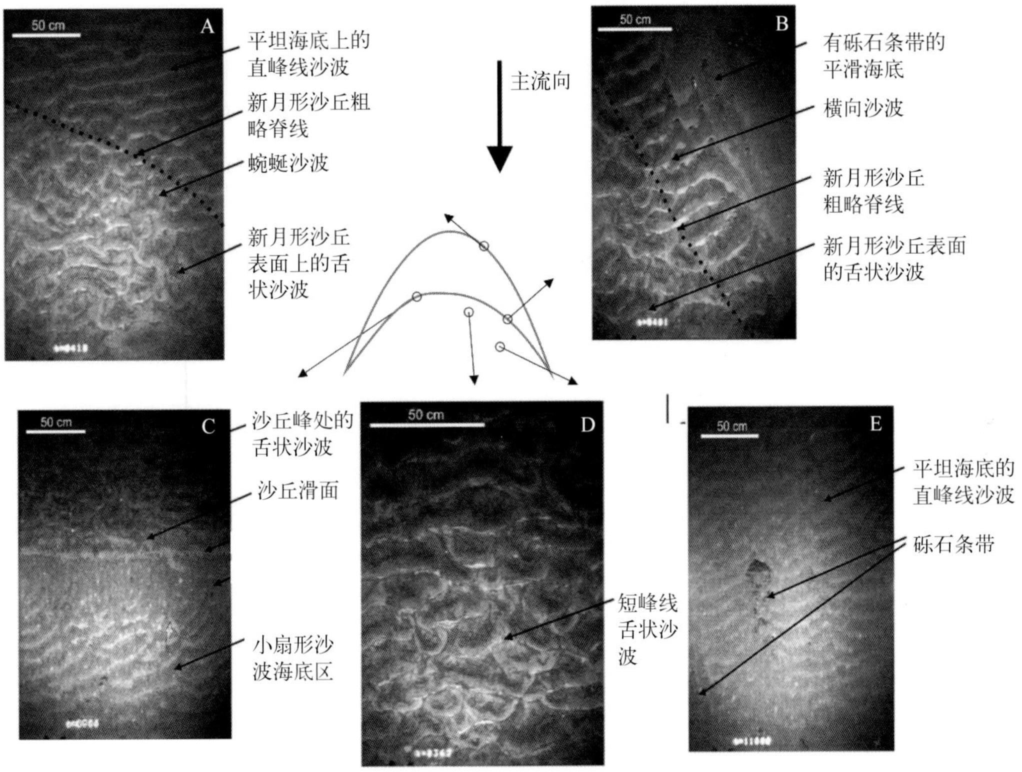

图14.7 海底新月形大沙丘不同位置上沙波形态照片（Wynn，2002）

Fig.14.7 Image of sand wave patterns at different locations of a large seafloor crescent-shaped dune (Wynn, 2002)

14.3 底形的塑造和演化分析

14.3.1 底形的塑造

陆坡海盆大部分水深 1000 ~ 2000 m 或深达 3000 ~ 4000 m。陆架上常有的潮流和波流作用不到这么深的海底，主要的底流是不同水团间交换的等深流，等深流的沉积以细粒的粉砂黏土级为主，很少有大片的深水粗粒砂砾质沉积区，本区大面积的各种砂质底形的塑造与较高的底流流速、丰富的粗粒碎屑和一定的海底地形有关。

近 1000 m 水深海底较高的底流速来源于冷暖水团间的较高的温差和有利的地形。Masson（2004）认为通常发育中等大小的横向底形甚至发育纵向前进的沙带。Maclachlan（2008）提出这里高流速可达 1.0 m/s，正是许多侵蚀沟槽和砾石质彗星痕发育的要求，说明陆坡深水区仍然可以发育像陆架上那样的底形。

本区在末次盛冰期时正处于斯堪的那纳亚冰盖之下，数千米厚的冰长期裹挟大量沙、砾和石块等粗碎屑，冰消期（13 ~ 11 ka BP），冰盖融化大量沙砾等粗碎屑沉积海底，为塑造砂质底形提供了物质基础，同时北极来的冰融冷水的流量和流速必然增强，所以 Bianchi 和 Mccave（1999）认为本区大片砂质底形形成于全新世初至全新世中的大西洋期（11 ~ 6 ka BP）是合乎实际的。

14.3.2 现代底形动态

深海底形固然可以反映底水流速和流向，但要以同时期活动为前体。解释底形的形成时间尺度有一定难度，Bianchi 和 McCave（1999）认为本区较大的底形如大沙丘，侵蚀沟槽和大型沙带大都形成于全新世大西洋期，那时气温高，北极冰融水丰盈，流速大，底沙也较丰富，大型底形活动十分活跃，当然也发育大小活动沙波。若干海底照片显示大沙丘现代基本不运动，但大沙丘上的沙波目前却不断运动。Bett（2003）在 FSC 和 FBC 交接处海底布设定时自动摄像机和 4 个测流计同步观测，发现流速 35 cm/s 时，大量沙波在运动（如图 14.8a），以后又观测 4 天，流速小于 25 cm/s，沙波不运动，有的沙波还开始退化（图 14.8b）。大底形表面沙波的运移和有时停止运移（或沉积细粒薄层）标志这些大底形表面沙有时向前运动，有时停顿，则说明这些沙带和大沙丘等大型底形也有时运动（或偶尔运动）。按 FSC 至 FBC 一带数 10 个海底照片及其他实测资料 Wynn 等（2002）发现有一顺维威尔 - 汤姆森海岭鞍部向西南的不定期溢流（第一分流口），说明 NSDW 底流流量也有时强时弱的变化，强流时，大小底形仍然都向前运动。按实测流速，也发现有时流速可大于 1.0 m/s，该流速远超过中粗砂的起动流速和塑造沙波的流速，则一些砂质的大底形必然有时也向前运动，或有所修饰，当然不及全新世初至大西洋期形成时的运动那么强烈。

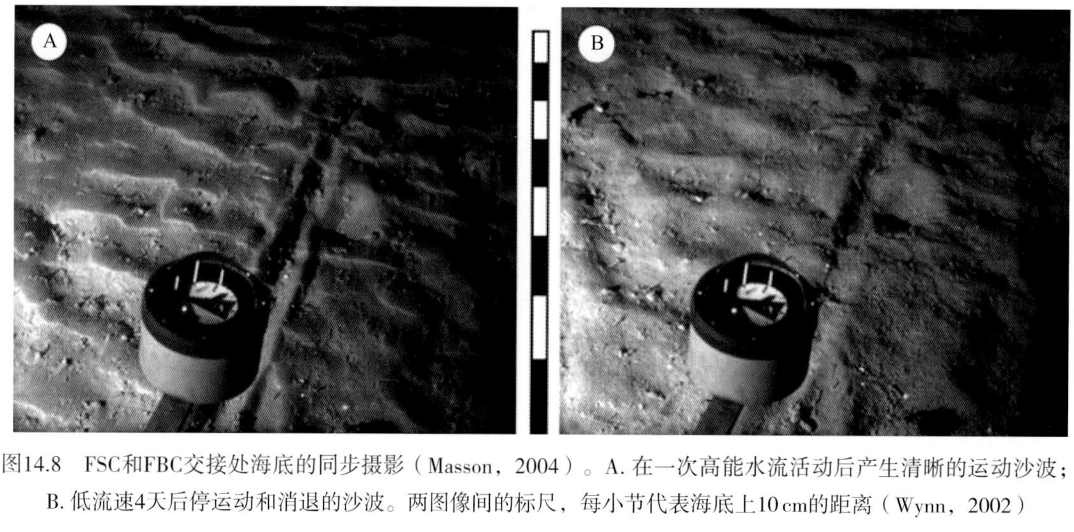

图14.8 FSC和FBC交接处海底的同步摄影（Masson，2004）。A. 在一次高能水流活动后产生清晰的运动沙波；B. 低流速4天后停运动和消退的沙波。两图像间的标尺，每小节代表海底上10 cm的距离（Wynn，2002）

Fig.14.8 Synchronous photography of the seafloor at the junction of FSC and FBC (Masson,2004). A. Clear moving sand waves are produced after a high energy flow activity; B. Low velocity 4 d after stopping movement and subsiding sand waves. The ruler between the two images, each measure represents the distance of 10 cm on the sea floor (Wynn, 2002)

14.4 底形揭示 NSDW 水道的规模

Swift（1972）按照底形脊线与底层主水流方向的交角关系，划分陆架底形为横向和纵向两种类型，深海底形也可如此划分。本区横向底形有大小沙波和新月形沙丘，它们的脊线均垂直底流方向，且迎流坡缓，背流坡陡；纵向底形有沙带，沙影和慧星痕等，它们多顺底流方向延伸。则按纵、横向底形的形态特征可推断出 NSDW 水道底层挪威海冷水的流路，并根据底形分布范围大致绘出底层流的流动宽度。FSC 段，自北向南流，位于法罗东陆坡和设德兰西陆坡之间，61°N 以北，多基岩海底（Nielsen et al，2007），61°N，5°W 以南，底形逐渐变多，区片 1 声呐剖面显示，底形分布宽度大致 10 ~ 15 km，水深自北向南由 600 ~ 700 m 增大到 1000 m。至 60°N，受维威尔 – 汤姆森海岭的阻挡，FSC 向西转 90°，转弯处，水道宽阔，按底形分布（区片 2）宽约 20 ~ 30 km（Masson et al，2004），底形指示水流流向 NWW，水深辗转于 1000 m 左右。FBC 在法罗南陆坡与法罗浅滩北陆坡之间自东向西流动，总体水深 800 ~ 1000 m，水道总体束窄，长期水文观测断面（图 14.2）处宽度不过 10 km，底层冷水厚约 200 m（水深 800 ~ 600 m）。FBC 过第二分流处，水道渐变宽，至第三分流处（62°30′N，11°30′W），水道进入冰岛盆地区（Elliott，2008），展宽成数百千米，挪威海冷水更向南，逐渐混入东北大西洋。按底形推断 NSDW 水道自 61°N，5°W 开始至冰岛海盆地 62°30′N，11°30′W，全长约 850 km，宽约 10 ~ 30 km 或更宽，底层冷水一般厚约 100 m，最厚达 200 m。

14.5 结语

冰岛 – 法罗海脊东和南侧水深 600 ~ 1200 m，分布法罗—设德兰水道（FSC）和法罗浅滩水道（FBC），二水道连成挪威海深水通道（NSDW），属于北冰洋系统的挪威海冷水循该水道底层流入东北大西洋，大西洋相对温水顺表层流入挪威海。

自 61°N 开始到冰岛盆地，底层等深流发育各种底形，包括大小沙丘、新月形大沙丘、沙带、沙影和慧星痕等粗粒底流型深水沉积物波，利用侧扫声呐图和海底摄像可以识别出来它们的形态特征。直线型沙波波高不足 10 cm，常成排出现两坡不对称，现代仍顺底流迁移或覆于大沙区之上，大沙丘呈新月形，高数米，约形成于全新世初至大西洋期，残留至今，强流时，偶尔运动。沙带长数千米，顺主水流方向延伸，沙影和慧星痕是依巨石顺水流的粗粒条带。

5 个区片各种深海沉积物波和水文实测指示底层冷水的流速（0.3 ~ 1.0 m/s）、宽度（约 10 ~ 30 km）、厚度（约 100 ~ 200 m）、流向和流路，指示 NSDW 水道自 61°N，5°W 向南再向西流，至第三出水口（冰岛盆地 62°30′N，11°30′W），全长约 850 km，更向南，混合于东北大西洋中。

第十五章　南大洋两处细粒底流型沉积物波

南大洋（Southern Ocean）又称南冰洋或南极洋。以前将围绕南极洲的太平洋、大西洋和印度洋的南部海域视为南极海，国际水文地理组织于 2000 年确定其为南大洋，包括 60°S 以南的所有海域，面积约 $21 \times 10^7 km^2$，澳大利亚和新西兰以南的洋面都属于南大洋。

深水细粒沉积物波是大型的波状沉积底形，分布于陆坡、海盆等深水洋底，其波长约数十米至数千米，波高数米至数十米，由砂砾或泥质物组成，可逆流而上或顺坡而下地缓慢迁移。早在 20 世纪 50 年代深水沉积物波就已受到许多学者的重视。到了 20 世纪七八十年代，将侧扫声呐、深海钻探、数字模拟等技术应用于深水沉积物波的研究，从而得以确认深水沉积物波的形成过程，Embley 等（1977）从成因上提出了浊流型和底流型两种类型。21 世纪以来，从深海油气勘探和海底管线工程的稳定性出发，许多专家在一些海域展开了深水沉积物波的研讨（Gong et al，2012；Kuang et al，2014；Benjamin et al，2011；钟广法等，2007；张晶晶等，2015）。Wynn 等（2002）综合成因和粒度将深水沉积物波划分为细粒浊流、细粒底流、粗粒浊流和粗粒底流 4 种基本类型。南大洋洋底细粒沉积物甚广，受洋流和微体生物的影响，发育了钙质和硅质两种类型的细粒底流型沉积物波。分别以大澳大利亚湾和康拉德隆起西坡研究较好。本章根据 Anderskouv 等（2006）和 Oiwane 等（2014）2008 年和 2010—2011 年的调查资料，介绍大澳大利亚湾上部陆坡和康拉德隆起西南坡两处沉积物波的沉积特征，并以其为例，探讨南大洋深水细粒底流型沉积物波的形态特征、动态、分布和形成机理。

15.1　大澳大利亚湾的钙质细粒沉积物波

大澳大利亚湾是澳大利亚南部的边缘海，东西长约 1 000 km，南北宽约 260 km。大澳大利亚该湾的陆架很窄，陆坡水深从 60 m 向南达数千米。陆坡的更新世地层中发育大面积的沉积物波。Anderskouv 等（2006）在此进行了大面积的物探调查，多波束和地震剖面区位于 33.5°—34.5°S，128°—129°E（图 15.1A），区内除取海底样之外，进行过 1132 孔和 1129 孔等深海钻探。确认海底底形是深水细粒底流型钙质沉积物波，解释了波底形的形态、演化和机理。

地震剖面 L001 经过 1129 孔、1131 孔和 1127 孔的横截面。可以发现陆架宽度不大，外缘水深近 60 m，坡度不到 1°，60 m 以外到 120 m 的陆坡区上部的海底坡度由 1° 阶梯状上升到 4° 左右，更向海为 120 m 深的峡谷。剖面上还显示更新世时期沉积物波有规律的迁移或加积，全新世地层在陆坡上部较厚。

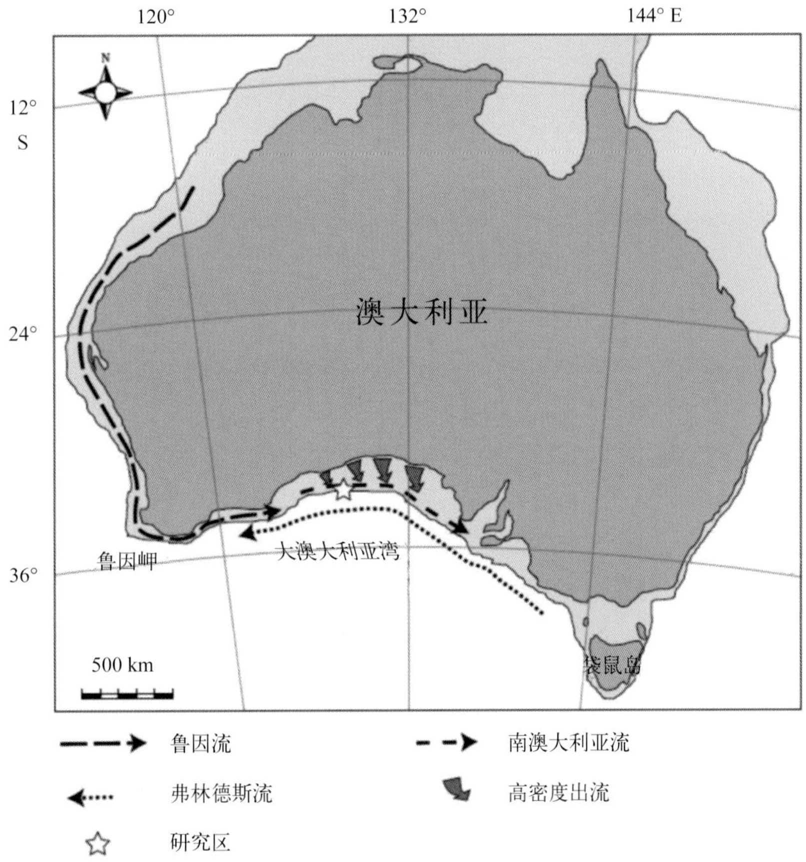

图15.1A 现代澳大利亚陆地（深灰色）和陆架与陆坡（浅灰色）（Anderskouv，2010）

Fig. 15.1A Modern Australian land (dark grey) and shelf and slope (light grey) (Anderskouv, 2010)

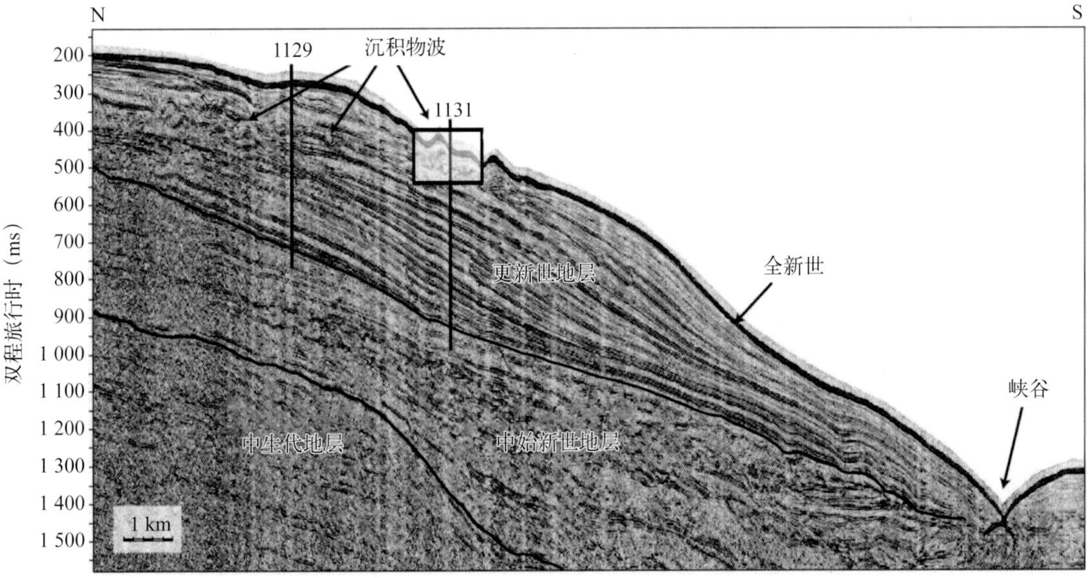

图15.1B Galathea 3号剖面图地震剖面L001表示研究区中陆架和陆坡的大型结构（Anderskouv，2010）

Fig. 15.1B The seismic section L001 of Galathea profile 3 represents the large structures of the continental shelf and slope in the study area (Anderskouv, 2010)

15.1.1 沉积环境

澳大利亚南部陆架在始新世以来发育冷水碳酸盐岩台地。陆坡的上新世—更新世地层为陆坡向海推进过程中形成厚达 500 m 的灰岩和泥灰岩楔状体。而陆架上几乎没有更新世和全新世的沉积物，James 等（1994）和 Feary（1998）称之为“光滑陆架”（Smooth shelf）。

大澳大利亚湾的海洋学环境通常与鲁因流（Leeuwin Current）有联系。鲁因流源于澳大利亚西北岸外，在温盐梯度力的驱动下向南流动（Thompson et al，1987），在鲁因岬转向东，并不再受温盐梯度力的影响，在惯性作用下继续向东流动。在大澳大利亚湾西端至袋鼠岛之间，南澳大利亚流（South Australian Current）和鲁因流汇合，一起向东运动，但其水团性质和驱动力均与鲁因流不同（Ridway et al，2004；Middleton et al，2007）。在水深 60 m 陆架以外的上部陆坡区还分布向西的弗林德斯流（Flinders Current）上部陆坡，是在南大洋大气环流驱动下形成的地转流（Bye et al，1983；Godfrey et al，1989；Middleton et al，2002）。在澳大利亚南部海域冬季，使原本向东的沿岸流和南澳大利亚流转向南（Ridgway et al，2004；Middleton et al，2007），流速可达 30 cm/s，夏季，反气旋风系在陆架坡折处形成向东南的高密度的沉降流（图 15.2）。在陆架边缘顺坡向下流动，流速达 16 cm/s（Petrusevics et al，2009），该区冬夏流速均足以使碳酸盐岩软泥再悬浮，并向南运移（Southard et al，1971；Black et al，2003；Anderskouv et al，2007）。

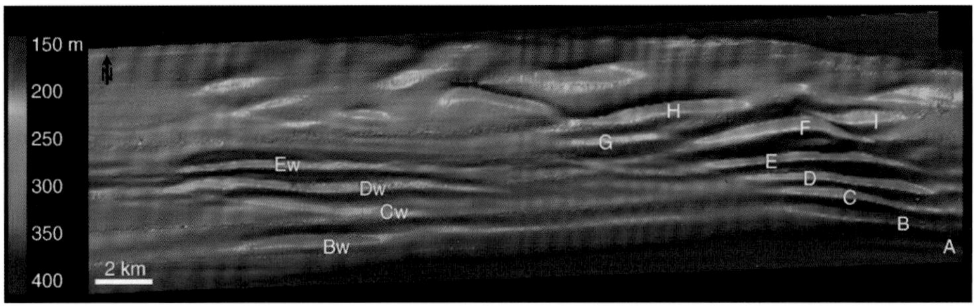

图15.2 多波束测深数据显示的现代海底沉积物波场的俯视图（Middleton，2007）

Fig. 15.2 Top view of modern seabed sediment wave field shown by multi-beam bathymetry data (Middleton, 2007)

大澳大利亚湾冰期主要有 3 个特点，分别为低海平面、低气温和干冷的大气环流。间冰期海面高，水温高，利于陆架上苔藓虫的生长，冰期海平面比现在低 100 ~ 200 m（Sprigg et al，1979；James et al，2004），大气环流也较现代更强烈（Hesse et al，2004），利于陆架高密度流向陆坡流动。

15.1.2 沉积物波的分布和形态特征

2006 年 Galathea 3 考察队在大澳大利亚湾中西部的外陆架坡折处进行了多波束测深和高分辨率地震调查。根据采集的多波束数据绘制 8 km × 85 km 的三维水深地形图（图 15.1A）。数据显示调查区水深范围为 150 ~ 400 m，区内海底表面 13 个沉积物波的形态参数列于表 15.1，结果显示沉积物波的波高接近 40 m，波长超过 1 000 m，直线型波脊线延伸长度超过 10 km，走向平行于等深线，两翼不对称，北侧的向陆侧翼长而缓，南侧的向海侧翼短而陡，也有相反的情况。不对称系数 *AI* 是向陆侧翼投影长度与向海侧翼投影长度的比值（图 15.3，表 15.1）。靠近陆地的沉积物波尺度较大，向海方向逐渐减小。

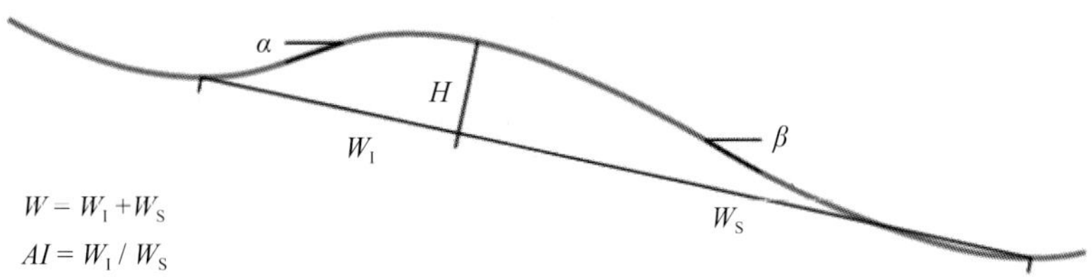

图15.3　沉积物波形态和结构的参数

α和β分别是向陆侧翼（迎流坡）和向海侧翼（背流坡投影）的倾角，AI是不对称指数

Fig. 15.3　Parameters of sediment wave morphology and structure

α and β are inclines to the land flank (ejection slope) and the sea flank (lee flow slope), respectively. AI is an asymmetric exponent

表15.1　多波束测深数据得出的大澳大利亚湾现代海底沉积物波形态和结构特征

Table15.1　Morphology and structural characteristics of modern submarine sediment waves in the great Australian gulf from multi-beam bathymetry data

沉积物波编号	波长/m	波高/m	延伸长度/m	沙波系数（长/高）	不对称系数 AI	α/°	β/°
A	340	4.4	3 940	77	1.29	0.4	3.8
B	900	34.4	6 700	26	2.00	9.8	4.9
C	625	24.8	6 600	25	1.72	6	10.3
D	725	33.7	7 430	22	1.54	7.4	7.8
E	725	37.4	8 350	19	2.45	10.3	11
F	1150	39.7	6 600	29	2.29	8.5	9
G	775	11.1	3 590	70	4.17	1.5	3.9
H	970	30.0	6 750	32	1.62	8	3.9
I	750	20.9	2 730	36	1.14	2.2	6.9
Bw	650	10.0	7 630	65	1.28	2.9	3.1
Cw	900	15.5	6 645	59	3.09	1.2	4.6
Dw	800	13.1	11 430	61	2.20	1.8	5.3
Ew	615	18.3	9 530	34	2.08	5.4	8.9

15.1.3　发展与演化

分析横跨陆架—陆坡的地震剖面 L001 和通过本剖面的深海钻探 1129 孔和 1131 孔岩心（Feary et al，2000；James et al，2004）可以揭示出该区域沉积物波的起源、发展和演化。并可将区内上更新统的地层划分出 5 个地震单元（图 15.4）。

地震单元 1 的下界是冰期低海平面时期的侵蚀基面，基面上有起伏地形。Anderskonv（2010）称为深水台阶（bathymetric step），James 等（2004）称为土丘核（Mound core）。受进积作用，开始在水深台阶的向海侧发育成沉积物波。同一时期内，靠近陆地的沉积物波比

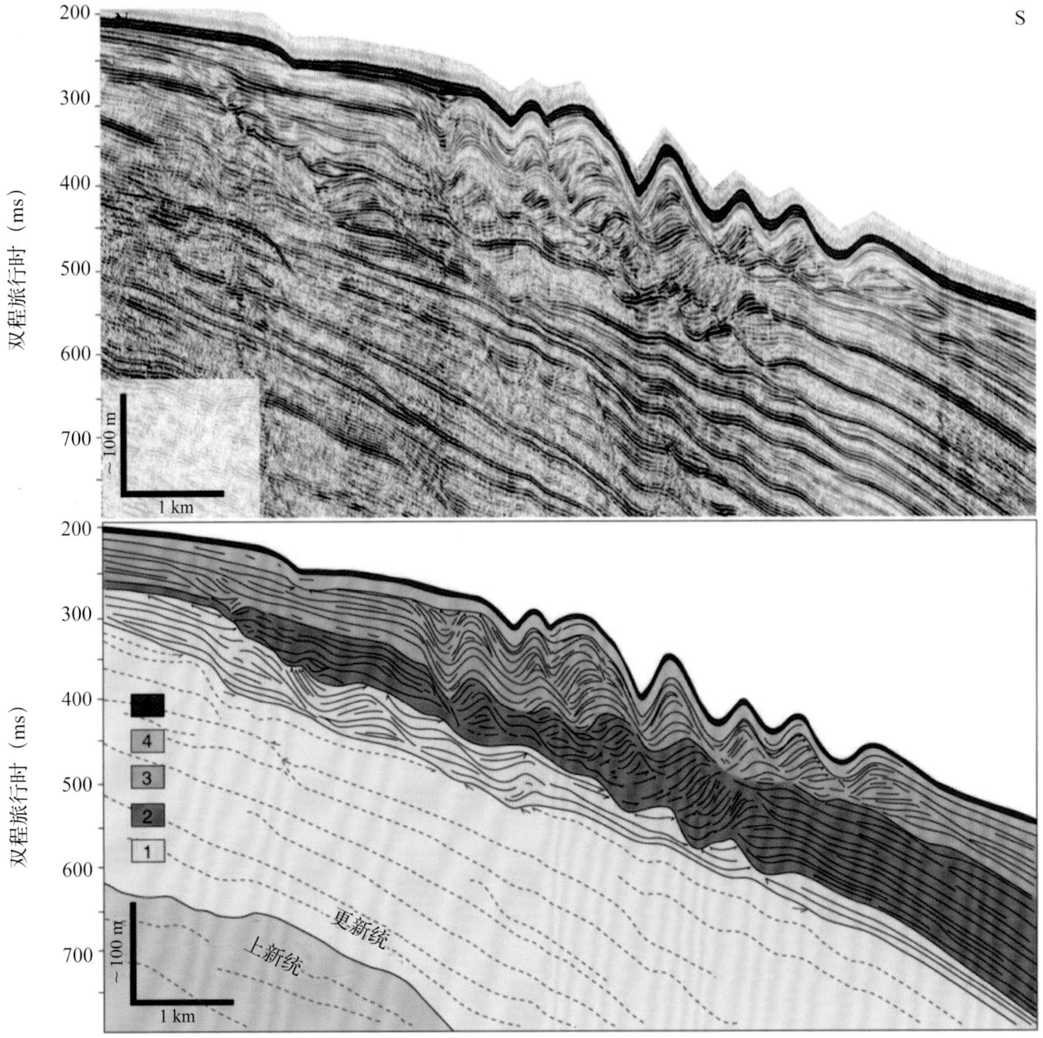

图15.4 地震剖面L002解译图，位置见图15.1A（据Middleton，2007修改）

Fig. 15.4 Interpretation map of seismic profile L002. The position is shown in Fig.15.1A (Modified from Middleton, 2007)

向海的沉积物波尺度更大，发育也更成熟。沉积物波主要显示为向陆迁移趋势，但最靠近陆地的沉积物波的上部地层相互平行，显示沉积物波向海迁移，说明陆架向海推进过程中披覆形成沉积物波，同时又向陆迁移。

单元 1 的上界被单元 2 的下界所截断。该界面也受到侵蚀，并再次形成深水台阶。由于沉积物波的向陆侧翼比同时期的沉积物波向海侧翼的沉积率高，单元 1 中的沉积物波的向海侧翼沉积率小，导致水深台阶向海侧更陡，而向陆侧变缓。在该界面之上形成的沉积物较为平缓，并向陆迁移。单元 2 中的沉积物波显示向陆迁移。

单元 3 与单元 2 为整合接触关系。主要由沉积作用形成，并向陆迁移。靠海的沉积物波比靠陆的沉积物波的角度大。单元 3 的上界为侵蚀面，该界面上靠陆的沉积物波几乎被削平。

单元 4 的反射强度很弱，几乎为声学透明层。该层很薄，厚度几乎不变，披覆于沉积物波区域之上。

单元 5 的下界为强负峰，为岩性界面，该界面以下的地层中的声速小于上覆地层。单元 5 的上界就是海底反射界面。

总之，沉积物波大部分起源于不规则侵蚀面，深水台阶向陆侧优先沉积效应形成沉积物波。在随后的演化过程中有周期性的活动和披覆。沉积物波一开始都是迁移和加积，发育较成熟之后盛行披覆。理论上，海底活动性沉积物波可以描述为迁移（向陆）、加积（向海）或二者之和，代表沉积物波的生长期；非活动期包括披覆、波谷充填或二者之和，代表沉积物波的消亡期。靠陆的沉积物波比靠海的沉积物波更早达到披覆阶段，导致靠陆的沉积物波尺度较大。

15.1.4 形成机理

沉积物波的形成需要具备两个条件，即动力和物质。目前，大澳大利亚湾钙质细粒底流型沉积物波的形成机理尚无明确定论，Anderskouv（2010）认为大澳大利亚湾沉积物波形成的动力是高密度出流，从陆架向上部陆坡运动，方向垂直于等深线，其流速在陆架坡折可达16 cm/s（Anderskouv et al，2010）；大澳大利亚湾沉积物波的物质组成主要是苔藓虫（Bryozoa）软泥。间冰期大澳大利亚湾陆架以苔藓虫沉积为主，苔藓虫是一种形似苔藓植物的钙质微体生物，在波浪和潮流的作用下，陆架的沉积物向陆坡运移。高密度出流的流速足以使陆架的苔藓虫软泥再悬浮并搬运走，形成“光滑陆架”。高密度出流在到达陆架坡折后沿陆坡向下流动，流速加快。冰期低海平面时期的高密度出流使海底发生不规则侵蚀，随后在不规则起伏的侵蚀面上开始发育沉积物波。由于高密度出流在沉积物波的向陆侧翼减速，而在向海侧翼加速，导致在向陆侧翼和波峰处沉积速率较高，形成向上游披覆和波谷填充，因此，沉积物显示向陆迁移。冰期海平面较低，生物群落向海迁移，苔藓虫在上部陆坡的沉积物波区域繁殖。大量苔藓虫和其他深海软泥混合堆积在沉积物波区域之上。在以上因素的综合作用下，大澳大利亚湾上部陆坡形成向上游迁移的钙质细粒底流沉积物波。

15.2 康拉德隆起西南坡的沉积物波

Pollard 等（2002）根据南大洋的温盐结构，对南大洋进行横向分带：以亚热带锋面、亚南极锋面、极地锋面和绕南极流南界 4 条界线分别圈定出亚南极带、极地锋带和南极带（图 15.5）（Pollard et al，2002）。康拉德隆起地处南大洋的印度洋部分 50°—55°S。

15.2.1 海洋环境

绕南极流被亚南极锋面和绕南极流南界所限定，其“轴部”的位置即极地锋面的运动轨迹（Barker et al，2004），流经 3 个大洋盆地，是盆地间热量、盐分、营养盐和气体交换的主要原因，因此形成温盐环流（Rintoul et al，2009）。绕南极流限制了北部的水体向南运移，导致南极“热绝缘”（thermal isolation）。

绕南极流在南大洋的生物化学分带中有重要作用（Pollard et al，2002）。由于温度和营养盐的限制，极地锋面以北主要生长钙质浮游生物，形成钙质软泥（Hutchins et al，2001）。而在极地锋面以南（包括康拉德隆起区），硅藻是主要的初级生产力，沉积物为硅质软泥，此处的深海硅产量占全球的 2/3（Treguer et al，1995；DeMaster，2002；Cortese et al，2004）。

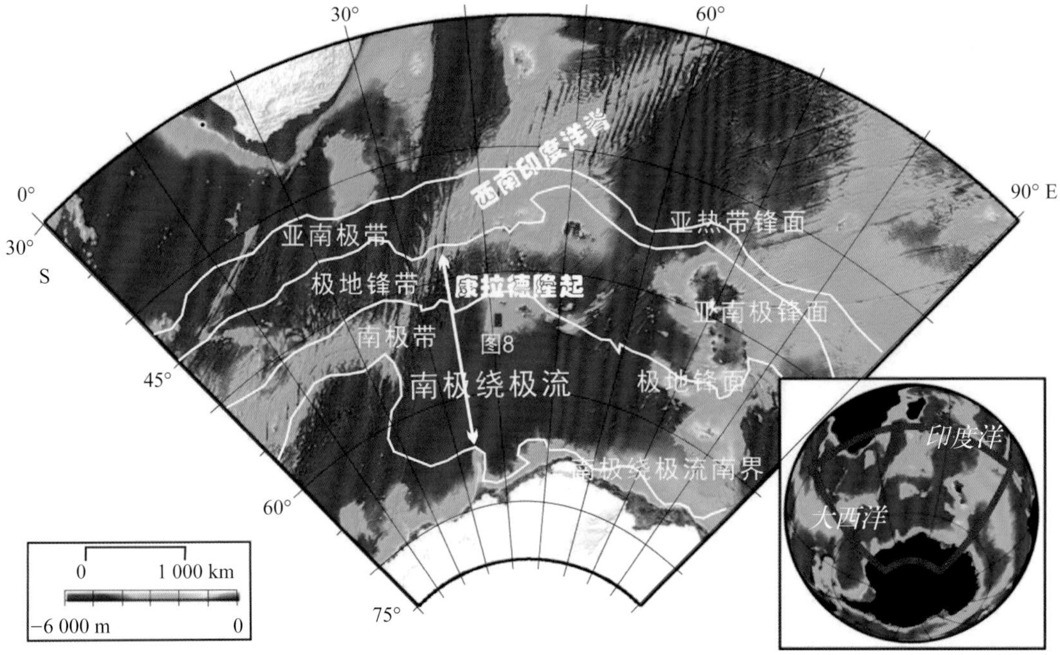

图15.5　南大洋的印度洋和大西洋部分的水深以及海洋学地图（修改自Pollard，2002）

Fig.15.5　Depth and oceanographic maps of the Indian and Atlantic parts of the southern-ocean (Modified from Pollard, 2002)

15.2.2　波的分布和形态特征

Oiwane 等（2014）分别于 2008 年和 2010—2011 年两次搭载白凤丸号考察船在康拉德隆起西南坡进行了多波束测深和多道地震调查。

多波束测深数据（图 15.6）显示调查区的水深为 2 400 ~ 3 400 m，从东北向西南方向变深。调查区大部分分布波状底形，沉积物波的波高 10 ~ 100 m，波长 1 ~ 2 km，直线型波脊线延伸长度 5 ~ 40 km，走向普遍平行于等深线。在图 15.6 中的 A、B 两处观测到尺度较大的沉积物波，其波高和波长不随着海底向下坡减小（Oiwane et al，2014）。

15.2.3　动态演化

通过分析地震测线 11，将康拉德隆起西南坡的沉积层序划分出 4 个地震单元，自上而下依次为 A，A′，B 和 C（图 15.7）。

单元 A 的上界呈波状，下界局部出现侵蚀间断面。单元 A 内部反射层连续、透明，振幅较低，与上界平行，可进一步划分出 6 个子单元，层间没有中断。Gersonde 等（1999）在康拉德隆起钻取的 1903 岩心得到单元 A 的最大厚度为 387.5 m。单元 B 的反射层被断层切断，并存在微小位移，说明在单元 B 与单元 A 之间为沉积间断。单元 C 的上界振幅极高，形态高低起伏，层内反射杂乱。

地震剖面中的单元 A 为沉积物波，其内部反射层平行于海底，地震波振幅较低，说明其形成过程中沉积环境稳定，岩性均匀，通过分析岩心显示物质成分主要为硅质软泥（Oiwane et al，2014；Katsuki et al，2012）。

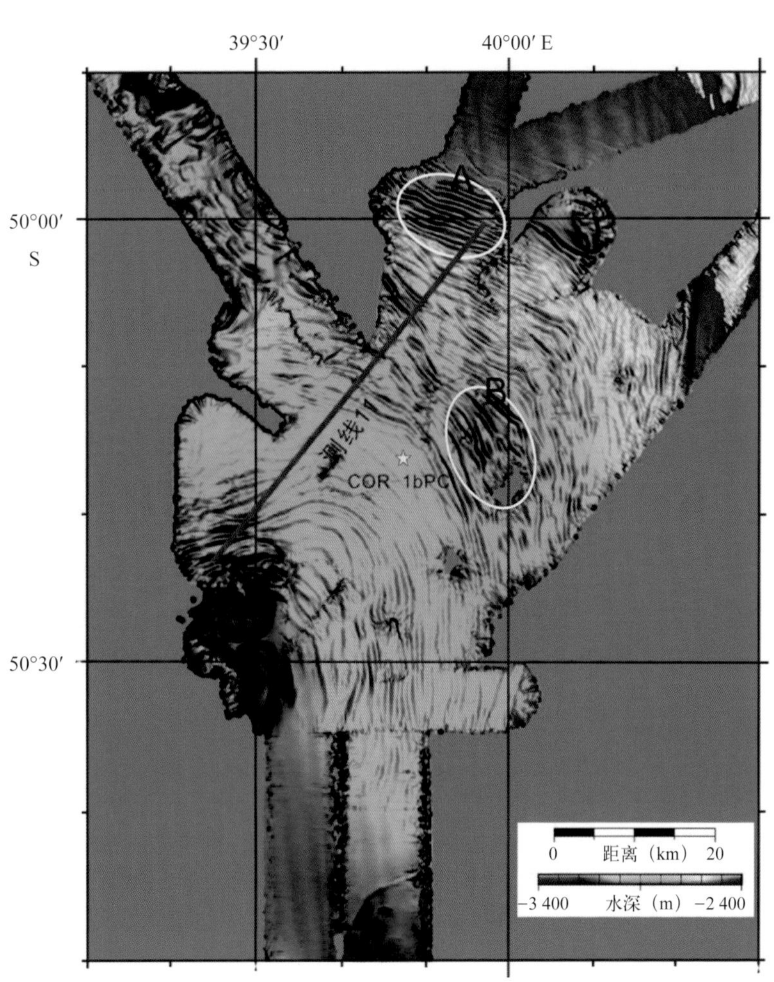

图15.6　调查区的水深地形图，红线为测线11的地震剖面

Fig. 15.6　Bathymetric topographic map of the survey area. The red line is the seismic profile of survey line 11

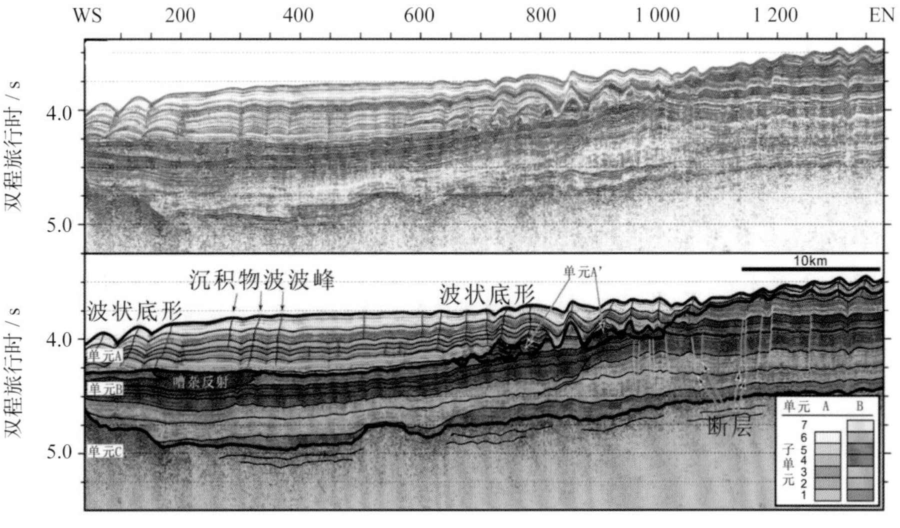

图15.7　测线11地震剖面及解释。红线为沉积物波的波峰，蓝线为断层。地震测线的位置见图15.6（据Oiwane，2014修改）

Fig. 15.7　Survey line 11 seismic profile and interpretation. The red line is the crest of sediment wave and the blue line is the fault. The location of the seismic line is shown in fig15.6 (Modified from Oiwane, 2014)

15.2.4 形成机理

沉积物波可通过浊流或底流沉积形成（Wynn et al，2002；Faugeres et al，1999）。Wynn（2002）认为浊流型沉积物波的波高和波长向洋盆方向逐渐减小。而康拉德隆起处的沉积物的波高和波长基本不变（图 15.6 中 A 和 B），说明波的起源与浊流过程无关。而且，单元内部反射层连续，振幅较低，内部构造与 Nielsen 等（2008）定义的等深积岩（Nielsen et al，2008）沉积一致，说明此处的沉积物波是底流型而非浊流型。

绕南极流是正压流，可影响到南极周围的洋底。Durgadoo 等（2008）认为绕南极流在康拉德隆西端分叉，分别从南、北向东流动，并在东端再度汇合。根据数值模拟估算水深 2500 ~ 3000 m 处的流速为 2 ~ 6 cm/s。Manley 和 Flood（1993）在阿根廷湾进行的一系列研究表明该流速的底流可以形成细粒沉积物波。绕南极流的海洋锋引起营养盐上涌至海面，导致极地锋面以南硅藻生产力很高。因此康拉德隆起硅质软泥的沉积速率远高于其他普通远洋沉积物。

单元 A 内部反射层连续、振幅较低，发育沉积物波。Oiwane 等（2014）获取的 COR-1B.PC 岩心显示该单元的物质组成主要为硅质软泥，形成年龄不老于上新世—更新世（表 15.2）。综上所述，康拉德隆起西南坡的沉积物波是绕南极流影响下的远洋硅质细粒底流型沉积物波。

表15.2　COR-1B.PC中浮游有孔虫*Neogloboquadrina pachyderma*的校正年龄（单位：a BP）（Oiwane，2014）

Table 15.2　Corrected age of *Neogloboquadrina pachyderma* in COR-1B.PC (a BP) (Oiwane, 2014)

深度 /cm	实验编号	^{14}C 年龄 /a BP	库龄 (Bard, 1988)	^{14}C 校正库龄 /a BP	校正库龄 /a BP	中值校正库龄 /a BP
30.2	MTC-15632	2315 ± 45	890	1425	1302	1406 1354
211.5	MTC-15638	10 055 ± 60	890	9165	10 359	10 513 10 436
526.9	MTC-15635	16 285 ± 85	890	15 395	18 560	18 706 18 633
739.3	YAUT-000709	24 120 ± 110	890	23 230	27 869	28 250 28 060

15.3 结语

本章以澳大利亚的大澳大利亚湾上部陆坡和康拉德隆起西南坡的波状底形为例，解释了深水细粒底流型沉积物波的形态特征、分布特点和形成发育机理。深水沉积物波以细粒沉积物居多，除浊流型外，大多为底流型，按物质组成又可分为钙质和硅质两种，本文提供了这两类沉积物软泥组成的沉积物波案例。

大澳大利亚湾的钙质沉积物波由苔藓虫软泥组成，间冰期高海平面时期，海水淹没大澳大利亚湾的陆架，大量苔藓虫在此繁殖。冰期低海平面时期，海水退至陆架坡折以下，苔藓虫生物群也向陆坡移动。在高密度出流的作用下，大澳大利亚湾陆坡上部的不规则起伏的海底面上开始发育沉积物波，这一过程中苔藓虫和其他海洋沉积物提供了物源，从而形成钙质底流型细粒沉积物波。

康拉德隆起西南坡的硅质沉积物波由硅藻软泥组成，在绕南极流锋面以南硅藻生产力高，在底流作用下自更新世至今形成并发育沉积物波。

细粒底流型沉积物波的向陆侧翼沉积率往往大于向海侧翼，导致沉积物波披覆形成后爬不同相爬升层理，显示沉积物波向上游坡迁移。

第十六章 西班牙瓦伦西亚湾的底流型内波控细粒沉积物波

瓦伦西亚湾（Valencia）位于地中海西北部西班牙西岸，EW 经线 0° 和 40°N 纬线在此通过。该湾从南端的巴塔海岬山地丘陵区至北端的巴塞罗那市南的萨鲁岬，岸线 SN 长约 400 km，巴伦西亚市位居中部。海湾向 E 开敞，过 200 km 宽的巴伦西亚海槽与巴利阿里群岛相望。

海湾陆架较窄，仅 7 ~ 60 km，外缘水深 100 ~ 140 m，平均坡度小于 1°。埃布罗河是入湾最大的河流，沉积物主要在水深 6 ~ 20 m 一带，前三角洲细粒物沉积范围可达 60 ~ 80 m 水深处。陆架外缘较陡，陆坡上、中部大约 250 ~ 850 m 水深区域发育大片大尺度的细粒底流型沉积物波，中新世—第四纪地层中显示该沉积物波的形态、动态和演化过程，许多学者（Catuneanll et al，2009；Van Haren et al，2013；Ribó et al，2013；Ribó et al，2015；Ribó et al，2016b）观测和研究过本海湾沉积物波的形态特征和分布，本章将结合该区大陆边缘的地质历史和动力环境变化，探讨内波控沉积物波的沉积特征、形成和演化机理。

16.1 区域环境

瓦伦西亚湾是中新世早 - 中期地中海扩张时期形成的盆地边缘，受一系列 NE—SW 向深海地堑地垒系统控制，北向的张性断裂几乎与海岸线平行，湾中南部长期处于地堑下陷区。墨西拿盐度危机时期（MSC）约 5.96 ~ 5.33 Ma BP（Maillard and Mauffet，1999；Krijgsman et al，1999）。地中海海平面剧烈下降，形成区域角度不整合界面（Lofi et al，2003；Garcia et al，2011）。地中海大陆边缘普遍受侵蚀形成大型水下峡谷系统，包括瓦伦西亚湾中北部岸外残留的沟谷系统（图 16.1A）。而该湾南部为速率 0.45 m/ka 的地堑构造下陷区（Garacia-Castellanos et al，2009）。MSO 不整合界面以上沉积了 U_4 ~ U_1 上新世—第四纪 100 多米厚的地层，并发育沉积物波（图 16.1B）。

第四纪末次盛冰期海面降低 110m，冰后期全新世海平面上升至今，使低海面时的近岸沙被埋于陆架沉积之下。目前瓦伦西亚湾陆架沉积主要受河流控制，近岸为砂质沉积，陆架中和外部主要为粉砂和泥质沉积（Rey et al，1999），粉砂约占 80% 以上。陆坡上部直至海底盆地均为粉砂质黏土细粒沉积。

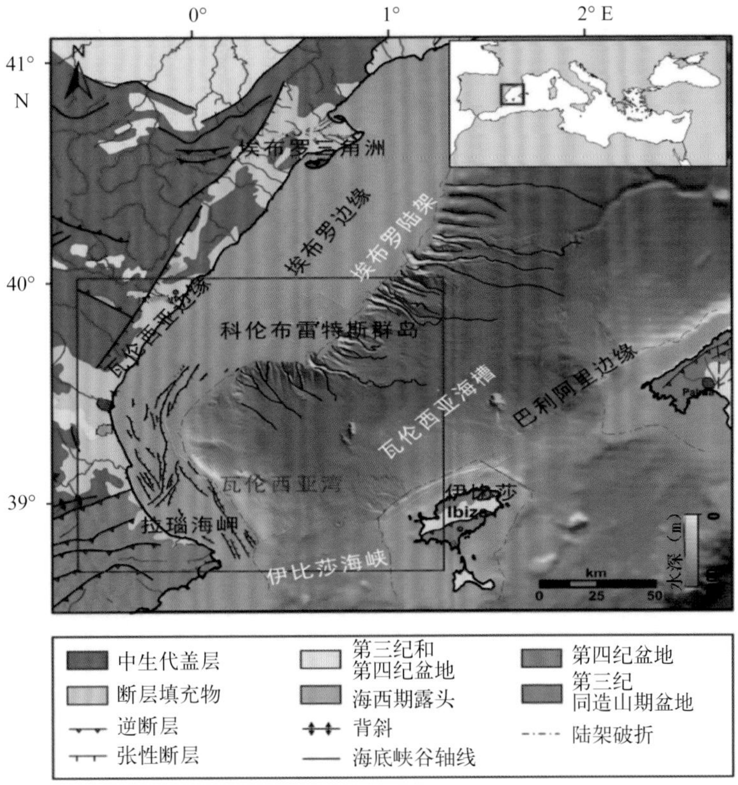

图16.1　A. 瓦伦西亚湾的地理位置、地质及构造略图。红色方框指示瓦伦西亚湾（据Ribó et al，2016b修改）

Fig.16.1　A. Outline of the geography, geology and structure of Valencia bay. The red box indicates the gulf of Valencia (Modified from Ribó et al, 2016b)

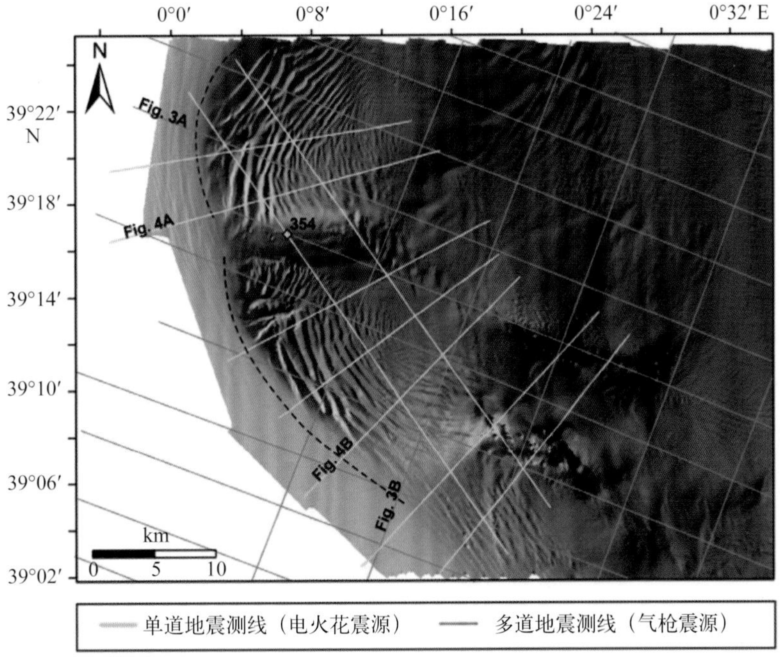

图16.1　B. 瓦伦西亚湾中部和南部的沉积物波及单道和多道地震测线，虚线划出沉积物波的向陆范围（据Ribó et al，2016a, b修改）

Fig.16.1　B. Single-channel and multi-channel seismic survey lines for sediments in the middle and south of the bay of Valencia, with dotted lines delineate landward ranges of sediment waves (Modified from Ribó et al, 2016ab)

瓦伦西亚湾距直布罗陀海峡较近，入地中海的大西洋低盐水（盐度约 36）水团（0 ~ 200 m，向东流）与出地中海的高盐（盐度约 38）水团（水深 200 ~ 700 m 及以下向西流，Pinot et al，2002）形成密度界面导致等深流（密度梯度流）十分强烈和内波的频繁传播，平时等深流流速 10 cm/s 以上，在区域季风和科氏力的影响下，底流速最高达 34 cm/s，成向 SE 的洋流（环流）。受该湾南端拉瑙海岬的作用，陆架变窄，洋流产生不稳定循环，形成中尺度涡流（Millot，1999），泥沙向 SE 运移（Van Haren et al，2013；Ribó et al，2015）塑造砂质底形；在内波作用下，维持着瓦伦西亚湾陆坡 250 ~ 850 m 水深一带大量底流型内波控深水沉积物波的发育（Ribó et al，2016b）。

16.2 沉积物波的形态特征和分布

瓦伦西亚湾北部岸外沟谷较多，海底起伏较大，很少发育沉积物波。而海湾中、南部处于地堑带，海底较为平坦，沉积物波十分发育，现代海底沉积物波总面积约 450 ~ 490 km^2，按其发育状况大致分北、中、南 3 区（图 16.1B）。其中，中区沉积物波尺度大，分布广。2011 年以来，多道地震、多波束测深和深水钻探资料显示，本湾海底大尺度的沉积物波主要分布于大陆坡上部和中部，水深 250 ~ 600 m，波长 500 ~ 1000 m，最大波长（800 ~ 1800 m）出现在上部和中部陆坡，水深 200 ~ 600 m，波长 800 ~ 1800 m。波高 2 ~ 50 m，最大波高 50.5 m，出现在陆坡上部，而陆坡下部波长 400 ~ 800 m 波高只有 2 ~ 4 m，直到水深大于 850 m，波高消失；250 m 水深以浅直到陆架外缘（100 ~ 140 m）沉积物波的尺度也很低，那里的内波一般达不到如此浅的深度。

沉积物波的波指数（H/L）反映波的陡峭程度，波指数与工程稳定性有关，Ribó 等（2016a）统计了瓦伦西亚湾北区的波指数介于 0.01 ~ 0.03 之间，最大值 0.04 位于 500 ~ 600 m 水深处，那里的沉积物波尺度较大。随水深的增加，H/L 因 H 降低而减小。陆坡中、上部的 16 条沉积物波波峰多平行等深线，延伸较远，局部见分叉。按统计，陆坡上、中部沉积物波的平均长度约 13.75 km，最长者 20 km，最短者 5.8 km（图 16.1B），是底流型细粒沉积物波之最。沉积物波的波峰宽阔波谷狭窄，波峰多数为浑圆个别为尖峰（Flood，1980），沉积物波断面显示两坡弱不对称，本湾中区地震剖面（图 16.2B）宏观显示陆坡的中、上部的沉积物波均显两坡不对称（图 16.2A，B），向陆侧翼短于向海侧翼，有总体向陆迁移的趋势。Ribó 等（2016a）计算了北区各沉积物波的不对称系数 [$AI=(L_1-L_2)/L$]，L_1 和 L_2 分别为向陆和向海侧翼长度）。AI 均为负值，说明普遍弱不对称，但陆坡各部位的不对称程度不同，陆坡上部和下部沉积物波的 AI 小于 −0.8，不对称程度较弱的陆坡中部（水深 450 ~ 600 m）的 AI 约为 −0.3。按海底沉积物波 ^{210}Pb 测量知波峰顶沉积速率（SMR）高达 13 mm/a；向陆侧翼为 9 mm/a，向海侧翼为 7 mm/a（Ribó et al，2016a）。证明沉积物波的两翼不对称性和细粒沉积物波因内波控向陆加积而形成的向陆侧翼厚于向海侧翼，应是内波水跃后，悬浮起的细粒物质再向陆侧翼沉积率高，向海侧翼沉积率低的过程所致，导致波的向陆迁移。

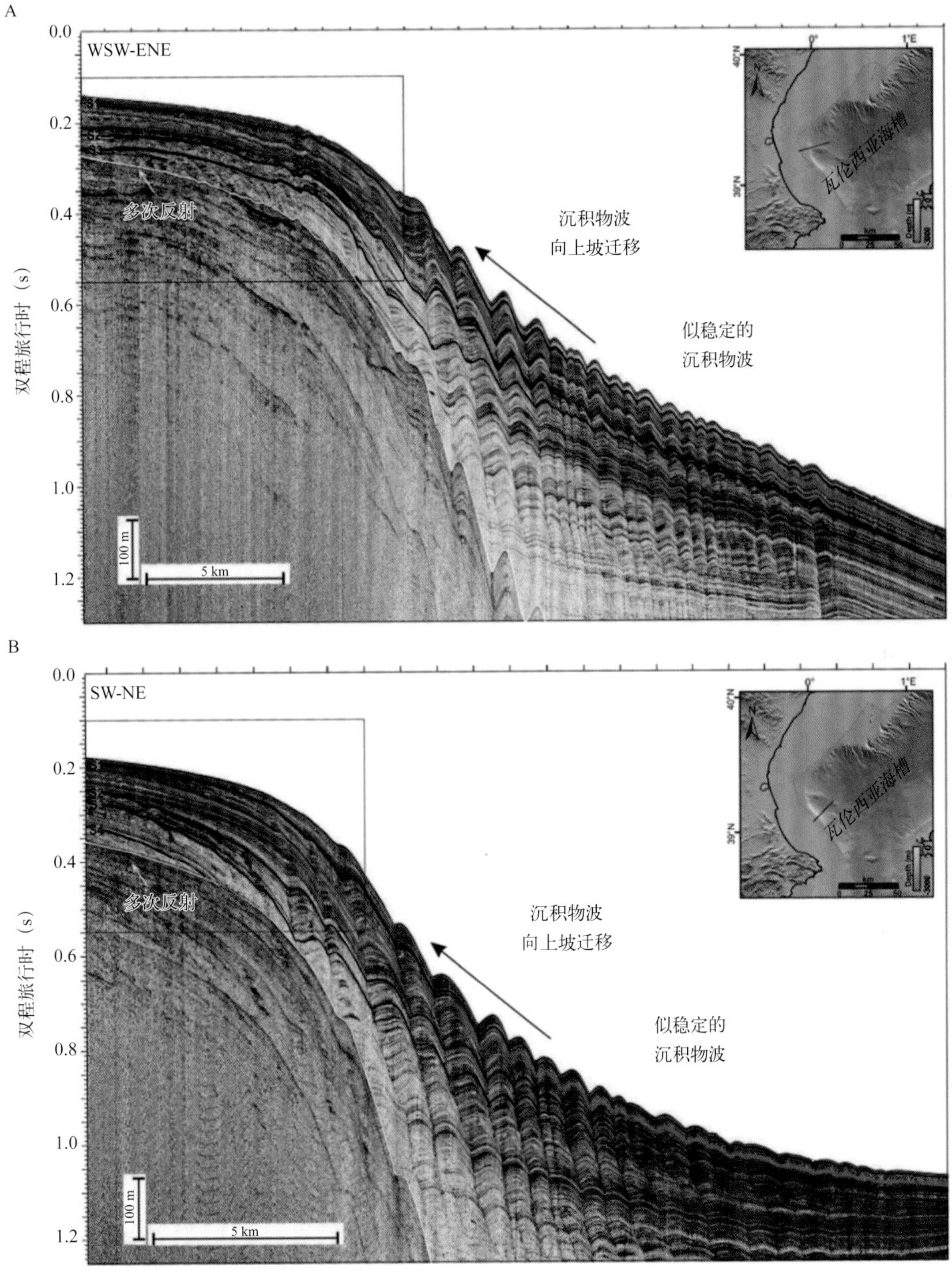

图16.2　A、B. 经过图16.1B沉积物波区域单道地震测线，分别为外陆架和陆坡的沉积物波。蓝色实线为侵蚀面，绿色实线划分出不同的沉积单元，白线为海底二次反射（Ribó，2016b）

Fig.16.2　A and B Through the single seismic survey line in the sediment wave area in Fig.16.1B, they are respectively the sediment waves of the outer continental shelf and continental slope. The solid blue line is the erosion surface, the solid green line is divided into different sedimentary units, and the white line is the sea floor secondary reflection (Ribó, 2016b)

16.3 波的形成和发育

深水底流属于牵引流，底流型沉积物波的形成和发育取决于海底坡度、动力以及物源的变化，其动力可以是较缓的等深流，也可以是较强烈的内波等。本区海底坡度与内波的相互作用是产生上、中陆坡大尺度沉积物波发育的主要动力机制。陆架外缘小而少的沉积物波与第四纪海平面大幅度的升降不产生内波有关。

西班牙瓦伦西亚湾位于直布罗陀海峡以西的地中海西北部，是大西洋的低盐（盐度为 36）水团和地中海的高盐（盐度为 38）水团的交接地带。两水团的交接界面上水体的扩散和交切运动产生等深流，即密度流。平时等深流的流速有限，不过 10 ~ 20 cm/s，只能促使极细粒沉积物较缓慢的运动，但两水团界面剪切力产生振动为内波的发育提供有利条件。内波是影响海水生物生产力和沉积物运移的重要因素（Hosegood et al，2004；Van Haren and Gostiaux，2011；Lamb，2014）。现场观测显示内波水跃（Hydraulic jump）（波能辐聚并破碎的活动）引起深海海底沉积物再悬浮和搬运，在海底形成雾状层（Nepheloid），随后沉积一条沉积物条带，多次水跃，使沉积条带淤高成沉积物波（McPhee-Shaw and Kunze，2002；McPhee-Shaw et al，2004；Ribó et al，2013；Puig et al，2007；Urgeles et al，2011a；Dunlap et al，2013；Bøe et al，2015；Belde et al，2015）。内波的能量传播角（c，内波能量传播方向相对于水平方向的夹角）与海底倾斜角（r）的相互作用使内波能量受强摩擦，并水跃破碎。当 $\lambda/c > 1$ 时，为超临界状态；当 $\lambda/c < 1$ 时，为次临界状态，都难以发生水跃（图 16.3），在 $\lambda/c \approx 1$ 的海区，达到临界条件，内波容易破碎，即水跃状态。Zhang 等（2008）曾在实验室验证过这一过程，水跃时海底物质悬浮扬起（Dauxois et al，2004；Zhang et al，2008；Bourgault et al，2014；Lamb，2008，2014），再沉积成沉积物波，因此内波引起的底流型沉积物波的物源主要来自当地海底物质的再悬浮沉积物。

Ribó（2015）计算了本湾区中 1 000 m 水深以上剖面的坡度变化和内波能量传播角之间的关系，认为内波水跃最佳深度在中部陆坡 450 ~ 600 m 深处，而在此水深以上和以下均不合条件。说明一定海底坡度与一定的内波相适应，经常在本湾此深度上水跃就形成一个海底内波水跃带，就成为塑造大尺度的沉积物波带。瓦伦西亚湾中区沉积物波高达 50 m 以上，就是类似内波水跃带的产物，也是这种海区的沉积物波多平行等深线延伸较远的道理。本湾陆架外缘 140 ~ 250 m，受冰期间冰期海面升降的影响造成物源丰度变化，地层侵蚀和沉积相间，难以出现内波和其水跃，自然难以形成沉积物波，陆坡下部因坡度甚缓，使传播来的内波达不到水跃状态，自然塑造的沉积物波亦十分少和小。

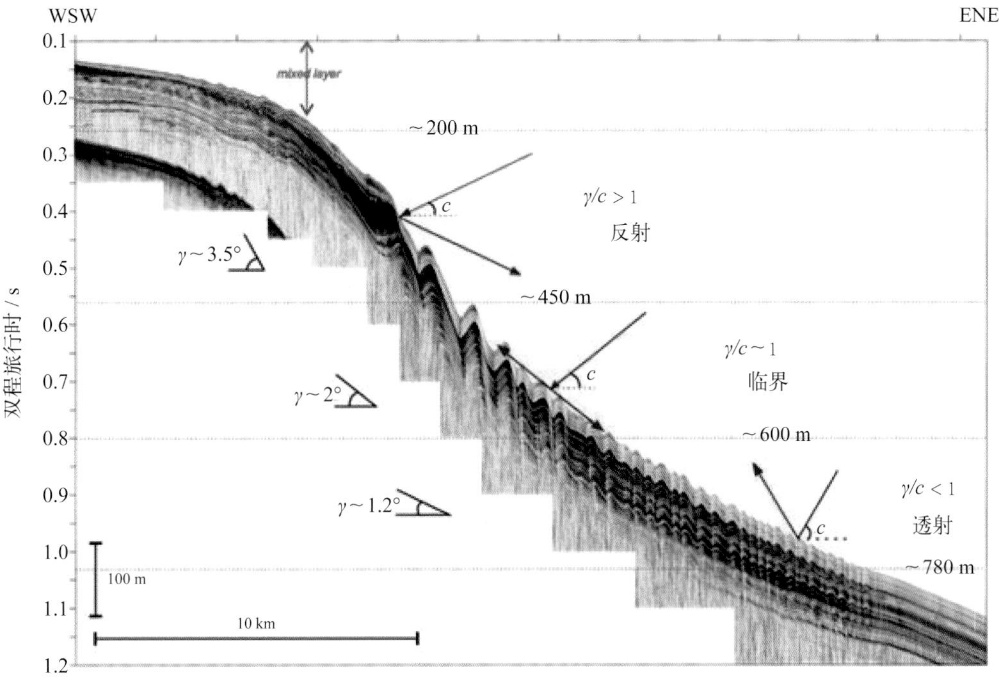

图16.3 内波传播角与海底坡度相关形成内波控沉积物波（Ribó，2015）

Fig.16.3 Internal wave propagation Angle is correlated with seabed slope to form internal-wave controlled sediment wave (Ribó, 2015)

16.4 波的演化

瓦伦西亚湾的深钻 444 号和 354 号分别位于 60 m 和 450 m（图 16.1B），岩心和地震剖面揭示 MSC 地中海盐度危机时（5.96 ~ 5.33 Ma BP）侵蚀不整合界面以上沉积了 100 ~ 180 m 厚的上新世 – 第四纪地层，按地震界面自上而下划分出 U_1、U_2、U_3 和 U_4 4 个单元（图 16.4A，B），该地层岩性均一，普遍由细粒沉积物组成，主要为富含贝壳碎屑的钙质软泥、细砂和微晶石灰 – 黏土质白云岩层。仅在中 – 上新世不整合界面附近见粉砂 – 硬石膏层。不整合界面以上的 U_4 ~ U_1 地层均见不同程度分布的沉积物波层理。陆架中外部的 U_1 层发育 S_3、S_2 和 S_1 3 个次级侵蚀面，至陆坡上部，该侵蚀面逐渐消失，3 个次级侵蚀面分隔 U_1 成 U_{1a}、$U_{1b\sim e}$、U_{1f} 和 U_{1g} 4 个次级单元层（图 16.5B），各次级单元层均发育沉积物波。U_{1a} 为顶面层，海湾北区厚约 10 ~ 30 m，沉积物波十分清晰，亦显两侧翼不对称层理，有向陆迁移的趋势（图 16.5B）。瓦伦西亚湾边缘的上新世 – 第四纪沉积物波没有直接资料，但海平面升降直接影响陆架的沉积层序（Lobo and Ridente，2014），其沉积层序结构取决于沉积物供应、构造以及海平面降升的振幅、周期和速度（Zecchin et al，2010）。Ribó 等（2013）认为 3 个次级侵蚀面和 4 个次级沉积单元分别为冰期和间冰期海面升降在陆架中外部的沉积影响。U_{1a} 应为冰后期全新世海面升高时的沉积，$U_{1b\sim e}$ 有可能是晚更新世末次冰期及其中几次海面变动的沉积，其他次级单元层也应为第四纪沉积，但其是冰期或间冰期沉积尚无考究。

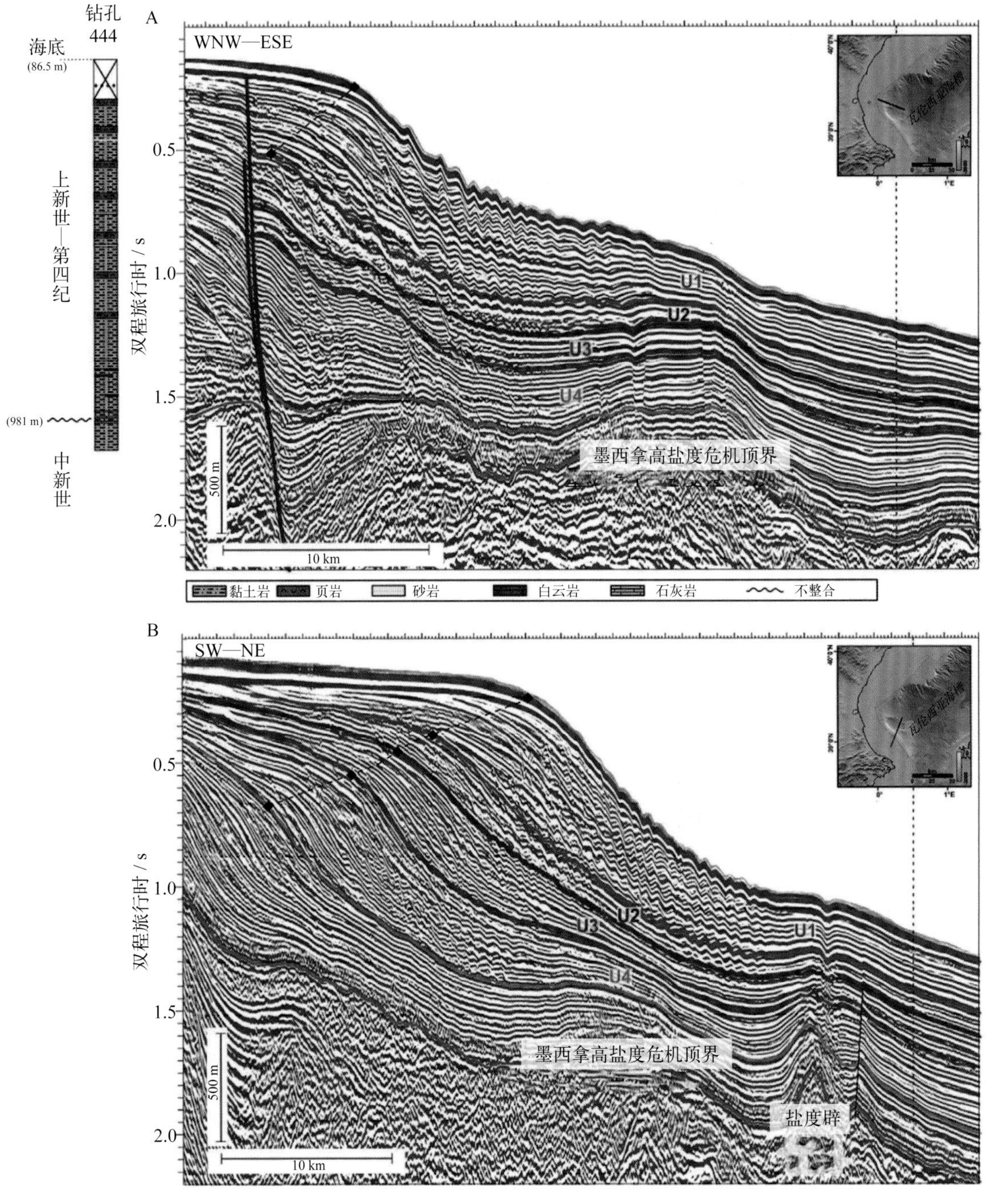

图16.4　A.经过图16.1B中北部（A）和中部（B）沉积物波的多道地震测线，自瓦伦西亚湾大陆架延伸至大陆坡。红线为巴伦西亚断层，向下延伸至基底和墨西拿侵蚀面顶界（绿线）。用彩色的线划分出沉积单元（U_1、U_2、U_3和U_4）。连续的黑色方块指示大陆坡折的移动轨迹。图16.4A中的地层柱状图根据瓦伦西亚湾钻孔444（位置见图16.1B）绘制（Ribó，2016b）

Fig.16.4　A. Multiple seismic lines from the Valencia bay continental shelf to the continental slope are obtained through the sediment waves in Fig.16.1b. The red line is the Valencia fault, extending down to the basement and the top boundary of the Messina erosion surface (green line). The sedimentary units (U_1, U_2, U_3, and U_4) are divided by colored lines. Continuous black squares indicate the movement of continental crevices. The stratigraphic histogram in Fig. 16.4A is drawn according to core 444 in the gulf of Valencia (see Fig. 16.1B) (Ribó, 2016b)

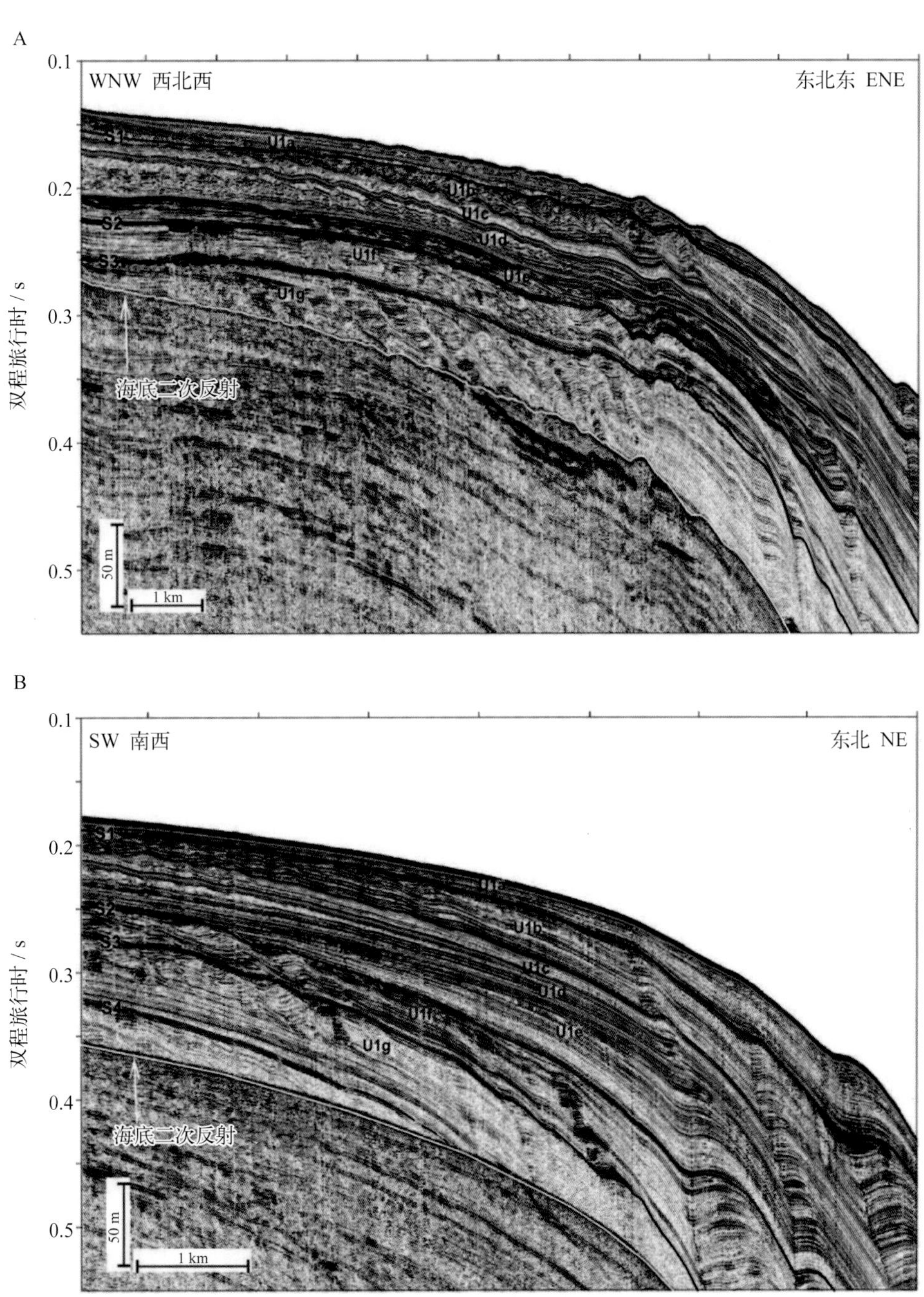

图16.5 瓦伦西亚湾外陆架（A）北部和B)中部沉积物波的细节图。单元U_1中的次级单元（$U_{1a\text{-}g}$）有所差异（用绿色实线划分）。被侵蚀面S_1-S_4（蓝色实线）截断的单元展示了沉积物波的发育阶段。白线为海底二次反射

Fig.16.4 B. Details of sediment waves in the northern (A) and central (B) portions of the Valencia bay outer shelf. A. The secondary units ($U_{1a\text{-}g}$) in cell U_1 differ (marked by solid green lines). The unit truncated by erosion surface S_1-S_4 (solid blue line) shows the developmental stage of sediment wave. The white line is the bottom secondary reflection

图 16.5A，B 是本区中部和北部地质剖面，进一步划分 U_1 单元成 U_{1a}、U_{1b}、U_{1f} 和 U_{1g} 等 4 个次一级单元，各层厚度不宜，反映环境的变化，其中 U_{1a} 最为上层，厚度甚大，年代最新。U_1 ~ U_4 各单元厚度也不一，均发育沉积物波，U_4 以下为 MSC 区域不整合界面，MSC 为距今 5.90 ~ 5.33 Ma，相当于上新世中期，Ribó（2016）根据各单元层含沉积物波的位置统计了瓦伦西亚湾南北、中、南区各单元的沉积物波范围和分布特征（图 16.6）。

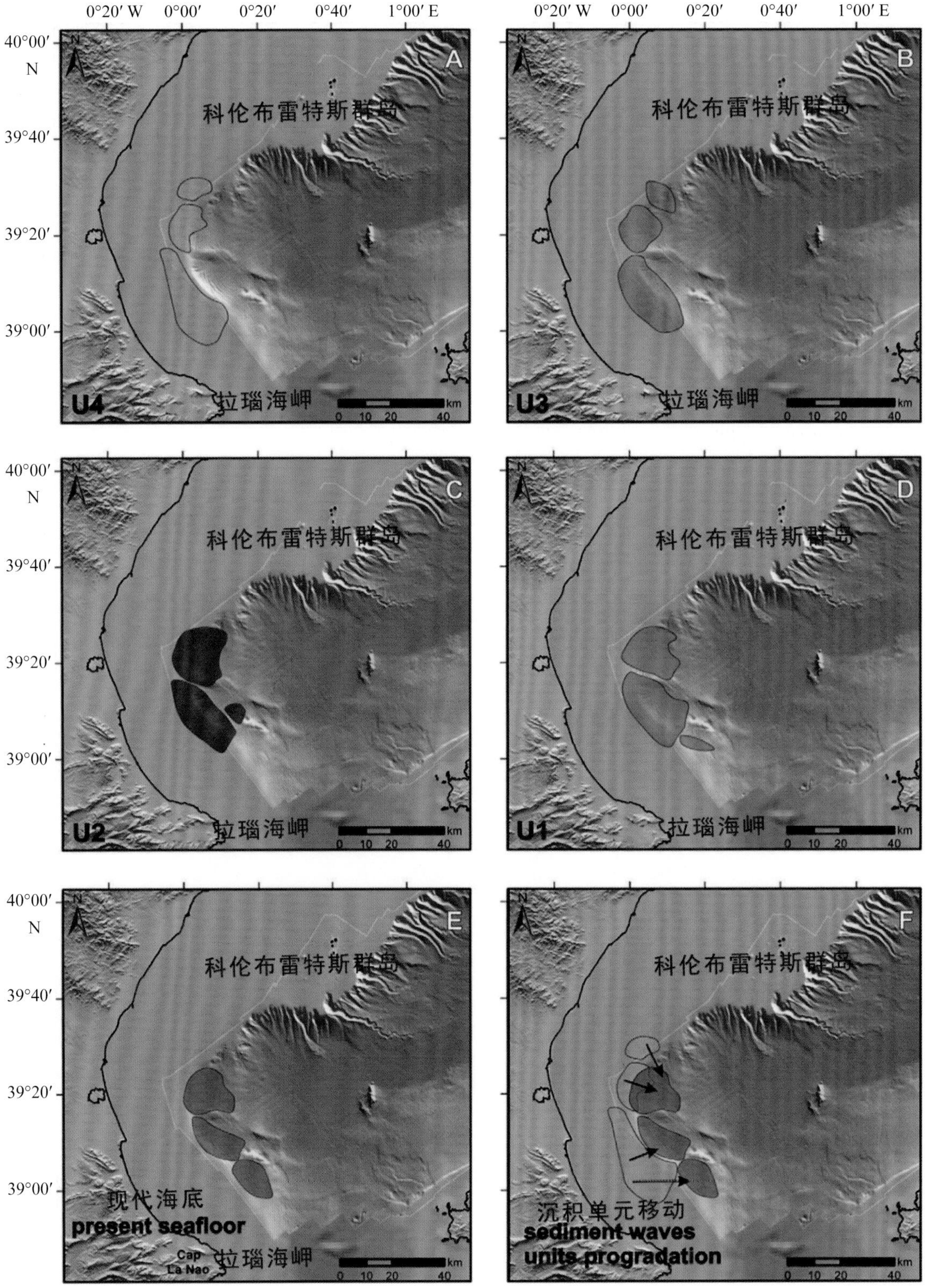

图16.6 利用经过多道地震测线的沉积记录解释沉积物波的演化。A.单元4；B.单元3；C.单元2；D.单元1；E.现代海底的沉积物波；F.从单元4（A）到现代位置（E）的沉积物波场的迁移

Fig.16.6 Interpretation of the evolution of sediment waves by means of sedimentary records passing through multiple seismic lines. A. unit 4; B. unit 3; C. unit 2; D. unit 1; E. modern seabed sediment wave; F. migration of sediment wave field from unit 4 (A) to modern location (E)

U_4底部，沉积物波起源层位，分布面积从北到南分别为85 km^2，160 km^{2}和450 km^2（图16.6A）等3块海域，总面积为695 km^2；U_3沉积物波层面积依次为95 km^2，160 km^{2}和400 km^2（图16.6B），总面积约655 km^2；U_2底层沉积物波区将U_4和U_3的北部两片合而为一，南部一小片为50 km^2（图16.6C），总共U_2只有400 km^2；单元U_1的底层，又恢复3片沉积物波海域，自北向南分别为300 km^2，430 km^{2}和50 km^2（图16.6D），总面积达780 km^2；U_1的顶层现代海底层也发育3片沉积物波海域，自北向南为250 km^2，190 km^2，60 km^2，总面积约为500 km^2（图16.6E）。通过各单元沉积物波分布范围的变化说明瓦伦西亚湾大陆边缘在MSC之后，即大西洋与地中海相连通以来，上新世—第四纪的沉积加积区连续发育沉积物波，各时期沉积物波均发育在某一定范围，应说明该范围海底坡度基本不变，内波水跃带也能稳定在这一范围内。这一范围内也看出波发育区平面上变化（图16.6F）。虽然沉积物波两翼弱不对称显示向陆迁移到趋势，但沉积物波的发育与否主要受制于地质构造的升降。构造引起的陆坡坡度变化和沉积加积区的变化导致沉积物波范围的变化（图16.6F）。

第十七章　美国加利福尼亚州蒙特利湾浊流型沉积物波

蒙特利湾位于美国加利福尼亚州中部岸外，主要物源包括蒙特利河等入湾河流及峡谷壁的滑塌。在陆坡底部约 2900 m 水深处发育了大面积的蒙特利浊流扇。峡谷底和扇上分布有不同形态和尺度的浊流型沉积物波，20 世纪 80 年代以来已对其做过多次勘测和钻探。

蒙特利浊流系统既发育有峡谷流道滩地型沉积物波，又发育有扇上溢堤型沉积物波，且两类沉积物波在时空演化上具有密切联系。20 世纪 80 年代至今，一直被许多学者尊为浊流沉积物波的典型（Normark，1980；Greene and Hicks，1990；McGan，1990；McHugh，2000；Greene et al，2002；Paull et al，2005；Xu et al，2004；Smith，2005；Cartigny and Postma et al，2011）。本章着重分析了扇上沉积物波和峡谷滩地沉积物波的形态特征，动力机理和演化规律。

17.1　环境简介

蒙特利湾位于美国加利福尼亚州中部洛杉矶岸外，它是一个向太平洋开敞的浅水海湾，外缘水深约 60 ~ 120 m，120 ~ 250 m 水深为较陡的上部大陆坡。主要分布垂岸的三条峡谷，自北向南为先锋（Pioneer），阿松森（Ascension）和蒙特利（Monterey）峡谷，它们分别与陆上相应河流连接，并在其下游约 2900 m 水深处发育了 3 片浊流扇（图 17.1）：先锋扇独立于北部，阿松森扇最小，与蒙特利扇汇合于北部低洼处，蒙特利扇最大，约 95 600 km^2（Normark，2002；Pall，2005）。

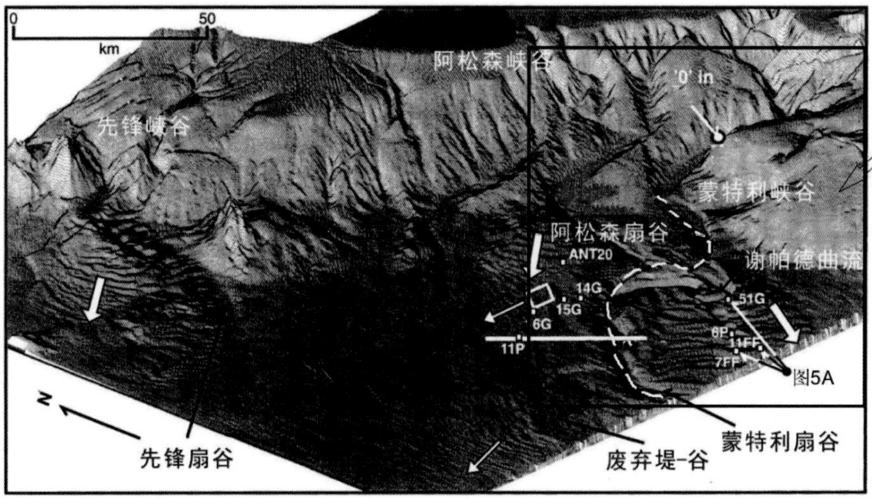

图17.1　蒙特利湾、浊流扇和流道平面图（修改自Normark等，2002）

Fig.17.1　Plan of Monterey bay, turbid current fan and flow channel (Modified from Normark et al, 2002)

蒙特利湾陆架水深较浅，向西开敞，在地质构造上位于北美板块和太平洋板块的接合带上，顺岸断层较多，垂直构造运动形成陆缘带若干坡折和垂直海岸的水下沟谷，蒙特利峡谷即其中之一（图 17.2）。该峡谷共分 3 段：峡谷头段始于蒙特利湾外缘，水深 20 ~ 250 m（图 17.3），谷底相对宽阔，滩地上发育大片峡谷型沉积物波；中段为 250 ~ 2900 m 的 V 形侵蚀谷段；2900 m 后为峡谷下段，即浊流扇上的流道段。扇上分布有大面积的流道溢堤型沉积物波。浊流扇约在 4700 m 水深处并入深海平原。

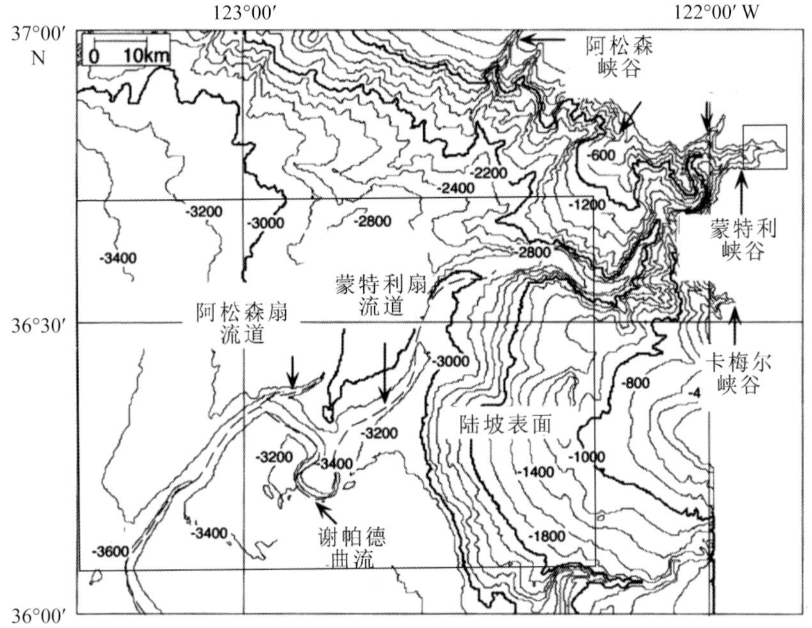

图17.2 蒙特利峡谷–扇系统的水深图（据Mchugh et al，2000）

Fig.17.2 Bathymetric map of Monterey canyon-fan system (Reference to Mchugh et al, 2000)

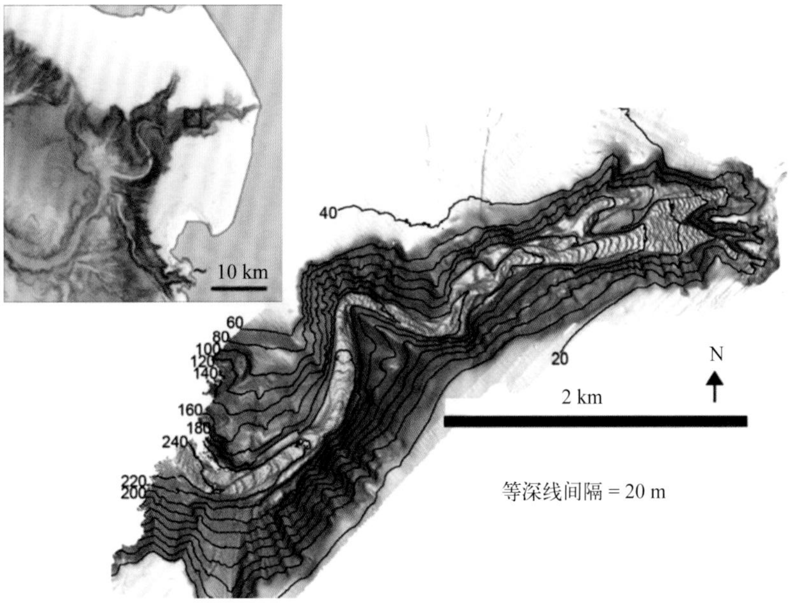

图17.3 蒙特利峡谷头部水深图（Smith et al，2005）

Fig.17.3 Depth map of Monterey canyon head (Smith et al, 2005)

峡谷内水体受不正规半日潮所控制，形成的往复潮流足以输移细砂以下的细粒沉积物出峡谷（Smith，2005），大量粗砂小砾石等粗粒碎屑沉积于谷底滩地。

峡谷主要的物源包括蒙特利河等入湾河流及峡谷壁和谷底的滑塌，蒙特利河 4 条支流在莫斯兰丁港附近汇入峡谷，年均输沙量约 $3\times10^5 m^3$（Smith，2005）。遇到洪水加风暴潮，峡谷上部浊流流速可达 190 cm/s（Xu et al，2004）。如此高的流速导致悬浮浓度俱增，加之谷底沉积物的滑坡，导致峡谷流道中浊流的泛滥和浊流扇上流道的漫溢，诱发两种沉积物波的发育。

17.2 沉积物波的形态特征和分布

按照沉积物波的分布位置和特征，可将该浊流型沉积物波分成两种类型：①浊流扇上的沉积物波通常为流道溢堤型沉积物波（Open sediment wave）；②峡谷内的沉积物波，又称峡谷滩地型沉积物波（Valley sediment wave）。以下分别介绍浊流扇上和峡谷内沉积物波的沉积特征。

17.2.1 浊流扇上的沉积物波

大约在 2 900 m 水深附近，海底由陡变缓，蒙特利峡谷浊流摆脱峡谷的束缚，流道开始扩宽、分叉和弯曲，并形成扇体。蒙特利浊流扇上普遍分布大尺度的沉积物波，按成因，均属于流道溢堤型沉积物波。波脊线呈直线形或弯曲形延伸数十千米，通常互相平行，且垂直或斜交于直流道。急弯主流道的凹岸侧沉积物波平行流道延伸，如图 17.1 中的谢帕德曲流东侧的沉积物波。据 McHugh 等（2000）的测量数据，扇上笔直流道的右侧堤坝普遍高于左侧（高差约 40 ~ 190 m），这是由于科里奥利力对浊流的影响所致；弯曲流道的外侧堤坝普遍高于内侧堤坝约 80 ~ 150 m，这是由于在弯曲流道段，离心力对浊流的影响强于科里奥利力。弯曲流道外侧发育的溢堤沉积物波的尺度同样较大，波长达 3 km，波高 30 ~ 100 m（Normark，2002）。其他扇上的沉积物波波高数米至数十米，波长 1 ~ 2 km。自扇的上游向下游，沉积物波波高由大逐渐变小，至扇的外缘沉积物波逐渐消失（Lee et al，2002）。沉积物波的两侧翼不对称，迎流侧平缓，沉积层较厚，有时是背流侧厚度的 2 ~ 3 倍。

Normark 等（1980）根据地震剖面和重力取样岩心特征统计了蒙特利扇主流道西侧 20 km^2 扇面上若干个沉积物波（图 17.4），现根据图 17.4 得到该区域沉积物波的平均波长 2170 m，迎流侧翼长 1170 m，背流侧翼长 1090 m。扇上沉积物波粒度组成较细，均以粉砂质黏土为主，FF1 ~ FF6 浅层岩芯显示有些沉积物波的迎流侧翼和坡顶夹 1 ~ 2 cm 厚的细砂或粗粉砂夹层（图 17.5A），同时显示沉积物波的迎流侧翼厚于背流侧翼，这表明波向上游迁移（图 17.5B）。

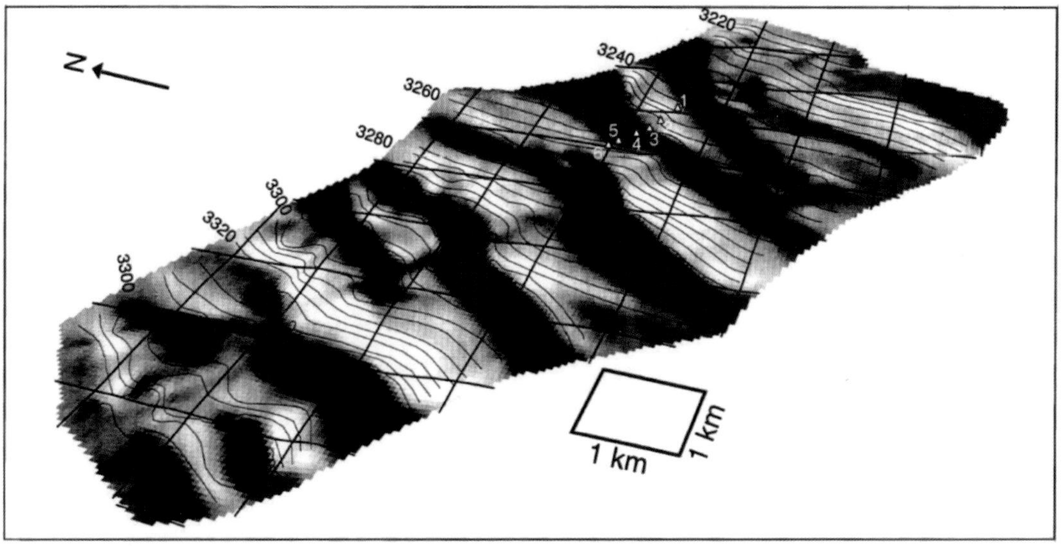

图17.4 主流道北侧一部分沉积物波的分布图，位置见图17.1（Normark et al，2002）
白点为钻孔，黑色为迎流侧翼，白色为背流侧翼

Fig.17.4 Distribution of some sediment waves on the northern side of the main channel, as shown in Fig.17.1 (Normark et al, 2002) Note: the white spot is the borehole, the black is the inflow flank, and the white is the backflow flank

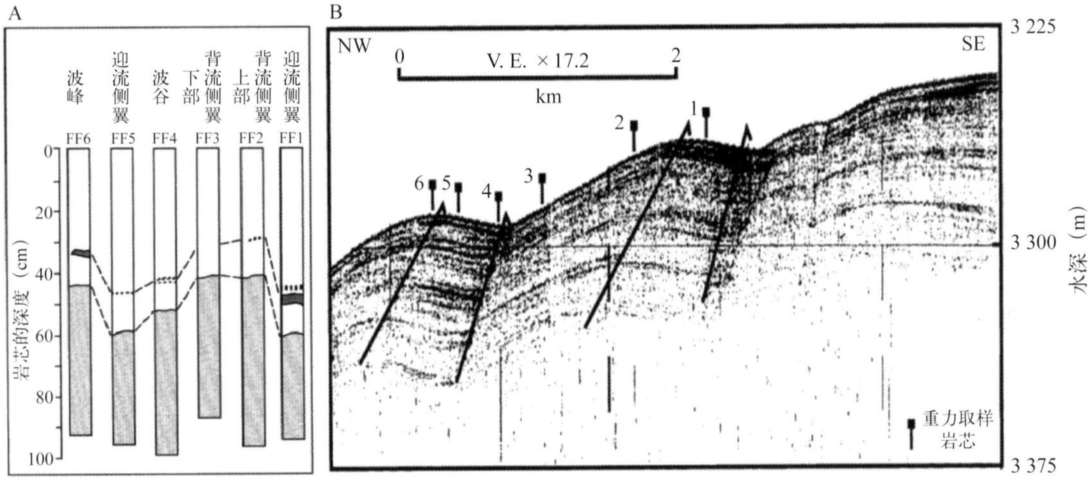

图17.5 A.重力钻孔FF1～FF6岩心图，显示波上游侧翼厚于背流侧翼；B.FF1～FF6钻孔所在的地震剖面图，显示波向上游迁移。钻孔位置见图17.4（Normark et al，2002）

Fig.17.5 A. Core diagram of gravity core FF1～FF6, showing that the upstream flank of wave is thicker than the backflow flank; B.FF1 -FF6 seismic profile showing wave migration upstream. Borehole locations are shown in Fig.17.4 (Normark et al, 2002)

17.2.2 峡谷内的沉积物波

蒙特利峡谷是该浊流的主流道，谷肩宽约 1000 ～ 2000 m，最大谷深 190 m，谷底坡度 1.5° ～ 7°。谷底宽窄不一，窄处仅 30 m，宽处 300 ～ 500 m，谷底流道两侧滩地上分布大面积的沉积物波。峡谷浊流沉积物波在成因上与扇上波类似，但形态上更具有一定特色，一般其尺度较小，波峰脊呈弓形、波状或新月形。为次，Smith D P 和 Ruiz G 等于 2002—

2003 年对峡谷上部 4 km 的沉积物波做了多次定位观测，认为峡谷沉积物波高 2 ~ 5 m，波长 36 ~ 46 m，随着底坡坡度的增大而减小，峰脊垂直流道呈波状延伸约 100 ~ 350 m（图 17.5A，B）。波两翼不对称，迎流侧翼较缓，背流侧较陡，在形式上类似于水流沙波的顺流向下游迁移的趋势，实际却相反。据 Smith 等（2005）提供的 2002—2003 年的定位测量，在 24 h 内沉积物波的波峰位置没有变化，而 6 个月内，原剖面上的沉积物波显著增大，2002 年 9 月，平均波长 36 m，波高 2 m，2003 年 3 月，平均波长 46 m，平均波高 4 ~ 5 m。波峰的位置显示 32 d 内向上游迁移距离为 0 至 5 ~ 8 m，最大迁移距离为 22 m（图 17.6C），虽然 Xu 等（2008）认为是沉积物波的叠置，但其结果仍是向上游迁移，这说明浊流通过向上游侧翼的“优先沉积”（Oiwane et al, 2014），使向上游侧翼的沉积厚度大于向下游侧翼的沉积厚度，与水流逆行沙波向上游迁移在形式上相同但沉积机理却不同。

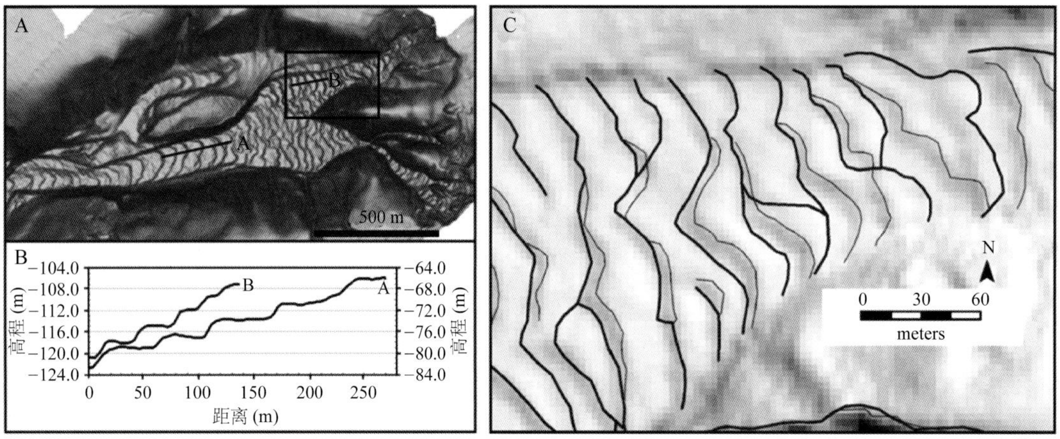

图17.6　峡谷上游4 km的沉积物波。A. 位置图；B. 定位观测区沉积物波剖面；C. 32 d内波峰脊线向上游迁移（Cartigny et al，2011）

Fig.17.6　Sediment wave 4 km upstream of the canyon. A. Location map, B. Sediment wave profile in the observation area, and C. 32 d crest ridge line migration upstream (Cartigny et al, 2011)

17.3　成因机理解释

17.3.1　沉积物波的形成和发育

蒙特利浊流扇上和峡谷中均分布大面积的沉积物波底形，其主要特征之一是向上游迁移（图 17.4 ~ 图 17.6），对于为什么沉积物波不随流而向下游迁移，曾有不同的解释。Wynn 等（2002）曾提供一种水流沙波系列的逆行沙波观点。诚然，在形态上浊流沉积物波与水流中的逆行沙波类似，但其成因却大不相同。因为逆行沙波是牵引流（钱宁，万兆惠，2003）发育的底形。当流速过大，弗劳德数（*Fr*）超过 1.3 时，沙波顶泥沙顺高流速直接落到前一沙波的迎流侧上，导致沙波向上游迁移（Allen，1982）。浊流沉积物波是重力流系列波，该流本身含有大量悬浮物质。浊流在地震、洪水、风暴和滑坡等的作用下间断性下泄（Rebesco et al，2014），下泄时浊流发生漫溢，从而快速沉积到流道以外，形成一条粗粒沉积脊，即初始沉积物波（Symons et al，2016）。当遇到平缓底坡时，如初始波的迎流侧翼，浊流流速降低，流内的悬浮物质立即沉降，许多物质首先落于初始波的迎流侧翼上。又因迎流侧翼先于背流侧翼沉积（按斯托克斯定律，悬浮物质沉降速率随时间由大变小），同一次浊流过程其迎流侧翼获得的沉积必大于背流侧翼。即上述深海细粒沉积物的“优先沉积效应”，这也是浊流沉积物波溢堤假说的核心含义。

地质时期里，浊流多次下泄，多次向初始沉积物波的两翼加积，上游侧翼总厚于背流侧翼，导致波的向上游迁移。虽然蒙特利浊流扇上和峡谷底滩地上的沉积物波在形态和组成物质上均有差别，但在成因上均出一说。

17.3.2 沉积物波的时空演化

大部分海底峡谷是深切陆架和上部陆坡的侵蚀型物质通道，陆缘物质通过峡谷输运到谷口以外的海底扇上，浊流是物质流，当物质丰富和浊流强烈（流速高、流量大）时，就冲切挖掘谷底，快速将悬移物质输送至谷口以外的扇上，导致扇体扩张，其上的沉积物波也随之增大和伸展。若陆缘物质欠缺，或浊流悬浮浓度不高，大量物质就沉积于谷底，在谷底也发育谷内沉积物波，而扇区则不能加积，扇上的沉积物波也难以发育。Jobe 等（2011）和 Lonergan 等（2013）将前者称为谷外扇和扇上沉积物波，称后者为谷内沉积物波。两种波的沉积过程互有牵连，但显示时空差异。蒙特利浊流系统既有谷内沉积物波，又发育扇上沉积物波。两种波形态相同，发育阶段却具有差异。

根据谢帕德曲流（位于图 17.1 蒙特利浊流扇上的主流道东侧）流道两侧的振动活塞钻孔的（ANT20，14G，15G，16G 和 11P 等）分析（图 17.6），全新统与更新统的色变（下层为黄色，向上变为灰色）不整合界面 ^{14}C 年龄为 12.4 ka BP，下同，该界面以上的 4 ~ 5 m 厚的地层均具清晰的沉积物波层，由近水平的粗、细粉砂质黏土层组成，夹粗、细砂薄层，按粒度和砂夹层分析，不整合界面向上，砂夹层自下而上由多变少，黏土层不断增多，特别是各岩芯（图 17.7）上部的 30 ~ 50 cm 地层均为黏土层，无任何砂的夹层，说明在不整合界面以上，扇的沉积作用和沉积率不断降低，现代浊流下泄物质基本只沉积于谷底滩地，而扇上沉积只限于极细粒的悬浮黏土颗粒（图 17.7），且沉积率极低，而峡谷内的现代浊流沉积物却含砂质甚至砾质。说明蒙特利扇目前已处于衰退阶段，其上的沉积物波虽然比峡谷沉积物波具有更大的尺度，却已成为残留沉积物波（付建军等，2018）。

峡谷是一个非常活跃的沉积物输运和沉积通道，蒙特利峡谷上段为“U”形谷，第四纪以来记录了冲刷切割、堆积充填和沉积—侵蚀的演过程化，现代谷底上分布有几乎半胶结的台地（由砂砾黏土组成）和流道两侧略高于流道的滩地沉积物波。台地系统说明峡谷过去曾经历了高位沉积期和强烈冲切侵蚀期。按浊流沉积规律，高浓度和高流速的下泄浊流既能留下高位沉积物，又能靠物质流冲切挖掘谷底，这时应该是峡谷高输运时期。现代，仍有浊流下泄，而且按定位观测，下泄浊流流速高达 190 cm/s，谷底主流道仍发生漫溢并发育峡谷滩地型沉积物波，该沉积物波以粗粒为主，说明只有极细粒的黏土方可顺流输运到扇上沉积。显然现代浊流携带的物质浓度和流速，应当小于峡谷下切时期。Smith 等（2005）认为，现代峡谷处于沉积 - 侵蚀时期，大约经历了几千年。笔者认为应当为全新世中 - 末晚期。

按地层不整合界面为 12.6 ka BP，蒙特利浊流扇和扇上沉积物波主要的堆积发育时期应是晚更新世到早全新世时期，这时正值盛冰期—冰消期，亦即海平面降低 130 m 左右的时期，当然至冰消期海平面有一定的抬升。在低海面时期，陆源物质多堆积于现陆架外缘或陆坡上部，为高浓度、高流速浊流的形成提供有利条件，应当是蒙特利扇峡谷台冲切沉积期和扇体（包括沉积物波）活跃发育期。中—晚更新世是冰后期海平面上升时期，大量陆源物质沉积于近岸和陆架上，偶尔下泄的浊流物质必然小于低海面时期，则这时是峡谷滩地内沉积物波形成发育和扇体衰退沉积时期，只有极细粒的黏土颗粒沉积于扇上。

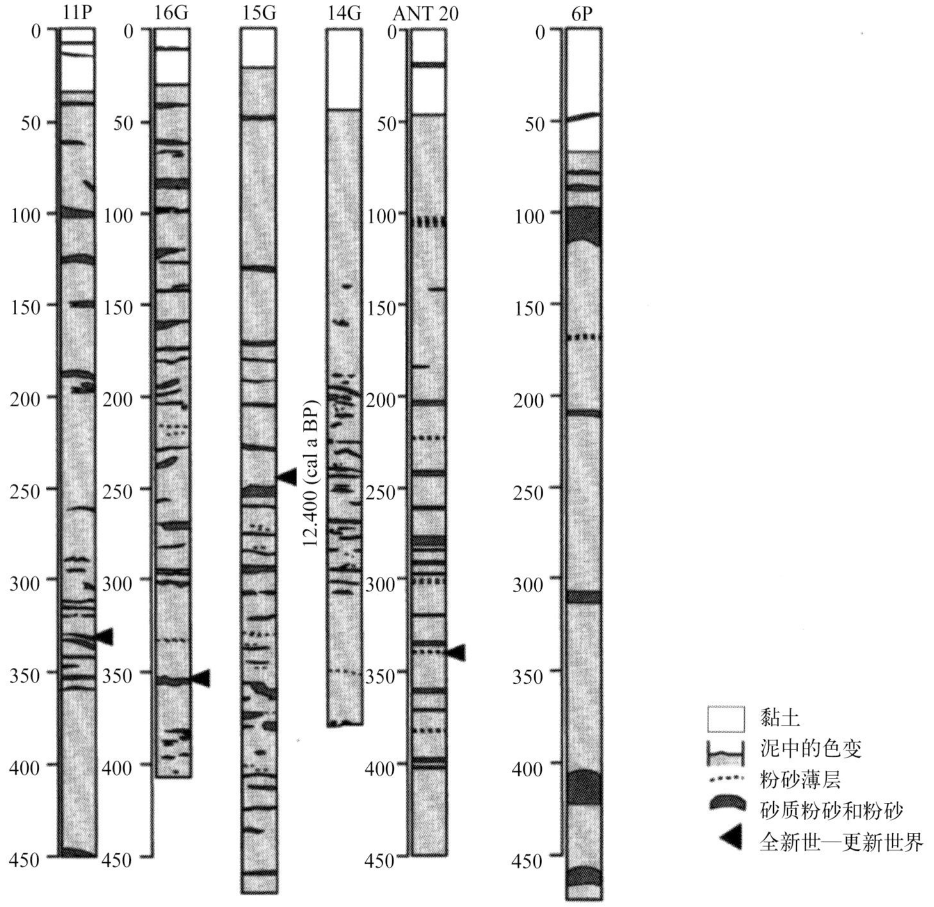

图17.7 蒙特利扇上的活塞钻探岩芯的粒度及砂夹层状况(Normark,2002)

Fig.17.7 Core size and sand sandwich status of piston drilling on Monterey fan (Normark,2002)

17.4 结论

蒙特利浊流扇及沉积物波系统包括 60 ~ 250 m 的宽阔“U”形谷段，250 ~ 2900 m 水深的侵蚀“V”形谷段及 2900 ~ 4700 m 的浊流扇上流道段。在峡谷谷底滩地和扇面上均发育大面积的沉积物波底形。

扇上沉积物波尺度较大，波高 10 ~ 100 m，波长 50 ~ 2000 m，波峰垂直或斜交于直流道延伸，波两翼不对称，迎流侧翼长、平缓且更厚，背流侧翼短、较陡且更薄，地质时期显示向上游迁移，波高随扇向外缘逐渐减小，直至消失。由夹细砂薄层的粗、细粉砂质黏土组成，上部覆盖有 30 ~ 50 cm 厚的黏土泥层，该扇应为冰期低海面时期发育的残留扇体（和沉积物波），现代已进入沉积衰退时期。

峡谷底滩地型沉积物波的尺度小于扇上沉积物，由粗砂、小砾石和砂质粉砂组成，波脊呈波状、弓形或新月形延伸，一个 32 d 的沉积物波定位观测显示波峰向上游迁移 0 ~ 8 m，形成于中—晚全新世高海平面时期。

根据地层对比和定位观测资料分析，扇上沉积物波形成和发育于晚更新世—早全新世低海面时期，峡谷滩地型沉积物波形成发育于中—晚全新世海侵时期。现代浊流下泄沉积物主要沉积于峡谷底流道滩地上，只有极细粒黏土质悬浮物可披覆于扇面及扇上沉积物波上。则扇上沉积物波的形成发育时期应早于谷内沉积物波。

第十八章　比斯开湾浊流型沉积物波

比斯开湾是大西洋东侧较大而深的边缘海，面积约 $19.4 \times 10^4 km^2$。该湾的东、中部的兰德斯深水高地和南部的峡谷地区均沉积多片浊流型深水沉积物波。Kenyon 等（1978）和 Stride 等（1969）最早研究比斯开湾和深水沉积物波，Faugeres 等（1999）；Migeon 等（2000）和 Wynn 等（2001）研究了浊流沉积物波的形态和动态，Faugeres（2002）结合动力系统分析了兰德斯沉积物波的发育模式和动态机理。上世纪末以来，作过多次调查和钻探，不仅解释了海底浊流型沉积物波的形态特征和动态演变，还通过大量的 ^{14}C 和 ^{210}Pb 等年代测试资料提供了现代浊流活动规律，展示了陆坡深水区浊流沉积的地层层序，许多研究者均以该湾浊流研究为借鉴，推进了浊流沉积物波的研究工作。

18.1　区域简介

比斯开湾位于欧洲西南端，伊比利亚半岛和法国的布列塔尼半岛之间，是大西洋的深水海湾，面积约 $19.4 \times 10^4 km^2$，最大水深 5 720 m。湾口向西的大西洋开敞。海湾北侧为凯尔特－阿尔芒（Celtie–Armorian）边缘，被许多短（50 ~ 200 km）而微弯的峡谷所切割，沉积物包含大量冰碛和冰水的粗粒成分（Toucame et al，2008；Bourillet et al，2006），陆架宽约 150 km，并逐渐过渡到陆坡。

海湾南部陆架较窄，陆坡和海盆逼近海岸，柯布里（cap–ferret）宽谷自北向南延伸宽约 60 km，与深而窄东西延伸的卡布雷顿（capbreton）侵蚀峡谷相汇（Cholet，1968）。

卡布雷顿峡谷是世界上最深峡谷之一，它在距谷头 133 km 处水深达到 3 000 m（Berthois and Brenot，1962），谷头距海岸约 250 m 处水深竟达 30 m，顺西班牙北部海岸冲蚀大陆架前段，300 km 向北弯曲与桑坦德（santander）峡谷合并（Brocheray et al，2014）（图 18.1A）。

兰德斯深水高地像比斯开湾的凸透镜横亘于海湾的东、中部（图 18.1B），高地海底平缓，水深 600 ~ 1000 m，向西倾斜，直至水深 2800 m 一带，其上覆有阿杜尔河和加伦河水下三角洲，又是浊流和沉积物波的主要分布区。8 个深水钻孔（表 18.1）分布于卡普雷顿峡谷头部和兰德斯高地的西南部直到水深 2280 m。流域面积 15 000 km^2 的阿杜尔河从比斯开湾的西南侧入海，输入 400 m^3/s 的流量和 0.25 Mt/a 的悬浮输沙量（Maneax et al，1999），连同其他各河，和沿岸流每年向湾输入悬浮泥沙约 1.9 Mt/a（Petus，2009），大量物质通过卡普雷顿峡谷，构成湍流（Mulder et al，2012）提供了浊流沉积物波的物源。

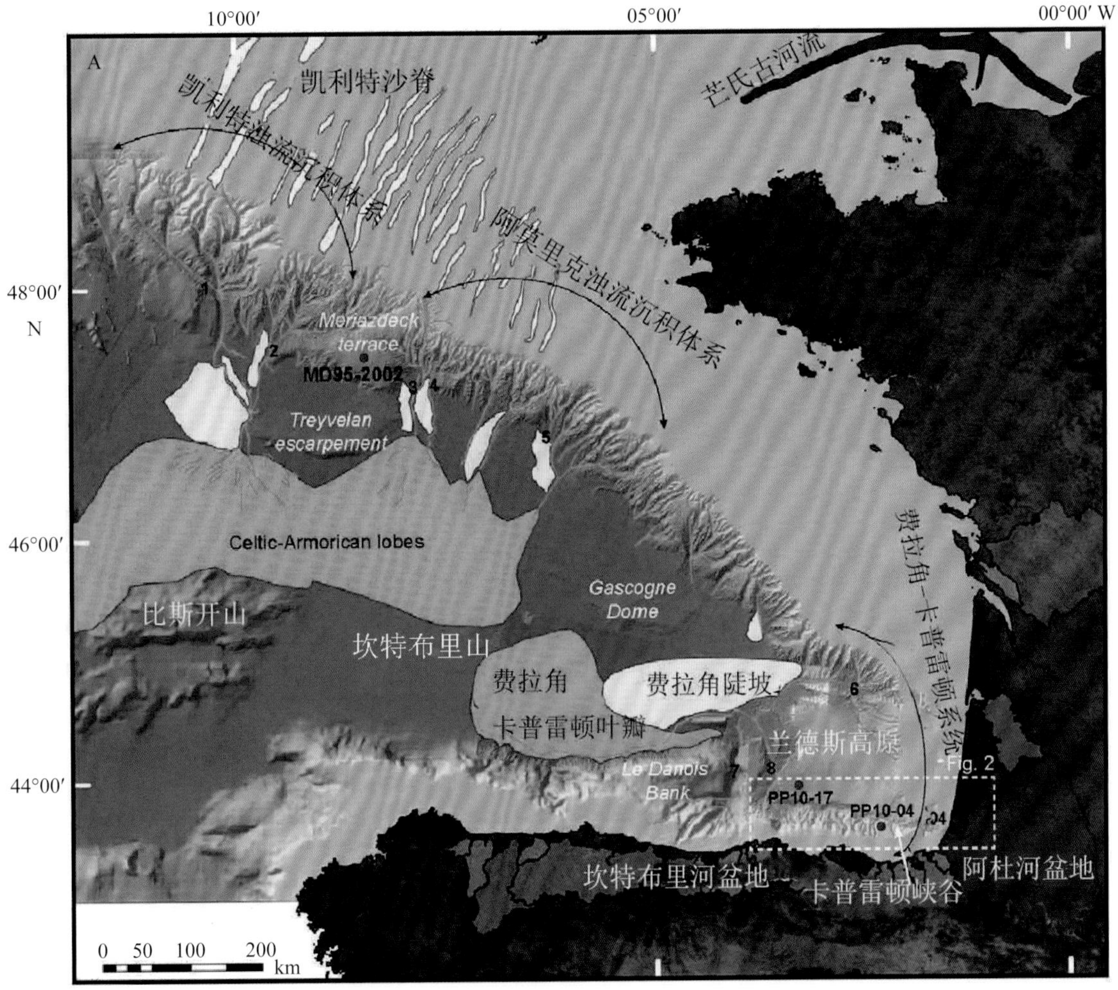

图18.1　A.比斯开湾的测深显示了边缘和相关峡谷的位置：1.Witthard，2.Shamrock，3.Blackmud，4.Guilder，5.奥迪耶纳，6.费拉角，7.卡普雷顿，8.桑坦德。凯尔特和阿莫里克系统在北部的相邻叶瓣中，费拉角和卡普雷顿系统在一个叶瓣中形成，在南部有一个相关的堤坝，显示了研究的3个岩心：来自SARGASS航次的PP10-17和PP10-04以及参考地层MD95-2002。阴影水深测量结合了新SARGASS航次（2010年7月）和以下航次的数据：ITSAS（波尔多第一大学），SEDIFAN，SEAFER和ZEE IFREMER

Fig.18.1　A. Shaded bathymetry of the Bay of Biscay that shows the localisation of the margins and associated canyons: 1. Witthard, 2. Shamrock, 3. Blackmud, 4. Guilder, 5. Audierne, 6. Cap-ferret, 7. Capbreton, and 8. Santander. The Celtic and Armorican systems meet in adjacent lobes in the north, and the Cap-Ferret and Capbreton systems meet in one lobe with an associated levee in the south. Three cores of the study are shown: PP10-17 and PP10-04 from the SARGASS cruise and the stratigraphic referenceMD95-2002. The shaded bathymetry combines data from the new SARGASS cruise (July 2010) and from the following former cruises: ITSAS (Bordeaux 1 University), SEDIFAN, SEAFER and ZEE IFREMER

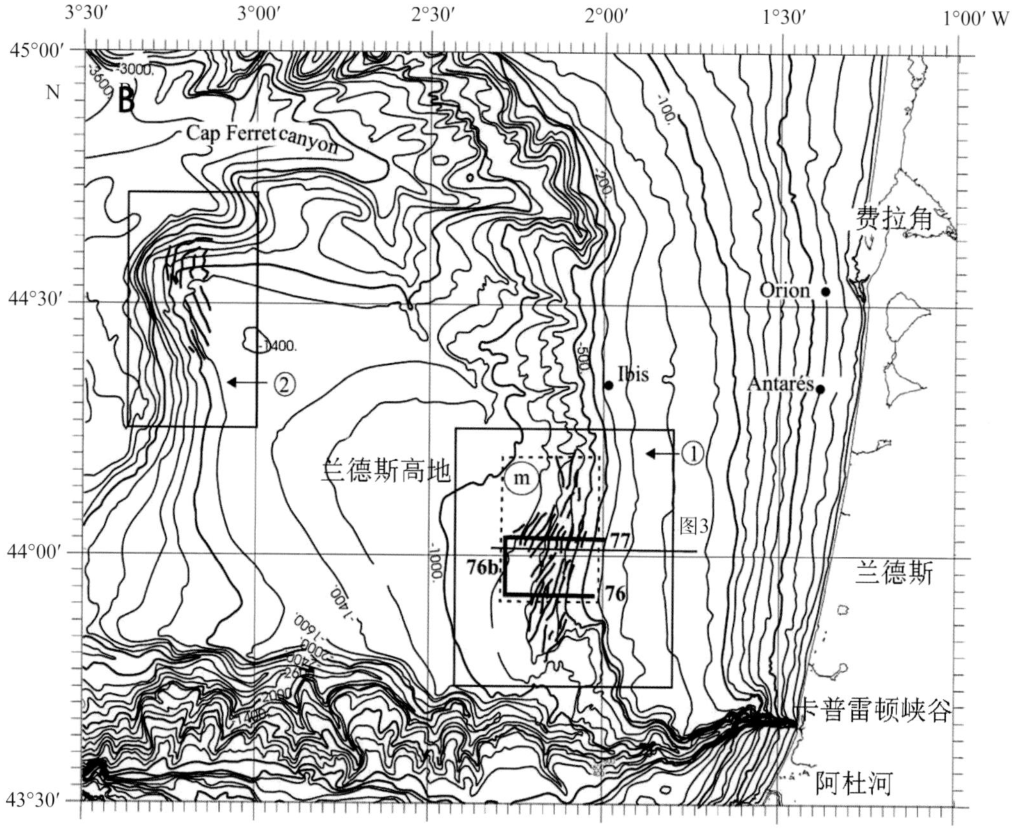

图18.1　B. 比斯开湾兰德斯高地的沉积物波区域的位置（Kenyon et al, 1978）（8）。1. 位于陆坡上部的沉积物波区域，ITSAS地震剖面76、76b和77的位置，多波束回声测深图（m）；2. 位于陆坡下部的沉积物波区域。标注了图3、Ibis、Antares 和Orion钻井的位置（等深线单位：m）

Fig.18.1　B. Location of the fields of sediment waves on the Landes Plateau (Kenyon et al, 1978). 1. Field of sediment waves located on the upper continental slope, with location of ITSAS seismic profiles 76, 76b and 77, and multibeam echosounder mosaic (m); 2. field of sediment waves located on the lower continental slope. Location of Fig. 3, and Ibis, Antares and Orion wells is also indicated (bathymetric contour in metres)

比斯开湾是深水海湾，浊流沉积及沉积物波十分广泛，既有开敞型也见多处的峡谷型沉积物波。20 世纪末，约有 3 处具有沉积物波的浊流区作过电火花地震调查和 21 世纪以来的若干钻探研究。①区位于兰德斯高地东南侧，水深 700 ~ 1000 m，43°40′—44°20′N，2°20′—2°10′W，分布开敞型浊流沉积物波；②区位于兰德斯高地西部外边缘，44°20′—44°40′N，2°30′—3°0′W，也是开敞型浊流沉积区，1978 年 Kenyon 发现大量的沉积物波，沉积物含冰碛沉积，可能与兰德斯北部的宽浅谷地浊流物源有关；③区是卡普雷顿峡谷头部的现代浊流和峡谷型浊流沉积物波分布区，位于 43°30′—43°40′N，1°30′—2°0′W。本章着重介绍①区的浊流沉积物波特征和③区现代浊流和沉积物波的沉积机理和成因分析。

表18.1 岩心编号、经度、纬度、水深和航次及其研究的详细情况

Table 18.1 Core number, latitude, longitude, water depth and cruise details of the cores investigated

岩心编号	类型	航次	年份	纬度（N）	经度（W）	位置	深度 /m	长度 /cm	调查单位
PP10-17	Calypso	Sargass	2010	43°58.91′	03°14.02′	兰德斯高地	2 280	1 792	Bordeaux 1 University
PP10-04	Calypso	Sargass	2010	43°35.14′	02°16.86′	巴斯克－坎特布连边缘	529	1 445	Bordeaux 1 University
PP10-05	Calypso	Sargass	2010	43°39.35′	02°13.21′	卡普雷顿台地	1579	1 800	Bordeaux 1 University
PP10-06	Calypso	Sargass	2010	43°39.80′	02°13.38′	卡普雷顿台地	1 625	1 726	Bordeaux 1 University
PP10-07	Calypso	Sargass	2010	43°40.63′	02°13.69′	卡普雷顿台地	1 472	2 004	Bordeaux 1 University
PP10-08	Calypso	Sargass	2010	43°40.08′	02°13.48′	卡普雷顿谷地	1 683	48	Bordeaux 1 University
MD95-2002	Calypso	MD 105 Image 1	1995	43°27.12′	08°32.03′	Meriazdeck 台地	2 174	3 000	IPEV-IFREMER
MD03-2693	Calypso	SEDICAR	–	43°39.258′	01°39.81′	卡普雷顿头部	431	39 366	–
KI22	Interface	Sedimane	2007	43°37.65′	01°42.69′	卡普雷顿台地	640	–	IFREMER

18.2 兰德斯东南坡开敞型浊流沉积物波

比斯开湾东、中部的兰德斯高地水深 400 ~ 3000 m，其上部（600 ~ 1000 m）和下部（1400 ~ 3000 m）均较陡，有崩塌滑坡和水下三角洲混合堆积（Kenyon et al，1978），二者之间坡度较缓，坡度只有 0.4° ~ 0.5°。高地南北的卡布雷顿峡谷和柯步里宽谷分别有法国的阿杜雷河和加伦河流入，海底沉积粉砂黏土等细粒物质。陆坡坡折处均发育大片浊流型沉积物波，Faugeres（1999）称高地东南部的沉积物波为比斯开湾①区波，Migeon（2000）和 Wynn（2001）均研究过本区沉积物波的成因、分类和动力机理。

18.2.1 沉积物波的形态特征和分布

兰德斯高地①区沉积物波总面积约 1300 km^2（Faugeres et al，2002），构成南北向的长方形（长 40 ~ 50 km，宽 5 ~ 15 km）区域，海底有规律起伏的沉积物波脊线相互平行或辫状，呈直线型或微弯状，波峰长 1 ~ 4 km，呈 10°N，35°N 方向延伸（图 18.2），波尺度大小不一，一般波长（间距）800 ~ 1600 m，波高 20 ~ 70 m，南部较北部更小、更多和更弯曲（Garcia-Monde. jar，1996）。按反射层统计，波长（间距）由下游的 600 ~ 800 m 增加到上游的 1500 m，波高由下游的 30 m 增加到上游的 90 m（图 18.3），沉积物波的两侧大部分不对称，上游侧翼短而缓，下游侧翼长而陡（图 18.3），有时也见两侧翼相反长度比或两侧翼接近等长现象。

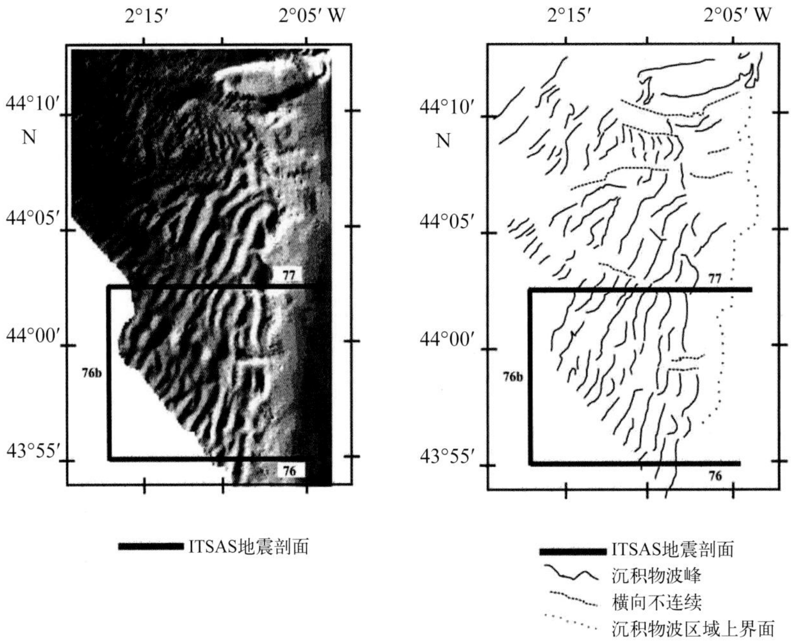

图18.2 兰德斯高地①区沉积物波形态特征（Bourillet et al, 1999）

Fig. 18.2 Sediment wave morphology in Landes heights ①field (Bourillet et al, 1999)

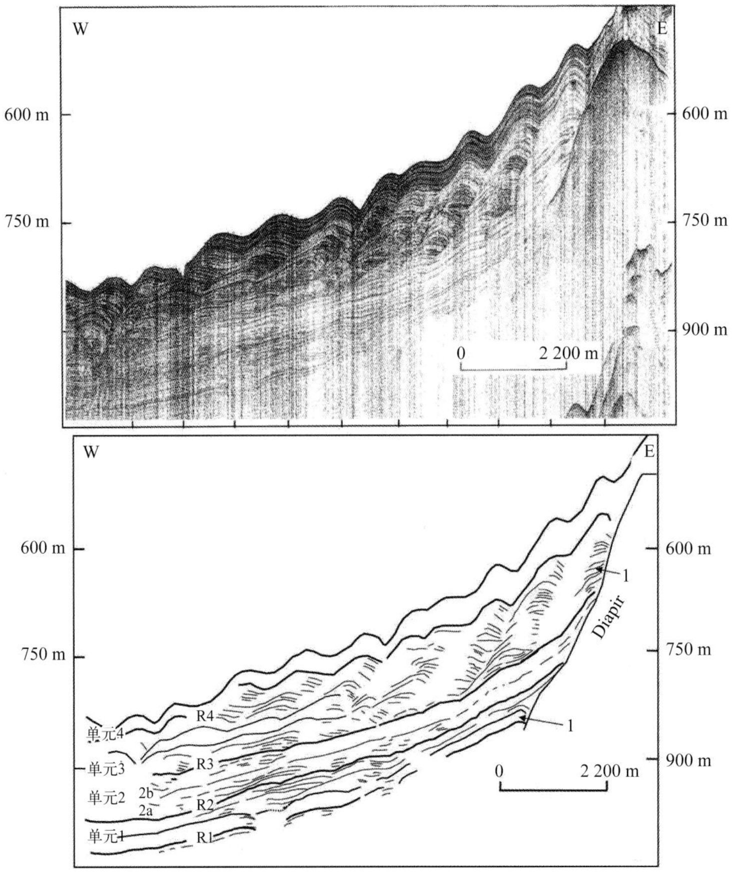

图18.3 ①区电火花地震77剖面，位置见图18.2

Fig. 18.3 Section 77 of EDM earthquake in field 1, see Fig. 18.2 for location

18.2.2 动态演化和演化模式

物探剖面揭示兰德斯高地晚白垩纪的构造盆地被始新世—中新世的河流相沉积层填平，并形成轻度不整合界面，界面以上为上新世—第四纪的浊流、滑坡和等深流混合沉积层。该层厚约 250 m（上游区段）~ 140 m（下游区段），连续发育沉积物波，组成波状披覆沉积地震剖面层理构造（图 18.3 和图 18.4）。按浅钻岩心分析上部层沉积率约 10 cm/ka（Caralp，1971），地层显示沉积物波的迁移及其透视的地层沉积演化。

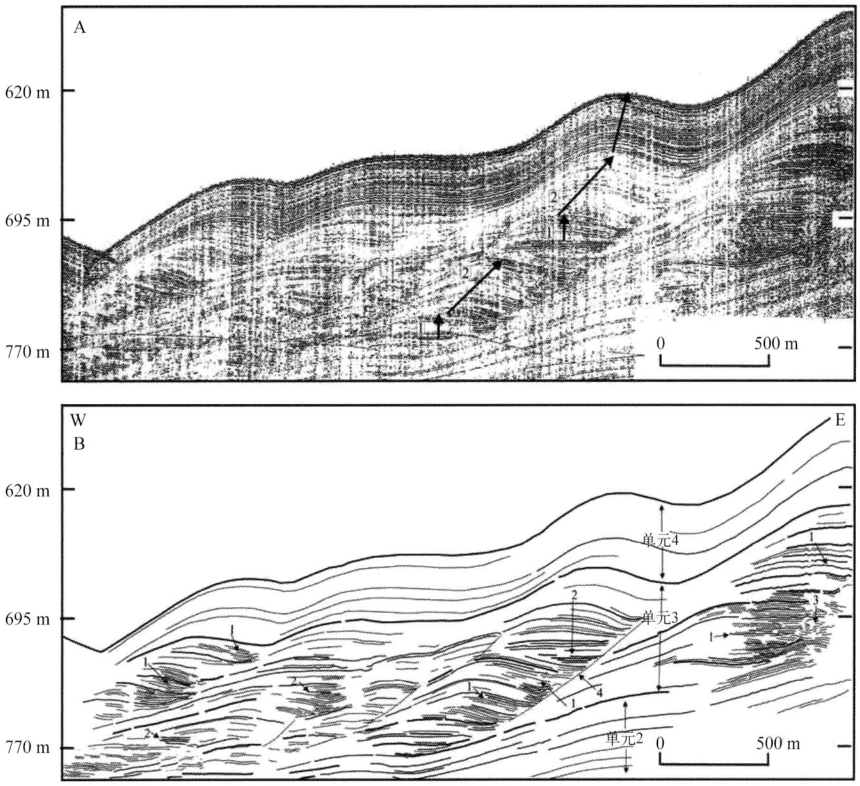

图18.4 ITSAS地震剖面77详解（位置见图18.2）。A.电火花剖面（1、2、3分别代表SD1、SD2、SD3）3种波状构造，箭头表示沉积物波迁移方向；B.沉积解译模式图

Fig. 18.4 Detailed description of ITSAS seismic profile 77 (location, Fig. 18.2). A. EDM profiles (1, 2 and 3 represent SD1, SD2 and SD3, respectively), and arrows indicate the direction of sediment wave migration; B. schematic diagram of sedimentary interpretation

上新世及其以来，海平面的大幅度变化、重力变形和各种阵发性沉积作用（阵发性的浊流下泄，厚层沉积边坡的滑塌以及流速变化的等深流沉积）形成不平滑的海底（Faugeres，2000a，b）。不同形状的海底凸起成为区域初始沉积物波。高浓度的浊流在初始波的迎流面因细粒浊流的优先沉积（见第十三章）效应，而加厚沉积，背流面沉积缓于迎流面，甚至发生侵蚀，导致初始沉积物波接受两坡不对称的披覆沉积。长此下去，形成向上游区段迁移的浊流沉积物波。本区没有大型流道形成的翻越流和流道堤，不能看作是浊流通道堤沉积物波，但是浊流活动唯一的特征是波谷处的水平披覆沉积，导致沉积物波的向上游迁移。有时，阵发性浊流的浓度较低，流速较慢，迎流面优先沉积的效应并不显著，就变成了波顶和波两坡同时加积，或进一步出现波背流面厚于迎流面沉积的现象。这就发展成兰德斯高地细粒浊流沉积物波的 3 种动态模式：SD1（波两坡对称至轻微不对称），SD2（波迎流坡厚于背流坡）和

SD3（波背流坡厚于迎流坡）（图 18.4）。

图 18.4 展示 77 剖面中两个沉积物波的地震剖面层理构造，反映自上新世以来经历了 3 个模式的地质时期，开始为 SD1 期，即所谓的披覆沉积；进而为 SD2 期，沉积物波因迎流坡层厚于背流坡而不断向上游迁移，可能是流速增高，流体的浓度较大，也可能是陆源物质长期供应丰沛（应是冰期低海平面时期）；近期又转向 SD1 期，两坡同时增厚加积。也可能用间冰期解释，冰期，海平面低下，陆架受侵蚀，向陆坡供应丰富，间冰期相反。对于具体某一时段，也可以有局部相反模式出现，如图 18.4B。

18.3 峡谷流道型浊流沉积物波

Micallef 等（2011）在研究西非加蓬陆坡沟谷沉积物波时发现浊流沉积物波在流道和浊积扇上的沉积物波在形态、尺度和物源组构等方面均有差异，提出按地形可分成沉积物波成扇面开敞型和沟谷流道型两种，并讨论了美国蒙特利浊流底形的扇面和流道区沉积物波的差异。比斯开湾浊流沉积物波也存在这两种类型，即兰德斯东南坡的开敞型浊流沉积物波和卡普雷顿峡谷的流道型浊流沉积物波。

18.3.1 卡普雷顿峡谷头部沉积简介

卡普雷顿峡谷是一条长约 300 km 的水下峡谷，平行西班牙海岸，然后向北弯曲，并于 3 500 m 深处消失（Cirac et al，2001；Gaudin et al，2006）。其头部距岸仅 250 m，水深 30 m，是一个出口面西，谷壁陡峭，谷底平缓的宽谷区。水深 10 ~ 110 m（图 18.5）。阿杜尔河、加伦河以及 NW 浪引起的高强度沿岸流约有 1.9 Mt/a 的悬浮泥沙输入和通过该峡谷头部。则卡普雷顿峡谷头部的宽谷段既是沉积物输运通道，又是沉积物的沉积储集库。谷底主要地貌是流道、台地、崩塌体和冲刷物。峡谷内波引起的湍流增加了悬浮物质的浓度，在偶发的地质事件（洪水，地震，滑塌，风暴等）的诱促下，峡谷高能量和低能量的阵发性浊流（相应平均流速约 0.3 ~ 1.3 m/a，Mulder et al，2012）时有发生。在峡谷头部流道和沿谷底频发浊流沉积，并发育大片峡谷型浊流沉积物波。

18.3.2 沉积物波的形态特征和分布

卡普雷顿峡谷头部区域的东部初步接受陆源物质，海底冲刷，沉积紊乱。沉积物以粗粒（砂和砾）为主，一些细粒物质常被带向西部。许多浊流沉积和底形多发育在西部，可能与这里浊流强烈，悬浮浓度高有关（图 18.6）。卡普雷顿峡谷头部海底的流道和阶地上发育大量浊流底形，大致分为两部分，在流道边缘和近谷底边坡附近分布的底形呈新月形或椭丘形，丘高 30 ~ 50 cm，丘间距（丘长）40 ~ 70 m，脊线垂直流道延伸，长约 200 m。

较大尺度的浊流沉积物波多分布于台地上，形态多样，有垂直流道的直线形或微弯形，也有新月形或圆形，丘高达 15 ~ 20 m，波脊线相互平行或瓣状，间距 200 ~ 250 m，台地大型沉积物波之间和流道海底亦见较小亚直线形横向沙丘，丘高 2 ~ 8 m，间距 30 ~ 50 m，脊线与流道交角为 2° ~ 8°。在北部，亦见纵向高地，高约 15 m，纵向延伸达 450 m，与横向脊相交接，局部被平行流道的水流所切割。

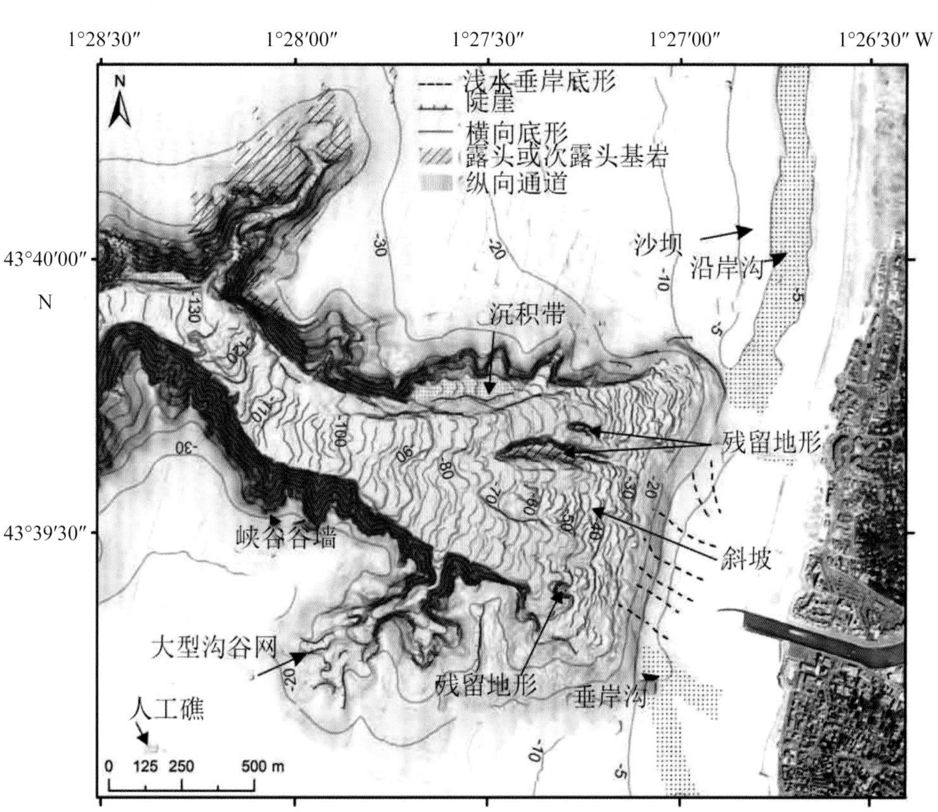

图18.5 卡普雷顿峡谷头部水深和地貌图（Mazieres，2014）

Fig. 18.5 Water depth and geomorphology map of Capreton canyon head (Mazieres, 2014)

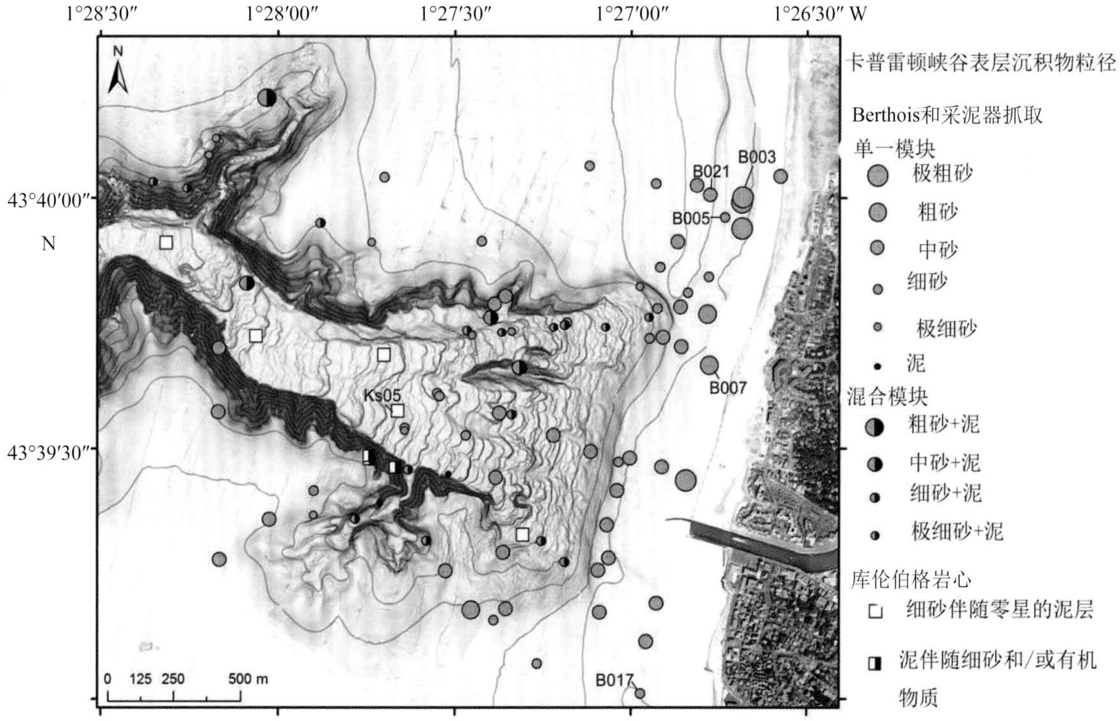

图18.6 卡普雷顿峡谷表面沉积物粒度和沉积层分布图（Mazieres，2014）

Fig. 18.6 Distribution of sediment particle size and sediment layer on the surface of Capreton canyon (Mazieres, 2014)

18.3.3 现代浊流动态和沉积物波

目前，似乎没有就流道型浊流沉积物波的起源取得统一认识，归因于峡谷现代浊流的沉积和侵蚀的观测数据的局限性（Mastbergen and van Den Berg，2003；Van Den Berg et al，2002），首先缺乏在空间上和时间上浊流分辨率底形上下迁移的观察，其次缺乏浊流方向和速度的实测以确定峡谷浊流强度和底形的迁移距离。过去许多人认为峡谷是陆架向深海输运沉积物的通道，近来很多的是关注其在风暴、内波、滑塌等地质事件引起浊流运动和底形的动态（Michers et al，2003；Arzola et al，2008；Masson et al，2011；Migeon et al，2012）。Nesteroff 等（1968）根据卡普雷顿峡谷 250 ~ 700 m 处的钻孔岩心最早提出峡谷浊流沉积层序列，他归因于距今 5 ka 前海面低下，阿杜尔河的洪水。Mulder 等（2001b）见证了马日风暴（1999 年 12 月 27 日）的强浪产生谷中的浊流沉积层。后通过数值模拟，证实了该事件对谷底强烈侵蚀（Salles et al，2007，2008）。又在库伦堡岩心层中分析到现代风暴相应浊积层（Brocheray et al，2014）。

18.3.3.1 调查和测试

21 世纪初，SARGASS 航次调查取得 6 个 Calypso 长活塞岩心，除最深处（2 280 m）的 PP10-17 和最浅处（529 m）的 PP10-04 以外，其余 4 岩心（PP10-08、06、05 和 07）均位于卡普雷顿峡谷头部下游另一宽谷区，水深 1 470 ~ 1 625 m（3 个在台地上，1 个在流道中）（图 18.7 和表 18.1）。还增加了 MD95-2002 和 MD03-2693 两钻孔岩心。对岩心样品作详细的如粒度、X 光和化学等分析之外进行了 ^{14}C（*Neogloboquadrina Pachyderma* AMS）、^{210}Pb 和 ^{226}Ra 的年龄测定（表 18.2）（Schmidt et al，2009）。

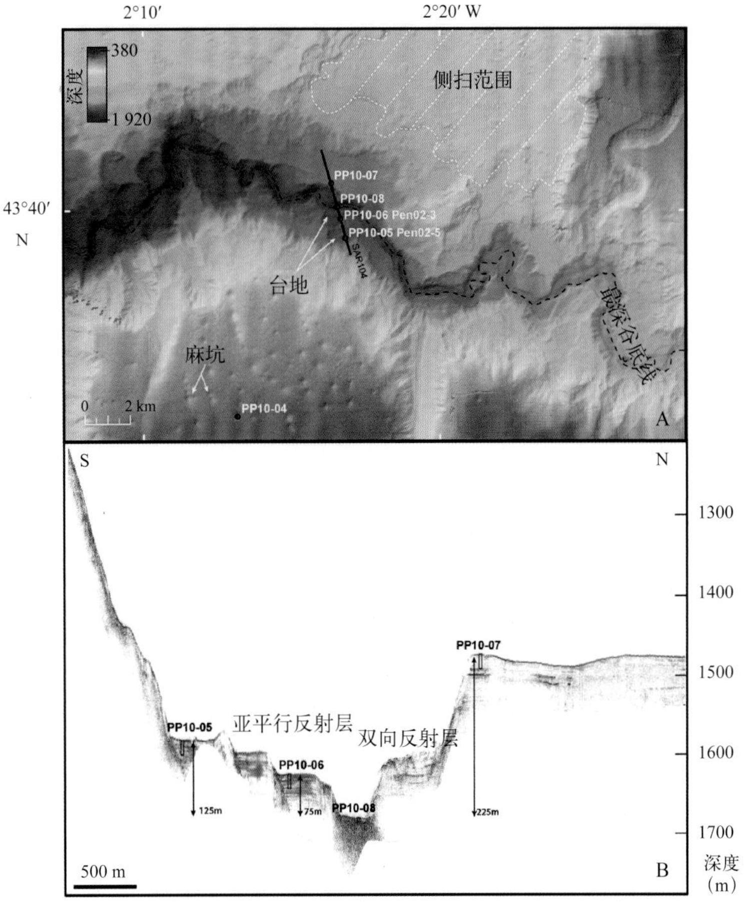

图18.7 A. 距离卡布雷顿峡谷头部西部约110 km以外的阴影测深。岩心PP10-05，PP10-06，PP10-07位于台地上，PP10-08位于深谷底线上，PP10-04位于峡谷的高处。B. SAR回声测深仪数据。岩心的台地呈现亚平行反射层。Penfeld测量与岩心位于同一位置（Brocheray，2014）

Fig.18.7 A. shaded bathymetry of the depths of the Capbreton Canyon at approximately 110 km west from the head. The cores PP10-05, PP10-06, PP10-07 are located on terraces, PP10-08 is on the thalweg, and PP10-04 is on the highs of the canyon. B. SAR echosounder data. The terraces of the cores exhibit subparallel reflectors. Penfeld measurements are located at the same place as the cores (Reference to Brocheray, 2014)

表18.2 AMS^{14}C年龄和对应日历年龄（Schmiat，2009）
Table 18.2 AMS ^{14}C ages with calendar correspondences（Schmiat, 2009）

岩心编号	埋深 /cm	常规年龄 BP(除库校正) /a	日历年龄 BP/a	物种分析	来源	研究
PP10−17	30	4245 ± 30	1339	Bulk	Artemis−24470	本研究
PP10−17	50	7055 ± 35	7537	Bulk	Artemis−	本研究
PP10−17	80	11 660 ± 60	13 169	*N.pachyderma s.*	Artemis−24471	本研究
PP10−17	160	15 210 ± 60	17 966	*N.pachyderma s.*	Artemis−24472	本研究
PP10−05	337	875 ± 30	496	Bulk	Artemis−24473	本研究
PP10−05	637	1265 ± 30	811	Bulk	Artemis−24474	本研究
PP10−07	220	2050 ± 30	1623	Bulk	Artemis−29590	本研究
PP10−07	380	2615 ± 30	2208	Bulk	Artemis−SacA 26975	本研究
PP10−07	720	4265 ± 30	4301	Bulk	Artemis−SacA 26976	本研究
PP10−07	1050	566 ± 30	5994	Bulk	Artemis−SacA 26977	本研究
PP10−07	1180	6490 ± 30	7344	Bulk	Artemis−29591	本研究
PP10−07	1540	8705 ± 30	9246	Bulk	Artemis−SacA 26978	本研究
PP10−07	1730	8900 ± 30	9966	Bulk	Artemis−29592	本研究
PP10−07	1980	9270 ± 30	10 462	Bulk	Artemis−29593	本研究
MD95−2002	0	1660 ± 70	1624	*G.bulloides*	LSCE−99360	Zaragosi 等 (2001a,b)
MD95−2002	140	9080 ± 90	10 329	*G.bulloides*	LSCE−99361	Zaragosi 等 (2001a,b)
MD95−2002	240	10 790 ± 100	12 809	*N.pachyderma s.*	LSCE−99362	Zaragosi 等 (2001a,b)
MD95−2002	420	13 330 ± 130	15798	*N.pachyderma s.*	LSCE−99363	Zaragosi 等 (2001a,b)
MD95−2002	450	13 800 ± 110	16426	*N.pachyderma s.*	LSCE−99364	Zaragosi 等 (2001a,b)
MD95−2002	463	4020 ± 120	16709	*N.pachyderma s.*	LSCE−99365	Zaragosi 等 (2001a,b)
MD95−2002	510	4170 ± 130	16897	*N.pachyderma s.*	LSCE−99366	Zaragosi 等 (2001a,b)
MD95−2002	550	14 430 ± 70	17327	*N.pachyderma s.*	Artemis−003242	Zaragosi 等 (2006)
MD95−2002	580	14 410 ± 200	17332	*N.pachyderma s.*	Beta−141702	Zaragosi 等 (2001a,b)
MD95−2002	869	14 900 ± 70	18241	*N.pachyderma s.*	Artemis−003243	Zaragosi 等 (2006)
MD95−2002	875	14 880 ± 160	18224	*N.pachyderma s.*	Artemis−003244	Zaragosi 等 (2006)
MD95−2002	1320	18 450 ± 90	22062	*G.bulloides*	Artemis−003245	Zaragosi 等 (2006)
MD95−2002	1340	19 030 ± 100	22514	*G.bulloides*	Artemis−003246	Zaragosi 等 (2006)
MD95−2002	1390	20 220 ± 80	24690	*G.bulloides*	Artemis−003247	Zaragosi 等 (2006)
MD95−2002	1424	19 840 ± 60	23770	*N.pachyderma s.*	Beta−123696	Grousset 等 (2000)
MD95−2002	1453	20 030 ± 80	23984	*N.pachyderma s.*	Beta−123698	Grousset 等 (2000)
MD95−2002	1464	20 200 ± 80	24174	*N.pachyderma s.*	Beta−123699	Grousset 等 (2000)
MD95−2002	1534	21 850 ± 70	25734	*N.pachyderma s.*	Beta−123697	Grousset 等 (2000)
MD95−2002	1610	24 010 ± 250	28222	*N.pachyderma s.*	Beta−99367	Auffret 等 (2002)
MD95−2002	1664	25 420 ± 230	29830	*N.pachyderma s.*	Beta−99368	Auffret 等 (2002)

18.3.3.2 现代浊流沉积率

Zaragosi 等（2001b）按 PP10–17 岩心 *N. pachyderma*（冷水标志浮游有孔虫）丰度值确定本区浊流底界面为新鲜女木期（冰消期），用 ^{14}C 年龄（7537 ± 60）a BP 和（13 169 ± 60 ）a BP 作代表；本区 Heinrich 事件 1 的年龄用（17 956 ± 60）a BP 作代表（Elliot et al，2001 ；McManus，2004）。它们分别均反映晚更新世最大冰期低海平面的环境。全新世海侵以 MD95–2002 孔的（9966 ± 60）a BP 起算，按 PP10–17 和 PP10–04 岩心的数据得全新世最高的沉积速率：兰德斯高地西南边坡（水深 2280 m）为 5.9 cm/ka，坎塔布连边坡 7.2 cm/ka（Brocheray et al，2014）。按卡普雷顿峡谷台地上 PP10–06 的 17 m 岩心有 1035 次浊流层计算，平均每次浊流层厚约 1.5 cm，再按卡普雷顿峡谷台地上 PP10–05 的 18 m 岩心有 1640 次浊流沉积层计算，平均每次浊流厚度接近 1 cm，则可以确认卡普雷顿峡谷每次浊流沉积率为 1.0 ~ 1.5 cm / 次。不过沉积率受时间和空间（位置）的控制而变化。用整个长岩心的年龄计算沉积率一定会更小一些。Brocheray 等（2014）用许多岩心的全心长度计算浊流沉积率，只有 0.19 cm/a，总体显示岩心中下部沉积速率多大于中上部，这应当与海面升降引起的物源变化有关。新仙女木期即冰消期（1.0 ~ 1.3）× 10^4 a BP，海平面甚低，陆架受侵蚀，加入陆坡的物质也甚多，5 ~ 7 ka BP 海侵接近现代海面，陆架被水掩盖，入陆坡的物质自然减少。按详细的 ^{14}C 和 ^{210}Pb 测试，PP10–05 岩心 89 cm（埋深）处的年龄为公元 1910 年，得 20 世纪浊流沉积速率为 1.2 cm/a，在此期间（1910—1977）共发生 92 次浊流事件，则浊流暴发频率应为 1.0 ~ 1.3 次 /a。与 Mazieres 等（2014）通过 1998—2013 年作过 8 次浊流观测沉积率为 1.0 ~ 1.2 次 /a 相近。

18.3.3.3 峡谷多成因沉积物波

卡普雷顿峡谷是世界最长的水下峡谷之一，东西蜿蜒长约 300 km，宽约 0.3 ~ 1.0 km，两侧陡直，呈箱状。谷底流道只有 30 ~ 50 m 起伏的台地，和其上的沉积物波以及局部可见的崩塌体等是谷底主要的地貌。谷头距海岸仅 250 m，水深 30 m，峡谷头部是宽阔谷区，长约 2000 m，宽约 250 ~ 1000 m，水深 30 ~ 120 m，既是峡谷物质通道，又是砂、砾和黏土混杂的加积区，至该宽谷段下部，水深 110 ~ 250 m，逐渐变成以悬浮沉积为主的粉砂黏土层，亦发现多片浊流薄层（Nesteroff et al，1968 ；Gaudin et al，2006）。其平均粒度 0.09 ~ 0.006 mm，流速 0.2 ~ 3.0 m/s，该细粒层对应于鲍马序列 Td/Te 项（Stow and Shanmugam，1980 ；Shanmugam，2000）。水深 250 ~ 700 m 处进入正常宽度的峡谷区段，谷底普遍发育各种沉积物波底形。卡普雷顿峡谷沉积物波最主要特点是形态多样，有纵向的，又有横向的，有直线形、弯曲形、新月形和圆丘状，基本没有开敞型浊流底形那样平行直线的有规律分布，其原因主要是多种浊流诱发因素造成，本峡谷区经常而强烈的诱发浊流的因素是洪水、滑塌和内波。

洪水是诱发浊流暴发的经常性的因素，按统计每年约有阿杜尔河、加伦河和强烈沿岸流输入和通过该峡谷约 1.9 Mt 陆源物质。风暴和洪水期间，悬浮浓度甚高，如阿杜尔河悬浮体约 0.25 Mt/a（Maneux et al，1999）。其羽状浓度雾浊层（Nepheloid layer，相当于我国长江口的近底厚约 1 ~ 3 m 浮泥层，类似高浓度的细粒泥浆，影响航运）厚达 200 m（Salles et al，2008），受峡谷的束狭，厚度更大，流速更强，近谷底高浓度浊流大量溢出流道，沉积于流道外的台地上，导致台地上沉积物波的增长。按 Salles 等（2008）根据数值模拟浊流可以沉积到峡谷（水深 1800 m，距谷头 63 km）流道最深谷底线以上 180 m 的台地上。按 ^{210}Pb 测定，台地浊积层（水深 75 ~ 125 m）沉积率为 1 ~ 3 cm/a，而流道底沉积率不足 0.1 cm/a。台地成因可能有侵蚀的、沉积的或滑塌的等，但其上的浊流沉积层是巨厚的，从而形成各种形态的底形。马日事件（1999 年 12 月 27 日）是欧洲著名的大洪水事件，在水深 647 m 距峡谷头部 20 km 的浊流层中通过同位素年龄测定出相应的浊流层（Nesterroff et al，1968），直接证明洪水促进浊流暴发和沉积物波的形成。

滑塌是峡谷经常发生的地质事件，包括岩壁的崩塌和沉积层的滑坡。每次滑塌都可堆积出一个滑塌体，形成谷底一个凸出地形，本身就是一个底形，其上也可沉积上后期的浊流层，就成了新的沉积底形。另外滑塌还可形成谷底新的细粒物质再悬浮，形成新的雾浊层诱发新的浊流暴发。卡普雷顿峡谷边坡十分陡直，每遇洪水期也会有一定的边坡崩塌，如近年观测到一次滑塌事件发生在距卡普雷顿峡谷头部岸线 430 m，水深 10 m 处滑塌 20 000 m^3 沉积物，顺谷而下沉积成约 2 m 高的崩塌体（Mazieres et al，2014）。滑塌可引起浊流暴发，浊流洪水也容易引起边坡滑塌。滑塌形成的序列往往在峡谷边缘带上，往往被后期的浊流沉积而覆盖。

内波是两个密度（如盐度和温度等）不同的水团间的界面上水的波动现象，内波运动方向常与潮流方向有联系，比斯开湾的温度跃层十分明显，在 1000 m 水深处具有一永久性温度跃层，受冬、夏季节的影响也时强时弱。内波迁移方向常与潮流方向相联系，比斯开湾北侧的半日潮方向为 35°N，与沉积物走向平行，短周期的内波（20 分）波长约 1 km（Haury et al，1983；Kerry et al，1984），与兰德斯高地的沉积物波的波长相似，长周期内波（12 小时 25 分）波长数十千米（Pringee et al，1986；Correard et al，2000），可能与卡普雷顿峡谷区有联系，那里是比斯开湾的较隐蔽地区。内波水跃破碎引起海底细粒物质再悬浮产生巨厚的雾浊层，促进浊流作用的增强，因此峡谷 1000 ~ 1500 m 水深区段，浊流沉积物波十分广泛（Gerkema，2004）。Faugeres 等（2014）认为比斯开湾的沉积物波成因是内波型，实际并不全面，内波只影响一定水深区段，内波与浊流共同作用应是本区沉积物波的基本成因。所以应称其峡谷区的沉积物波为多成因的，其基本动力仍然是浊流。

参考文献

曹立华，蒋楠，庄振业，等 . 2013. 美国东岸陆架沙脊沉积 [J]. 海洋地质前沿，29(12), 6–15.

曹立华，董威力，庄振业，等 . 2012. 冰岛 – 法罗海脊东南深海底形及底流特征 [J]. 海洋地质前沿，28(5), 25–32.

冯文科，黎维峰 . 1994. 南海北部海底沙波地貌 [J]. 热带海洋，13(3), p: 39–46.

付建军，庄振业，曹立华，等 . 2018, 美国加州蒙特利湾浊积扇和流道上的沉积物波 [J]. 海洋地质前沿，34(4): 8–15.

钱宁，万兆惠 .1983. 泥沙运动力学 [M]. 北京：科学出版社 .

高振中，何幼斌，罗顺社，等 .1996. 深水牵引流沉积—内潮汐、内波和等深流沉积研究 [M]. 北京：科学出版社 .

高振中，何幼斌，等 . 2006. 深水牵引流沉积的研究历程、现状与前景 [J]. 古地理学报，8(3), 331–338.

焦强，庄振业，曹立华，等 . 2016. 南大洋深水沉积物波举例研究 [J]. 海洋地质前沿 32(9): 7–16.

同济大学海洋地质系 . 1989. 古海洋学概论 [M]. 同济大学出版社 .

王琦，朱而勤 .1989. 海洋沉积学 [M]. 北京：科学出版社 .

王青春，鲍志东，贺萍 . 2005. 内波沉积中指向沉积构造的形成机理 [J]. 沉积学报，23(2), pp: 255–259.

叶银灿，等 . 2012. 中国海洋灾害地质学 [M]. 北京，海洋出版社 .

张晶晶，庄振业，曹立华 . 2015. 南海北部陆架陆坡沙波底形 [J]. 海洋地质前沿，31(7): 11–19.

钟广法，李前裕，郝沪军，等 . 2007. 深水沉积物波及其在南海研究之现状 [J]. 地球科学进展，22(9): 907–913.

庄振业 . 1998. 第四纪环境演变 [M]. 青岛，青岛海洋大学出版 .

周启坤 . 2013. 南海北部海底沙波演化特征的数值研究 [D]. 青岛：国家海洋局第一研究所 .

庄振业，曹立华，刘升发，等 . 2008. 陆架沙丘（波）活动量级和稳定性标志研究 [J]. 中国海洋大学学报 38(6): 1001–1007.

Akimova A, Schauer U, Danilov S, Núñez-Riboni I. 2011. The role of the deep mixing in the Storfjorden shelf water plume[J]. Deep Sea Research Part I: Oceanographic Research Papers 58 (4), 403–414.

Amos C L and King E L. 1984. Sand waves and sand ridges of the Canadian eastern seabed: a comparison to global occurrences[J]. Marine Geology, 57: 167–208.

Arzola R G, Wynn R B, Lastras G, Masson D G, Weaver P P E. 2008. Sedimentary features and processes in the Nazaré and Setúbal submarine canyons, west Iberian margin[J]. Marine Geology 250, 64–88.

Allen J R. 1970.Pyhsical processes of sedimentation[M], Unwin University Books.

Allen J R L. 1984. Sedimentary Structures: Their Character and Physical Basis[J]. Elsevier, Amsterdam, 663 pp.

Allen J R L. 1982, Sedimentary structures: Their character and physical basis[M], Elsevier scientific publishing company.

Allen J R L. 1982. Sedimentary structures Volume Land Ⅱ [M]; Elsevier Scientific.

Anderskouv K, Surlyk F, Huuse M, et al. 2010, Sediment waves with a biogenic twist in Pleistocene cool water carbonates, Great Australian Bight[J]. Marine Geology, 278(1): 122–139.

Anderskouv K, Damholt T, Surlyk F. 2006. Late Maastrichtian chalk mounds, Stevns Klint, Denmark—combined physical and biogenic structures[J]. Sedimentary Geology, 200(1): 57–72.

Ashley G M. 1990, Classification of large-scale subaqueous bedforms: a new look at an old problem-SEPM bedforms and bedding structures[J]. Journal of Sedimentary Research, 60(1).

Baringer M, Price J. 1997. Mixing and spreading of the Mediterranean outflow[J]. Journal of Physical Oceanography 27, 1654–1677.

Barker P F, Thomas E. 2004. Origin, signature and palaeoclimatic influence of the Antarctic Circumpolar Current[J]. Earth-Science Reviews, 66(1): 143–162.

Bett B J. 2003. Time-lapse photography in the deep sea[J]. Underwater Technol., 25, 121–127.

Behrens E W. 1994.Abyssal sediment waves in the Gulf of Mexico: An enigma[J]. Paleoceanography, 9: 1087–1094.

Belde J, Back S, Reuning L. 2015. Three-dimensional seismic analysis of sediment waves and related geomorphological features on a carbonate shelf exposed to large amplitude internal waves, Browse Basin region, Australia[J]. Sedimentology 62, 87–109.

Benjamin D, Barry B, et al. 2011. Very large subaqueous sand dunes on the upper continental slope in the South China Sea generated by episodic, shoaling deep-water inter solitary waves[J]. Marine Geology, 279: 12–18.

Black K S, Peppe O C, Gust G. 2003, Erodibility of pelagic carbonate ooze in the northeast Atlantic[J]. Journal of Experimental Marine Biology and Ecology, 285: 143–163.

Blumsack, S.L., 1993. A model for the growth of mudwaves in the presence of time-varying currents[J]. Deep-Sea Res. II 40, 963–974.

Bianchi G G, McCave I N. 1999. Holocene periodicity in North Atlantic climate and deep-ocean low south of Iceland[J]. Nature 397, 515–517.

Boe R, Skarðhamar J, Rise L, Dolan M F J, Bellec V K, Winsborrow M, Skagseth Ø, Knies J, King E L, Walderhaug O, Chand S, Buenz S, Mienert J. 2015. Sand waves and sand transport on the Barents Sea continental slope offshore northern Norway[J]. Mar. Pet. Geol. 60, 34–53.

Boe R, Bugge T, Rise L, Eidnes G, Eide A, Mauringe E. 2004.Erosional channel incision and the origin of large sediment waves in Trondheimsf jorden, central Norway [J]. Geo-Marine Letters.24: 225–240.

Boon J D, Green M O, Suh K D. 1996.Bimodal wave spectra in lower Chesapeake Bay, sea bed energetics and sediment transport during winter storms[J]. Continental Shelf Research., 16: 1965–1988.

Bourgault D, Morsilli M, Richards C, Neumeier U, Kelley D E. 2014. Sediment resuspension and nepheloid layers induced by long internal solitary waves shoaling orthogonally on uniform slopes[J]. Cont. Shelf Res. 72, 21–33.

Bourillet J F, Raoul C, Le Suave R. 1999. Geomorphologie de la marge de la marge Atlantique nord-est. VIIe'me congre's de Sedimentologie[J], 15-17. Novembre 1999, Nancy, 33, 39–40.

Bourillet J F, Zaragosi S, Mulder T. 2006. The French Atlantic margin and deep-sea submarine systems. Geo-Marine Letters 26, 311–315.

Brocheray S, Cremer M, Zaragosi S, Schmidt S, Eynaud F, Rossignol L, Gillet H. 2014. 2000 years of frequent turbidite activity in the Capbreton Canyon (Bay of Biscay) [J]. Marine Geology 347, 136–152.

Bye J A T. 1983. The general circulation in a dissipative ocean basin with longshore wind stresses[J]. Journal of Physical Oceanography, 13(9): 1553–1563.

Caralp M. 1971. Les foraminife'res planctoniques du Pleistocene terminal dans le Golfe de Gascogne, interpretation biostratigraphique et paleoclimatique[J]. Bull. Inst. Geol. Bassin d'Aquitaine 11, 1–187.

Carter R M, Nelson C S, Fulthorpe C S, Neil H L. 1990. Evolution of Pliocene to recent abyssal sediment waves on bounty channel levees, New Zealand. Marine Geology [J], 95: 97–109.

Cattaneo A, Correggiari A, Marsset T, Thomas Y, Marrsset B, Trincardi F, 2004. Seafloor undulation pattern on the Adriatic sheft and comparison to deep-water sediment waves[J]. Marine Geology, 213: 121–148.

Catuneanu O, Abreu V, Bhattacharya J P, Blum M D, Dalrymple R W, Eriksson P G, Fielding C R, Fisher W L, Galloway W E, Gibling M R, Giles K A, Holbrook J M, Jordan R, Kendall C G S C, Macurda B Martinsen O J, Miall A D, Neal J F, Nummedal D, Pomar L I, et al.2009.Towardss the standardization of sequence stratigraphy[J]. Earth Sci.Rev.92(1-2), 1–33. http: //dx.doi.org/10.1016/j.earscirev.2010.03.004.

Cartigny M J B, Postma G, van den Berg J H, Mastbergen D R. 2011, A comparative study of sediment waves and cyclic steps based on geometries, internal structures and numerical modeling[J]. Marine Geology v.280, p.40–56.

Cawthra H C, Neumann F H, Uken R, Smith A M, Guastella L A, Yates A. 2012. Sedimentation on the narrow (8km wide), oceanic current-influenced continental shelf off Durban, Kwazulu-Natal, South Africa[J]. Marine Geology. 323–325: 107–122.

Cenedese C, Whitehead J A, Ascarelli T A, Ohiwa M. 2004. A dense current flowing down a sloping bottom in a rotating fluid[J]. Journal of Physical Oceanography 34, 188–203.

Chang M H, Lien R C, Tang T Y, D’Asaro E A, and Yang Y J. 2006. Energy flux of nonlinear internal waves in northern South China Sea[J], Geophys. Res. Lett., L03.

Chao S Y, Ko D S, Lien R C, Shaw P T. 2007.Assessing the west ridge of Luzon Strait as an internal wave mediator[J]. Journal of Oceanography 63, 897–911.607, doi: 10.1029/2005GL025196.

Cholet J B, Damotte B, Grau G, Debyser Y, Montadert L. 1968, Recherches preliminaires sur la structure geologique de la marge continentale du Golfe de Gascogne: commentaires sur quelques pro ¢ ls de sismique reflexion flexotir[J]. Rev. Inst. Fr. Pet. 23, 1029–1045.

Cirac P, Bourillet J F, Griboulard R, Normand A, Mulder T, Bellec V, Berné S, Cremer M, Gorini C, Gonthier É, Michel D, Satra C, Viana A. 2001. Canyon of Capbreton: New morphostructural and morphosedimentary approaches. First results of the ITSAS cruise [Le canyon de Capbreton: Nouvelles approches morphostructurales et morphosédimentaires. Premiers résultats de la campagne Itsas] [J]. C. R. Acad. Sci. Paris, Sciences de la Terre et des planètes Earth and Planetary Sciences 332, 447–455.

Cortese G, Gersonde R, Hillenbrand C D, et al. 2004, Opal sedimentation shifts in the World Ocean over the last 15 Myr[J]. Earth and Planetary Science Letters, 224(3): 509–527.

Correard S, Pichon A, Huet P. 2000.Influence of the seasonal variability on the internal tide in the Bay of Biscay, a three-dimensional case vlleme Colloque International d’oceanographie du Golfe de Gascogne Biarritz.

Damuth J E. 1979. Migrating sediment waves created by turbidity currents in the northern South China Basin[J]. Geology 7, 520–523.

Dauxois T, Didier A, Falcon E. 2004. Observation of near-critical reflection of internal waves in a stably stratified fluid. Phys[J]. Fluids 16, 1936–1941.

De Master D J. 2002. The accumulation and cycling of biogenic silica in the Southern Ocean: revisiting the marine silica budget[J]. Deep Sea Research Part II: Topical Studies in Oceanography, 49(16): 3155–3167.

Dorn W U, Werner F. 1993. The contour-current flow along the southern Iceland–Faeroe Ridge as documented by its bedforms and asymmetrical channel fillings[J]. Sediment. Geol. 82, 47–59.

Dunlap D B, Wood L J, Moscardelli L G. 2013. Seismic geomorphology of early North Atlantic sediment waves, offshore northwest Africa[J]. Interpretation 1, SA75–SA91.

Durrieu de Madron X, Castaing P, Niele F, Courp T. 1999. Slope transport of suspended particulate matter on the Aquitanian margin of the Bay of Biscay[J]. Deep-Sea Res. 2 Top. Stud. Oceanogr. 46, 2003–2027. Haury, L.R., et al.1983.

Durgadoo J V, Lutjeharms J R E, Biastoch A, et al. 2008, The Conrad Rise as an obstruction to the Antarctic Circumpolar Current[J]. Geophysical Research Letters, 35(20).

Ediger V, Velegrakis A, Evans G. 2002.Upper slope sediment waves in the Cilicianbasin, northeastern Mediterranean [J]. Mar. Geol. 192, 321–333.

Embley R W, Langseth M G. 1977. Sedimentation processes on the continental rise of northeastern South America[J]. Marine Geology, 25(4): 279–297.

Elliott G M, Parson L M. 2008. Influence of sediment drift accumulation on the passage of gravity-driven sediment flows in the Iceland Basin[J], NE Atlantic. Mar. Pet. Geol 25, 219–233.

Elliot M, Labeyrie L, Dokken T, Manthe S. 2001. Coherent patterns of ice-rafted debris deposits in the Nordic regions during the last glacial (10–60 ka) [J]. Earth and Planetary Science Letters 194, 151–163.

Ercilla G, Alonso B, Wynn R B, Baraza J. 2002.Turbidity current sediment waves on irregular slopes: observation from the Orinoco sediment-wave field[J]. Mar. Geol. 192, 171–187.

Faugeres J C, Gonthier E, Cirac P, Castaing P, Bellec V. 2000a. Origin des dunes geantes rencontre.es sur le plateau Landais (Golfe de Gascogne) [J]. Viseme Colloque International d'Oceanographie du Golfe de Gascogne, Actes de Colloques, IFREMER 31, 26–31.

Faugeres J C, Gonthier E, Mulder T, et al. 2002. Multi-process generated sediment waves on the Landes Platecau (Bay of Biscay, North Alantic) [J]. Marine geology, 182: 279–302.

Faugeres J C, Viana A, Gonthier E, Migeon S, Stow D A V. 2000b. Seismic features diagnostic of contourite drifts and sediment waves[J]. In: Deep-Water Sedimentation: The Challenges for the Next Millennium, 31st IGC Workshop, Rio 2000, Deep-Seas, Abstr., pp. 26–32.

Faugeres J C, Stow D A V, Imbert P, Viana A. 1999. Seismic features diagnostic of contourite drifts[J]. Mar. Geol. 162, 1–38.

Farmer D M, Armi L. 1988. The flow of Atlantic water through the Strait of Gibraltar[J]. Progress in Oceanography 21, 1–105.

Feary D A, James N P. 1998. Seismic stratigraphy and geological evolution of the Cenozoic, cool-water Eucla Platform, Great Australian Bight[J]. AAPG bulletin, 82(5): 792–816.

Field M E, Claeke S H, Jr, White M E. 1980.Geology and geologic hazards of offshore Eel River Basin, northern California continental margin[J], U.S. Geological Survey Open-File Report 80–1080.

Fildani A, Normark W R, Kostic S, Parker G. 2006.Channel formation by flow stripping: large-scale scour features along the Monterey East Channel and their relation to sediment waves[J]. Sedimentology 53(6), 1265–1287.

Flood R D. 1980. Deep-sea morphology: modelling and interpretation of echo-sounding profiles[J]. Mar. Geol. 38, 77–92.

Flood R, Shor A. 1988.Mud waves in the argentine basin and their relationship to regional bottom circulation patterns[J]. Deep-Sea Res. 35, 943–971.

García M, Maillard A, Aslanian D, Rabineau M, Alonso B, Gorini C, Estrada F. 2011. The Catalan margin during the Messinian Salinity Crisis: physiography, morphology and sedimentary record[J]. Mar. Geol. 284, 158-174. http: //dx.doi.org/10.1016/j.margeo.2011.03.017.

Garcia-Castellanos D, Estrada F, Jiménez-Munt I, Gorini C, Fernandez M, Verges J, De Vicente R. 2009.

Catastrophic flood of the Mediterranean after Thomasina salinity crisis[J]. Nature 462, 778–781. http: // dx.doi.org/10.1038/nature08555.

Garcia-Monde.jar J. 1996. Plate reconstruction of the Bay of Biscay[J]. Geology 24, 635–638.

Garcia M, Parker G. 1989. Experiments on hydraulic jump in turbidity currents near a canyon-fan transition[J]. Science 245 (4916), 393.

Gardner J V, Bohannon R G, Field M E, Masson D G. 1996. The morphology, processes, and evolution of Monterey fan: a revisit[J]. In: Gardner, J.V., Field, M.E., Twichell, D.C. (Eds.), Geology of the United States Seafloor, the view from GLORIA[J]. Cambridge University press, New York, pp. 193–220.

Gardner J V, Prior D B, Field M E. 1999. Humboldt slide – a large shear-dominated retrogressive slope failure[J]. Mar. Geol. 154, 323–338.

Gao Z, Eriksson K A. 1991. Internal-tide deposits in an Ordovician submarine channel: previously unrecognized faces? [J]. Geology, 19: 734–747.

Gao Z Z, He Y B, Zhang X Y et al. 2000. Internal-wave and internal-tide deposits in the Middle-Upper Ordovician in the center Tarim Basin[J]. Acta Sedimentological Sinica. 18(3): 400–407(in Chinese).

Gaudin M, Mulder T, Cirac P, Berné S, Imbert P. 2006. Past and present sedimentary activity in the Capbreton Canyon, southern Bay of Biscay[J]. Geo-Marine Letters 26, 331--345.

Gersonde R, Hodell D, Blum P, et al. 1999. Proceedings of the Ocean Drilling Program[J], Initial Reports, Collage Station, Texas. 177.

Greene H Gand Hicks K R. 1990, Ascension-Monterey canyon systems: History and development, in Garrision, R.E., Greene, H.G., Hicks, K.R., Weber, G.E., and Wright, T.L., eds., Geology and Tectonics of the Central California Coastal Region, San Francisco to Monterey[J]. Pacific Section of American Association of Petroleum Geologists Volume and Guidebook, p. 229–250.

Greene H G, Maher N and Paull C K. 2002, Physiography of the Monterey Bay Marine Sanctuary and implications about continental margin development, in Eittreim, S.A., and Noble, M., eds., Special Issue: Seafloor geology and natural environments of the Monterey Bay National Marine Sanctuary[J]. Marine Geology, v. 181, p. 55–84.

Gong C, Wang Y, Peng X, Li W, Qiu Y, Xu S. 2012. Sediment waves on the South China Sea Slope off southwestern Taiwan: implications for the intrusion of the Northern Pacific Deep Water into the South China Sea[J]. Mar. Pet. Geol. 32, 95–109.

Godfrey J S. 1989. A sverdrup model of the depth-integrated flow for the world ocean allowing for island circulations[J]. Geophysical & Astrophysical Fluid Dynamics, 45(1-2): 89–112.

Gordon A, Sprintall J, Van Aken H, Susanto D, Wijffels S, Molcard R, Ffield A, Pranowo W and Wirasantosa S. (2010) The Indonesian throughflow during 2004–2006 as observed by the INSTANT program[J]. Dyn. Atmos. Oceans, 50, 115–128.

Hassold NJC, Rea DK, Van der Pluijm BA, Pares JM, Gleason JD, Ravelo AC. 2006. Late Miocene to Pleistocene paleo-oceanographic records from the Feni and Gardar Drifts; Pliocenereduction in abyssal flow[J]. Palaeogeogr Palaeoclimatol Palaeoecol, 236(3/4): 290–301.

Haury L R, Wiebe P H, Orr M H, Briscoe M G. 1983. Tidally generated high-frequency internal wave packets and their elects on plankton in Massachusetts Bay[J]. Mar. Res. 41, 65–112.

Heezen B C, C D Hollister, W F Ruddiman. 1966. Shaping of the continental rise by deep geostrophic contour cur-rents[J]. Science, 152: 502–508.

Hesse P, Magee J W, Van Der Kaars S. 2004. Late Quaternary climates of the Australian arid zone: a review[J].

Quaternary International, 118: 87–102.
Hiscott R N, Hall F R, Pirmez C. 1997. Turbidity current overspill from anisotropy of magnetic susceptibility and implications for flow processes[J]. Proc. ODP Sci. Results 155, 53–78.
Holister C D, McCave I N. 1984. Sediment under deep-water storms[J]. Nature, 309: 220–225.
Holloway P E. 2001. A regional model of the semidiurnal internal tide on the Australian North West Shelf [J]. Geophys.Res., 106: 19625–19638.
Hosegood P, van Haren H. 2004. Near-bed solibores over the continental slope in the Faeroe-Shetland Channel[J]. Deep-Sea Res. II 51, 2943–2971.South China Sea; seasonal circulation, South China Sea Warm Current and Kuroshio Instrusion. J Oceanogr 56: 607–624.
Howe J A. 1996.Turbidite and contourite sediment waves in the northern Rockall trough, north Atlantic Ocean. Sedimentology[J], 43: 219–234.
Hu J, Kawamura H, Hong, H, Qi YO (2000). A review on the currents in the south china sea: seasonal circulation, south china sea warm current and Kuroshio intrusion[J]. Journal of Oceanography, 56(6): 607–624
Hutchins D A, Sedwick P N, Di Tullio G R, et al. 2001. Control of phytoplankton growth by iron and silicic acid availability in the subantarctic Southern Ocean: Experimental results from the SAZ Project[J]. Journal of Geophysical Research: Oceans, 106(C12): 31559-31572.
Holmes R, Bulat J, Hamilton I and Long D. 2003 Morphology of an ice-sheet limit and constructional glacially-fed slope front, Faroe-Shetland Channel. In: European Margin Sediment Dynamics[J]. Sidescan Sonar and Seismic Images (Eds J. Mienert and P.P.E. Weaver), pp. 149–142.Springer-Verlag, Berlin.
Howe J A. 1996. Turbidite and contourite sediment waves in the northern Rockall Trough, North Atlantic Ocean[J]. Sedimentology 43, 219–234.
James N P, Boreen T D, Bone Y, et al. 1994, Holocene carbonate sedimentation on the west Eucla Shelf, Great Australian Bight: a shaved shelf[J]. Sedimentary Geology, 90(3–4): 161–177.
James N P, Feary D A, Betzler C, et al. 2004. Origin of late Pleistocene bryozoan reef mounds; Great Australian Bight[J]. Journal of Sedimentary Research, 74(1): 20–48.
Jacobi R D, Rabinowitz P D, Embley R W. 1975.Sediment waves on the Moroccan continental rise[J]. Mar. Geol.19, 61–67.
Jallet L, Giresse P. 2005. Construction of the Pyreneo-Languedocian Sedimentary Ridge and associated sediment waves in the deep western Gulf of Lions (western Mediterranean) [J]. Marine and Petroleum Geology.22: 865–888.
Jiang T, Xie X, Wang Z, Li X, Zhang W, Sun H. 2013.Seismic features and origin of sediment waves in the Qiongdongnan Basin, northern South China Sea[J]. Marine Geophysical Research[J], 34: 281–294.
Jody M, Klymak and James N. Moum. 2003. Internal solitary waves of elevation advancing on a shoaling shelf[J]. Geophysical Research Letters, 30(20): 1–3.
Jobe Z R, Lowe D R, Uchytil S J. 2011, Two fundamentally different types of submarine canyons along the continental margin of Equatorial Guinea[J]. Marine and Petroleum Geology, v. 28, p. 843–860.
Katsuki K, Ikehara M, Yokoyama Y, et al. 2012. Holocene migration of oceanic front systems over the Conrad Rise in the Indian Sector of the Southern Ocean[J]. Journal of Quaternary Science, 27(2): 203–210.
Karl H A, Cacchione D A, Carlson P R. 1986. Internal2wave currents as a mechanism to account for large sand waves in Navarinsky Canyon head, Bering sea [J]. Journal of Sedimentary Petrology, 56: 706–714.
Kenyon N H, BeldersonRH, StrideAH. 1978. Channels, canyons and slump folds on the continental slope

between South-West Ireland and Spain. Oceanol[J]. Acta 1, 369–380.

Kenyon N H, Akhmetzhanov A M, Twichell D C. 2002. Sand wave fields beneath the Loop Current, Gulf of Mexico: Reworking of fan sands [J]. Marine Geology, 192: 2972307.

Kenyon N H. 1986. Evidence from bedforms for a strong pole-ward current along the upper continental slope of northwest Europe[J]. Mar. Geol. 72, 187–198.

Kerry N J, Burt R J, Lane N M, Bagg M T, 1984. Simultaneous radar observations of surface slicks and in situ measurements of internal waves[J]. Phys. Oceanogr. 14, 1419–1423.

Kida S. 2011. The impact of open oceanic processes on the Antarctic Bottom Water outf lows[J]. Journal of Physical Oceanography 41, 1941–1957.

Krijgsman W, Hilgen F J, Raffi I, Sierro F J, Wilson D S. 1999. Chronology, causes and progression of the Messinian salinity crisis[J]. Nature 400, 652–655.

Kubo Y S, Nakajima T. 2002. Laboratory experiments and numerical simulation of sediment wave formation by turbidity currents[J]. Mar. Geol.192, 105–121.

Kuang Z, Zhong G, Wang L, et al. 2014. Channel-related sediment waves on the eastern slope offshore Dongsha Islands, northern South China Sea[J]. Journal of Asian Earth Sciences, 79: 540–551.

Kuijpers A, Hansen B, Huehnerbach V, et al. 2002, Norwegian Sea overflow through the Faroe-Shetland gateway as documented by its bedforms[J]. Marine Geology, 188(1): 147–164.

Kuijpers M S, Andersen a, N.H. Kenyon b, H. Kunzendorf, T C E. 1998. Van Weering, Quaternary sedimentation and Norwegian Sea overflow pathway saround Bill Bailey Bank, northeastern Atlantic[D]. Marine Geology 152 01–127.

LaFond E C. 1966.Internal waves, in Fairbridge R Wed. The encyclopedia of oceanography[J]. New York, Reinhold, 402–408.

Lamb K G. 2014. Internal wave breaking and dissipation mechanisms on the continental slope/shelf[J]. Annu. Rev. Fluid Mech. 46, 231–254.

Lamb M P, Parsons J D, Mullenbach B L, Finlayson D P, Orange D L, Nittrouer C A. 2008. Evidence for superrelevation, channel incision, and formation of cyclic steps by turbidity currents in Eel Canyon California[J], Geological Society of America Bulletin 120(3–4), 463.

Lee H J, Syvitski J P M, Parker G, Orange D, Locat J, Hutton E W H, Imran J. 2002, Distinguishing sediment waves from slope failure deposits: field examples, including the 'Humboldt slide', and modelling results[J]. Marine Geology, v.192, p.79–104.

Lee S H, Bahk J J, Chough S K. 2003.Origin of deep-water sediment waves in the Ulleung Interplain Gap, East Sea[J]. Geosciences Journal [J].7: 6–71.

Lewis K B, Pantin H M. 2002.Channel-axis, overbank and drift sediment waves in the southern Hikurangi Trough, New Zealand[J]. Mar. Geol.192, 123–151.

Liang W D, Tang T Y, Yang Y J, et al. 2003. Upper-Ocean Currents around Taiwan[J]. Deep-sea Res.II, 50: 1085–1105.

Lien R C, Tang T Y, Chang M F and E A D'Asaro. 2005. Energy of nonlinear internal waves in the South China Sea[J], Geophys. Res. Lett., 32, L05615, doi: 10.1029/2004GL022012.

Liu A K, Chang Y S, Hsu M K, et al. 1998.Evolution of Nonlinear internal waves in the East and South China sea[J]. Journal of Geophysical Research, 103: 7995–8008.

Lonergan L, Jamin N H, Christopher A-L Jackson, Johnson H D. 2013, U-shaped slope gully systems and sediment waves on the passive margin of Gabon (West Africa) [J]. Marine Geology, v.337, p. 80–97.

Lobo F J, Hernandez-Molina L, Somsza V, Diag del Rio. 2001, The sedimentary record of the Post-glacial transgression on the Gulf of Caoliz continental shelf (southwest Spain) [J]. Marine Geology, 178: 171–195.

Lobo F J, Ridente D. 2014. Stratigraphic architecture and spatio-temporal variability of high-frequency (Milankovitch) depositional cycles on modern continental margins: an overview[J]. Mar. Geol. 352, 215–247. http: //dx.doi.org/10.1016/j.margeo.2013.10.009.

Lofi J, Rabineau M, Gorini C, Berne S, Clauzon G, De Clarens P, Tadeu Dos Reis A, Mountain G S, Ryan W B F, Steckler M S, Fouchet C. 2003. Plio–Quaternary prograding clinoform wedges of the western Gulf of Lion continental margin (NW Mediterranean) after the Messinian Salinity Crisis[J]. Mar. Geol. 198, 289–317. http: //dx.doi.org/10.1016/S0025-3227(03)00120-8.

Ludmann T, Wong H K, Wang P. 2001.Plio-Quaternary Sedimentation Processes and Neotectonics of the Northern Continental Margin of the South China Sea[J]. Mar. Geol., 172: 331–358.

Luan X, Peng X, Wang Y, Qiu Y. 2010. Activity and formation of sand waves on northern South China Sea shelf[J]. Earth Sci. 21 (1), 55–70.

Ma B B, Reeder D B, Yang Y J, Lou J Y. 2008.Obervations of internal solitary waves in the South China Sea[J]. Marine geology 192, 275–295.

Maillard A, Mauffret A. 1999. Crustal structure and riftogenesis of the Valencia Trough (north-western Mediterranean Sea) [J]. Basin Res. 11, 357–379. http: //dx.doi.org/10.1046/j.1365-2117.1999.00105.x.

Masson D G, et al. 2004. Sedimentary environment of the Faroe-Shetland and Faroe Bank Channels, north-east Atlantic, and the use of bedforms as indicators of bottom current velocity in the deep ocean[J], Sedimentology 51, 1207–1241.

Masson D G, Huvenne V A I, de Stigter H C, Arzola R G, LeBas T P. 2011. Sedimentary processes in the middle Nazaré Canyon[J]. Deep-Sea Research Part II: Topical Studies in Oceanography 58, 2369–2387.

Manley P L, Flood R D. 1993. Project Mudwaves[J]. Deep Sea Research Part II. Topical Studies in Oceanography, 40(4): 851–857.

Maneux E, Dumas J, Clément O, Etcheber H, Charritton X, Etchart J, Veyssy E, Rimmelin P. 1999. Assessment of suspended matter input into the oceans by small mountainous coastal rivers: The case of the Bay of Biscay. Comptes Rendus de l'Academie de Sciences - Serie IIa [J]. Sciences de la Terre et des Planetes 329, 413–420.

Mastbergen D R, Van Den Berg, J H. 2003. Breaching in fine sands and the generation of sustained turbidity currents in submarine canyons[J]. Sedimentology 50, 625–637.

Matthieu J B, Cartigny, George Postma, Jan H van den Berg, Dick R. 2011. Mastbergen, A comparative study of sediment waves and cyclic steps based on geometries, internal structures and numerical modeling[J]. Marine Geology 280()40–56.

Mazières Alaïs, Gillet Hervé, Castelle Bruno et al. 2014. High-Resolution Morphobathymetric Analysis and Evolution of Capbreton Submarine Canyon Head (Southeast Bay of Biscay -French Atlantic Coast) over the Last Decade Using Descriptive and Numerical Modeling[J]. Marine Geology May 2014, Volume 351, Pages 1–12.

MacLachlan S E, Gavin M Eliott, Lindsay M Parson. (2008). Investigations of the bottom current sculpted margin of Hatton Bank, NE Atlantic[J]. Marine Geology (253)170–184

Mastbergen D R, Bezuijen A. 1988.Zand-watermengselstromingen: het storten van zand onder water, 4, verslag experimentele studied[A]. Report Z261. Delft Hydraulics Delft, The Netherlands.

McGann M. 1990. Paleoenvironmental analysis of latest Quaternary levee deposits of Monterey fan, central

California continental margin: Foraminifers and pollen, core S3-15G. U.S.[J]. Geological Survey Open-File Report No. 90–692.

McManus J F. 2004. A great grand-daddy of ice cores[J]. Nature 429, 611–612.

McHugh C M G, Ryan W B F. 2000. Sedimentary features associated with channel overbank flow: examples from the Monterey Fan[J]. Mar. Geol. 163, 199–215.

McPhee-Shaw E, Sternberg R W, Mullenbach B, Ogston A S. 2004. Observations of intermediate nepheloid layers on the northern California continental margin[J]. Cont. Shelf Res. 24, 693–720.

McPhee-Shaw E, Kunze E. 2002. Boundary layer intrusions from a sloping bottom: a mechanism for generating intermediate nepheloid layers[J]. Geophys. Res. 107, C6.

Mcinroy D M, Hitchen K, Stoker MS. 2006. Potential Eocene and Oligocene stratigraphic traps of the Rockall Plateau, NE Atlantic Margin. In: Allen MR, Goffey GP, Morgan RK, Walker IM (eds)The deliberate search for the stratigraphic trap[J]. Geol Soc Lond Spec Publ 254: 247–266.

Millot C. 1999. Ciculation in theWestern Mediterranean Sea. Review paper[J]. J. Mar. Syst. 20, 423–442.

Migeon S, Savoye B, Faugeres J -C. 2000. Quaternary development of migrating sediment waves in the Var deep-sea fan: distribution, growth pattern, and implication for levee evolution. Sediment[J]. Geol. 133, 265–293.

Migeon S, Mulder T, Savoye B, Sage F. 2012. Hydrodynamic processes, velocity structure and stratification in natural turbidity currents: Results inferred from field data in the Var turbidite system[J]. Sedimentary Geology 245–246, 48–62.

Middleton J F, Cirano M. 2002. A northern boundary current along Australia's southern shelves: The Flinders Current[J]. Journal of Geophysical Research: Oceans, 107(C9).

Middleton J F, Bye J A T. 2007. A review of the shelf–slope circulation along Australia's southern shelves: Cape Leeuwin to Portland[J]. Progress in Oceanography, 75, 1–41.

Migeon S, Savoye B, Zanella E, Mulder T, Faugeares J-C, Weber O 2001. Detailed seismic-reflection and sedimentary study of turbidite sediment waves on the Var Sedimentary Ridge significance for sediment transport and deposition and for the mechanisms. Marine and Petroleum Geology[J].18: 179–208.

Michels K H, Suckow A, Breitzke M, Kudrass H R, Kottke B. 2003. Sediment transport in the shelf canyon "Swatch of No Ground" (Bay of Bengal) [J]. Deep Sea Research Part II: Topical Studies in Oceanography 50, 1003–1022.

Micallef A, Mountjoy J J. 2011. A topographic signature of a hydrodynamic origin for submarine gullies[J]. Geology 39, 115–118.

Mulder T, Zaragosi S, Garlan T, Mavel J, Cremer M, Sottolichio A, Sénéchal N, Schmidt S. 2012. Present deep-submarine canyons activity in the Bay of Biscay (NE Atlantic) [J]. Marine Geology 295–298, 113–127.

Mosher D C, Thomson R E. 2002. The Fore slope Hills: large-scale, fine-grained sediment waves in the Strait of Georgia, British Columbia. Marine Geology[J].192: 275–295.

Murray J W. 2006.Ecology and applications of benthic foraminifera[M]. Cambridge University press.

Navrotsky V V, Lozovatsky J D, Pavlova E P, Fernando H J S. 2004. Observations of internal waves and thermocline splitting near a shelf break of the Sea of Japan (East Sea) [J]. Continental Shelf Research 24, 1375–1395.

Nakajima T, Satoh M, Okamura Y. 1998. Channel-levee complexes, terminal deep-sea fan and sediment wave field associated with the Toyama Deep-sea Channel system in the Japan Sea[J]. Marine Geology, 147: 25–41.

Nesteroff W D, Duplaix S, Sauvage J, Lancelot Y, Melères F, Vincent E. 1968. Les dépôts récents du Canyon de Capbreton[J]. Bulletin de la Société Géologique de France X 218–252.

Nielsen T, Knutz P C, Kuijpers A. 2008. Seismic expression of contourite depositional systems[J]. Developments in Sedimentology, 60: 301–321.

Nielsen T, et al. 2007. Quaternary sedimentation, margin architecture and ocean circulation variability around the Faroe Islands[J]. North Atlantic, Quaternary Science Reviews 26 1016–1036.

Nosal E M, Tao C H, Baffi S, Fuss, Richardson M D, Wilkens R H. 2008.Compressional Wave Speed Dispersion and Attenuation in Carbonate Sediments, Kaneohe Bay[J]. Oahu, HI. IEEE, Journal of Oceanic Engineering, 33: 367–374.

Normark W R, Hess G R, Stow D A V, Bowen A J. 1980. Sediment waves on the Monterey Fan levee: A preliminary physical interpretation[J]. Mar. Geol. 37, 1–18.

Normark W R, Piper D J W, Posamentier H, Pirmez C, Migeon S. 2002. Variability inform and growth of sediment waves on turbidite channel levees[J]. Mar. Geol. 192, 23–58.

Oiwane H, Ikehara M, Suganuma Y, et al. 2014. Sediment waves on the Conrad Rise, Southern Indian Ocean: implications for the migration history of the Antarctic Circumpolar Current[J]. Marine Geology, 348: 27–36.

Pall C K, Mitts P, Ussler W, et al. 2005, Trail of sand in upper Monterey Canyon: offshore California [J]. Geological Society of America Bulletin, 117(9–10): 1134–1145.

Parker G, Fukushima Y, Pantin H M. 1986. Self-accelerating turbidity currents. Journal of Fluid Mechanics[J]. 171: 145–181.

Parker G, Fukushima Y, Yu W. 1987. Experiments on turbidity currents over an erodible bed[J]. Hydraul. Res.25, 123–147.

Paull C K, Ussler W, III Keaten R, Mitts P and Greene H G. 2005, Trail of sand in upper Monterey Canyon[J]. Geological Society of America Bulletin (in press).

Pedlosky J. 1996. Ocean Circulation Theory[J]. Springer-Verlag, Heidelberg (453 pp.).

Petrusevics P, Bye J A T, Fahlbusch V, et al. 2009, High salinity winter outflow from a mega inverse-estuary—the Great Australian Bight[J]. Continental Shelf Research, 29(2): 371–380.

Petus C. 2009. Qualité des eaux cotières du sud du golfe de Gascogne par teledetection spatiale. These de 3eme cycle, Université de Bordeaux 1(France)[J]. 409.

Pinot J M, Lopez-Jurado J L, Riera M. 2002.The Canales experiment (1996—1998). interannual, seasonal and mesocale variability of the circulation in the Balearic Channels[J]. Prog. Oceanogr. 55, 335–370.

Pingree R D, Mardell G T, New A L. 1986. Propagation of internal tides from the upper slopes of the Bay of Biscay[J]. Nature 321, 154–158.

Pinter N and Gardner T W. 1989, Construction of a polynomial model of sea level: Estimating paleo-sea level continuously through time[J]. Geology, v.17, p.295–298.

Piper D J W. Savoye B. 1993. Processes of late quaternary turbidity currents flow and deposition on the Var deep-sea fan, north-west Mediterranean Sea[J]. Sedimentology 40, 557–582.

Piper D J W, Hiscott R N, Normark W R. 1999. Outcrop scale acoustic facies analysis and latest Quaternary development of Hueneme and Dume submarine fans, onshore California[J]. Sedimentology 46, 47–78.

Pollard R T, Lucas M I, Read J F. 2002. Physical controls on biogeochemical zonation in the Southern Ocean [J]. Deep Sea Research Part II: Topical Studies in Oceanography, 49(16): 3289–3305.

Poluakov A S, Roslyakov A G, Lobkovskll L, Levchenko O V, Putans V A, Ambrosimov A K, Merklin L R, Anan'ev R A, Dmitrevskll N N, Libina N V. 2010.Estimation of the flows forming sediment waves on the western slope of the middle Caspiansea. Doklady Earth Sciences [J].431: 376–379.

Posamentier H W, Meizarwin Wisman P S, Plawman T. 2000. Deep-water depositional systems – ultra-deep Makassar Strait, Indonesia. Deep Reservoirs of the World. GCSSEPM Foundation 20th Annual Bob F. Perkins Research Conference[J]. Houston, TX, pp. 806–816.

Postma G, Cartigny M, Kleinspehn K L. 2009.Structureless, coarse-tail graded Bouma Ta formed by internal hydraulic jump of the turbidity current? [J]. Sedimentary Geology 219(1–4), 1–6.

Prior D B, Bornhold B D, Wiseman W J, Jr, Lowe D R. 1987. Turbidity current activity in a British Columbia fjord [J]. Science 237, 1330–1333.

Puig P, Ogston A S, Guillén J, Fain A M V, Palanques A. 2007. Sediment transport processes from the top set to the forest of a crenulated clinoform (Adriatic Sea) [J]. Cont. Shelf Res. 27, 452–474. http: //dx.doi.org/10.1016/j.csr.2006.11.005.

Ramp S R, Tang T Y, Duda T F, Lynch A K, Lin C S, Chiu F L, Bahr H R, Kim and Yojana, 2004. internal solitons in the northern South China Sea. Part I: Sources and deep-water propagation[J]. IEEE J. Oceanic Eng., 29, 1157–1181, doi: 10.1109/JOE.2004.840839.

Rey J, Fernández-Salas L, Blázquez A M. 1999. Identificación de las unidades morfosedimentarias cuaternarias en la plataforma interna del litoral del País Valenciano: el rol de los factores morfoestructurales yeustáticos[J]. Geoarqueologia y Quat. Litoral, pp. 403–418.

Rebesco M, Hernandez-Molina F J, Rooij D V, Wahlin A. 2014, Contourites and associated sediments controlled by deep-water circulation processes: State-of-the-art and future considerations[J]. Marine Gology, v. 352, p.111–154.

Reeder D B, Ma B B, Yang Y J. 201. Very large subaqueous sand dunes on the upper continental slope in the South China Sea generated by episodic, shoaling deep-water internal solitary waves[J]. Marine Geology, 279(1): 12–18.

Rebesco M. 2014. Contourites. In: Elias, S.A. (Ed.), Reference Module in Earth Systems and Environmental Sciences[J]. Elsevier. http: //dx.doi.org/10.1016/B978-0-12-4095489.02964-X.

Ribó M, Puig P, Muñoz A, Lo Iacono C, Masqué P, Palanques A, Acosta J, Guillén J, Gómez Ballesteros M. 2016a. Morphobathymetric analysis of the large fine-grained sediment waves overt the Gulf of Valencia continental slope (NW Mediterranean) [J]. Geomorphology 253C, 22–37. http: //dx.doi.org/10.1016/j.geomorph.2015.09.027.

Ribó M, Puig P, Salat J, Palanques A. 2013. Nepheloid layer distribution in the Gulf of Valencia, northwestern Mediterranean[J]. Mar. Syst. 111–112, 130–138.

Ribó M, Puig P, van Haren H. 2015. Hydrodynamics over the Gulf of Valencia continental slope and their role in sediment transport[J]. Deep-Sea Res. I 95, 54–66.

Ribo M, Puig P, Mu Oza, Lo Iacono C, Masqu P, Palanques A, Acosta J, Guilln J, G Mez Ballesteros M. 2016b. Morphobathymetric analysis of the large finegrained sediment waves over the Gulf of Valencia continental slope (NW Mediterrance). Geomorphology[J]. 253: 22–37.

Rintoul S R. 2009. Antarctic Circumpolar Current. In: Steele, J.H. (Ed.), Encyclopedia of Ocean Sciences[J]. Elsevier Ltd., pp. 178–190.

Ridgway K R, Condie S A. The 5500 - km - long boundary flow off western and southern Australia[J]. Journal of Geophysical Research: Oceans, 2004, 109(C4).

Santek D A, Winguth A. 2005. A satellite view of internal waves induced by the Indian Ocean tsunami [J]. International Journal of Remote Sensing 26, 2927–2936.

Sakaiy, Murase J, Sugimoto A, Okubo K, Nakayama E 2002. Resuspension of bottom sediment by an internal wave over in Lake Bika. Lakes &Reservoirs: Research and Management[J]. 7: 339–344.

Salles T, Lopez S, Cacas M C, Mulder T. 2007. Cellular automata model of density currents[J]. Geomorphology 88, 1–20.

Salles T, Mulder T, Gaudin M, Cacas M C, Lopez S, Cirac P. 2008. Simulating the 1999 Capbreton Canyon turbidity current with a cellular automata model[J]. Geomorphology 97, 516–537.

Sayago-Gil M & David Long & Kenneth Hitchen &Víctor Díaz-del-Río & Luis Miguel Fernández-Salas & Pablo Durán-Muñoz 2010. Evidence for current-controlled morphology along the western slope of Hatton Bank (Rockall Plateau, NE Atlantic Ocean) [J]. Geo-Mar Lett30: 99–111.

Schmidt S, Howa H, Mouret A, Lombard F, Anschutz P, Labeyrie L. 2009. Particle fluxes and recent sediment accumulation on the Aquitanian margin of Bay of Biscay[J]. Continental Shelf Research 29, 1044–1052.

Shanmugam G. 2013. Modern internal waves and internal tides along oceanic pycnoclines: challenges and implications for ancient deep-marine baroclinic sands[J]. AAPG Bulletin 97, 767–811.

Shanmugam G. 2000. 50 years of the turbidite paradigm (1950s–1990s): Deep-water processes and facies models-a critical perspective[J]. Marine and Petroleum Geology 17, 285–342.

Shaw P T and Chao S Y Chao. 2006. Anonhydrostatic primitive-equation model for studying small-scall process: An object-oriented approach[J], Cont. Shelf Res., 26, 1416–1432, doi: 10.1016/j.csr.2006.01.018.

Skene K I, Piper D J W, Hill P S. 2002. Architecture of submarine channel levees: quantitative analysis of depositional length scales[J]. Sedimentology, in press.

Smith D P, Ruiz G Kvitek R, Iampietro P J. 2005.Semiannual patterns of erosion and deposition in upper Monterey Canyon from seria multibeam bathymetey[J]. Geol. Soc. Am. Bull.117: 1123.

Smith D P, Kvitek R, Iampietro P J, Wong K. 2007. Twenty-nine months of geomorphic change in upper Monterey Canyon (2002–2005) [J]. Mar. Geol. 236, 79–94.

Simons D B. 1965. Sedimentary structures generated by flow in alluvial channels, P. 34–52, in middleton, G. V. ed. Primary sedimentary structures sand their hydrodynamic interpretation a symposium: Tules, Okla., Soc. Econ[J]. Paleontologists and Mineralogists. Spec. Pub. 12: 265.

Southard J B, Young R A, Hollister C D. 1971. Experimental erosion of calcareous ooze[J]. Journal of Geophysical Research, 76(24): 5903–5909.

Sprigg R C. Stranded and submerged sea-beach systems of southeast South Australia and the aeolian desert cycle[J]. Sedimentary Geology, 1979, 22(1): 53–96.

Spinewine B, Sequeiros O E, Garcia M H, Beaubouef R T, Sun T, Savoye B. 2009. Experiments on wedge-shaped deep sea sedmitmentary deposits in minibasins and/or on channel levees emplaced by turbidity currents. Part II. Morphodynamic evolution of the wedge and of the associated bedforms[J]. Journal of Sedimentary Research 79(8): 608.

Stoker M S. (1997). Submarine debris flows on a glacially-influenced basin plain, Faeroe-Shetland Channel[J]. In: Glaciated Continental Margins – an Atlas of Acoustic Images (Eds T.A. Davies et al.), pp. 126–127.

Stow R B W W A, V. 2002.Classifiction and characterisation of deep-water sediment waves. Marine Geology [J], 192: 7–22.

Stow D A V, Shanmugam G. 1980. Sequence of structures in fine-grained turbidites: Comparison of recent deep-sea and ancient flysch sediments[J]. Sedimentary Geology 25, 23–42.

Stow D A V, Hernandez-Molina F J, Llave E, Sayago-Gil M, Diaz-del Rio V, Branson A. 2009. Bedform Observation[J]. Geology 37: 327–330.

Stride A H, Curray J R, Moore D G, Belderson R. 1969. Marine geology of the Atlantic continental margin of Europe[J]. Philos. Trans. R. Soc. London Ser. A 264, 31–75.

Swift D et al. 1972. Shelf sediment transport process and pattern [M]. Dowden, Hutchinson and Ross Inc.

Symons W O, Sumner E J, Talling P J, Cartigny M J B, Clare M A. 2016, Large-scale sediment waves and scours on the modern seafloor and their implications for the prevalence of supercritical flows[J]. Marine Geology, v.371, p.130–148.

Taki K, Parker G. 2005.Transportational cyclic steps created by flow over an erodible bed[J]. Part 1. Experiments. Journal of Hydraulic Research 43(5), 488–501.

Talling P J. 2014. On the triggers, resulting flow types and frequencies of subaqueous sediment density flows in different setting. Mar.Geol. 352, 155–182.

Thompson R O R Y. 1987. Continental-shelf scale model of the Leeuwin Current[J]. Journal of Marine Research 45, 813–827.

Thorpe S A. 1999. The generation of along slope currents by breaking internal waves [J]. Phys. Oceanogr., 29: 29–38.

Tinterri R, Lipparini L 2013.Seismo-stratigraphic study of the Plio-Pleistocene foredeed deposits of the Central Adriatic Sea (Italy): Geometry and characteristics of deep-water channel and sediment waves[J]. Marine and Petroleum Geology, 42: 30–49.

Treguer P, Nelson D M, Van Bennekom A J, et al. 1995, The silica balance in the world ocean: a reestimate[J]. Science, 268(5209): 375–379.

Toucanne S, Zaragosi S, Bourillet J F, Naughton F, Cremer M, Eynaud F, Dennielou B. 2008. Activity of the turbidite levees of the Celtic-Armorican margin (Bay of Biscay) during the last 30, 000 years: Imprints of the last European deglaciation and Heinrich events[J]. Marine Geology 247, 84–103.

Urgeles R, Cattaneo A, Puig P, Liquete C, DeMol B, Amblàs D, Sultan N, Trincardi F. 2011a. A review of undulated sediment features on Mediterranean prodeltas: distinguishing sediment transport structures from sediment deformation[J]. Mar. Geophys. Res. 32, 49–69.

Van Den Berg J H, Van Gelder A, Mastbergen D R. 2002. The importance of breaching as a mechanism of subaqueous slope failure in fine sand[J]. Sedimentology 49, 81–95. Wentworth, C.K., 1922. A Scale of Grade and Class Terms for Clastic Sediments. The Journal of Geology 30, 377–392.

Van Haren H, Gostiaux L. 2011. Large internal waves advection in very weakly stratified deep Mediterranean waters[J]. Geophys. Res. Lett. 38. http: //dx.doi.org/10.1029/2011GL049707.

Van Haren H, Ribó M, Puig P. 2013. (Sub-)inertial wave boundary turbulence in the Gulf of Valencia[J]. Geophys. Res. 118, 2067–2073. http: //dx.doi.org/10.1002/jgrc.20168 (2013).

Wahlin A, Walin G. 2001. Downward migration of dense bottom currents. Environmental Fluid Mechanics[J]. 257–279.

Wang H, Wang Y, Qiu Y, Peng X, Li W. 2007. The sediment waves in deep sea of the continental margin, northern South China Sea[J]. Prog. Natur. Sci. 17, 1235–1243 (in Chinese with English abstract).

Wang P, Wang L, Bian Y, Jian Z. 1995. Late Quaternary paleoceanography of the South China sea: surface circulation and carbonate cycles[J]. Mar.Geol.127, 145–165.

William R, Normark, David J W, Piper Henry Posamentier, Carlos Pirmes, Sebastien Mifeon. 2002. Variability in form and growth of sediment waves on turbidite channel levees[J]. Marine geology.19223–19258.

Winterwerp J C, Bakker W T, Mastbergen D R, Van Rossum H. 1992. Hyperconcentrated sand-water mixture flows over erodible bed[J]. Journal of Hydraulic Engineering 118(11), 1508–1525.

Wust G. 1958.Die Stromgeschwindigkeiten und Strommengen in der Atkantischen Tiefsee[J]. Geol. Runddsch. 47: 187–195.

Wynn R B, Stow D A V. 2002. Classification and characterisation of deep-water sediment waves[J]. Marine Geology, 192(1): 7–22.

Wynn R B, Weaver P P E, Ercilla G, Stow D A V, Masson D G. 2000. Sedimentary processes in the Selvage sediment-wave field, NE Atlantic; new insights into the formation of sediment waves by turbidity currents[J]. Sedimentology 47, 1181–1197.

Wynn R B, Stow D A V. 2002b. Recognition and interpretation of deep-water sediment waves: Implications for palaeoceanography, hydrocarbon exploration and flow process interpretation [J]. Marine Geology, 192: 123.

Wynn R B a, Douglas G Masson a, Brian J, Bett B. 2002, Hydrodynamic significance of variable ripple morphology across deep-water barchan dunes in the Faroe-Shetland Channel[J]. Marine Geology 192 (2002) 309–319.

Wynn R B, Weaver P, Ercilla G, Stow D A V, Masson D G. 2001. Sedimentary processes in the Selvage sediment-wave field, NE Atlantic: new insights into the formation of sediment waves by turbidity currents[J]. Mar. Geol. (in press).

Xu J P, Noble M A and Rosenfeld L K. 2004, In-situ measurements of velocity structure within turbidity currents: Geophysical Research Letters[J]. v. 31, p. L09311.

Yokokawa M, Okuno K, Nakamura A, Muto T, Miyata Y, Naruse H., 2009.Aggradational cyclic steps: sedimentary structures found in flume experiments[M]. Proceedings 33rd IAHR Congress Vancouver.

Zaragosi S, Le Suavé R, Bourillet J F, Auffret G A, Faugères J C, Pujol C, Garlan T. 2001b. The deep-sea Armorican depositional system (Bay of Biscay), a multiple source, ramp model[J]. Geo-Marine Letters 20, 219–232.

Zecchin M, Caffau M, Tosi L, Civile D, Brancolini G, Rizzetto F, Roda C. 2010. The impact of Late Quaternary glacio-eustasy and tectonics on sequence development: evidence from both uplifting and subsiding settings in Italy[J]. Terra Nova 22, 324–329.

Zeng J Lowe D R1997. Numericak simulation of turbidity current flow and sediment dimentation Ⅰ. Theory. Sedimentology[J]. 44: 67–84.

Zhang H P, King B, Swinney H. 2008. Resonant generation of internal waves on a model continental slope[J]. Phys. Rev. Lett. 100, 244504.

Zhong G, Li Q, Hao H, Wang L. 2007. Current status of deep-water sediment wave studies and the South China Sea perspectives[J]. Adv. Earth Sci. 22, 907–913(in Chinese with English abstract).

Zikanov O and Slinn D N. 2001. Along-slope currents generation by obliquely incident internal waves[J]. Fluid Mech., 445: 235–261.